简明广义相对论

龚云贵　编著

华中科技大学出版社
http://press.hust.edu.cn
中国·武汉

内 容 提 要

本书围绕两体运动问题的精确计算，从开普勒轨道到广义相对论修正及引力波辐射导致轨道衰减，逐步展开．第 1 章先从牛顿力学出发回顾两体问题如何简化成有效单体问题，并讨论了牛顿引力中的光线偏折，以及利用密切轨道微扰方法计算其他行星对水星近日点进动的影响．然后讨论力学及电磁规律的伽利略变换，从而说明洛伦兹变换及狭义相对论的必要性．第 2 章简单回顾狭义相对论，先从光速不变原理、相对性原理及时空各向均匀同性出发证明惯性参考系之间的坐标变换为线性变换，从而推导出洛伦兹变换．然后介绍四维时空及洛伦兹变换下的矢量及张量，说明相对性原理要求物理规律表述成洛伦兹变换下的标量、矢量或张量方程．最后讨论相对论电动力学及力学，说明引力与狭义相对论不相容．第 3 章介绍广义相对论，通过等效原理引入引力效应及弯曲时空，说明引力场方程应该为任意坐标变换下的张量方程，并讨论测地线方程、黎曼曲率张量及爱因斯坦场方程的构造．最后一节简单介绍现代宇宙学．第 4 章讨论广义相对论对两体运动的修正，并介绍太阳系内对广义相对论的经典检验：水星近日点进动、光线偏折、引力红移、引力透镜及雷达回波延迟效应．第 5 章介绍黑洞，包括黑洞视界及几种常用的坐标系、黑洞阴影、球对称物质分布内部解及引力坍缩、黑洞热力学、黑洞微扰理论及其在引力波波形计算中的应用．第 6 章介绍引力波，包括爱因斯坦场方程在平直背景中的一阶扰动、引力波性质、引力波辐射对双星系统轨道运动的影响及精确轨道对引力波波形计算的影响，以及引力波探测．本书最后一章从作用量出发讨论广义相对论及修改引力理论，介绍哈密顿分析及广义相对论中质量与角动量的定义．

本书作为广义相对论入门教程，将有助于感兴趣的研究者进入引力领域．

图书在版编目(CIP)数据

简明广义相对论 / 龚云贵编著. -- 武汉 ：华中科技大学出版社，2024. 9.
ISBN 978-7-5772-1286-9

Ⅰ. O412.1

中国国家版本馆 CIP 数据核字第 2024EL8282 号

简明广义相对论
Jianming Guangyi Xiangduilun

龚云贵　编著

策划编辑：王新华
责任编辑：王新华
封面设计：秦　茹
责任校对：朱　霞
责任监印：周治超
出版发行：华中科技大学出版社(中国・武汉)　　电话：(027)81321913
　　　　　武汉市东湖新技术开发区华工科技园　　邮编：430223
录　　排：武汉市洪山区佳年华文印部
印　　刷：武汉科源印刷设计有限公司
开　　本：710mm×1000mm　1/16
印　　张：14.75
字　　数：313 千字
版　　次：2024 年 9 月第 1 版第 1 次印刷
定　　价：42.00 元

华中出版

本书若有印装质量问题，请向出版社营销中心调换
全国免费服务热线：400-6679-118　竭诚为您服务

前　言

伽利略比萨斜塔实验表明自由落体运动与物体的属性无关.几十年后牛顿认识到地球上导致自由下落的重力与驱动天体运动的力是同一种力,他把这种力称为万有引力,这揭开了我们认知引力及统一相互作用的序幕.200多年之后的1915年,爱因斯坦把牛顿万有引力推广成广义相对论,让我们对引力相互作用的本质有了更深刻的认识.二十世纪六七十年代,理论物理学家提出强相互作用、弱相互作用与电磁相互作用统一的理论,但是引力一直无法统一到这个漂亮的理论框架中,其主要原因是广义相对论与量子力学不相容.引力量子化、黑洞本质以及暗能量特性等理论问题的出现,表明我们对引力本质理解得并不透彻.2005年《科学》期刊为庆祝其创刊125周年而发布了125个科学难题,其中宇宙由什么构成、物理定律能否统一、驱动宇宙加速膨胀的动力是什么、黑洞的本质是什么、引力的本质是什么等科学难题原则上都与引力理论相关.因此引力理论仍然处于蓬勃发展阶段,相关问题也一直是理论物理研究的前沿热点,这对引力理论及广义相对论的教学提出了挑战.优秀的广义相对论教材[1-15]很多,这些教材内容也非常全面.鉴于此,作者此前没有任何写作广义相对论教材的意愿.

广义相对论课程一般在研究生阶段开设,那些优秀教材也都适用于研究生的广义相对论教学.但是,如果本科生和研究生都开设广义相对论课程,且部分研究生并没有在本科阶段学习过广义相对论,则我们有必要适当区分并衔接研究生和本科生的教学,所以能适用于本科生的教材就显得至关重要.出于这个考虑,笔者开始思考编写一部本科生的教材,它同时也能作为感兴趣的研究者的入门教程.为了体现并强调广义相对论是关于引力的理论,本书整体思路是围绕两体运动问题的精确计算来展开的,从牛顿引力计算两体运动轨道,到广义相对论修正带来进动,再到引力波辐射导致的轨道衰减.本书几乎没有涉及流形及微分几何这些数学知识,研究生教学也许可以加强这方面的内容.

本书编写过程中得到很多同行的帮助.特别感谢王斌教授对本书结构提出的建设性意见、王安忠教授对本书的通读及宝贵的改进建议、陈松柏教授对黑洞阴影部分提供的帮助及建议、贺观圣博士针对初稿提出的很多修改建议,以及张超博士对黑洞微扰部分提供的帮助.感谢费寝副教授、林子超博士、邸浩然博士、杨英杰博士、梁迪聪博士、张丰阁博士、林炯博士、卢一洲博士、张春雨博士、江通博士对本书的初步校对,特别感谢郜青教授、易竹副研究员、张超博士、戴宁博士、王岳及路旭晨对本书的全面细致校对.

基于作者在华中科技大学及宁波大学的教学实践及经验，建议作如下教学安排：第 1 章 4 学时，第 2 章 6 学时，第 3 章 14 学时，第 4 章 6 学时，第 5 章 4 学时，第 6 章 10 学时，第 7 章 4 学时.

本书所有外文名词翻译采用全国科学技术名词审定委员会物理学名词审定委员会 2019 年审定《物理学名词》(第三版)中公布的中文名[16].

由于作者的知识和水平有限，书中错误和疏漏之处在所难免，希望读者批评指正.

龚云贵

2024 年 7 月

符号约定

除非特别说明，本书采用自然单位制.

$$\hbar = k_B = c = 1,$$

式中 $\hbar = h/2\pi$，h 为普朗克常数，k_B 为玻尔兹曼常数，c 为真空中光速. 由于符号使用习惯，同一符号在不同章节可能代表不同物理量，如 a 通常代表加速度，但在开普勒轨道中代表半长轴，在宇宙学中代表标度因子. p 在开普勒轨道中代表半正焦弦，但通常也用来表示动量及压强.

爱因斯坦求和约定：出现相同指标默认为求和，如

$$\sum_{j=1}^{3} R_{ij} x_j = R_{ij} x_j, \quad \sum_{\mu=0}^{3} A_\mu B^\mu = A_\mu B^\mu.$$

闵可夫斯基度规

$$\eta_{\mu\nu} = \begin{pmatrix} -1 & 0 & 0 & 0 \\ 0 & 1 & 0 & 0 \\ 0 & 0 & 1 & 0 \\ 0 & 0 & 0 & 1 \end{pmatrix}.$$

克里斯多菲联络

$$\Gamma^{\mu}_{\alpha\beta} = \frac{1}{2} g^{\mu\nu} (g_{\nu\alpha,\beta} + g_{\nu\beta,\alpha} - g_{\alpha\beta,\nu}).$$

黎曼曲率张量

$$R^{\alpha}{}_{\mu\beta\nu} = \Gamma^{\alpha}_{\mu\nu,\beta} - \Gamma^{\alpha}_{\mu\beta,\nu} + \Gamma^{\alpha}_{\sigma\beta}\Gamma^{\sigma}_{\mu\nu} - \Gamma^{\alpha}_{\sigma\nu}\Gamma^{\sigma}_{\mu\beta},$$

里奇张量

$$R_{\mu\nu} = R^{\alpha}_{\mu\alpha\nu},$$

里奇标量

$$R = g^{\mu\nu} R_{\mu\nu}.$$

爱因斯坦场方程

$$G_{\mu\nu} = R_{\mu\nu} - \frac{1}{2} g_{\mu\nu} R = 8\pi G T_{\mu\nu},$$

式中 $G_{\mu\nu}$ 为爱因斯坦张量，$T_{\mu\nu}$ 为物质能量-动量张量.

目　　录

第 1 章　牛顿万有引力理论

人类通过苹果落地这种在地球上司空见惯的自由落体运动现象认识到引力这种不需要通过接触的相互作用力,引力因此也是自然界四种基本相互作用力中最早被人类认识的. 古希腊亚里士多德认为重的物体要比轻的物体先落地,这种被广泛接受的错误观点直到伽利略提出自由落体运动与物体的质量及属性无关后才被纠正. 伽利略提出所有物体遵从相同的自由落体运动规律,这也称为等效原理. 牛顿把这种特性归结为引力的普适性,并把它应用到天体的运动规律上,进一步提出著名的平方反比万有引力定律,用以解释开普勒发现的天体运动规律.

如图 1.1 所示,质量为 m_2 的非相对论性物体作用到质量为 m_1 的非相对论性物体的万有引力为

$$\boldsymbol{F}=-\frac{Gm_1m_2}{r^3}\boldsymbol{r}, \tag{1.1}$$

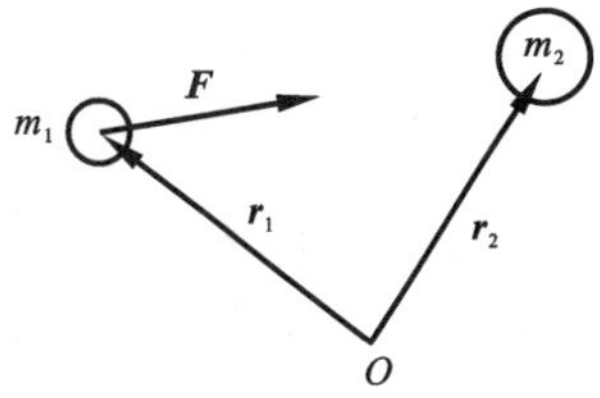

图 1.1　两个物体间万有引力示意图

式中 G 为万有引力常数,$\boldsymbol{r}=\boldsymbol{r}_1-\boldsymbol{r}_2$ 为两个物体的相对位置,$r=|\boldsymbol{r}|$ 为两个物体之间的距离.

由于引力为保守力,$\nabla\times\boldsymbol{F}=0$,可以引入牛顿引力势 ϕ_{N},把质量为 m_1 的非相对论性物体受到的引力表达为

$$\boldsymbol{F}=-m_1\nabla\phi_{\mathrm{N}}, \tag{1.2}$$

物体二在空间中产生的牛顿引力势 $\phi_{\mathrm{N}}=-Gm_2/r$. 从关系式

$$\nabla^2\left(\frac{1}{r}\right)=-4\pi\delta^3(\boldsymbol{r}), \tag{1.3}$$

可知,位于 $\boldsymbol{r}_2$ 的质点 m_2 产生的牛顿引力势满足如下泊松方程:

$$\nabla^2\phi_{\mathrm{N}}=4\pi Gm_2\delta^3(\boldsymbol{r}-\boldsymbol{r}_2). \tag{1.4}$$

更一般地,质量(能量)密度为 ρ 的非相对论性物体产生的牛顿引力势 ϕ_{N} 满足泊松方程

$$\nabla^2\phi_{\mathrm{N}}=4\pi G\rho. \tag{1.5}$$

由此可见,牛顿的万有引力定律与库仑定律类似,即引力是超距作用力. 牛顿的万有引力定律把地球上的落体运动与天体的运行规律都归结于引力相互作用,这也是统一理论思想的具体体现.

1.1　两体运动

考虑处于位置 $\boldsymbol{r}_1$,质量为 m_1 的粒子 A,其速度 $\boldsymbol{v}_1=\dot{\boldsymbol{r}}_1=\mathrm{d}\boldsymbol{r}_1/\mathrm{d}t$,加速度 $\boldsymbol{a}_1=\ddot{\boldsymbol{r}}_1=$

$\mathrm{d}^2\boldsymbol{r}_1/\mathrm{d}t^2$，以及位于 $\boldsymbol{r}_2$，质量为 m_2 的粒子 B，其速度 $\boldsymbol{v}_2=\mathrm{d}\boldsymbol{r}_2/\mathrm{d}t$，加速度 $\boldsymbol{a}_2=\mathrm{d}^2\boldsymbol{r}_2/\mathrm{d}t^2$. 如果选取粒子 A 与 B 的质心作为坐标原点，则 $m_1\boldsymbol{r}_1+m_2\boldsymbol{r}_2=0$. 利用粒子 A 与 B 的相对位移 $\boldsymbol{r}=\boldsymbol{r}_1-\boldsymbol{r}_2$ 及总质量 $m=m_1+m_2$ 可得

$$\boldsymbol{r}_1=\frac{m_2}{m_1}\boldsymbol{r}, \tag{1.6a}$$

$$\boldsymbol{r}_2=-\frac{m_1}{m}\boldsymbol{r}, \tag{1.6b}$$

粒子 A 与 B 的相对运动速度 $\boldsymbol{v}=\boldsymbol{v}_1-\boldsymbol{v}_2=\mathrm{d}\boldsymbol{r}/\mathrm{d}t$. 由于粒子 A 与 B 之间只有引力相互作用，它们之间相对运动加速度

$$\boldsymbol{a}=\boldsymbol{a}_1-\boldsymbol{a}_2=\frac{\mathrm{d}^2\boldsymbol{r}}{\mathrm{d}t^2}=-\frac{Gm}{r^2}\boldsymbol{n}, \tag{1.7}$$

式中单位矢量 $\boldsymbol{n}=\boldsymbol{r}/r$. 方程(1.7)给出了两体之间的相对运动方程，其解及方程(1.6)确定了粒子 A 与 B 的运动. 即通过方程(1.6)与方程(1.7)把两体问题简化成一个位于 $\boldsymbol{r}$ 的粒子在位于原点，质量为 m 的粒子的引力场中运动的单体问题. 该系统的总能量为

$$\begin{aligned}E&=\frac{1}{2}m_1v_1^2+\frac{1}{2}m_2v_2^2-\frac{Gm_1m_2}{r}\\&=\frac{1}{2}\mu v^2-\frac{G\mu m}{r}.\end{aligned} \tag{1.8}$$

所以系统的总能量等效为约化质量 $\mu=m_1m_2/m$ 的粒子受质量 m 的引力作用以速度 $\boldsymbol{v}$ 运动的能量，且能量是守恒的，即

$$\begin{aligned}\frac{\mathrm{d}E}{\mathrm{d}t}&=\mu\boldsymbol{v}\cdot\frac{\mathrm{d}\boldsymbol{v}}{\mathrm{d}t}+\frac{G\mu m}{r^2}\frac{\mathrm{d}r}{\mathrm{d}t}\\&=-\frac{G\mu m}{r^2}\left(\boldsymbol{v}\cdot\boldsymbol{n}-\frac{\mathrm{d}r}{\mathrm{d}t}\right)=0,\end{aligned} \tag{1.9}$$

上面推导最后一个等式时利用了关系式

$$\frac{1}{2}\frac{\mathrm{d}r^2}{\mathrm{d}t}=\frac{r\mathrm{d}r}{\mathrm{d}t}=\boldsymbol{r}\cdot\mathrm{d}\boldsymbol{r}/\mathrm{d}t=r\boldsymbol{n}\cdot\boldsymbol{v}. \tag{1.10}$$

另外，总角动量

$$\begin{aligned}\boldsymbol{L}&=m_1\boldsymbol{r}_1\times\boldsymbol{v}_1+m_2\boldsymbol{r}_2\times\boldsymbol{v}_2\\&=\frac{\mu m_2}{m}\boldsymbol{r}\times\boldsymbol{v}+\frac{\mu m_1}{m}\boldsymbol{r}\times\boldsymbol{v}\\&=\mu\boldsymbol{r}\times\boldsymbol{v},\end{aligned} \tag{1.11}$$

也是守恒的，即

$$\frac{\mathrm{d}\boldsymbol{L}}{\mathrm{d}t}=\mu\boldsymbol{v}\times\boldsymbol{v}+\mu\boldsymbol{r}\times\boldsymbol{a}=0. \tag{1.12}$$

因为角动量 $\boldsymbol{L}$ 是一个垂直于 $\boldsymbol{r}$ 及 $\boldsymbol{v}$ 的常矢量，粒子的运动被限制在垂直于 $\boldsymbol{L}$ 的

平面内，这样一来有效单体运动从三维进一步简化为二维. 选择坐标系，取角动量 $\boldsymbol{L}=\mu\boldsymbol{l}$ 方向为 z 方向，z 方向单位矢量 $\boldsymbol{e}_z=(0,0,1)$. 粒子运动轨道面为 x-y 平面，其基矢为 $\boldsymbol{e}_x=(1,0,0)$ 与 $\boldsymbol{e}_y=(0,1,0)$. 在极坐标系，取以下基矢 $\boldsymbol{n}$ 与 $\boldsymbol{\lambda}$：

$$\boldsymbol{r}=(r\cos\phi, r\sin\phi, 0)=r\boldsymbol{n}, \tag{1.13}$$

$$\boldsymbol{n}=(\cos\phi, \sin\phi, 0), \tag{1.14}$$

$$\boldsymbol{\lambda}=(-\sin\phi, \cos\phi, 0), \tag{1.15}$$

则 $\dot{\boldsymbol{n}}=\dot{\phi}\boldsymbol{\lambda}$，$\dot{\boldsymbol{\lambda}}=-\dot{\phi}\boldsymbol{n}$. 利用这些正交归一基矢 $\boldsymbol{e}_z$，$\boldsymbol{n}$ 及 $\boldsymbol{\lambda}$ 可得

$$\boldsymbol{v}=\dot{r}\boldsymbol{n}+r\dot{\phi}\boldsymbol{\lambda}, \tag{1.16a}$$

$$\boldsymbol{a}=(\ddot{r}-r\dot{\phi}^2)\boldsymbol{n}+\frac{1}{r}\frac{\mathrm{d}}{\mathrm{d}t}(r^2\dot{\phi})\boldsymbol{\lambda}=-\frac{Gm}{r^2}\boldsymbol{n}, \tag{1.16b}$$

$$\boldsymbol{l}=\boldsymbol{r}\times\boldsymbol{v}=r^2\dot{\phi}\boldsymbol{e}_z=l\boldsymbol{e}_z. \tag{1.16c}$$

由方程(1.16b)及方程(1.16c)可知单位质量角动量 $l=r^2\dot{\phi}$ 是一个常数. 对于圆轨道，角速度 $\dot{\phi}$ 也是一个常数. 另外，由于引力的平方反比特性，龙格-楞次(Runge-Lenz)矢量

$$\boldsymbol{A}=\frac{\boldsymbol{v}\times\boldsymbol{l}}{Gm}-\frac{\boldsymbol{r}}{r} \tag{1.17}$$

是一个守恒量，

$$\begin{aligned}\frac{\mathrm{d}\boldsymbol{A}}{\mathrm{d}t}&=-\frac{1}{Gm}\boldsymbol{l}\times\boldsymbol{a}-\frac{\boldsymbol{v}}{r}+\frac{\dot{r}\boldsymbol{r}}{r^2}\\&=\frac{1}{r^2}\boldsymbol{l}\times\boldsymbol{n}-\frac{\dot{r}}{r}\boldsymbol{n}-\dot{\phi}\boldsymbol{\lambda}+\frac{\dot{r}}{r}\boldsymbol{n}=0.\end{aligned} \tag{1.18}$$

由方程(1.16b)积分可得

$$\frac{1}{2}\dot{r}^2+\frac{l^2}{2r^2}-\frac{Gm}{r}=\varepsilon. \tag{1.19}$$

由方程(1.8)及方程(1.16a)可知积分常数 ε 为单位质量能量，即 $E=\mu\varepsilon$. 方程(1.19)描述了一个能量为 ε 的粒子在有效势 $V_{\mathrm{eff}}(r)$ 作用下的运动，即

$$\frac{1}{2}\dot{r}^2=\varepsilon-V_{\mathrm{eff}}(r), \tag{1.20}$$

式中有效势

$$V_{\mathrm{eff}}(r)=\frac{l^2}{2r^2}-\frac{Gm}{r}. \tag{1.21}$$

粒子允许运动区域由条件 $\varepsilon\geqslant V_{\mathrm{eff}}(r)$ 确定，如图 1.2 所示. 当 $\varepsilon=V_{\mathrm{eff}}(r)$，则粒子速度为零，$\dot{r}=0$. 如果 $\varepsilon>0$，则由条件 $\dot{r}=0$ 可确定允许达到的最内轨道距离 $r_{\min}$，粒子可以从无穷远运动到 $r_{\min}$，然后折回，即粒子在非束缚双曲线轨道上运动. 如果 $\varepsilon<0$，则条件 $\dot{r}=0$ 有两个根，分别代表近心点 r_{peri} 与远心点 r_{apo}，粒子运动轨道是束缚在 $r_{\min}$ 与 $r_{\max}$ 之间的椭圆轨道.

为了求解方程(1.20)，引入变量 $x=1/r$，选取 ϕ 作为自变量，并定义 $x'=\mathrm{d}x/\mathrm{d}\phi$，

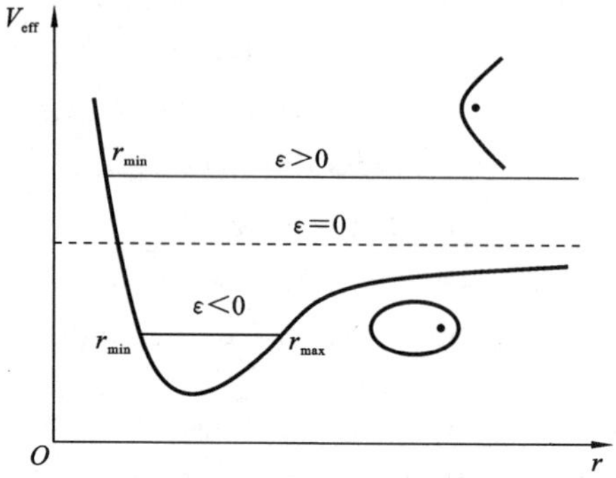

图 1.2 牛顿有效势 $V_{eff}(r)$ 示意图

系统能量为正时，粒子运动轨道为双曲线；系统能量为负时，粒子运动轨道为椭圆.

则方程(1.20)可改写成

$$x''+x=\frac{Gm}{l^2}, \tag{1.22}$$

其解为

$$x=\frac{Gm}{l^2}[1+e\cos(\phi-\omega)], \tag{1.23a}$$

$$r=\frac{p}{1+e\cos(\phi-\omega)}, \tag{1.23b}$$

式中半正焦弦 $p=l^2/(Gm)$，积分常数 e 与 ω 分别为偏心率与近心点经度. 利用 p，e 与 ω 这些轨道参数可得

$$\dot{r}=\sqrt{\frac{Gm}{p}}e\sin(\phi-\omega), \tag{1.24a}$$

$$\dot{\phi}=\sqrt{\frac{Gm}{p^3}}[1+e\cos(\phi-\omega)]^2, \tag{1.24b}$$

$$v^2=\frac{Gm}{p}[1+2e\cos(\phi-\omega)+e^2]=Gm\left(\frac{2}{r}-\frac{1-e^2}{p}\right), \tag{1.24c}$$

$$E=-G\mu m\,\frac{1-e^2}{2p}=-\frac{G\mu m}{2a}, \tag{1.24d}$$

$$\mathbf{L}=\mu\sqrt{Gmp}\,\boldsymbol{e}_z, \tag{1.24e}$$

$$\mathbf{A}=e(\cos\omega\boldsymbol{e}_x+\sin\omega\boldsymbol{e}_y), \tag{1.24f}$$

式中半长轴 a，近心点 r_{peri}，远心点 r_{apo} 分别为

$$a=\frac{p}{1-e^2}=\frac{1}{2}(r_{peri}+r_{apo}), \tag{1.25a}$$

$$r_{peri}=\frac{p}{1+e}, \tag{1.25b}$$

$$r_{\text{apo}}=\frac{p}{1-e}. \tag{1.25c}$$

两体系统的能量由半长轴 a 确定，角动量由半正焦弦 p 确定. 根据能量守恒与角动量守恒，a，p，e，ω，r_{peri} 与 r_{apo} 这些轨道参数都是常数. 由方程(1.24b)可知轨道周期

$$T=\sqrt{\frac{p^3}{Gm}}\int_0^{2\pi}\frac{\mathrm{d}\phi}{[1+e\cos(\phi-\omega)]^2}=2\pi\sqrt{\frac{a^3}{Gm}}. \tag{1.26}$$

另外，椭圆运动通常也用偏心角 u 及真近点角 $\varphi=\phi-\omega$ 这两个参数来表征，它们之间有如下关系：

$$\cos u=\frac{\cos\varphi+e}{1+e\cos\varphi}, \tag{1.27a}$$

$$\sin u=\frac{\sqrt{1-e^2}\sin\varphi}{1+e\cos\varphi}, \tag{1.27b}$$

$$\tan\frac{1}{2}u=\sqrt{\frac{1-e}{1+e}}\tan\frac{1}{2}\varphi. \tag{1.27c}$$

在近心点 $\varphi=u=0$，在远心点 $\varphi=u=\pi$. 用偏心角 u 替换真近点角 φ，方程(1.24)可改写成

$$r=a(1-e\cos u), \tag{1.28a}$$

$$\dot{r}=\sqrt{\frac{Gm}{a}}\frac{e\sin u}{1-e\cos u}, \tag{1.28b}$$

$$\dot{u}=\sqrt{\frac{Gm}{a^3}}\frac{1}{1-e\cos u}, \tag{1.28c}$$

$$v^2=\frac{Gm}{a}\frac{1+e\cos u}{1-e\cos u}=Gm\left(\frac{2}{r}-\frac{1}{a}\right). \tag{1.28d}$$

利用这些求解出的轨道结果，不但可用牛顿引力成功解释开普勒三定律，而且法国天文学家勒威耶(Urbain Le Verrier)与英国科学家亚当斯(John Adams)还利用牛顿力学预言了海王星的存在. 1846 年，德国天文学家伽勒(Johann Galle)发现了海王星.

1.1.1　坐标系

对于更一般的坐标系(X, Y, Z)，如黄道坐标系，轨道平面相对于 X-Y 平面一般有一个倾角(inclination)ι，见图 1.3，这也是 z 轴与 Z 轴之间的夹角. 轨道平面与 X-Y 平面之间的相交线称为交点线(line of nodes)，轨道从下往上交于 X-Y 平面的点称为升交点(ascending node)，轨道从上往下交于 X-Y 平面的点称为降交点(descending node). X 轴与交点线之间的夹角 Ω 称为升交点经度(longitude of the ascending node). 近心点经度 ω 定义为交点线与近心点方向之间的夹角. 真近点角 φ 定义为粒子位置 $\boldsymbol{r}$ 与近心点方向之间的夹角. 半正焦弦 p，轨道偏心率 e，倾角 ι，升

交点经度 Ω，近心点经度 ω 和先后两次通过近心点的时间差 T 构成轨道的六个参数.

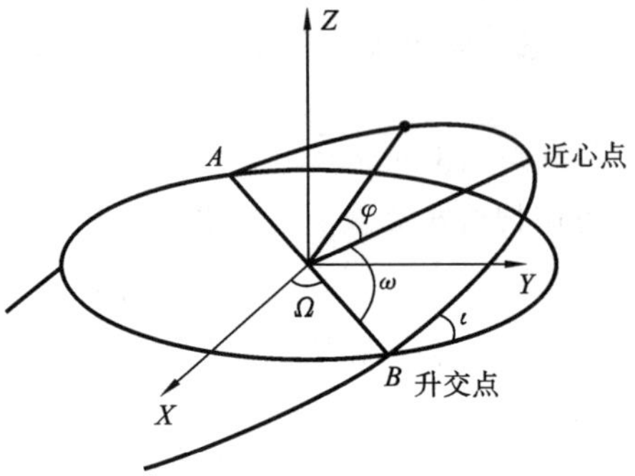

图 1.3 轨道及坐标系示意图

倾角 ι 为轨道平面与 X-Y 平面的夹角，线段 AB 为交点线，B 点为升交点. X 轴与交点线 AB 之间的夹角为升交点经度 Ω，交点线 AB 与近心点方向之间的夹角为近心点经度 ω，粒子位置 $\boldsymbol{r}$ 与近心点方向之间的夹角为真近点角 φ.

在 (X, Y, Z) 坐标系，基矢 $(\boldsymbol{n}, \boldsymbol{\lambda}, \boldsymbol{e}_z)$ 可表达成

$$\begin{aligned}\boldsymbol{n} =& [\cos\Omega\cos(\omega+\varphi)-\cos\iota\sin\Omega\sin(\omega+\varphi)]\boldsymbol{e}_X \\ &+[\sin\Omega\cos(\omega+\varphi)+\cos\iota\cos\Omega\sin(\omega+\varphi)]\boldsymbol{e}_Y \\ &+\sin\iota\sin(\omega+\varphi)\boldsymbol{e}_Z,\end{aligned} \tag{1.29a}$$

$$\begin{aligned}\boldsymbol{\lambda} =& [-\cos\Omega\sin(\omega+\varphi)-\cos\iota\sin\Omega\cos(\omega+\varphi)]\boldsymbol{e}_X \\ &+[-\sin\Omega\sin(\omega+\varphi)+\cos\iota\cos\Omega\cos(\omega+\varphi)]\boldsymbol{e}_Y \\ &+\sin\iota\cos(\omega+\varphi)\boldsymbol{e}_Z,\end{aligned} \tag{1.29b}$$

$$\boldsymbol{e}_z=\sin\iota\sin\Omega\boldsymbol{e}_X-\sin\iota\cos\Omega\boldsymbol{e}_Y+\cos\iota\boldsymbol{e}_Z. \tag{1.29c}$$

位置 $\boldsymbol{r}$ 的分量为

$$r_X=r[\cos\Omega\cos(\omega+\varphi)-\cos\iota\sin\Omega\sin(\omega+\varphi)], \tag{1.30a}$$

$$r_Y=r[\sin\Omega\cos(\omega+\varphi)+\cos\iota\cos\Omega\sin(\omega+\varphi)], \tag{1.30b}$$

$$r_Z=r\sin\iota\sin(\omega+\varphi), \tag{1.30c}$$

速度 $\boldsymbol{v}$ 的分量为

$$v_X=-\sqrt{\frac{Gm}{p}}\{\cos\Omega[\sin(\omega+\varphi)+e\sin\omega]+\cos\iota\sin\Omega[\cos(\omega+\varphi)+e\cos\omega]\}, \tag{1.31a}$$

$$v_Y=-\sqrt{\frac{Gm}{p}}\{\sin\Omega[\sin(\omega+\varphi)+e\sin\omega]-\cos\iota\cos\Omega[\cos(\omega+\varphi)+e\cos\omega]\}, \tag{1.31b}$$

$$v_Z=\sqrt{\frac{Gm}{p}}\sin\iota[\cos(\omega+\varphi)+e\cos\omega]. \tag{1.31c}$$

轨道参数与角动量及龙格-楞次矢量之间的关系为

$$p=\frac{l^2}{Gm}, \tag{1.32a}$$

$$e=|\mathbf{A}|, \tag{1.32b}$$

$$\cos\iota=\boldsymbol{e}_z\cdot\boldsymbol{e}_Z=\frac{\boldsymbol{l}\cdot\boldsymbol{e}_Z}{l}, \tag{1.32c}$$

$$\sin\iota\sin\Omega=\boldsymbol{e}_z\cdot\boldsymbol{e}_X=\frac{\boldsymbol{l}\cdot\boldsymbol{e}_X}{l}, \tag{1.32d}$$

$$\sin\iota\sin\omega=\boldsymbol{e}_x\cdot\boldsymbol{e}_Z=\frac{\mathbf{A}\cdot\boldsymbol{e}_Z}{e}. \tag{1.32e}$$

1.1.2　牛顿引力中的光线偏折

利用引力场中物体运动与其组分无关的等效原理，可以把光子看成一个粒子，从而利用引力计算光线偏折. 从图1.4的几何关系可知

$$r=\frac{b}{\sin\theta}, \tag{1.33}$$

及垂直方向加速度

$$a_\perp=\frac{GM}{r^2}\sin\theta=\frac{GM}{b^2}\sin^3\theta. \tag{1.34}$$

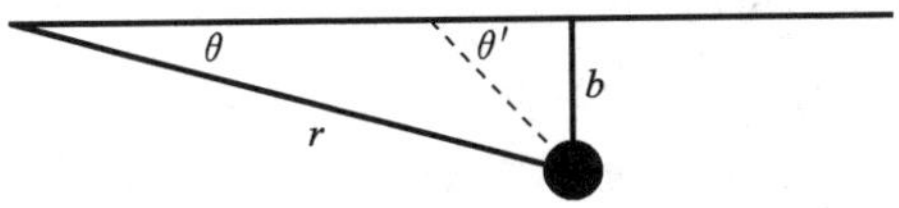

图1.4　光线偏折示意图

由几何关系

$$x=\frac{b}{\tan\theta}=\frac{b\cos\theta}{\sin\theta}, \tag{1.35a}$$

$$\mathrm{d}x=-b\left(1+\frac{\cos^2\theta}{\sin^2\theta}\right)\mathrm{d}\theta, \tag{1.35b}$$

可得时间微分 $\mathrm{d}t=-\mathrm{d}x/v$. 结合式(1.34)，积分可得垂直方向速度

$$v_\perp=\int_{-\infty}^{\infty}a_\perp\,\mathrm{d}t=-\int_{-\infty}^{\infty}a_\perp\,\mathrm{d}x/v=\frac{2GM}{bv}\int_0^{\pi/2}(\sin^3\theta+\cos^2\theta\sin\theta)\mathrm{d}\theta=\frac{2GM}{bv}, \tag{1.36}$$

由此可得偏折角

$$\Delta\phi=\frac{v_\perp}{v}=\frac{2GM}{bv^2}. \tag{1.37}$$

取光速 $v=c=1$，则光线偏折角为

$$\Delta\phi=\frac{2GM}{b}. \tag{1.38}$$

这个结果是第 4 章中广义相对论计算的结果(4.101)的一半.

1.2 密切轨道微扰方法

为了介绍密切(osculating)轨道微扰方法,下面先温习常数变易法. 1.1.1 与 1.2.1 这两小节内容主要参考文献[15]第三章. 考虑一个一维受迫简谐振子

$$\ddot{x}+x=g(t). \tag{1.39}$$

无源方程 $\ddot{x}+x=0$ 的通解为

$$x=x_0\cos t+v_0\sin t, \tag{1.40a}$$

$$\dot{x}=v_0\cos t-x_0\sin t, \tag{1.40b}$$

其中积分常数 x_0 及 v_0 分别对应于初始位置及初始速度. 对于有源方程的特解,可以利用常数变易法,即要求方程(1.39)的解仍然为(1.40a)及(1.40b),但是积分常数 x_0 及 v_0 应该是时间 t 的函数. 方程(1.40b)与方程(1.40a)自洽,则要求

$$\dot{x}_0\cos t+\dot{v}_0\sin t=0. \tag{1.41}$$

求解方程组(1.39),(1.40a)及(1.40b)得到

$$-\dot{x}_0\sin t+\dot{v}_0\cos t=g(t). \tag{1.42}$$

求解方程组(1.41)及(1.42)可得

$$\dot{x}_0=-g(t)\sin t,\quad \dot{v}_0=g(t)\cos t. \tag{1.43}$$

通过常数变易法,原始方程(1.39)被替换成方程(1.43). 求解出方程(1.43)的解并代入方程(1.40a),便可得到方程(1.39)的解.

考虑一个受微扰的两体系统

$$\boldsymbol{a}=-\frac{Gm}{r^2}\boldsymbol{n}+\boldsymbol{f}, \tag{1.44}$$

式中 $\boldsymbol{f}$ 为微扰力,严格地说,是单位质量受到的力. 在没有微扰的情况下, $\boldsymbol{f}=0$,这就是上一节求解的开普勒问题,其解为

$$\boldsymbol{r}=\boldsymbol{r}_{\mathrm{K}}(t,\mu^a),\quad \boldsymbol{v}=\boldsymbol{v}_{\mathrm{K}}(t,\mu^a), \tag{1.45}$$

式中 μ^a 代表 p,e,a 等轨道参数,$\boldsymbol{r}_{\mathrm{K}}(t,\mu^a)$ 及 $\boldsymbol{v}_{\mathrm{K}}(t,\mu^a)$ 为上一节给出的开普勒轨道解. 和常数变易法求解一维简谐振子问题类似,微扰方程(1.44)的解形式上和方程(1.45)一样,只是轨道参数不再为常数,即

$$r(t)=\frac{p(t)}{1+e(t)\cos\varphi(t)}, \tag{1.46a}$$

$$\dot{r}=\sqrt{\frac{Gm}{p(t)}}e(t)\sin\varphi(t). \tag{1.46b}$$

更一般形式的解为

$$\boldsymbol{r}=\boldsymbol{r}_{\mathrm{K}}(t,\mu^{\alpha}(t)),\tag{1.47a}$$

$$\boldsymbol{v}=\boldsymbol{v}_{\mathrm{K}}(t,\mu^{\alpha}(t)),\tag{1.47b}$$

对 $\boldsymbol{r}$ 求微分，有

$$\frac{\mathrm{d}\boldsymbol{r}}{\mathrm{d}t}=\frac{\partial\boldsymbol{r}_{\mathrm{K}}}{\partial t}+\sum_{\alpha}\frac{\partial\boldsymbol{r}_{\mathrm{K}}}{\partial\mu^{\alpha}}\frac{\mathrm{d}\mu^{\alpha}}{\mathrm{d}t}=\boldsymbol{v}_{\mathrm{K}},\tag{1.48}$$

可得第一个密切条件

$$\sum_{\alpha}\frac{\partial\boldsymbol{r}_{\mathrm{K}}}{\partial\mu^{\alpha}}\frac{\mathrm{d}\mu^{\alpha}}{\mathrm{d}t}=0.\tag{1.49}$$

对 $\boldsymbol{v}$ 求微分，有

$$\frac{\mathrm{d}\boldsymbol{v}}{\mathrm{d}t}=\frac{\partial\boldsymbol{v}_{\mathrm{K}}}{\partial t}+\sum_{\alpha}\frac{\partial\boldsymbol{v}_{\mathrm{K}}}{\partial\mu^{\alpha}}\frac{\mathrm{d}\mu^{\alpha}}{\mathrm{d}t}=\boldsymbol{a},\tag{1.50}$$

可得第二个密切条件

$$\sum_{\alpha}\frac{\partial\boldsymbol{v}_{\mathrm{K}}}{\partial\mu^{\alpha}}\frac{\mathrm{d}\mu^{\alpha}}{\mathrm{d}t}=\boldsymbol{f}.\tag{1.51}$$

因此微扰系统方程的求解转化成求解由两个密切条件(1.49)与(1.51)给出的轨道参数所满足的密切方程.

利用基矢$(\boldsymbol{n},\boldsymbol{\lambda},\boldsymbol{e}_z)$，微扰力可写成 $\boldsymbol{f}=\mathcal{R}\boldsymbol{n}+\mathcal{S}\boldsymbol{\lambda}+\mathcal{W}\boldsymbol{e}_z$. 龙格-楞次矢量可分解成

$$\boldsymbol{A}=A\boldsymbol{e}_x=e(\cos\varphi\boldsymbol{n}-\sin\varphi\boldsymbol{\lambda}),\tag{1.52}$$

上式利用 $\boldsymbol{A}$ 定义了基矢 $\boldsymbol{e}_x$，注意这里所定义的基矢都不是常矢量. 在微扰力作用下，角动量及龙格-楞次矢量不再是守恒量，从而有

$$\frac{\mathrm{d}\boldsymbol{l}}{\mathrm{d}t}=\boldsymbol{r}\times\boldsymbol{f}=-r\mathcal{W}\boldsymbol{\lambda}+r\mathcal{S}\boldsymbol{e}_z,\tag{1.53}$$

及

$$Gm\frac{\mathrm{d}\boldsymbol{A}}{\mathrm{d}t}=\boldsymbol{f}\times\boldsymbol{l}+\boldsymbol{v}\times(\boldsymbol{r}\times\boldsymbol{f})=2l\mathcal{S}\boldsymbol{n}-(l\mathcal{R}+r\dot{r}\mathcal{S})\boldsymbol{\lambda}-r\dot{r}\mathcal{W}\boldsymbol{e}_z.\tag{1.54}$$

方程(1.53)表明

$$\frac{\mathrm{d}l}{\mathrm{d}t}=r\mathcal{S},\tag{1.55}$$

$$l\frac{\mathrm{d}\boldsymbol{e}_z}{\mathrm{d}t}=-r\mathcal{W}\boldsymbol{\lambda}.\tag{1.56}$$

方程(1.54)表明

$$Gm\frac{\mathrm{d}A}{\mathrm{d}t}=l\sin\varphi\mathcal{R}+(2l\cos\varphi+r\dot{r}\sin\varphi)\mathcal{S},\tag{1.57}$$

$$GmA\frac{\mathrm{d}\boldsymbol{e}_x}{\mathrm{d}t}=-[l\cos\varphi\mathcal{R}+(-2l\sin\varphi+r\dot{r}\cos\varphi)\mathcal{S}](\sin\varphi\boldsymbol{n}+\cos\varphi\boldsymbol{\lambda})-r\dot{r}\mathcal{W}\boldsymbol{e}_z.\tag{1.58}$$

1.2.1 密切方程

结合方程(1.32)及方程组(1.55)~(1.58)可得密切方程[15]

$$\frac{\mathrm{d}p}{\mathrm{d}t}=2\sqrt{\frac{p^3}{Gm}}\frac{1}{1+e\cos\varphi}\mathcal{S}, \tag{1.59a}$$

$$\frac{\mathrm{d}e}{\mathrm{d}t}=\sqrt{\frac{p}{Gm}}\left[\sin\varphi\mathcal{R}+\frac{2\cos\varphi+e(1+\cos^2\varphi)}{1+e\cos\varphi}\mathcal{S}\right], \tag{1.59b}$$

$$\frac{\mathrm{d}\iota}{\mathrm{d}t}=\sqrt{\frac{p}{Gm}}\frac{\cos(\omega+\varphi)}{1+e\cos\varphi}\mathcal{W}, \tag{1.59c}$$

$$\sin\iota\frac{\mathrm{d}\Omega}{\mathrm{d}t}=\sqrt{\frac{p}{Gm}}\frac{\sin(\omega+\varphi)}{1+e\cos\varphi}\mathcal{W}, \tag{1.59d}$$

$$\frac{\mathrm{d}\omega}{\mathrm{d}t}=\frac{1}{e}\sqrt{\frac{p}{Gm}}\left[-\cos\varphi\mathcal{R}+\frac{2+e\cos\varphi}{1+e\cos\varphi}\sin\varphi\mathcal{S}-e\cot\iota\frac{\sin(\omega+\varphi)}{1+e\cos\varphi}\mathcal{W}\right], \tag{1.59e}$$

$$\frac{\mathrm{d}a}{\mathrm{d}t}=2\sqrt{\frac{a^3}{Gm}}(1-e^2)^{-1/2}[e\sin\varphi\mathcal{R}+(1+e\cos\varphi)\mathcal{S}], \tag{1.59f}$$

$$\frac{\mathrm{d}\varphi}{\mathrm{d}t}=\sqrt{\frac{Gm}{p^3}}(1+e\cos\varphi)^2+\frac{1}{e}\sqrt{\frac{p}{Gm}}\left[\cos\varphi\mathcal{R}-\frac{2+e\cos\varphi}{1+e\cos\varphi}\sin\varphi\mathcal{S}\right]. \tag{1.59g}$$

到目前为此,并没有用到力 $\boldsymbol{f}$ 是一个微扰力的特性. 对于微扰力,轨道参数变换比较小,方程(1.59)右边的参数可以看成常数,然后积分得到其一阶的变化量. 为了求解方便,可以选取 φ 作为自变量,利用方程(1.59g)的一阶近似

$$\frac{\mathrm{d}t}{\mathrm{d}\varphi}\approx\sqrt{\frac{p^3}{Gm}}\frac{1}{(1+e\cos\varphi)^2}\times\left\{1-\frac{1}{e}\frac{p^2}{Gm}\left[\frac{\cos\varphi}{(1+e\cos\varphi)^2}\mathcal{R}-\frac{2+e\cos\varphi}{(1+e\cos\varphi)^3}\sin\varphi\mathcal{S}\right]\right\}, \tag{1.60}$$

方程(1.59a)~(1.59e)的一阶近似为

$$\frac{\mathrm{d}p}{\mathrm{d}\varphi}\approx\frac{2p^3}{Gm}\frac{1}{(1+e\cos\varphi)^3}\mathcal{S}, \tag{1.61a}$$

$$\frac{\mathrm{d}e}{\mathrm{d}\varphi}\approx\frac{p^2}{Gm}\left[\frac{\sin\varphi}{(1+e\cos\varphi)^2}\mathcal{R}+\frac{2\cos\varphi+e(1+\cos^2\varphi)}{(1+e\cos\varphi)^3}\mathcal{S}\right], \tag{1.61b}$$

$$\frac{\mathrm{d}\iota}{\mathrm{d}\varphi}\approx\frac{p^2}{Gm}\frac{\cos(\omega+\varphi)}{(1+e\cos\varphi)^3}\mathcal{W}, \tag{1.61c}$$

$$\sin\iota\frac{\mathrm{d}\Omega}{\mathrm{d}\varphi}\approx\frac{p^2}{Gm}\frac{\sin(\omega+\varphi)}{(1+e\cos\varphi)^3}\mathcal{W}, \tag{1.61d}$$

$$\frac{\mathrm{d}\omega}{\mathrm{d}\varphi}\approx\frac{1}{e}\frac{p^2}{Gm}\left[-\frac{\cos\varphi}{(1+e\cos\varphi)^2}\mathcal{R}+\frac{2+e\cos\varphi}{(1+e\cos\varphi)^3}\sin\varphi\mathcal{S}-e\cot\iota\frac{\sin(\omega+\varphi)}{(1+e\cos\varphi)^3}\mathcal{W}\right]. \tag{1.61e}$$

现在考虑微扰力来自质量为 m_3 的第三个物体的情况. 定义 $\boldsymbol{R}=\boldsymbol{r}_3-\boldsymbol{r}_2$ 及 $\boldsymbol{N}=\boldsymbol{R}/R$,$R=|\boldsymbol{R}|\gg r$,则微扰力

$$
\begin{aligned}
\boldsymbol{f} &= -Gm_3\left(\frac{\boldsymbol{r}-\boldsymbol{R}}{|\boldsymbol{r}-\boldsymbol{R}|^3}+\frac{\boldsymbol{N}}{R^2}\right) \\
&\approx -\frac{Gm_3 r}{R^3}[\boldsymbol{n}-3(\boldsymbol{n}\cdot\boldsymbol{N})\boldsymbol{N}].
\end{aligned}
\tag{1.62}
$$

把式(1.62)代入式(1.61)，则可求出轨道参数的演化结果. 演化一周后轨道参数的变化为

$$
\Delta\mu^\alpha = \int_0^P \frac{\mathrm{d}\mu^\alpha}{\mathrm{d}t}\mathrm{d}t = \int_0^{2\pi}\frac{\mathrm{d}\mu^\alpha}{\mathrm{d}\varphi}\mathrm{d}\varphi, \tag{1.63}
$$

平均值为

$$
\langle\Delta\mu^\alpha\rangle = \frac{\Delta\mu^\alpha}{P}, \tag{1.64}
$$

式中 P 为运动周期.

1.2.2　水星进动

对于太阳系中的水星运动，利用上述方法可计算出其受到木星的影响导致的近日点进动为[15]

$$
\langle\delta\omega\rangle = \frac{3\pi}{2}\frac{m_3}{m}\left(\frac{a}{R}\right)^3(1-e^2)^{1/2}. \tag{1.65}
$$

另外，也可计算得到 $\langle\delta\alpha\rangle=0$. 观测表明水星进动角为每百年 575″，勒威耶计算了其他行星扰动导致的水星近日点进动，发现仍然有每百年 40″的进动无法用牛顿力学解释，因此有必要发展能够解释水星的近日点进动的引力理论.

如果把第 4 章给出的有效势方程(4.38)中广义相对论修正项 $-Gml^2/r^3$ 看成微扰力 $-3Gml^2\boldsymbol{r}/r^5$，把 $\mathcal{R}=-3Gml^2/r^4=-3(Gm)^2p/r^4$ 代入方程(1.61e)计算近日点进动，得到

$$
\begin{aligned}
\delta\omega &= \int_0^{2\pi}\frac{1}{e}\frac{p^2}{Gm}\frac{\cos\varphi}{(1+e\cos\varphi)^2}\frac{3(Gm)^2p}{p^4}(1+e\cos\varphi)^4\mathrm{d}\varphi \\
&= \frac{3Gm}{ep}\int_0^{2\pi}\cos\varphi(1+e\cos\varphi)^2\mathrm{d}\varphi \\
&= \frac{6\pi Gm}{p}.
\end{aligned}
\tag{1.66}
$$

这和第 4 章广义相对论中求解测地线方程得到的结果一致.

中等质量黑洞周围暗物质一般形成能量密度分布为 $\rho\sim r^{-\alpha}$ 的暗物质峰，其质量分布为 $M\sim r^{3-\alpha}$，引力为 $-\boldsymbol{r}/r^{\alpha}$[17-19]. 对于形式为 $-\boldsymbol{r}/r^\alpha$ 的扰动力，近星点进动为[19]

$$
\delta\omega \sim \int_0^{2\pi}\cos\varphi(1+e\cos\varphi)^{\alpha-3}\mathrm{d}\varphi. \tag{1.67}
$$

当 $0<e<1$ 及 $\alpha<3$ 时，上述积分为负，即这种扰动力带来的进动为反向进动.

1.2.3 古在机制

1962 年 Lidov 与古在(Kozai)分别独立发现两体系统受到第三个物体的扰动后,系统的偏心率 e 与倾角 ι 会发生一个增加而另一个减小的周期性的变化,这种现象称为古在机制[20,21]. 为简单起见,假设第三个物体在 X-Y 平面作圆周运动,且 X 轴与交点线重合,$\Omega=0$,把式(1.62)代入方程(1.61)得到[15]

$$\langle \Delta a\rangle=0, \tag{1.68a}$$

$$\langle \Delta e\rangle=\frac{15\pi}{2}\frac{m_3}{m}\left(\frac{a}{R}\right)^3 e(1-e^2)^{1/2}\sin^2\iota\sin\omega\cos\omega, \tag{1.68b}$$

$$\langle \Delta\omega\rangle=\frac{3\pi}{2}\frac{m_3}{m}\left(\frac{a}{R}\right)^3(1-e^2)^{-1/2}\left[5\cos^2\iota\sin^2\omega+(1-e^2)(5\cos^2\omega-3)\right], \tag{1.68c}$$

$$\langle \Delta\iota\rangle=-\frac{15\pi}{2}\frac{m_3}{m}\left(\frac{a}{R}\right)^3 e^2(1-e^2)^{-1/2}\sin\iota\cos\iota\sin\omega\cos\omega. \tag{1.68d}$$

结合方程(1.68b)与方程(1.68d)可得

$$e(1-e^2)^{-1}\langle \Delta e\rangle+\tan\iota\langle \Delta\iota\rangle=0. \tag{1.69}$$

方程(1.69)表明,有如下守恒定律:

$$\sqrt{1-e^2}\cos\iota=\text{常数}. \tag{1.70}$$

根据这个守恒定律,ι 增加时,e 需要减小. 古在机制是增加两体运动轨道偏心率的一个重要手段.

1.3 伽利略时空观

相对运动速度为 $\boldsymbol{v}$ 的两个惯性参考系 S 与 S' 中坐标之间的伽利略变换为

$$\boldsymbol{x}'=\boldsymbol{x}-\boldsymbol{v}t, \tag{1.71a}$$

$$t'=t. \tag{1.71b}$$

上述坐标变换写成矩阵形式为

$$\begin{pmatrix} x' \\ y' \\ z' \\ t' \end{pmatrix}=\begin{pmatrix} 1 & 0 & 0 & -v_x \\ 0 & 1 & 0 & -v_y \\ 0 & 0 & 1 & -v_z \\ 0 & 0 & 0 & 1 \end{pmatrix}\begin{pmatrix} x \\ y \\ z \\ t \end{pmatrix}. \tag{1.72}$$

由坐标变换(1.71)可得速度及加速度变换关系为

$$\boldsymbol{u}'=\boldsymbol{u}-\boldsymbol{v}, \tag{1.73a}$$

$$\boldsymbol{a}'=\boldsymbol{a}, \tag{1.73b}$$

式中速度 $\boldsymbol{u}=\mathrm{d}\boldsymbol{x}/\mathrm{d}t$,加速度 $\boldsymbol{a}=\mathrm{d}^2\boldsymbol{x}/\mathrm{d}t^2$. 方程(1.73b)表明伽利略变换保持加速度不变. 在某个固定时刻,伽利略变换(1.71)也可以看成坐标平移变换. 另外,参考系也

可以作转动变换

$$x'_i = \sum_{j=1}^{3} \mathcal{R}_{ij} x_j = \mathcal{R}_{ij} x_j, \tag{1.74}$$

式中 x_i 代表坐标分量(x,y,z)，矩阵 $\mathcal{R}_{ij}$ 代表转动变换，最后一个等式是为了书写方便而采用了爱因斯坦求和约定，即出现相同指标（如指标 j）时默认为求和，并省略求和符号 $\sum$. 对于沿逆时针方向绕 z 轴转动 θ 角度的变换，转动变换矩阵 $\mathcal{R}_{ij}$ 为

$$\mathcal{R}_{ij} = \begin{pmatrix} \cos\theta & \sin\theta & 0 \\ -\sin\theta & \cos\theta & 0 \\ 0 & 0 & 1 \end{pmatrix}. \tag{1.75}$$

一般而言，转动变换矩阵 $\mathcal{R}_{ij}$ 是正交矩阵，满足如下关系：

$$\mathcal{R}_{ij}\mathcal{R}_{ik} = \delta_{jk}, \quad \tilde{\mathcal{R}}\mathcal{R} = \boldsymbol{I}, \tag{1.76}$$

式中 $\tilde{\mathcal{R}}$ 代表矩阵 $\mathcal{R}$ 的转秩矩阵，即矩阵的行和列互换，$\boldsymbol{I}$ 代表单位矩阵. 三维空间中的转动变换构成 $SO(3)$群. 根据物理量在三维转动变换下的变换性质，我们把物理量分为标量、矢量和张量①.

(1) 标量：在三维转动变换下保持不变的量称为标量，即标量 u 的变换满足 $u'=u$.

(2) 矢量：在三维转动变换下按与坐标变换方式相同的变换关系发生变换的物理量称为矢量，即矢量 v_i 的变换满足方程 $v'_i=\mathcal{R}_{ij}v_j$.

(3) 张量：在三维转动变换下满足如下变换的物理量称为 n 阶张量：

$$T'_{i_1 i_2 \cdots i_n} = \mathcal{R}_{i_1 j_1 i_2 j_2} \cdots \mathcal{R}_{i_n j_n} T_{j_1 j_2 \cdots j_n}. \tag{1.77}$$

显然在三维转动变换下距离保持不变，即距离是一个标量. 质量 m 与时间 t 等也是标量. 对于一个二阶张量，其迹在三维转动变换下的变换为

$$T'_{ii} = \mathcal{R}_{ij}\mathcal{R}_{ik} T_{jk} = \delta_{jk} T_{jk} = T_{jj}. \tag{1.78}$$

所以二阶张量的迹是三维转动变换下的标量，是一个不变量. 位移、速度、加速度及力这些物理量都是矢量. 在三维转动变换下，包括牛顿万有引力在内的力的变换为 $F'_i=\mathcal{R}_{ij}F_j$，加速度变换关系为 $a'_i=\mathcal{R}_{ij}a_j$，所以牛顿第二定律在转动后的惯性参考系 S' 中形式上保持不变，$\boldsymbol{F}'=m\boldsymbol{a}'$，这也称为协变性. 在伽利略变换下，力与加速度保持不变，牛顿第二定律也保持不变，这就是伽利略相对性原理. 结合方程组(1.71)与(1.74)，包括转动在内的更一般的伽利略变换为

$$x'_i = \mathcal{R}_{ij} x_j - v_i t, \tag{1.79a}$$

$$t' = t. \tag{1.79b}$$

① $SO(3)$群的标量、矢量和张量，一般而言，都与变换或对称性联系在一起，要讲张量就必须先说明是对应于哪种变换或对称群.

下面讨论电磁运动规律,即麦克斯韦(Maxwell)方程组的伽利略变换性质. 首先讨论电场及磁场满足的波动方程

$$\Box^2 \boldsymbol{E}=\nabla^2 \boldsymbol{E}-\frac{1}{c^2}\frac{\partial^2 \boldsymbol{E}}{\partial t^2}=0, \tag{1.80}$$

式中真空中光速 $c=1/\sqrt{\epsilon_0/\mu_0}$, ϵ_0 及 μ_0 分别为真空中的介电常数和磁导率. 在转动变换下,算符$\Box^2$ 保持不变,电场 $\boldsymbol{E}$ 按矢量变换,波动方程形式保持不变. 在伽利略变换(1.71)下,有

$$\boldsymbol{\nabla}'=\boldsymbol{\nabla}, \tag{1.81a}$$

$$\frac{\partial}{\partial t'}=\frac{\partial}{\partial t}+\boldsymbol{v}\cdot\boldsymbol{\nabla}, \tag{1.81b}$$

波动方程成为

$$\left[\nabla'^2-\frac{1}{c^2}\frac{\partial^2}{\partial t'^2}+\frac{2}{c^2}(\boldsymbol{v}\cdot\boldsymbol{\nabla}')\frac{\partial}{\partial t'}-\frac{1}{c^2}(\boldsymbol{v}\cdot\boldsymbol{\nabla}')^2\right]\boldsymbol{E}=0. \tag{1.82}$$

尽管方程(1.82)具有波动解 $E_i=f_i[z'-(c-v)t']$(假设电磁波沿 z 方向传播且两惯性参考系相对运动方向为 z 方向),此方程表明不可能找到自洽的变换 $\boldsymbol{E}'$,使得其满足传播速度为 $c-v$ 的波动方程

$$\left[\nabla'^2-\frac{1}{(c-v)^2}\frac{\partial^2}{\partial t'^2}\right]\boldsymbol{E}'=0. \tag{1.83}$$

即电磁波方程不满足伽利略变换. 当然,即使能找到满足方程(1.83)的变换,真空中的光速取决于真空中介电常数和磁导率,似乎与参考系无关,这还是与伽利略变换相矛盾. 其实麦克斯韦方程组也不满足伽利略变换. 这可以用下面的假设式推导来说明[22]. 假设电荷是一个不变量,则电荷密度也是不变量,$\rho'=\rho$. 电流密度

$$\boldsymbol{j}'=\rho'\boldsymbol{u}'=\rho\boldsymbol{u}-\rho\boldsymbol{v}=\boldsymbol{j}-\rho\boldsymbol{v}. \tag{1.84}$$

结合伽利略变换(1.81)可得电荷守恒方程

$$\frac{\partial\rho}{\partial t}+\boldsymbol{\nabla}\cdot\boldsymbol{j}=0, \tag{1.85}$$

具有伽利略协变性. 考虑洛伦兹(Lorentz)力的变换性质

$$\boldsymbol{f}'=\boldsymbol{f}=\rho\boldsymbol{E}+\rho\boldsymbol{u}\times\boldsymbol{B}, \tag{1.86}$$

可得电磁场的变换关系

$$\boldsymbol{E}'=\boldsymbol{E}+\boldsymbol{v}\times\boldsymbol{B}, \tag{1.87a}$$

$$\boldsymbol{B}'=\boldsymbol{B}. \tag{1.87b}$$

把这个变换关系代入麦克斯韦方程组,得到

$$\boldsymbol{\nabla}'\cdot\boldsymbol{B}'=\boldsymbol{\nabla}\cdot\boldsymbol{B}=0, \tag{1.88}$$

$$\boldsymbol{\nabla}'\times\boldsymbol{E}'+\frac{\partial\boldsymbol{B}'}{\partial t'}=\boldsymbol{\nabla}\times\boldsymbol{E}+\frac{\partial\boldsymbol{B}}{\partial t}=0, \tag{1.89}$$

但是高斯定理

$$0=\boldsymbol{\nabla}'\cdot\boldsymbol{E}'-\rho'/\epsilon_0=\boldsymbol{\nabla}\cdot\boldsymbol{E}-\rho/\epsilon_0+\boldsymbol{\nabla}\cdot(\boldsymbol{v}\times\boldsymbol{B}),\tag{1.90}$$

及方程

$$\begin{aligned}0&=\boldsymbol{\nabla}'\times\boldsymbol{B}'-\mu_0\boldsymbol{j}'-\mu_0\epsilon_0\frac{\partial\boldsymbol{E}'}{\partial t'}\\&=\boldsymbol{\nabla}\times\boldsymbol{B}-\mu_0\boldsymbol{j}-\mu_0\epsilon_0\frac{\partial\boldsymbol{E}}{\partial t}+\mu_0\rho\boldsymbol{v}-\mu_0\epsilon_0\boldsymbol{v}\cdot\boldsymbol{\nabla}\boldsymbol{E}\\&\quad-\mu_0\epsilon_0\frac{\partial(\boldsymbol{v}\times\boldsymbol{B})}{\partial t}-\mu_0\epsilon_0\boldsymbol{v}\cdot\boldsymbol{\nabla}(\boldsymbol{v}\times\boldsymbol{B}),\end{aligned}\tag{1.91}$$

都不满足伽利略协变性. 这种不相容性意味着要么麦克斯韦方程组不满足伽利略协变性,即麦克斯韦方程组需要修改,要么两个惯性系之间的更普遍的变换不是伽利略变换,需要寻找满足相对性原理的新的变换关系.

第2章 狭义相对论

针对麦克斯韦方程组与伽利略变换不相容的问题,包括赫兹(Hertz)在内的很多人都尝试过修改麦克斯韦方程组使之具有伽利略协变性,但是他们都没有成功. 洛伦兹在1904年给出了时空的洛伦兹变换以及电磁场的变换,但是他没有给出电荷密度和电流密度的正确变换关系,而且他不认为另一惯性系中出现的 t' 是物理时间,因此他没有推导出符合洛伦兹协变性的麦克斯韦方程组. 庞加莱(Poincaré)在1905年(6月初及7月)从四矢势 A_μ 出发推导了四矢势、电荷密度、电流密度、电场与磁场在洛伦兹变换下的正确变换关系,从而证明了麦克斯韦方程组满足洛伦兹协变性. 庞加莱甚至通过引入四维坐标($x^1,x^2,x^3,x^4=ict$)的概念说明洛伦兹变换相当于四维空间中的转动变换. 爱因斯坦在1905年(6月底)基于两个基本假设(原理)提出了狭义相对论,并证明了麦克斯韦方程组的洛伦兹协变性. 闵可夫斯基(Minkowski)于1908年通过引入虚时间坐标给出了四维形式的麦克斯韦方程组及其洛伦兹不变性[23]. 对狭义相对论的发展过程感兴趣的读者可以参阅文献[23,24].

爱因斯坦提出的狭义相对性原理与光速不变原理这两个基本假设的具体内容如下.

(1) 狭义相对性原理:所有惯性参考系都是等价的,除引力以外的物理规律比如力学及电磁规律等在所有惯性参考系都可以表示为相同形式.

(2) 光速不变原理:真空中的光速相对于任何惯性系沿任一方向速度恒为 c,且与光源运动无关. 光速不变原理意味着不存在以光速运动的惯性参考系.

狭义相对性原理及光速不变原理得到各种实验的验证,本书不作详细介绍,感兴趣的读者可参阅文献[25].

2.1 洛伦兹变换及其线性特性

本节先证明惯性坐标系之间的相对论变换一定是线性变换,然后再推导出洛伦兹变换[26]. 考虑两个相对运动的惯性参考系 S 及 S',且这两个惯性系的空间坐标和时间已经利用光速不变原理按通常的办法定义好了(这里假设定义好了时间和空间坐标的时空是均匀各向同性的). 为不失一般性,考虑 S' 系以速度 v 相对于 S 系沿 x 方向运动(注意 $v<c$,本章保留光速 c). 初始时刻,S' 系坐标原点和 S 系坐标原点重合,且 S' 系坐标原点的时钟和 S 系坐标原点的时钟对准了(同一个地点可以对钟),即 $x=0,t=0,x'=0,t'=0$(两个坐标系对钟可以在任意位置,为方便讨论,且不失一般性,我们选取在坐标原点对钟). S' 系与 S 系之间最一般的坐标变换关系为

$$x'=F(x,\ t),\tag{2.1a}$$

$$t'=G(x,\ t),\tag{2.1b}$$

其中函数 F 及 G 满足 $F(0,\ 0)=G(0,\ 0)=0$. 它们之间的微分变换关系为

$$\mathrm{d}x'=\frac{\partial F}{\partial x}\mathrm{d}x+\frac{\partial F}{\partial t}\mathrm{d}t,\tag{2.2a}$$

$$\mathrm{d}t'=\frac{\partial G}{\partial x}\mathrm{d}x+\frac{\partial G}{\partial t}\mathrm{d}t.\tag{2.2b}$$

下面先证明函数 $F(x,\ t)$是一个单变量函数.

引理 1:函数 $F(x,\ t)$是一个单变量函数,即 $F(x,\ t)=f(x-vt)$.

由于 S'系的坐标原点 $x'=0$(可以是任意一点)在 S'系保持不动,但在 S 系看来是在作匀速运动,$\mathrm{d}x=v\mathrm{d}t$,把这个关系式代入方程(2.2a),则得到

$$\mathrm{d}x'=\left(\frac{\partial F}{\partial x}v+\frac{\partial F}{\partial t}\right)\mathrm{d}t=0,\tag{2.3}$$

所以有

$$\frac{\partial F}{\partial x}=-\frac{1}{v}\frac{\partial F}{\partial t}.\tag{2.4}$$

对方程(2.4)两边求时间偏导数可得

$$\frac{\partial^2 F}{\partial x\partial t}=-\frac{1}{v}\frac{\partial^2 F}{\partial t^2}.\tag{2.5}$$

由上式可知,如果$\partial^2 F/\partial x\partial t=0$,则函数 F 为线性函数. 对方程(2.4)两边求 x 偏导数并结合方程(2.5)可得

$$\frac{\partial^2 F}{\partial x^2}-\frac{1}{v^2}\frac{\partial^2 F}{\partial t^2}=0.\tag{2.6}$$

显然函数 F 满足波动方程,其解为

$$F(x,\ t)=f(x-vt).\tag{2.7}$$

上述解也可通过引入新变量 $l_1=x+vt$ 及 $l_2=x-vt$ 把方程(2.4)简化为$\partial F/\partial l_1=0$,加上条件 $F(0,\ 0)=0$ 而求解,得到 $F(x,\ t)=f(l_2)=f(x-vt)$.

由相对性原理可知,S 系相对于 S'以速度$-v$ 作匀速运动,因此方程(2.1a)的逆变换为 $x=f(x'+vt')$. 由此可知,$x'+vt'=F+vG=f^{-1}(x)$只是 x 的函数,$F+vG$ 对时间 t 的偏导数为零,即

$$\frac{\partial F}{\partial t}=-v\frac{\partial G}{\partial t},\tag{2.8}$$

及

$$\frac{\partial F}{\partial x}=-\frac{1}{v}\frac{\partial F}{\partial t}=\frac{\partial G}{\partial t}.\tag{2.9}$$

式(2.8)及式(2.9)也可以直接由 S 系中原点的运动得到. S 系中原点(或任意一点)在 S'系以$-v$ 运动,$\mathrm{d}x=0$ 且 $\mathrm{d}x'=-v\mathrm{d}t'$,代入方程(2.2)则得到方程(2.8)及方程

(2.9). 为了区分正变换与逆变换,把正变换写成 $f(x-vt)=f[p(x,\ t,\ v)]$,逆变换写成 $f(x'+vt')=f[p(x',\ t',\ -v)]$,其中变量 $p(x,\ t,\ v)=x-vt$,$p(x',\ t',\ -v)=x'+vt'$. 下面接着证明函数 $G(x,\ t)$是一个单变量函数.

引理 2:函数 $G(x,\ t)$是一个单变量函数,即 $G(x,\ t)=g(x-\tilde{u}t)$,式中 $\tilde{u}$ 是一个未知常数.

考虑一个匀速运动的物体在两个惯性参考系中的运动. 在 S 系中该运动为 $\mathrm{d}x=u\mathrm{d}t$,在 S'系中该运动为 $\mathrm{d}x'=u'\mathrm{d}t'$,结合式(2.2),式(2.8)及式(2.9)可得

$$\begin{aligned}\mathrm{d}x'&=\frac{\partial F}{\partial x}\mathrm{d}x+\frac{\partial F}{\partial t}\mathrm{d}t=\left(\frac{\partial F}{\partial x}u+\frac{\partial F}{\partial t}\right)\mathrm{d}t=(u-v)\frac{\partial G}{\partial t}\mathrm{d}t,\\&=u'\left(\frac{\partial G}{\partial x}u+\frac{\partial G}{\partial t}\right)\mathrm{d}t.\end{aligned}\tag{2.10}$$

方程(2.10)最后两行给出函数 G 所满足的方程

$$uu'\frac{\partial G}{\partial x}+(u'-u+v)\frac{\partial G}{\partial t}=0.\tag{2.11}$$

如果 $u'=u-v$,此即牛顿力学中的速度相加公式,这与光速不变原理相矛盾,可以被排除. 实际上这种情况就是伽利略变换,下面先讨论这种情况. 由牛顿力学中的速度相加公式 $u'=u-v$ 得到$\partial G/\partial x=0$,所以函数 $G(x,\ t)$只是 t 的函数,$G(x,\ t)=G_a(t)$,从而有

$$t'=G(x,\ t)=G_a(t),\tag{2.12a}$$

$$t=G_a^{-1}(t').\tag{2.12b}$$

根据相对性原理可知,$t=G_a(t')$,所以 $t=G_a^{-1}(t')=G_a(t')$. 加上条件 $G_a(0)=0$,得到 $G_a(t)=t$,即 $t'=t$,时间是绝对的,此即伽利略变换,可以被排除,因此只需要考虑 $u'\neq u-v$ 的情况.

对于 $u'\neq u-v$ 的情况,方程(2.11)和方程(2.4)类似,引入变量 $m_1=x+\tilde{u}t$ 及 $m_2=x-\tilde{u}t$,则方程(2.11)简化为$\partial G/\partial m_1=0$,其解为

$$G(x,\ t)=g(x-\tilde{u}t),\tag{2.13}$$

式中 $\tilde{u}=uu'/(u'-u+v)$. 对于目前的推导过程,并不清楚这个常数是否依赖于运动物体的速度. 对于光子,$u'=u=c$,则 $\tilde{u}=c^2/v$.

由相对性原理可知 $t=g(x'-\alpha t')$,其中 $\alpha=\tilde{u}(v\rightarrow -v)$. 同理把正变换写成 $g(x-\tilde{u}t)=g[q(x,\ t,\ v)]$,逆变换写成 $g(x'-\alpha t')=g[q(x',\ t',\ -v)]$,其中变量 $q(x,t,v)=x-\tilde{u}t$,$q(x',\ t',\ -v)=x'-\tilde{u}(-v)t'=x'-\alpha t'$.

另外,结合方程(2.9)及方程(2.11)可得

$$\frac{\partial F}{\partial x}=-\tilde{u}\,\frac{\partial G}{\partial x}.\tag{2.14}$$

这个关系式也可以通过考虑 S 系中的任意时刻的两个任意事件$(x,\ t)$及$(x+\mathrm{d}x,\ t)$得到. 在 S'系看来,它们之间的相对运动为匀速运动 $\mathrm{d}x'=\tilde{v}\mathrm{d}t'$,代入方程(2.2)并利

用 $\mathrm{d}t=0$ 得到

$$\frac{\partial F}{\partial x}=\tilde{v}\frac{\partial G}{\partial x}.$$

由方程(2.14)可知，$\tilde{v}=-\tilde{u}$. 另外，方程(2.8)与方程(2.14)也可统一写成

$$\frac{\mathrm{d}f[p(x,t,v)]}{\mathrm{d}p}=-\tilde{u}\frac{\mathrm{d}g[q(x,t,v)]}{\mathrm{d}q}.$$

定理：惯性坐标系之间的相对论变换一定是线性变换[26].

现在可以证明函数 f 和 g 为线性函数. 这里先小结一下函数 f 及 g 的性质：

$$F(x,t)=f(x-vt)=f[p(x,t,v)],\tag{2.15a}$$

$$G(x,t)=g(x-\tilde{u}t)=g[q(x,t,v)],\tag{2.15b}$$

$$\frac{\mathrm{d}f[p(x,t,v)]}{\mathrm{d}p}=-\tilde{u}\frac{\mathrm{d}g[q(x,t,v)]}{\mathrm{d}q},\tag{2.15c}$$

$$f(0)=g(0)=0.\tag{2.15d}$$

方程(2.15c)两边分别为 $p=x-vt$ 及 $q=x-\tilde{u}t$ 的函数，它们对任意坐标点都相等说明它们都是常数，即函数 $f(p)$ 及 $g(q)$ 为线性函数. 这点也可以作如下证明. 对方程(2.15c)两边分别对 x 和 t 求偏导数可得到

$$\frac{\mathrm{d}^2 f[p(x,t,v)]}{\mathrm{d}p^2}=-\tilde{u}\frac{\mathrm{d}^2 g[q(x,t,v)]}{\mathrm{d}q^2},\tag{2.16a}$$

$$\frac{\mathrm{d}^2 f[p(x,t,v)]}{\mathrm{d}p^2}=-\frac{\tilde{u}^2}{v}\frac{\mathrm{d}^2 g[q(x,t,v)]}{\mathrm{d}q^2}.\tag{2.16b}$$

如果 $\tilde{u}\neq v$，则由方程(2.16)得到

$$\frac{\mathrm{d}^2 f(p)}{\mathrm{d}p^2}=\frac{\mathrm{d}^2 g(q)}{\mathrm{d}q^2}=0,\tag{2.17}$$

即函数 f 与 g 为线性函数，线性变换得证.

如果 $\tilde{u}=v$，则 $f=f(x-vt)$ 及 $g=g(x-vt)$. 由方程(2.15)可得

$$\frac{\mathrm{d}f(p)}{\mathrm{d}p}=-v\frac{\mathrm{d}g(p)}{\mathrm{d}p}.\tag{2.18}$$

结合条件 $f(0)=g(0)=0$ 可知 $f=-vg$. 而对于光子的运动，有 $x'=ct'$，即 $f=cg$，所以 $f=-vg$ 与光速不变原理相矛盾，从而可知 $\tilde{u}=v$ 不成立，因此 $\tilde{u}\neq v$. 这种情况下前面已经证明函数 f 及 g 为线性函数，所以两个惯性坐标系之间的坐标变换只能是线性变换，即

$$x'=f(x-vt)=\gamma(x-vt),\tag{2.19a}$$

$$t'=g(x-\tilde{u}t)=\gamma(t-x/\tilde{u}).\tag{2.19b}$$

变换关系(2.19b)已经利用了条件(2.15c). 因为线性变换的待定系数应该是常数，且对于两个惯性系之间的变换，这些常数最多依赖于它们之间的相对运动速度，所以式(2.19)中 γ 与 $\tilde{u}$ 是只依赖于两个惯性坐标系的相对速度 v 的常数. 由光子的运动可知常数 $\tilde{u}=c^2/v$，所以相对论坐标变换为

$$x'=\gamma(v)(x-vt), \tag{2.20a}$$

$$t'=\gamma(v)(t-vx/c^2). \tag{2.20b}$$

由于空间是均匀各向同性的，在空间位置 x 的粒子以速度 v 的运动和在空间位置 $-x$ 的粒子以速度 $-v$ 的运动等价[27,28]，所以 $-x'=\gamma(-v)(-x+vt)=-\gamma(-v)(x-vt)=-\gamma(v)(x-vt)$，即 $\gamma(v)=\gamma(-v)$.

下面利用光子运动确定常数 γ，从而得到洛伦兹变换. 根据相对性原理得到 $x'=\gamma(x-vt)=\gamma(1-v/c)x$ 及 $x=\gamma(x'+vt')=\gamma(1+v/c)x'$，则

$$xx'=\gamma^2\left(1-\frac{v^2}{c^2}\right)xx'. \tag{2.21}$$

所以 $\gamma(v)=1/\sqrt{1-v^2/c^2}$，洛伦兹变换为

$$x'=\frac{x-vt}{\sqrt{1-\beta^2}}, \tag{2.22a}$$

$$t'=\frac{t-\beta x/c}{\sqrt{1-\beta^2}}, \tag{2.22b}$$

$$y'=y, \tag{2.22c}$$

$$z'=z. \tag{2.22d}$$

式中 $\beta=v/c$. 在低速极限（$v\ll c$）下，洛伦兹变换(2.22)回到伽利略变换(1.71). 当然，近似到速度的一阶，洛伦兹变换(2.22)的低速极限为

$$x'=x-vt, \tag{2.23a}$$

$$t'=t-vx/c^2, \tag{2.23b}$$

$$y'=y, \tag{2.23c}$$

$$z'=z. \tag{2.23d}$$

这种两个相对运动的惯性参考系之间的洛伦兹变换(2.22)称为洛伦兹 boost. 引入四维时空坐标 $x^\mu=(ct, x, y, z)$，把四维时空的洛伦兹变换写成矩阵形式 $x'^\mu=\Lambda^\mu{}_\nu x^\nu$，其中指标 $\mu, \nu=0, 1, 2, 3$，则洛伦兹 boost 的矩阵形式为

$$\Lambda^\mu{}_\nu=\begin{pmatrix}\gamma & -\beta\gamma & 0 & 0\\ -\beta\gamma & \gamma & 0 & 0\\ 0 & 0 & 1 & 0\\ 0 & 0 & 0 & 1\end{pmatrix}. \tag{2.24}$$

更一般的洛伦兹变换包括洛伦兹 boost 及三维空间的转动变换，满足关系式 $\eta_{\mu\nu}\Lambda^\mu{}_\alpha\Lambda^\nu{}_\beta=\eta_{\alpha\beta}$，这里对角矩阵 $\eta_{\mu\nu}=\mathrm{diag}(-1, 1, 1, 1)$表示闵可夫斯基度规. 洛伦兹变换构成洛伦兹群，记为 $SO(3, 1)$.

2.1.1 间隔不变性

定义距离线元

$$\mathrm{d}s^2=-c^2\mathrm{d}t^2+\mathrm{d}x^2+\mathrm{d}y^2+\mathrm{d}z^2=\eta_{\mu\nu}\mathrm{d}x^\mu\mathrm{d}x^\nu. \tag{2.25}$$

则对于无穷小洛伦兹 boost 变换，有

$$dx'=\frac{dx-vdt}{\sqrt{1-\beta^2}}, \tag{2.26a}$$

$$dt'=\frac{dt-vdx}{\sqrt{1-\beta^2}}, \tag{2.26b}$$

得到

$$ds'^2=-c^2dt'^2+dx'^2+dy'^2+dz'^2=ds^2, \tag{2.27}$$

即间隔是不变量. 如果把时间坐标取为虚坐标，$x^4=ict$，则距离线元(2.25)成为 $ds^2=\sum_{i=1}^{4}(dx^i)^2$，这和四维欧几里得空间的距离定义一样，因此可以把时间和空间统一起来看成四维时空中的坐标，把洛伦兹变换看成保持距离不变的转动变换. 在温伯格的引力论及宇宙论的书中，他利用间隔不变性证明洛伦兹变换只能是线性变换[8]. 本节只利用狭义相对论的两个基本原理及时空的均匀各向同性证明了洛伦兹变换只能是线性变换[26]，而间隔不变性是洛伦兹变换的必然结果. 也许有些读者认为时空均匀各向同性必然要求参考系之间的坐标变换为线性变换，但是这种线性变换中时间的变换依赖于空间位置似乎又不符合实际，因此笔者认为有必要把看似显然成立的结论利用数学形式给予严格证明.

由于间隔是不变量，它的符号在洛伦兹变换下也是保持不变的，据此可以把间隔分成以下三类.

(1) 类时间隔：$ds^2<0$.

(2) 类空间隔：$ds^2>0$.

(3) 类光间隔：$ds^2=0$.

类时间隔中的两个事件可以通过低于光速的信号发生联系，它们可以在同一个地点先后发生，两个事件可以有因果联系；类空间隔中的两个事件可以在不同地点同时发生，但不能在同一个地点先后发生；类光间隔里面的两个事件需要通过光信号联系.

对于类时间隔，在同一个地点先后发生的两个事件，$dx^i=0$，$ds^2=-c^2dt^2$，所以 $dt=-ds/c$. 由于 $d\tau=-ds/c$ 是不变量，在任意惯性参考系测量的结果都相同，$d\tau$ 也称为固有时或原时. 对于同时发生在类空间隔的两个事件，$dt=0$，$ds^2=\sum_{i=1}^{3}dx^idx^i$，所以 ds 也称为固有长度(距离)或原长.

2.1.2　时间膨胀效应及同时相对性

考虑惯性参考系 S' 相对于惯性参考系 S 以速度 v 沿 x 方向运动. 如图 2.1 所示，在 $t=0$ 时刻，S' 的坐标原点 O' 与 S 的坐标原点 O 重合，S' 系中处于坐标原点 O'

的时钟指示的时间为零，$t'=0$. 当 O' 运动到距离 O 为 l 的 A 点的时刻，S 系中 A 点的时钟指示的时间为 $t=l/v$. 根据洛伦兹变换(2.22b)可得

$$t'=\frac{l/v-vl/c^2}{\sqrt{1-\beta^2}}=\sqrt{1-\beta^2}\,l/v, \tag{2.28}$$

即 $\Delta t=\Delta\tau/\sqrt{1-\beta^2}$，坐标时间 Δt 比固有时间 $\Delta\tau$ 大，此为时间膨胀效应(又称钟慢效应①). 简而言之，S 系中处于位置 A 和原点 O 的两个时钟所指示的时间差 Δt 比固定在 S' 系原点 O' 的时钟所指示的固有时间 $\Delta\tau$ 大.

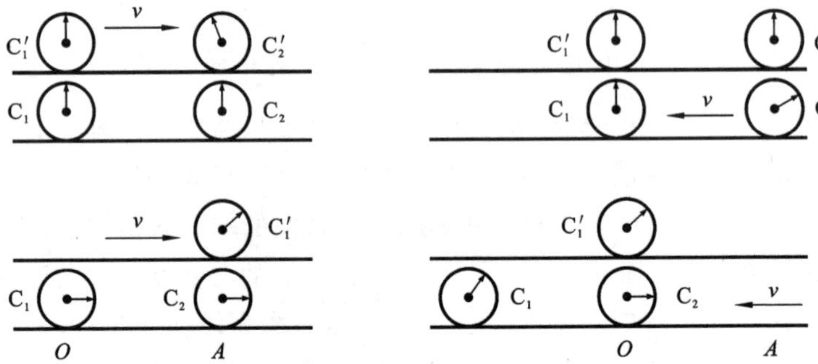

图 2.1 钟慢效应及同时相对性示意图

另外，按照相对性原理，在 S' 系看来，S 系相对于 S' 系运动，S' 系所指示的时间应该比 S 系，比如固定在位置 A 的钟所指示的时间大，这似乎和前面的结果矛盾. 为了理解这些结果，下面回到洛伦兹变换(2.22). S' 系在 $t'=0$ 时刻，所有的时钟都指示为零，但是利用洛伦兹变换(2.22b)，位于 A 的时钟在 S 系指示的时间为

$$0=t'=\frac{t-vl/c^2}{\sqrt{1-\beta^2}},\quad t=lv/c^2. \tag{2.29}$$

即 S 系中 O 和 A 对好的时钟在 S' 系看来并没有对好，这就是同时性的相对性. 当 A 点运动到 O' 点时，A 点的钟指示的时间 $t=l/v$，因此固有时为

$$\Delta t_A=l/v-lv/c^2=\frac{l}{v}(1-\beta^2). \tag{2.30}$$

O' 的钟指示的坐标时间为

$$t'=\sqrt{1-\beta^2}\,l/v,$$

所以

$$\Delta t'=t'=\Delta t_A/\sqrt{1-\beta^2}. \tag{2.31}$$

这和前面得到结论一致，即坐标时大于固有时.

① 运动时钟走的速率比静止时钟走的速率要慢.

2.1.3　长度收缩效应

考虑两端分别置于 S 系中位置 O 与 A 的长度为 l 的尺子，l 即为尺子的固有长度. S'的观测者要测量尺子的长度，则必须是 S'中两点 O'与 A'在某个时刻 t'同时经过位置 O 与 A 所测量的长度 l'. 利用式(2.29)和式(2.31)可得两个事件在参考系 S 中的时差 Δt 与在参考系 S'中的时差 $\Delta t'$之间的变换为

$$\Delta t'=\frac{\Delta t-v\Delta x/c^2}{\sqrt{1-\beta^2}}. \tag{2.32}$$

由于在参考系 S'中同时测量意味着 $\Delta t'=0$，且尺子长度 $\Delta x=l$，所以

$$0=\Delta t'=\frac{\Delta t-vl/c^2}{\sqrt{1-\beta^2}}.$$

即

$$\Delta t=vl/c^2. \tag{2.33}$$

对于 S 系中测量到的尺子长度 l，把式(2.34)代入洛伦兹变换(2.22a)得到 S'中观测者测量到的尺子长度

$$\Delta x'=\frac{l-v\Delta t}{\sqrt{1-\beta^2}}=\sqrt{1-\beta^2}\,l. \tag{2.34}$$

即运动系 S'测量得到的长度比固有长度小，此即长度收缩(又称尺缩)效应.

2.2　矢量及张量

上节推导了惯性坐标系之间的洛伦兹变换，即时空的洛伦兹对称性. 洛伦兹对称性也是自然界基本物理规律(除引力外)所具有的基本对称性，只有构造出满足洛伦兹变换关系的物理量，才能把基本物理定律写成洛伦兹协变形式，这样物理规律才满足相对性原理. 所以要把基本物理定律写成洛伦兹协变形式，先要把物理量构造成符合洛伦兹对称性的标量、矢量及张量.

与上一章中讨论的三维空间转动变换下的标量、矢量与张量类似，四维时空中的标量、矢量与张量定义如下：

(1) 标量：在洛伦兹变换下保持不变的量称为标量，即标量 u 的变换满足 $u'=u$.

(2) 矢量：在洛伦兹变换下按与坐标变换相同方式进行变换的物理量称为矢量，即逆变矢量 A^μ 的变换满足方程 $A'^\mu=\Lambda^\mu{}_\nu A^\nu$.

(3) 张量：在洛伦兹变换下满足如下变换的物理量称为 n 阶逆变张量：

$$T'^{\mu_1\mu_2\cdots\mu_n}=\Lambda^{\mu_1}{}_{\nu_1}\Lambda^{\mu_2}{}_{\nu_2}\cdots\Lambda^{\mu_n}{}_{\nu_n}T^{\nu_1\nu_2\cdots\nu_n}. \tag{2.35}$$

显然间隔 $\mathrm{d}s$ 及固有时 $\mathrm{d}\tau$ 为标量，$\mathrm{d}x^\mu$ 为矢量. 由此可以定义四速度

$$U^\mu=\frac{\mathrm{d}x^\mu}{\mathrm{d}\tau}=\left(\frac{c\mathrm{d}t}{\mathrm{d}\tau},\ \frac{\mathrm{d}x^i}{\mathrm{d}\tau}\right)=\gamma(u)(c,\boldsymbol{u}), \tag{2.36}$$

式中 $\boldsymbol{u}=\mathrm{d}\boldsymbol{x}/\mathrm{d}t$，$\gamma(u)=\sqrt{1/(1-u^2/c^2)}$ 且 $\eta_{\mu\nu}U^\mu U^\nu=-1$. 如果 $u\ll c$，则 $\gamma(u)\approx1$，U^i 可看成通常的速度分量. 在以速度 u 运动的参考系(与粒子共动的参考系)S'中，四速度 $U'^\mu=(c,\ 0,\ 0,\ 0)$，这也可以从洛伦兹变换(假设 $\boldsymbol{u}$ 沿 x 方向)

$$U'^\mu=\Lambda^\mu{}_\nu U^\nu=\begin{pmatrix}\gamma^2(u) & -\gamma^2(u)u/c & 0 & 0\\ -\gamma^2(u)u/c & \gamma^2(u) & 0 & 0\\ 0 & 0 & 1 & 0\\ 0 & 0 & 0 & 1\end{pmatrix}\begin{pmatrix}c\\ u\\ 0\\ 0\end{pmatrix}=\begin{pmatrix}c\\ 0\\ 0\\ 0\end{pmatrix} \tag{2.37}$$

得到.

目前把指标都放在上面，指标也可以放在下面，称为协变量，如协变矢量在洛伦兹变换下满足的变换关系为 $A'_\mu=\Lambda_\mu{}^\nu A_\nu$. 为了更加方便地升降指标，引入逆度规 $\eta^{\mu\nu}=\mathrm{diag}(-1,\ 1,\ 1,\ 1)$，它和度规缩并得到单位矩阵，$\eta^{\mu\alpha}\eta_{\alpha\nu}=\delta^\mu_\nu$. 利用度规 $\eta_{\mu\nu}$ 及逆度规 $\eta^{\mu\nu}$，逆变矢量和协变矢量的关系为

$$A_\mu=\eta_{\mu\nu}A^\nu, \tag{2.38a}$$

$$A^\mu=\eta^{\mu\nu}A_\nu. \tag{2.38b}$$

洛伦兹变换矩阵

$$\Lambda_\alpha{}^\beta=\eta_{\alpha\mu}\eta^{\beta\nu}\Lambda^\mu{}_\nu, \tag{2.39}$$

是 $\Lambda^\alpha{}_\beta$ 的逆矩阵，从而有

$$\Lambda_\alpha{}^\beta\Lambda^\alpha{}_\gamma=\eta_{\alpha\mu}\eta^{\beta\nu}\Lambda^\mu{}_\nu\Lambda^\alpha{}_\gamma=\eta^{\beta\nu}\eta_{\nu\gamma}=\delta^\beta_\gamma. \tag{2.40}$$

根据这些关系，可以证明逆变矢量和协变矢量的标量积是不变量，即

$$U'^\alpha V'_\alpha=\Lambda^\alpha{}_\mu\Lambda_\alpha{}^\nu U^\mu V_\nu=\delta^\nu_\mu U^\mu V_\nu=U^\mu V_\mu=\eta_{\mu\nu}U^\mu V^\nu. \tag{2.41}$$

因为

$$\mathrm{d}x'^\mu=\Lambda^\mu{}_\nu\mathrm{d}x^\nu, \tag{2.42a}$$

$$\frac{\partial x^\nu}{\partial x'^\mu}=\Lambda_\mu{}^\nu, \tag{2.42b}$$

所以四维梯度算符$\partial_\mu=\partial/\partial x^\mu$ 是协变矢量，有

$$\frac{\partial}{\partial x'^\mu}=\frac{\partial x^\nu}{\partial x'^\mu}\frac{\partial}{\partial x^\nu}=\Lambda_\mu{}^\nu\frac{\partial}{\partial x^\nu}. \tag{2.43}$$

四维梯度算符 $\partial_\mu=(c^{-1}\partial/\partial t,\ \boldsymbol{\nabla})$ 的内积为达朗贝尔(d'Alembert)算子，由方程(2.41)可知它是标量，有

$$\Box^2=\eta^{\mu\nu}\partial_\mu\partial_\nu=\boldsymbol{\nabla}^2-\frac{1}{c^2}\frac{\partial^2}{\partial t^2}. \tag{2.44}$$

从洛伦兹矩阵满足的关系

$$\eta_{\mu\nu}\Lambda^\mu{}_\alpha\Lambda^\nu{}_\beta=\eta_{\alpha\beta} \tag{2.45}$$

可知度规 $\eta_{\mu\nu}$ 是一个协变二阶张量，逆度规 $\eta^{\mu\nu}$ 是一个逆变二阶张量，克罗内克(Kronecker)符号 δ^μ_ν 是一个二阶混合张量. 另外一个特殊张量是莱维-齐维塔(Levi-

Civita)张量,它是完全反对称的,即

$$\epsilon^{\alpha\beta\gamma\delta}=\begin{cases}+1, & \text{如果 } \alpha\beta\gamma\delta \text{ 是 0123 的偶置换;}\\ -1, & \text{如果 } \alpha\beta\gamma\delta \text{ 是 0123 的奇置换;}\\ 0, & \text{其他情形.}\end{cases} \tag{2.46}$$

且满足变换关系

$$\epsilon^{\alpha\beta\gamma\delta}=\Lambda^{\alpha}{}_{\mu}\Lambda^{\beta}{}_{\nu}\Lambda^{\gamma}{}_{\kappa}\Lambda^{\delta}{}_{\lambda}\epsilon^{\mu\nu\kappa\lambda}, \tag{2.47a}$$

$$\epsilon_{\alpha\beta\gamma\delta}=-\epsilon^{\alpha\beta\gamma\delta}. \tag{2.47b}$$

2.3 相对论电动力学

本节讨论电磁场的洛伦兹变换及符合洛伦兹协变形式的麦克斯韦方程组. 先讨论如何把麦克斯韦方程组的源、电流密度及电荷密度构造成洛伦兹变换下的标量或四矢量. 由电荷守恒

$$dQ'=\rho' dx' dy' dz'=\rho' dx dy dz/\gamma(v)=dQ=\rho_0 dx dy dz, \tag{2.48}$$

得到

$$\rho'=\gamma(v)\rho_0, \tag{2.49}$$

式中 ρ_0 表示静止参考系 S 中的电荷密度,ρ'表述运动参考系 S'中的电荷密度,即电荷密度 ρ 不是不变量. 对于电流密度 $\boldsymbol{j}=\rho\boldsymbol{v}$,可以尝试把速度 $\boldsymbol{v}$ 替换成四速度 U^{μ},从而利用四速度 U^{μ} 把它改写成四维矢量

$$J^{\mu}=\rho_0 U^{\mu}=(\rho c,\ \rho\boldsymbol{v}), \tag{2.50}$$

式中 $\rho=\gamma(v)\rho_0$. 注意在上述替换中,把静止参考系中的电荷密度 ρ_0 看成一个数,所以只能考虑利用 ρ_0 而非 ρ 构造矢量. 实际上,四矢量 J^{μ} 表达式(2.50)相当于把电荷密度 ρ 与电流密度 $\boldsymbol{j}=\rho\boldsymbol{v}$ 统一起来了,在洛伦兹变换下,$J'^{\mu}=\Lambda^{\mu}{}_{\nu}J^{\nu}$.

下面讨论在洛伦兹规范下的矢势 $\boldsymbol{A}$ 及标势 ϕ 所满足的波动方程. 先看洛伦兹条件$\boldsymbol{\nabla}\cdot\boldsymbol{A}+c^{-2}\partial\phi/\partial t=0$. 空间导数与时间导数可以合起来写成$\partial_{\mu}$,如果把矢势 $\boldsymbol{A}$ 及标势 ϕ 合起来写成一个四矢量 A^{μ},即

$$A^{\mu}=(\phi/c,\ \boldsymbol{A}), \tag{2.51}$$

则洛伦兹规范条件可以改写成协变形式$\partial_{\mu}A^{\mu}=0$. 对于波动方程

$$\nabla^2\boldsymbol{A}-\frac{1}{c^2}\frac{\partial^2\boldsymbol{A}}{\partial t^2}=-\mu_0\boldsymbol{j}, \tag{2.52a}$$

$$\nabla^2\phi-\frac{1}{c^2}\frac{\partial^2\phi}{\partial t^2}=-\frac{\rho}{\epsilon_0}=-\mu_0\rho c^2, \tag{2.52b}$$

源可以写成$-\mu_0 J^{\mu}$,方程左边达朗贝尔算子$\Box^2$ 是标量,所以波动方程可以统一成如下协变形式:

$$\Box^2 A^{\mu}=-\mu_0 J^{\mu}. \tag{2.53}$$

由于

$$\boldsymbol{B}=\nabla\times\boldsymbol{A},\tag{2.54a}$$

$$\boldsymbol{E}=-\nabla\phi-\frac{\partial\boldsymbol{A}}{\partial t}.\tag{2.54b}$$

需要利用∂_μ 及 A_ν 来构造电磁场，显然这样只能构造出标量或张量，电磁场不可能是标量，因此电磁场只能是张量的分量. $\partial_\mu A_\nu$ 具有 16 个独立分量，但电磁场只有 6 个分量，这与张量$\partial_\mu A_\nu$ 的反对称部分数目相同. 而方程(2.54)具有反对称的特性，所以可以把电磁场统一到反对称张量

$$F_{\mu\nu}=\partial_\mu A_\nu-\partial_\nu A_\mu=\begin{pmatrix}0 & -E_x/c & -E_y/c & -E_z/c\\ E_x/c & 0 & B_z & -B_y\\ E_y/c & -B_z & 0 & B_x\\ E_z/c & B_y & -B_x & 0\end{pmatrix}\tag{2.55}$$

中. 有源麦克斯韦方程组为

$$\partial_\nu F^{\mu\nu}=\mu_0 J^\mu.\tag{2.56}$$

无源麦克斯韦方程组为

$$\partial_\mu F_{\nu\lambda}+\partial_\nu F_{\lambda\mu}+\partial_\lambda F_{\mu\nu}=0.\tag{2.57}$$

至此，通过把电荷密度与电流密度统一成电流密度四矢量 J_μ，把电场与磁场统一成电磁场张量 $F_{\mu\nu}$，得到了具有洛伦兹协变性的麦克斯韦方程组(2.56)与(2.57).

由洛伦兹变换关系

$$F'_{\mu\nu}=\Lambda_\mu{}^\alpha\Lambda_\nu{}^\beta F_{\alpha\beta},\tag{2.58}$$

可得电磁场在两个惯性参考系之间的变换关系

$$\boldsymbol{E}'_\parallel=E_\parallel,\quad \boldsymbol{B}'_\parallel=B_\parallel,\tag{2.59a}$$

$$\boldsymbol{E}'_\perp=\gamma(v)(\boldsymbol{E}+\boldsymbol{v}\times\boldsymbol{B})_\perp,\quad \boldsymbol{B}'_\perp=\gamma(v)(\boldsymbol{B}-\boldsymbol{v}\times\boldsymbol{E}/c^2)_\perp.\tag{2.59b}$$

式中 $\boldsymbol{E}_\parallel$ 及 $\boldsymbol{E}_\perp$ 分别为与速度 $\boldsymbol{v}$ 平行及垂直的分量.

在低速极限($v\ll c$)下，电磁场的变换关系为

$$\boldsymbol{E}'=\boldsymbol{E}+\boldsymbol{v}\times\boldsymbol{B},\tag{2.60a}$$

$$\boldsymbol{B}'=\boldsymbol{B}-\boldsymbol{v}\times\boldsymbol{E}/c^2.\tag{2.60b}$$

注意低速极限下，必须保留磁场变换(2.60b)中的 $\boldsymbol{v}\times\boldsymbol{E}/c^2$ 项及坐标变换(2.23b)中的$-vx/c^2$，否则惯性系之间的变换就是伽利略变换，电磁场的变换关系就是第 1 章的方程(1.87)，这样变换后的电磁场不能满足 S'系的麦克斯韦方程组. 换句话说，电磁场洛伦兹变换的低速极限不具有伽利略不变性.

低速极限下，洛伦兹变换(2.23)的逆变换为

$$\boldsymbol{x}=\boldsymbol{x}'+\boldsymbol{v}t',\tag{2.61}$$

$$t=t'+\boldsymbol{v}\cdot\boldsymbol{x}'/c^2.\tag{2.62}$$

求导的变换关系为

$$\nabla' = \nabla + \frac{\boldsymbol{v}}{c^2}\frac{\partial}{\partial t}, \tag{2.63}$$

$$\frac{\partial}{\partial t'} = \frac{\partial}{\partial t} + \boldsymbol{v}\cdot\nabla. \tag{2.64}$$

则无源方程

$$\begin{aligned}\nabla'\cdot\boldsymbol{B}' &= \nabla\cdot\boldsymbol{B} - \frac{1}{c^2}\nabla\cdot(\boldsymbol{v}\times\boldsymbol{E}) + \frac{\boldsymbol{v}}{c^2}\cdot\frac{\partial\boldsymbol{B}}{\partial t} - \frac{\boldsymbol{v}}{c^4}\cdot\frac{\partial(\boldsymbol{v}\times\boldsymbol{E})}{\partial t}\\ &= \nabla\cdot\boldsymbol{B} + \frac{\boldsymbol{v}}{c^2}\cdot\left(\nabla\times E + \frac{\partial\boldsymbol{B}}{\partial t}\right) + O(v^2)\\ &= \nabla\cdot\boldsymbol{B} = 0.\end{aligned} \tag{2.65}$$

$$\begin{aligned}\nabla'\times\boldsymbol{E}' + \frac{\partial\boldsymbol{B}'}{\partial t} &= \nabla\times\boldsymbol{E} + \frac{\partial\boldsymbol{B}}{\partial t} + \nabla\times(\boldsymbol{v}\times\boldsymbol{B}) + \frac{\boldsymbol{v}}{c^2}\times\frac{\partial\boldsymbol{E}}{\partial t} + \boldsymbol{v}\cdot\nabla\boldsymbol{B}\\ &\quad - \frac{\boldsymbol{v}}{c^2}\times\frac{\partial\boldsymbol{E}}{\partial t} + \frac{\boldsymbol{v}}{c^2}\times\frac{\partial(\boldsymbol{v}\times\boldsymbol{B})}{\partial t} - \frac{\boldsymbol{v}}{c^2}\cdot\nabla(\boldsymbol{v}\times\boldsymbol{E})\\ &= \nabla\times\boldsymbol{E} + \frac{\partial\boldsymbol{B}}{\partial t} - \boldsymbol{v}\cdot\nabla\boldsymbol{B} + (\nabla\cdot\boldsymbol{B})\boldsymbol{v} + \boldsymbol{v}\cdot\nabla\boldsymbol{B} + O(v^2)\\ &= \nabla\times\boldsymbol{E} + \frac{\partial\boldsymbol{B}}{\partial t} = 0.\end{aligned} \tag{2.66}$$

在 v/c 的一阶近似下保持不变. 坐标变换(2.63)中的 $\boldsymbol{v}/c^2$ 项刚好抵消了磁场变换(2.60b)中的 $-\boldsymbol{v}\times\boldsymbol{E}/c^2$ 项. 从方程(2.65)及方程(2.66)的推导过程可以看出,对于无源方程,如果取伽利略极限,即不保留坐标变换(2.63)中的 $\boldsymbol{v}/c^2$ 项及磁场变换(2.60b)中的 $-\boldsymbol{v}\times\boldsymbol{E}/c^2$ 项,则无源方程仍然可以保持不变.

有源方程

$$\begin{aligned}\nabla'\times\boldsymbol{B}' - \frac{1}{c^2}\frac{\partial\boldsymbol{E}'}{\partial t'} &= \nabla\times\boldsymbol{B} - \frac{1}{c^2}\frac{\partial\boldsymbol{E}}{\partial t} + \frac{\boldsymbol{v}}{c^2}\times\frac{\partial\boldsymbol{B}}{\partial t} - \frac{1}{c^2}\nabla\times(\boldsymbol{v}\times\boldsymbol{E})\\ &\quad - \frac{1}{c^2}\frac{\partial(\boldsymbol{v}\times\boldsymbol{B})}{\partial t} - \frac{1}{c^2}\boldsymbol{v}\cdot\nabla\boldsymbol{E} + O(v^2)\\ &= \nabla\times\boldsymbol{B} - \frac{1}{c^2}\frac{\partial\boldsymbol{E}}{\partial t} + \frac{\boldsymbol{v}}{c^2}\times\frac{\partial\boldsymbol{B}}{\partial t} - (\nabla\cdot\boldsymbol{E})\frac{\boldsymbol{v}}{c^2}\\ &\quad + \frac{\boldsymbol{v}}{c^2}\cdot\nabla\boldsymbol{E} - \frac{\boldsymbol{v}}{c^2}\times\frac{\partial\boldsymbol{B}}{\partial t} - \frac{\boldsymbol{v}}{c^2}\cdot\nabla\boldsymbol{E} + O(v^2)\\ &= \mu_0\boldsymbol{j} - \mu_0\rho\boldsymbol{v}\\ &= \mu_0\boldsymbol{j}',\end{aligned} \tag{2.67}$$

其中低速极限下电流的变换关系为

$$\boldsymbol{j}' = \boldsymbol{j} - \rho\boldsymbol{v}. \tag{2.68}$$

显然如果没有坐标变换(2.63)中的 $\boldsymbol{v}/c^2$ 项及磁场变换(2.60b)中的 $-\boldsymbol{v}\times\boldsymbol{E}/c^2$ 项,则方程(2.67)不能保持协变.

$$\begin{aligned}\nabla'\cdot\boldsymbol{E}' &= \nabla\cdot\boldsymbol{E}+\nabla\cdot(\boldsymbol{v}\times\boldsymbol{B})+\frac{\boldsymbol{v}}{c^2}\cdot\frac{\partial\boldsymbol{E}}{\partial t}+\frac{\boldsymbol{v}}{c^2}\cdot\frac{\partial(\boldsymbol{v}\times\boldsymbol{B})}{\partial t}\\ &= \nabla\cdot\boldsymbol{E}-\boldsymbol{v}\cdot\left(\nabla\times\boldsymbol{B}-\frac{1}{c^2}\frac{\partial\boldsymbol{E}}{\partial t}\right)+O(v^2)\\ &= \frac{\rho}{\epsilon_0}-\mu_0\boldsymbol{v}\cdot\boldsymbol{j}\\ &= \frac{\rho'}{\epsilon_0},\end{aligned}\tag{2.69}$$

其中低速极限下电荷密度的变换关系为

$$\rho'=\rho-\boldsymbol{v}\cdot\boldsymbol{j}/c^2.\tag{2.70}$$

同样,如果没有坐标变换(2.63)中的 $\boldsymbol{v}/c^2$ 项,则方程(2.69)不能保持协变.

2.4 相对论力学

上一节证明了麦克斯韦方程组满足洛伦兹协变性. 本节讨论力学规律的洛伦兹协变性. 前面引入了四速度 U^μ,根据动量的定义 $\boldsymbol{p}=m\boldsymbol{v}$,很自然可以把动量推广成

$$P^\mu=mU^\mu=\gamma(v)(mc,\ m\boldsymbol{v}).\tag{2.71}$$

在低速情况下,$P^i=mv^i$,即 P^μ 的空间分量在低速极限下为通常的三维动量,因此 P^μ 可以表示四动量. 在静止参考系,质量 m 为静止质量,四动量空间分量为零,$P^\mu=(mc,\ 0)$. 所以不变量 $P^\mu P_\mu=-m^2c^2$,即四动量定义中的静止质量 m 可以看成不变量. 四速度 U^μ 为洛伦兹矢量,静止质量 m 是一个不变量,这保证了四动量 P^μ 为洛伦兹矢量. 下面讨论 P^0 的物理意义. 由于

$$-m^2c^2=P^\mu P_\mu=-(P^0)^2+\frac{m^2v^2}{1-v^2/c^2},\tag{2.72}$$

所以

$$cP^0=mc^2\sqrt{1+\frac{v^2}{c^2-v^2}}\approx mc^2+\frac{1}{2}mv^2+\cdots\tag{2.73}$$

具有能量的特性,$E=P^0c$,即四动量把能量与动量统一起来了. 利用能量 E,方程(2.72)可以写成

$$E^2=\frac{m^2c^4}{1-v^2/c^2}=m_v^2c^4,\quad m_v=\gamma(v)m,\tag{2.74}$$

式中 m 称为静止质量,m_v 称为运动质量,$\gamma(v)=\sqrt{1/(1-\beta^2)}$,$\beta=v/c$. 方程(2.74)是著名的质能方程 $E=m_vc^2$. 利用 m_v,则动量 $\boldsymbol{p}=m_v\boldsymbol{v}$,四动量 $P^\mu=(E/c,\ \boldsymbol{p})=(m_vc,\ \boldsymbol{p})$. 由方程(2.72)可得相对论能量-动量关系

$$E^2=m^2c^4+\boldsymbol{p}^2c^2.\tag{2.75}$$

利用矢量的洛伦兹变换关系 $P'^\mu=\Lambda^\mu{}_\nu P^\nu$,可得两个沿 x 方向相对运动速度为 v 的惯

性参考系中能量与动量的变换关系

$$E'=\gamma(v)(E-vp_x),\tag{2.76a}$$

$$p'_x=\gamma(v)(-vE/c^2+p_x),\tag{2.76b}$$

$$p'_y=p_y,\tag{2.76c}$$

$$p'_z=p_z.\tag{2.76d}$$

在相对静止参考系，$U^\mu=(c, 0, 0, 0)$，$P^\mu=(E/c, 0, 0, 0)$，$E=-P^\mu U_\mu$. 由于 $P^\mu U_\mu$ 是标量，所以任意惯性系中的观测者测量的能量

$$E=-P_\mu U^\mu_{\text{obs}}.\tag{2.77}$$

利用四动量，牛顿第二定律 $\boldsymbol{f}=\mathrm{d}\boldsymbol{p}/\mathrm{d}t$ 的协变形式应该为

$$K^\mu=\frac{\mathrm{d}P^\mu}{\mathrm{d}\tau}.\tag{2.78}$$

空间分量的方程为

$$K^i=\gamma\frac{\mathrm{d}p^i}{\mathrm{d}t}.\tag{2.79}$$

定义 $\boldsymbol{F}=\sqrt{1-\beta^2}\boldsymbol{K}$，则空间分量方程为牛顿第二定律

$$\boldsymbol{F}=\frac{\mathrm{d}\boldsymbol{p}}{\mathrm{d}t}.\tag{2.80}$$

时间分量的方程为

$$K^t=\gamma(v)\frac{\mathrm{d}E/c}{\mathrm{d}t}=\gamma(v)\frac{\mathrm{d}\boldsymbol{p}}{\mathrm{d}t}\cdot\boldsymbol{v}/c=\gamma\boldsymbol{F}\cdot\boldsymbol{v}/c=\boldsymbol{K}\cdot\boldsymbol{v}/c,\tag{2.81}$$

$$\frac{\mathrm{d}E}{\mathrm{d}t}=\boldsymbol{F}\cdot\boldsymbol{v}.\tag{2.82}$$

所以四维力 $K^\mu=(\boldsymbol{K}\cdot\boldsymbol{v}/c, \boldsymbol{K})$把做功与力统一起来了，协变形式的牛顿第二定律统一了功能方程与牛顿第二定律. 在洛伦兹变换下，四维力的变换关系 $K'^\mu=\Lambda^\mu{}_\nu K^\nu$ 给出

$$K'^x=\gamma(v)(K^x-\beta K^t)=\sqrt{1-\beta^2}K^x=F^x,\tag{2.83a}$$

$$K'^t=\gamma(v)(K^t-\beta K^x)=0,\tag{2.83b}$$

$$K'^y=K^y,\tag{2.83c}$$

$$K'^z=K^z.\tag{2.83d}$$

即在相对静止的 S'系，$K'^\mu=(0,\boldsymbol{F}')$. 在洛伦兹变换下，有变换关系

$$\boldsymbol{F}'_\parallel=F_\parallel,\tag{2.84a}$$

$$\boldsymbol{F}'_\perp=\gamma\boldsymbol{F}_\perp\tag{2.84b}$$

对于洛伦兹力，在带电粒子静止参考系 S'，$K'^\mu=(0, \boldsymbol{K}')$，且 $\boldsymbol{K}'=\boldsymbol{F}'=q\boldsymbol{E}'$. 根据变换关系(2.84)及变换关系(2.59)得到

$$\boldsymbol{F}'_\parallel=q\boldsymbol{E}'_\parallel=q\boldsymbol{E}_\parallel,\tag{2.85a}$$

$$\boldsymbol{F}'_\perp=q\boldsymbol{E}'_\perp=q\gamma(v)(\boldsymbol{E}+\boldsymbol{v}\times\boldsymbol{B})_\perp=\gamma(v)\boldsymbol{F}_\perp,\tag{2.85b}$$

所以洛伦兹力 $\boldsymbol{F}=q(\boldsymbol{E}+\boldsymbol{v}\times\boldsymbol{B})$ 满足洛伦兹变换.

2.4.1 加速运动

对于加速运动粒子，其四速度满足 $U^\mu U_\mu=-c^2$，加速度

$$a^\mu=\frac{\mathrm{d}U^\mu}{\mathrm{d}\tau} \tag{2.86}$$

与速度正交，

$$0=\frac{\mathrm{d}}{\mathrm{d}\tau}\left(\frac{1}{2}U^\mu U_\mu\right)=a^\mu U_\mu. \tag{2.87}$$

考虑加速度为常数，$a^\mu a_\mu=g^2$，对于瞬时相对静止观测者，由方程(2.87)可知 $a^\mu=(0, a^i)$，且

$$g^2=a^\mu a_\mu=\left(\frac{\mathrm{d}^2\boldsymbol{x}}{\mathrm{d}t^2}\right)^2, \tag{2.88}$$

即粒子加速度为 g. 假设粒子沿 x 方向运动，$-(U^0)^2+(U^1)^2=-c^2$，则方程(2.87)与方程(2.88)可写成

$$a^\mu U_\mu=-U^0a^0+U^1a^1=0, \tag{2.89a}$$

$$-(a^0)^2+(a^1)^2=g^2. \tag{2.89b}$$

求解得到

$$a^0=\frac{\mathrm{d}U^0}{\mathrm{d}\tau}=gU^1/c, \tag{2.90a}$$

$$a^1=\frac{\mathrm{d}U^1}{\mathrm{d}\tau}=gU^0/c, \tag{2.90b}$$

$$ct=g^{-1}\sinh(g\tau/c), \tag{2.90c}$$

$$x=g^{-1}\cosh(g\tau/c). \tag{2.90d}$$

粒子的运动轨迹为双曲线 $x^2-c^2t^2=g^{-2}$，且其运动速度不会超过光速.

2.4.2 牛顿引力的非洛伦兹协变性

对于牛顿万有引力，在受力物体静止参考系 S 系，$\boldsymbol{K}=\boldsymbol{F}=-GM_1M_2\boldsymbol{r}/r^3$. 根据变换关系(2.84)，则在 S' 系

$$F'_x=F_x=-\frac{GM_1M_2x}{(x^2+y^2+z^2)^{3/2}}=-\frac{GM_1M_2\gamma x'}{[(\gamma x')^2+y'^2+z'^2]^{3/2}}, \tag{2.91a}$$

$$F'_y=\gamma F_y=-\frac{GM_1M_2\gamma y}{(x^2+y^2+z^2)^{3/2}}=-\frac{GM_1M_2\gamma y'}{[(\gamma x')^2+y'^2+z'^2]^{3/2}}, \tag{2.91b}$$

$$F'_z=\gamma F_z=-\frac{GM_1M_2\gamma z}{(x^2+y^2+z^2)^{3/2}}=-\frac{GM_1M_2\gamma z'}{[(\gamma x')^2+y'^2+z'^2]^{3/2}}, \tag{2.91c}$$

$\boldsymbol{F}'$ 不再具有万有引力形式. 所以牛顿万有引力不具有洛伦兹协变性，即引力不满足狭义相对论. 也可以从引力势出发得到相同的结论，$\boldsymbol{F}=-\boldsymbol{\nabla}\phi_{\mathrm{N}}$ 的协变形式为 $F_\mu=$

$\partial_\mu \phi_N$. 由于距离 r 不是洛伦兹不变量，即使采用静止质量，引力势 $\phi_N = -GM/r$ 也不是洛伦兹标量，所以牛顿万有引力与狭义相对论不相容. 尽管很多研究者尝试在狭义相对论框架下考虑标量、矢量或张量引力场[7,11,29,30]，但都没有获得成功，如考虑下面的无质量标量引力场与该引力场中的点粒子作用量

$$I = -\frac{1}{8\pi G}\int \eta^{\mu\nu} \partial_\mu \Phi \partial_\nu \Phi \mathrm{d}^4 x - \int m \mathrm{e}^{\Phi} \delta^4 [x - z(\tau)] \mathrm{d}\tau, \tag{2.92}$$

式中 $z(\tau)$ 为检验粒子 m 的世界线，计算发现该理论中光线不会发生偏折.

第 3 章　广义相对论

第 1 章的讨论表明力学规律服从伽利略变换，麦克斯韦方程组不具有伽利略不变性．第 2 章告诉我们如果把伽利略变换替换成洛伦兹变换，力学与电动力学规律都是洛伦兹协变的，但是引力并不具有洛伦兹协变性．引力与洛伦兹变换不相容也可以从这个角度看出：洛伦兹变换是惯性系之间的坐标变换，但引力作用会产生加速度．因此要与引力相容，按照前面的逻辑需要把惯性参考系推广到非惯性参考系，把平直的闵可夫斯基时空替换成弯曲时空，且引力效应应该体现在时空弯曲中；把惯性系之间的洛伦兹变换推广成更一般坐标系之间的广义坐标变换，相应地，引力场也要推广成相应变换下的张量（包括矢量）场．另外，引力具有普适性及是吸引力这两个特点，即有能量的物体之间就会产生吸引力，且自由落体运动与落体的质量与属性无关．爱因斯坦基于引力的这些特性，把引力场看成黎曼几何中度规张量的 10 个分量而提出了广义相对论．

自由落体运动与落体的质量与属性无关意味着惯性质量与引力质量等价．爱因斯坦于 1907 年进一步提出了引力和惯性力等价的等效原理：在一个自由下落的封闭电梯里，无法区分均匀静态的外引力场和匀加速运动的惯性力，即匀强引力场的所有物理效应等价于坐标系统的匀加速效应．根据前面的分析及等效原理，由于引力的作用，某个质点（如太阳）附近的所有局域惯性系都朝质点作相同加速运动，任何一个包含该质点在内的坐标系都不可能为惯性系，所以等效原理把引力排除在狭义相对论之外[12]．当然等效原理把引力与惯性力等价，即惯性力可以抵消引力作用，就像自由下落电梯里的观测者认为自己静止而无法检验稳定均匀的外引力场的存在，或者地球上的观测者感受不到太阳的引力作用一样（假设均匀引力场），可以通过局域惯性坐标系的物理规律及广义坐标变换得到引力场中的物理规律．本章主要参考温伯格的书[8]，沿这个思路介绍爱因斯坦广义相对论．

3.1　等效原理

考虑一个受到力 $\boldsymbol{F}$ 及引力 $m\boldsymbol{g}$ 而作非相对论性运动的粒子，其运动方程为

$$m\frac{\mathrm{d}^2\boldsymbol{x}}{\mathrm{d}t^2}=m\boldsymbol{g}+\boldsymbol{F}. \tag{3.1}$$

在非惯性坐标系（相当于引入惯性力）

$$\boldsymbol{x}'=\boldsymbol{x}-\frac{1}{2}\boldsymbol{g}t^2, \tag{3.2}$$

运动方程(3.1)成为

$$m\frac{\mathrm{d}^2\boldsymbol{x}'}{\mathrm{d}t^2}=m\frac{\mathrm{d}^2\boldsymbol{x}}{\mathrm{d}t^2}-m\boldsymbol{g}=\boldsymbol{F}. \tag{3.3}$$

在自由落体坐标系$(\boldsymbol{x}',t)$中的观测者没有感觉到引力 $m\boldsymbol{g}$，即惯性力抵消了引力，或者说自由落体参考系中引力与惯性力等效，这是等效原理的一种表述.

等效原理的表述很多，这里采用温伯格书中的表述[8]，分为弱等效原理、强等效原理和爱因斯坦等效原理.

(1) 弱等效原理：在任意引力场中的每一个时空点，有可能选择一个局域惯性系，使得在所讨论的那一点附近的充分小的邻域内，自由落体运动形式上与在没有引力场的无加速的惯性系中是相同的.

(2) 强等效原理：在任意引力场中的每一个时空点，有可能选择一个局域惯性系，使得在所讨论的那一点附近的充分小的邻域内，所有自然规律形式上与在没有引力场的无加速的惯性系中是相同的.

(3) 爱因斯坦等效原理：在任意引力场中的每一个时空点，有可能选择一个局域惯性系，使得在所讨论的那一点附近的充分小的邻域内，除引力外的所有物理规律形式上与在没有引力场的无加速的惯性系中是相同的.

MICROSCOPE 项目通过比较分别由钛和铂金组成的检验物体(也称检验质量)作自由落体运动的加速度，在 10^{-15} 精度水平上对弱等效原理进行了检验. 具体而言，对由两个检验物体 A 与 B 作自由落体运动的加速度 a_{A} 与 a_{B} 所定义的厄特沃什(Eötvös)参数 $\eta(\mathrm{A,B})=2(a_{\mathrm{A}}-a_{\mathrm{B}})/(a_{\mathrm{A}}+a_{\mathrm{B}})$ 的限制结果为 $\eta(\mathrm{Ti,\ Pt})=[-1.5\pm 2.3(\mathrm{stat})\pm 1.5(\mathrm{syst})]\times 10^{-15}$[31]. 关于等效原理的实验检验，有兴趣的读者可参阅综述文章[32].

3.1.1　仿射联络与测地线方程

本节先利用等效原理推导出自由粒子在引力场中的测地线方程. 在局域惯性坐标系 ξ^α 中的自由粒子作直线运动，其运动方程为

$$\frac{\mathrm{d}^2\xi^\alpha}{\mathrm{d}\tau^2}=0, \tag{3.4a}$$

$$\mathrm{d}\tau^2=-\eta_{\alpha\beta}\mathrm{d}\xi^\alpha\mathrm{d}\xi^\beta. \tag{3.4b}$$

在任意坐标系 x^λ 中，运动方程(3.4)变成

$$0=\frac{\mathrm{d}}{\mathrm{d}\tau}\left(\frac{\partial\xi^\alpha}{\partial x^\lambda}\frac{\mathrm{d}x^\lambda}{\mathrm{d}\tau}\right)=\frac{\partial^2\xi^\alpha}{\partial x^\lambda\partial x^\nu}\frac{\mathrm{d}x^\lambda}{\mathrm{d}\tau}\frac{\mathrm{d}x^\nu}{\mathrm{d}\tau}+\frac{\partial\xi^\alpha}{\partial x^\lambda}\frac{\mathrm{d}^2x^\lambda}{\mathrm{d}\tau^2}. \tag{3.5}$$

由于

$$\frac{\partial x^\lambda}{\partial\xi^\alpha}\frac{\partial\xi^\alpha}{\partial x^\mu}=\delta^\lambda_\mu, \tag{3.6a}$$

$$\frac{\partial \xi^{\alpha}}{\partial x^{\mu}}\frac{\partial x^{\mu}}{\partial \xi^{\beta}}=\delta^{\alpha}_{\beta}, \tag{3.6b}$$

方程(3.5)两边乘以$\partial x^{\mu}/\partial \xi^{\alpha}$得到

$$\frac{\mathrm{d}^2 x^{\mu}}{\mathrm{d}\tau^2}+\Gamma^{\mu}_{\alpha\beta}\frac{\mathrm{d}x^{\alpha}}{\mathrm{d}\tau}\frac{\mathrm{d}x^{\beta}}{\mathrm{d}\tau}=0, \tag{3.7}$$

式中克里斯多菲(Christoffel)联络

$$\Gamma^{\mu}_{\alpha\beta}=\frac{\partial x^{\mu}}{\partial \xi^{\nu}}\frac{\partial^2 \xi^{\nu}}{\partial x^{\alpha}\partial x^{\beta}}. \tag{3.8}$$

注意克里斯多菲联络的两个下指标α,β是对称的. 根据等效原理,方程(3.7)为粒子在引力场中的运动方程,称为测地线方程. 测地线方程就是引力场中的牛顿第二定律.

任意坐标系 x^{μ} 的线元为

$$\mathrm{d}s^2=\eta_{\alpha\beta}\frac{\partial \xi^{\alpha}}{\partial x^{\mu}}\frac{\partial \xi^{\beta}}{\partial x^{\nu}}\mathrm{d}x^{\mu}\mathrm{d}x^{\nu}=g_{\mu\nu}\mathrm{d}x^{\mu}\mathrm{d}x^{\nu}, \tag{3.9}$$

式中 $g_{\mu\nu}$ 为描述时空几何的度规. 注意度规的两个下指标μ,ν是对称的,$g_{\mu\nu}=g_{\nu\mu}$. 引入记号$\partial \xi^{\alpha}/\partial x^{\mu}=\xi^{\alpha}_{,\mu}$,则度规与克里斯多菲联络可写成如下形式:

$$g_{\mu\nu}=\eta_{\alpha\beta}\xi^{\alpha}_{,\mu}\xi^{\beta}_{,\nu}, \tag{3.10a}$$

$$\xi^{\mu}_{,\alpha\beta}=\xi^{\mu}_{,\nu}\Gamma^{\nu}_{\alpha\beta}. \tag{3.10b}$$

由方程(3.10)可得

$$\begin{aligned} g_{\mu\nu,\sigma}&=\eta_{\alpha\beta}\xi^{\alpha}_{,\mu\sigma}\xi^{\beta}_{,\nu}+\eta_{\alpha\beta}\xi^{\alpha}_{,\mu}\xi^{\beta}_{,\nu\sigma}=\eta_{\alpha\beta}\xi^{\alpha}_{,\lambda}\xi^{\beta}_{,\nu}\Gamma^{\lambda}_{\mu\sigma}+\eta_{\alpha\beta}\xi^{\alpha}_{,\mu}\xi^{\beta}_{,\lambda}\Gamma^{\lambda}_{\nu\sigma}\\ &=g_{\lambda\nu}\Gamma^{\lambda}_{\mu\sigma}+g_{\mu\lambda}\Gamma^{\lambda}_{\nu\sigma}. \end{aligned} \tag{3.11}$$

把方程(3.11)中下指标交换后得到

$$g_{\mu\sigma,\nu}=g_{\lambda\sigma}\Gamma^{\lambda}_{\mu\nu}+g_{\mu\lambda}\Gamma^{\lambda}_{\nu\sigma}, \tag{3.12}$$

$$g_{\sigma\nu,\mu}=g_{\lambda\nu}\Gamma^{\lambda}_{\mu\sigma}+g_{\sigma\lambda}\Gamma^{\lambda}_{\mu\nu}. \tag{3.13}$$

方程(3.11)加方程(3.13),然后减去方程(3.12),得到

$$g_{\mu\nu,\sigma}+g_{\sigma\nu,\mu}-g_{\mu\sigma,\nu}=2g_{\lambda\nu}\Gamma^{\lambda}_{\mu\sigma}. \tag{3.14}$$

定义度规 $g_{\mu\nu}$ 的逆度规

$$g^{\mu\alpha}g_{\alpha\nu}=\delta^{\mu}_{\nu}, \tag{3.15}$$

则可得到克里斯多菲联络与度规的关系

$$\Gamma^{\mu}_{\alpha\beta}=\frac{1}{2}g^{\mu\nu}(g_{\nu\alpha,\beta}+g_{\nu\beta,\alpha}-g_{\alpha\beta,\nu}). \tag{3.16}$$

这个关系通常也称为克里斯多菲记号$\left\{{\mu \atop \alpha\beta}\right\}$. 由定义(3.15)及方程(3.10)可得逆度规

$$g^{\mu\nu}=\eta^{\alpha\beta}\frac{\partial x^{\mu}}{\partial \xi^{\alpha}}\frac{\partial x^{\nu}}{\partial \xi^{\beta}}. \tag{3.17}$$

在坐标点 X,令 $a^{\alpha}=\xi^{\alpha}(X)$,$b^{\alpha}_{\mu}=\xi^{\alpha}_{,\mu}(X)$,则由方程(3.10)可得到 X 邻域确定到 $(x-X)^2$ 阶的局域惯性系

$$\xi^{\alpha}=a^{\alpha}+b^{\alpha}_{\mu}(x^{\mu}-X^{\mu})+\frac{1}{2}b^{\alpha}_{\lambda}\Gamma^{\lambda}_{\mu\nu}(x^{\mu}-X^{\mu})(x^{\nu}-X^{\nu})+\cdots, \tag{3.18}$$

式中常数 b^{α}_{μ} 可以确定到只差一个洛伦兹变换 $b^{\alpha}_{\mu}\to\Lambda^{\alpha}_{\beta}b^{\beta}_{\mu}$. 这说明给定某点 X 处的度规与仿射联络,可以通过方程(3.18)把局域惯性坐标系 $\xi^{\alpha}(x)$ 确定到 $(x-X)^2$ 阶. 反过来,通过坐标变换 $x^{\mu}\to\xi^{\alpha}$,总是可以选取局域惯性系,使得在 X 点邻域 $g_{\mu\nu}(X)=\eta_{\mu\nu}$,且度规一阶导数为零,即仿射联络 $\Gamma^{\alpha}_{\mu\nu}=0$,但度规的二阶导数不为零. 为了证明这个论述,把方程(3.10)中度规及坐标 ξ^{α} 在 X 点附近展开,得到

$$\begin{aligned}g_{\mu\nu}(x)=&g_{\mu\nu}(X)+g_{\mu\nu,\alpha}(X)(x^{\alpha}-X^{\alpha})+\frac{1}{2}g_{\mu\nu,\alpha\beta}(X)(x^{\alpha}-X^{\alpha})(x^{\beta}-X^{\beta})+\cdots\\&=\eta_{\alpha\beta}\xi^{\alpha}_{,\mu}(X)\xi^{\beta}_{,\nu}(X)+\eta_{\alpha\beta}[\xi^{\alpha}_{,\mu}(X)\xi^{\beta}_{,\rho\nu}(X)+\xi^{\alpha}_{,\rho\mu}(X)\xi^{\beta}_{,\nu}(X)](x^{\rho}-X^{\rho})\\&\quad+\eta_{\alpha\beta}\left[\frac{1}{2}\xi^{\alpha}_{,\mu}(X)\xi^{\beta}_{,\nu\rho\sigma}(X)+\frac{1}{2}\xi^{\alpha}_{,\nu}(X)\xi^{\beta}_{,\mu\rho\sigma}(X)+\xi^{\alpha}_{,\mu\rho}(X)\xi^{\beta}_{,\nu\sigma}(X)\right](x-X)^{\rho}(x-X)^{\sigma}\\&\quad+\cdots\end{aligned} \tag{3.19}$$

零阶方程是利用 16 个变换 $\xi^{\alpha}_{,\mu}(X)$关系确定 10 个度规分量 $g_{\mu\nu}(X)$,且多余的 6 个自由度对应于局域惯性系中的洛伦兹变换. 一阶方程是利用变换 $\xi^{\alpha}_{,\mu\nu}(X)$确定度规的一阶导数 $g_{\mu\nu,\alpha}(X)$. 度规一阶导数 $g_{\mu\nu,\alpha}(X)$具有 40(即 4×10)个分量,而变换 $\xi^{\alpha}_{,\mu\nu}(X)$ 关于求导指标 μ 与 ν 是对称的,刚好也有 40 个自由度,所以可以确定度规的一阶导数或仿射联络. 二阶方程是利用变换 $\xi^{\alpha}_{,\mu\nu\rho}(X)$ 确定度规的二阶导数 $g_{\mu\nu,\alpha\beta}(X)$. 变换$\xi^{\alpha}_{,\mu\nu\rho}(X)$ 关于求导指标是对称的,这些求导指标具有 20 个自由度,加上 $\xi^{\alpha}(X)$的 4 个自由度,坐标变换的三阶导数总自由度为 80(即 4×20),但是度规的二阶导数总自由度为 100(即 10×10),所以 $\xi^{\alpha}_{,\mu\nu\rho}(X)$无法确定度规的二阶导数. 简而言之,给出 X 处的度规与仿射联络,局域惯性坐标系 $\xi^{\alpha}(X)$可以由方程(3.18)确定到 $(x-X)^2$ 阶.

3.1.2 牛顿极限

考虑一个粒子在静态弱引力场中的低速运动($\mathrm{d}x^i/\mathrm{d}t\ll1$),有

$$g_{\mu\nu}=\eta_{\mu\nu}+h_{\mu\nu}, \tag{3.20a}$$

$$|h_{\mu\nu}|\ll1. \tag{3.20b}$$

忽略粒子运动速度 $\mathrm{d}x^i/\mathrm{d}t$,测地线方程(3.7)为

$$\frac{\mathrm{d}^2x^{\mu}}{\mathrm{d}\tau^2}+\Gamma^{\mu}_{00}\left(\frac{\mathrm{d}t}{\mathrm{d}\tau}\right)^2=0. \tag{3.21}$$

克里斯多菲联络

$$\Gamma^{\mu}_{00}=-\frac{1}{2}g^{\mu\alpha}g_{00,\alpha}=-\frac{1}{2}\eta^{\mu\alpha}h_{00,\alpha}, \tag{3.22}$$

所以

$$\Gamma^0_{00}=\frac{1}{2}h_{00,0}=0, \quad \Gamma^i_{00}=-\frac{1}{2}h_{00,i}, \tag{3.23}$$

测地线方程(3.21)时间分量给出 $\mathrm{d}^2t/\mathrm{d}\tau^2=0$,测地线方程(3.21)空间分量给出

$$\frac{\mathrm{d}^2x^i}{\mathrm{d}\tau^2}=-\Gamma^i_{00}\left(\frac{\mathrm{d}t}{\mathrm{d}\tau}\right)^2=\frac{1}{2}h_{00,i}\left(\frac{\mathrm{d}t}{\mathrm{d}\tau}\right)^2, \tag{3.24}$$

即

$$\frac{\mathrm{d}^2\boldsymbol{x}}{\mathrm{d}t^2}=\frac{1}{2}\nabla h_{00}=-\nabla\phi_{\mathrm{N}}. \tag{3.25}$$

和牛顿力学相比较,可知

$$h_{00}=-2\phi_{\mathrm{N}}=2GM/r, \tag{3.26}$$

牛顿引力势 ϕ_{N} 是度规的分量,引力应该用度规描述. 当然广义协变性要求度规为张量,具体证明见下一节.

3.2 弯曲时空

等效原理告诉我们,通过选取局域惯性系可以消除引力效应,这和曲面上可以建立使距离遵从毕达哥拉斯定理的局部笛卡尔坐标系类似,前面我们看到引力场是度规张量的分量,这些结果都暗示引力与弯曲时空具有内在联系.

在介绍弯曲时空几何之前,先讨论广义协变原理:如果物理方程在没有引力场时成立且它是广义协变的,则它在有引力场时也成立. 物理方程在没有引力场时成立,意味着当度规张量为平直时空度规,$g_{\mu\nu}=\eta_{\alpha\beta}$,且 $\Gamma^\mu_{\alpha\beta}=0$ 时,该方程与狭义相对论中的方程一样. 广义协变性是指在最一般坐标变换 $x^\mu\rightarrow x'^\mu$ 下,物理方程形式保持不变. 广义协变性本身不包含任何物理内容,总可以在一个坐标系里写下一个方程,然后进行一个坐标变换计算出这个方程在任意坐标系中的形式. 广义协变原理的意义在于它关于引力效应的表述,即一个物理方程在没有引力时是正确的,则广义协变性表明这个方程在有引力场时也是正确的,且其形式可通过坐标变换得到[8].

与任何方程可表达成广义协变的形式类似,任何方程也可以写成洛伦兹不变的形式. 通常非相对论性方程进行洛伦兹变换后会出现参考系之间的相对速度,洛伦兹不变性就是要求变换后的方程中不出现这个速度,因此洛伦兹不变性对原来的非相对论性方程作了很强的限制. 广义协变性与洛伦兹不变性不同,它会引入非平庸度规张量和仿射联络这些几何量来表示引力场的存在,我们并不要求这些量消失,相反需要用它们来代表引力场. 总之,广义协变原理并不像伽利略相对性原理或狭义相对性原理那样是一个不变性原理,它是关于引力效应的一个表述. 注意广义协变性并不包含洛伦兹不变性——存在这样的广义协变的引力理论,在引力场的任一点允许建立惯性系,但在这些惯性系里,它们满足伽利略相对性,而不是狭义相对性[8].

3.2.1　矢量与张量

要讨论物理规律的广义坐标变换及其协变性，先要把物理量用广义坐标变换下的张量来表达．标量是广义坐标变换下的不变量，$\phi'(x')=\phi(x)$．如 0 这样的常数是标量．

在广义坐标变换 $x^\mu\rightarrow x'^\mu$ 下，逆变矢量变换规则如下：

$$V'^\mu=\frac{\partial x'^\mu}{\partial x^\nu}V^\nu. \tag{3.27}$$

协变矢量变换规则如下：

$$V'_\mu=\frac{\partial x^\nu}{\partial x'^\mu}V_\nu. \tag{3.28}$$

式(3.28)也可改写成

$$V'_\mu\mathrm{d}x'^\mu=V_\nu\mathrm{d}x^\nu. \tag{3.29}$$

显然 $\mathrm{d}x^\mu$ 是逆变矢量，$\partial_\mu=\partial/\partial x^\mu$ 作用在一个标量函数上得到一个协变矢量，标量场的导数是协变矢量，即

$$\frac{\partial\phi}{\partial x'^\mu}=\frac{\partial x^\nu}{\partial x'^\mu}\frac{\partial\phi}{\partial x^\nu}. \tag{3.30}$$

为书写方便，时空坐标导数通常记为 $\phi_{,\mu}=\partial_\mu\phi$．

对于一般张量，指标都在上面时称为逆变张量，每个指标的变换按方程(3.27)变换；指标都在下面时称为协变张量，每个指标的变换按方程(3.28)变换．既带上指标，又有下指标的张量称为混合张量，其上下指标分别按方程(3.27)与方程(3.28)给出的规则变换，即

$$T'^{\mu\ \rho}_{\ \nu}=\frac{\partial x'^\mu}{\partial x^\alpha}\frac{\partial x^\beta}{\partial x'^\nu}\frac{\partial x'^\rho}{\partial x^\sigma}T^{\alpha\ \sigma}_{\ \beta}. \tag{3.31}$$

利用度规的定义(3.10)与方程(3.17)可以证明度规是二阶张量．

$$g'_{\mu\nu}(x')=\eta_{\alpha\beta}\frac{\partial\xi^\alpha}{\partial x'^\mu}\frac{\partial\xi^\beta}{\partial x'^\nu}=\eta_{\alpha\beta}\frac{\partial\xi^\alpha}{\partial x^\rho}\frac{\partial x^\rho}{\partial x'^\mu}\frac{\partial\xi^\beta}{\partial x^\sigma}\frac{\partial x^\sigma}{\partial x'^\nu}=\frac{\partial x^\rho}{\partial x'^\mu}\frac{\partial x^\sigma}{\partial x'^\nu}g_{\rho\sigma}, \tag{3.32a}$$

$$g'^{\mu\nu}(x')=\eta^{\alpha\beta}\frac{\partial x'^\mu}{\partial\xi^\alpha}\frac{\partial x'^\nu}{\partial\xi^\beta}=\eta^{\alpha\beta}\frac{\partial x'^\mu}{\partial x^\rho}\frac{\partial x^\rho}{\partial\xi^\alpha}\frac{\partial x'^\nu}{\partial x^\sigma}\frac{\partial x^\sigma}{\partial\xi^\beta}=\frac{\partial x'^\mu}{\partial x^\rho}\frac{\partial x'^\nu}{\partial x^\sigma}g^{\rho\sigma}. \tag{3.32b}$$

利用度规张量的变换性质，很容易证明线元 $\mathrm{d}s^2$ 是广义坐标变换不变量，$U^\mu=\mathrm{d}x^\mu/\mathrm{d}\tau$ 是速度矢量．也可以证明 δ^μ_ν 是一个混合张量，

$$\delta^\mu_\nu\frac{\partial x'^\rho}{\partial x^\mu}\frac{\partial x^\nu}{\partial x'^\sigma}=\frac{\partial x'^\rho}{\partial x^\mu}\frac{\partial x^\mu}{\partial x'^\sigma}=\delta^\rho_\sigma. \tag{3.33}$$

对于张量计算，可以作如下代数运算．

(1) 线性组合：同秩张量的线性组合是张量，$T^\mu_\nu=\alpha A^\mu_\nu+\beta B^\mu_\nu$．

$$T'^{\ \mu}_\nu=\alpha A'^{\ \mu}_\nu+\beta B'^{\ \mu}_\nu=\alpha\frac{\partial x'^\mu}{\partial x^\rho}\frac{\partial x^\sigma}{\partial x'^\nu}A^\rho_\sigma+\beta\frac{\partial x'^\mu}{\partial x^\rho}\frac{\partial x^\sigma}{\partial x'^\nu}B^\rho_\sigma=\frac{\partial x'^\mu}{\partial x^\rho}\frac{\partial x^\sigma}{\partial x'^\nu}T^\rho_\sigma. \tag{3.34}$$

(2) 直积：两个张量的直乘是一个新张量，$T^{\mu\ \rho}_{\ \nu} = A^{\mu}_{\nu} B^{\rho}$.

$$T'^{\mu\ \rho}_{\ \nu} = A'^{\mu}_{\nu} B'^{\rho} = \frac{\partial x'^{\mu}}{\partial x^{\alpha}} \frac{\partial x^{\beta}}{\partial x'^{\nu}} A^{\alpha}_{\beta} \frac{\partial x'^{\rho}}{\partial x^{\sigma}} B^{\sigma} = \frac{\partial x'^{\mu}}{\partial x^{\alpha}} \frac{\partial x^{\beta}}{\partial x'^{\nu}} \frac{\partial x'^{\rho}}{\partial x^{\sigma}} T^{\alpha\ \sigma}_{\ \beta}. \tag{3.35}$$

(3) 缩并：取张量一个上指标和一个下指标相同，并对这些分量求和，得到一个没有这两个指标的新张量，$T^{\mu\rho} = A^{\mu\ \rho\nu}_{\ \nu}$.

$$T'^{\mu\rho} = A'^{\mu\ \rho\nu}_{\ \nu} = \frac{\partial x'^{\mu}}{\partial x^{\alpha}} \frac{\partial x^{\beta}}{\partial x'^{\nu}} \frac{\partial x'^{\rho}}{\partial x^{\sigma}} \frac{\partial x'^{\nu}}{\partial x^{\gamma}} A^{\alpha\ \sigma\gamma}_{\ \beta} = \frac{\partial x'^{\mu}}{\partial x^{\alpha}} \frac{\partial x'^{\rho}}{\partial x^{\sigma}} A^{\alpha\ \sigma\beta}_{\ \beta} = \frac{\partial x'^{\mu}}{\partial x^{\alpha}} \frac{\partial x'^{\rho}}{\partial x^{\sigma}} T^{\alpha\sigma}. \tag{3.36}$$

根据这些代数运算规则，可以利用度规 $g_{\mu\nu}$ 及其逆度规 $g^{\mu\nu}$ 对张量指标进行升降.

3.2.2 张量密度

在张量运算中，通常也会遇到如张量密度这一类非张量的运算，其中最简单例子为度规行列式

$$g = \det(g_{\mu\nu}) = |g_{\mu\nu}|, \tag{3.37}$$

式中 det 或 ‖ 代表求行列式. 在广义坐标变换下，有

$$g'_{\mu\nu}(x') = \frac{\partial x^{\rho}}{\partial x'^{\mu}} \frac{\partial x^{\sigma}}{\partial x'^{\nu}} g_{\rho\sigma}, \tag{3.38a}$$

$$g' = \left| \frac{\partial x}{\partial x'} \right|^{2} g. \tag{3.38b}$$

坐标变换比张量多出数个雅可比(Jacobi)行列式 $|\partial x'/\partial x|$ 因子的量称为张量密度，行列式因子的数目称为密度的权，如度规行列式 g 是一个权为 -2 的密度. 权为 W 的张量密度可以表达成一个张量乘上因子 $(-g)^{-W/2}$，它的变换规则为

$$\mathcal{W}'^{\mu}_{\nu} = \left| \frac{\partial x'}{\partial x} \right|^{W} \frac{\partial x'^{\mu}}{\partial x^{\alpha}} \frac{\partial x^{\beta}}{\partial x'^{\nu}} \mathcal{W}^{\alpha}_{\beta}, \tag{3.39}$$

所以 $(-g)^{W/2} \mathcal{W}^{\alpha}_{\beta}$ 是一个张量，即

$$(-g)'^{W/2} \mathcal{W}'^{\mu}_{\nu} = \frac{\partial x'^{\mu}}{\partial x^{\alpha}} \frac{\partial x^{\beta}}{\partial x'^{\nu}} (-g)^{W/2} \mathcal{W}^{\alpha}_{\beta}. \tag{3.40}$$

体积元 $\sqrt{-g}\,\mathrm{d}^4 x$ 是一个不变量，作用量积分中的体积元应该为 $\sqrt{-g}\,\mathrm{d}^4 x$. 另一个重要的张量密度是四维时空中的莱维-齐维塔张量密度，它是全反对称的，权为 -1，即

$$\epsilon^{\mu\nu\alpha\beta} = \begin{cases} +1, & \mu\nu\alpha\beta\ \text{指标是 0123 的偶置换；} \\ -1, & \mu\nu\alpha\beta\ \text{指标是 0123 的奇置换；} \\ 0, & \text{其他.} \end{cases} \tag{3.41}$$

$$\frac{\partial x'^{\mu}}{\partial x^{\rho}} \frac{\partial x'^{\nu}}{\partial x^{\sigma}} \frac{\partial x'^{\alpha}}{\partial x^{\gamma}} \frac{\partial x'^{\beta}}{\partial x^{\eta}} \epsilon^{\rho\sigma\gamma\eta} = \left| \frac{\partial x'}{\partial x} \right| \epsilon^{\mu\nu\alpha\beta}. \tag{3.42}$$

因为在任意坐标系中，$\epsilon^{\mu\nu\alpha\beta}$ 都是取 $0, \pm 1$，即

$$\epsilon'^{\mu\nu\alpha\beta} = \epsilon^{\mu\nu\alpha\beta} = \left| \frac{\partial x}{\partial x'} \right| \frac{\partial x'^{\mu}}{\partial x^{\rho}} \frac{\partial x'^{\nu}}{\partial x^{\sigma}} \frac{\partial x'^{\alpha}}{\partial x^{\gamma}} \frac{\partial x'^{\beta}}{\partial x^{\eta}} \epsilon^{\rho\sigma\gamma\eta}.$$

所以 $\epsilon^{\mu\nu\alpha\beta}$ 权为 -1，$(-g)^{-1/2} \epsilon^{\mu\nu\alpha\beta}$ 为一个四阶逆变张量. 由

$$\epsilon_{\mu\nu\alpha\beta}=g_{\mu\rho}g_{\nu\sigma}g_{\alpha\gamma}g_{\beta\eta}\epsilon^{\rho\sigma\gamma\eta}=g\epsilon^{\mu\nu\alpha\beta}, \tag{3.43}$$

可知

$$\begin{aligned}\epsilon'_{\mu\nu\alpha\beta}&=g'_{\mu\rho}g'_{\nu\sigma}g'_{\alpha\gamma}g'_{\beta\eta}\epsilon'^{\rho\sigma\gamma\eta}\\&=\frac{\partial x^{\alpha_1}}{\partial x'^{\mu}}\frac{\partial x^{\alpha_2}}{\partial x'^{\rho}}g_{\alpha_1\alpha_2}\frac{\partial x^{\alpha_3}}{\partial x'^{\nu}}\frac{\partial x^{\alpha_4}}{\partial x'^{\sigma}}g_{\alpha_3\alpha_4}\frac{\partial x^{\alpha_5}}{\partial x'^{\alpha}}\frac{\partial x^{\alpha_6}}{\partial x'^{\gamma}}g_{\alpha_5\alpha_6}\frac{\partial x^{\alpha_7}}{\partial x'^{\beta}}\frac{\partial x^{\alpha_8}}{\partial x'^{\eta}}g_{\alpha_7\alpha_8}\epsilon^{\rho\sigma\gamma\eta}\\&=\frac{\partial x^{\alpha_1}}{\partial x'^{\mu}}\frac{\partial x^{\alpha_3}}{\partial x'^{\nu}}\frac{\partial x^{\alpha_5}}{\partial x'^{\alpha}}\frac{\partial x^{\alpha_7}}{\partial x'^{\beta}}g_{\alpha_1\alpha_2}g_{\alpha_3\alpha_4}g_{\alpha_5\alpha_6}g_{\alpha_7\alpha_8}\left|\frac{\partial x}{\partial x'}\right|\epsilon^{\alpha_2\alpha_4\alpha_6\alpha_8}\\&=\left|\frac{\partial x}{\partial x'}\right|\frac{\partial x^{\alpha_1}}{\partial x'^{\mu}}\frac{\partial x^{\alpha_3}}{\partial x'^{\nu}}\frac{\partial x^{\alpha_5}}{\partial x'^{\alpha}}\frac{\partial x^{\alpha_7}}{\partial x'^{\beta}}\epsilon_{\alpha_1\alpha_3\alpha_5\alpha_7},\end{aligned}$$

所以 $\epsilon_{\mu\nu\alpha\beta}$ 权为-1.

张量密度代数和张量代数类似，具有如下性质：

(1) 权重为 W 的两个张量密度的任意线性组合是权重为 W 的张量密度.

(2) 权重分别为 W_1 及 W_2 的两个张量密度的直积是权重为 W_1+W_2 的张量密度.

(3) 张量指标升降及缩并不改变张量密度的权重，权重为 W 的张量密度的指标缩并及升降得到的张量密度权重仍然是 W.

3.2.3 协变微分

根据仿射联络的定义(3.8)可知，在 x' 坐标系，有

$$\begin{aligned}\Gamma'^{\mu}_{\alpha\beta}(x')&=\frac{\partial x'^{\mu}}{\partial\xi^{\rho}}\frac{\partial^2\xi^{\rho}}{\partial x'^{\alpha}\partial x'^{\beta}}=\frac{\partial x'^{\mu}}{\partial x^{\sigma}}\frac{\partial x^{\sigma}}{\partial\xi^{\rho}}\frac{\partial}{\partial x'^{\alpha}}\left(\frac{\partial\xi^{\rho}}{\partial x^{\gamma}}\frac{\partial x^{\gamma}}{\partial x'^{\beta}}\right)\\&=\frac{\partial x'^{\mu}}{\partial x^{\sigma}}\frac{\partial x^{\lambda}}{\partial x'^{\alpha}}\frac{\partial x^{\gamma}}{\partial x'^{\beta}}\Gamma^{\sigma}_{\lambda\gamma}+\frac{\partial x'^{\mu}}{\partial x^{\gamma}}\frac{\partial^2 x^{\gamma}}{\partial x'^{\alpha}\partial x'^{\beta}}.\end{aligned}\tag{3.44}$$

由于最后一项的存在，仿射联络不是一个张量. 另外，利用如下关系式：

$$\frac{\partial x'^{\mu}}{\partial x^{\gamma}}\frac{\partial x^{\gamma}}{\partial x'^{\alpha}}=\delta^{\mu}_{\alpha}, \tag{3.45}$$

$$\frac{\partial x'^{\mu}}{\partial x^{\gamma}}\frac{\partial^2 x^{\gamma}}{\partial x'^{\alpha}\partial x'^{\beta}}=-\frac{\partial x^{\sigma}}{\partial x'^{\beta}}\frac{\partial x^{\gamma}}{\partial x'^{\alpha}}\frac{\partial^2 x'^{\mu}}{\partial x^{\gamma}\partial x^{\sigma}}, \tag{3.46}$$

仿射联络的变换也可写成

$$\Gamma'^{\mu}_{\alpha\beta}(x')=\frac{\partial x'^{\mu}}{\partial x^{\sigma}}\frac{\partial x^{\lambda}}{\partial x'^{\alpha}}\frac{\partial x^{\gamma}}{\partial x'^{\beta}}\Gamma^{\sigma}_{\lambda\gamma}-\frac{\partial x^{\sigma}}{\partial x'^{\beta}}\frac{\partial x^{\gamma}}{\partial x'^{\alpha}}\frac{\partial^2 x'^{\mu}}{\partial x^{\gamma}\partial x^{\sigma}}. \tag{3.47}$$

现在讨论测地线方程是否具有广义协变性.

$$\begin{aligned}\frac{d^2x'^{\mu}}{d\tau^2}&=\frac{dU'^{\mu}}{d\tau}=\frac{d}{d\tau}\left(\frac{\partial x'^{\mu}}{\partial x^{\nu}}U^{\nu}\right)=\frac{\partial x'^{\mu}}{\partial x^{\nu}}\frac{dU^{\nu}}{d\tau}+\frac{\partial^2 x'^{\mu}}{\partial x^{\alpha}\partial x^{\nu}}U^{\alpha}U^{\nu}\\&=\frac{\partial^2 x'^{\mu}}{\partial x^{\alpha}\partial x^{\nu}}\frac{dx^{\alpha}}{d\tau}\frac{dx^{\nu}}{d\tau}+\frac{\partial x'^{\mu}}{\partial x^{\nu}}\frac{d^2x^{\nu}}{d\tau^2},\end{aligned}\tag{3.48}$$

最后一个等式右边第一项中非齐次项和仿射联络的非齐次项类似，即

$$\Gamma'^{\mu}_{\alpha\beta}(x')\frac{\mathrm{d}x'^{\alpha}}{\mathrm{d}\tau}\frac{\mathrm{d}x'^{\beta}}{\mathrm{d}\tau}=\Gamma'^{\mu}_{\alpha\beta}\frac{\partial x'^{\alpha}}{\partial x^{\rho}}\frac{\partial x'^{\beta}}{\partial x^{\delta}}\frac{\mathrm{d}x^{\rho}}{\mathrm{d}\tau}\frac{\mathrm{d}x^{\delta}}{\mathrm{d}\tau}$$
$$=\frac{\partial x'^{\mu}}{\partial x^{\sigma}}\Gamma^{\sigma}_{\lambda\gamma}\frac{\mathrm{d}x^{\lambda}}{\mathrm{d}\tau}\frac{\mathrm{d}x^{\gamma}}{\mathrm{d}\tau}-\frac{\partial^2 x'^{\mu}}{\partial x^{\gamma}\partial x^{\sigma}}\frac{\mathrm{d}x^{\gamma}}{\mathrm{d}\tau}\frac{\mathrm{d}x^{\sigma}}{\mathrm{d}\tau}, \tag{3.49}$$

速度 $U^{\mu}=\mathrm{d}x^{\mu}/\mathrm{d}\tau$ 的微分式(3.48)中多出的非齐次项刚好被仿射联络变换的非齐次项抵消，所以

$$\frac{\mathrm{d}^2 x'^{\mu}}{\mathrm{d}\tau^2}+\Gamma'^{\mu}_{\alpha\beta}(x')\frac{\mathrm{d}x'^{\alpha}}{\mathrm{d}\tau}\frac{\mathrm{d}x'^{\beta}}{\mathrm{d}\tau}=\frac{\partial x'^{\mu}}{\partial x^{\sigma}}\left(\frac{\mathrm{d}^2 x^{\sigma}}{\mathrm{d}\tau^2}+\Gamma^{\sigma}_{\lambda\gamma}\frac{\mathrm{d}x^{\lambda}}{\mathrm{d}\tau}\frac{\mathrm{d}x^{\gamma}}{\mathrm{d}\tau}\right), \tag{3.50}$$

测地线方程是广义协变的. 由上面的推导可看出，矢量微分在坐标变换下出现的非齐次项可以被仿射联络变换的非齐次项抵消，因此定义协变导数

$$V^{\mu}_{;\nu}=V^{\mu}_{,\nu}+\Gamma^{\mu}_{\nu\alpha}V^{\alpha}, \tag{3.51}$$

及

$$V_{\mu;\nu}=V_{\mu,\nu}-\Gamma^{\alpha}_{\mu\nu}V_{\alpha}, \tag{3.52}$$

使得 $V^{\mu}_{;\nu}$ 与 $V_{\mu;\nu}$ 为张量，通常协变导数也写成 $V^{\mu}_{;\nu}=\nabla_{\nu}V^{\mu}$. $V^{\mu}_{;\nu}$ 为张量的证明与测地线方程的协变性类似，这里不再证明. 下面利用式(3.44)证明 $V_{\mu;\nu}$ 为张量.

$$V'_{\mu}=\frac{\partial x^{\rho}}{\partial x'^{\mu}}V_{\rho}, \tag{3.53a}$$

$$\frac{\partial V'_{\mu}}{\partial x'^{\nu}}=\frac{\partial^2 x^{\rho}}{\partial x'^{\mu}\partial x'^{\nu}}V_{\rho}+\frac{\partial x^{\rho}}{\partial x'^{\mu}}\frac{\partial x^{\sigma}}{\partial x'^{\nu}}V_{\rho,\sigma}, \tag{3.53b}$$

$$\frac{\partial V'_{\mu}}{\partial x'^{\nu}}-\Gamma'^{\gamma}_{\mu\nu}V'_{\gamma}=\frac{\partial x^{\rho}}{\partial x'^{\mu}}\frac{\partial x^{\sigma}}{\partial x'^{\nu}}V_{\rho,\sigma}-\frac{\partial x'^{\gamma}}{\partial x^{\alpha}}\frac{\partial x^{\rho}}{\partial x'^{\mu}}\frac{\partial x^{\sigma}}{\partial x'^{\nu}}\Gamma^{\alpha}_{\rho\sigma}\frac{\partial x^{\beta}}{\partial x'^{\gamma}}V_{\beta}$$
$$=\frac{\partial x^{\rho}}{\partial x'^{\mu}}\frac{\partial x^{\sigma}}{\partial x'^{\nu}}(V_{\rho,\sigma}-\Gamma^{\alpha}_{\rho\sigma}V_{\alpha})=\frac{\partial x^{\rho}}{\partial x'^{\mu}}\frac{\partial x^{\sigma}}{\partial x'^{\nu}}V_{\rho;\sigma}. \tag{3.53c}$$

更一般张量的协变导数为

$$T^{\mu\nu}{}_{\alpha;\beta}=T^{\mu\nu}{}_{\alpha,\beta}+\Gamma^{\mu}_{\beta\rho}T^{\rho\nu}{}_{\alpha}+\Gamma^{\nu}_{\beta\rho}T^{\mu\rho}{}_{\alpha}-\Gamma^{\rho}_{\alpha\beta}T^{\mu\nu}{}_{\rho}. \tag{3.54}$$

在局域惯性系，$g_{\mu\nu}=\eta_{\mu\nu}$，$\Gamma^{\mu}_{\alpha\beta}=0$，所以在局域惯性系，$g_{\mu\nu;\alpha}=0$. 这个方程是广义协变的，因此在任意坐标系中，有

$$g_{\mu\nu;\alpha}=g_{\mu\nu,\alpha}-\Gamma^{\beta}_{\alpha\mu}g_{\beta\nu}-\Gamma^{\beta}_{\alpha\nu}g_{\beta\mu}=0. \tag{3.55}$$

度规张量的协变导数为零称为保度规条件，方程(3.55)也可以从联络的定义推导出. 在没有引力场的情况下，$\Gamma^{\mu}_{\alpha\beta}=0$，协变导数(方程(3.51)与方程(3.52))退化回到普通导数. 这些特点及广义协变原理启示我们如何引入引力场的作用：写下在没有引力场时的狭义相对论方程，然后用 $g_{\mu\nu}$ 替换 $\eta_{\mu\nu}$，协变导数替换普通导数，则得到有引力场时的方程.

根据方程(3.40)，也可以把协变导数推广到权为 W 的张量密度，即

$$\mathcal{W}^{\alpha\cdots}_{\beta\cdots;\mu}=g^{-W/2}(g^{W/2}\mathcal{W}^{\alpha\cdots}_{\beta\cdots})_{;\mu}=g^{-W/2}(g^{W/2}\mathcal{W}^{\alpha\cdots}_{\beta\cdots})_{,\mu}+\Gamma^{\alpha}_{\mu\nu}\mathcal{W}^{\nu\cdots}_{\beta\cdots}+\cdots-\Gamma^{\sigma}_{\beta\mu}\mathcal{W}^{\alpha\cdots}_{\sigma\cdots}-\cdots. \tag{3.56}$$

结合协变导数和张量运算可以得到如下运算规则：

(1) 张量线性组合的协变导数等于协变导数的相同线性组合.

$$(\alpha A^{\mu}_{\nu}+\beta B^{\mu}_{\nu})_{;\rho}=\alpha A^{\mu}_{\nu;\rho}+\beta B^{\mu}_{\nu;\rho}. \tag{3.57}$$

(2) 张量直积的协变导数遵守莱布尼茨(Leibniz)法则.

$$(A^{\mu}_{\nu}B^{\alpha})_{;\rho}=A^{\mu}_{\nu;\rho}B^{\alpha}+A^{\mu}_{\nu}B^{\alpha}_{;\rho}. \tag{3.58}$$

(3) 缩并张量的协变导数等于协变导数的缩并.

$$(g_{\mu\nu}T^{\alpha\mu\nu})_{;\rho}=g_{\mu\nu}T^{\alpha\mu\nu}{}_{;\rho}. \tag{3.59}$$

利用协变导数，测地线方程(3.7)可以写成

$$U^{\nu}\nabla_{\nu}U^{\mu}=0. \tag{3.60}$$

或者

$$U^{\nu}\nabla_{\nu}U_{\mu}=\frac{\mathrm{d}U_{\mu}}{\mathrm{d}\tau}-\Gamma^{\alpha}_{\mu\nu}U_{\alpha}U^{\nu}=0. \tag{3.61}$$

由于

$$\begin{aligned}\Gamma^{\alpha}_{\mu\nu}U_{\alpha}U^{\nu}&=\frac{1}{2}U^{\nu}U_{\alpha}g^{\alpha\beta}(g_{\beta\mu,\nu}+g_{\beta\nu,\mu}-g_{\mu\nu,\beta})=\frac{1}{2}U^{\nu}U^{\beta}(g_{\beta\mu,\nu}+g_{\beta\nu,\mu}-g_{\mu\nu,\beta})\\&=\frac{1}{2}U^{\nu}U^{\beta}g_{\beta\nu,\mu},\end{aligned} \tag{3.62}$$

所以由测地线方程(3.61)导出

$$\frac{\mathrm{d}U_{\mu}}{\mathrm{d}\tau}=\frac{1}{2}g_{\beta\nu,\mu}U^{\nu}U^{\beta}. \tag{3.63}$$

如果度规函数 $g_{\mu\nu}$ 不依赖于某个坐标 x^{β}，则沿粒子测地线 U_{β} 分量为常数，即沿粒子测地线 U_{β} 分量是守恒量. 例如稳态轴对称时空，度规不依赖于 t 和 ϕ，所以沿测地线单位质量能量 U_t 及角动量 U_{ϕ} 是守恒量.

3.2.4　梯度与散度

标量场的协变导数就是普通导数，所以标量场梯度为

$$S_{;\mu}=S_{,\mu}. \tag{3.64}$$

利用协变导数的定义(3.51)，可知矢量场的协变微分满足

$$V_{\mu;\nu}-V_{\nu;\mu}=V_{\mu,\nu}-V_{\nu,\mu}. \tag{3.65}$$

由于对于任意可逆矩阵 $M(x)$，有

$$\mathrm{Tr}\left[M^{-1}(x)\frac{\partial M(x)}{\partial x^{\mu}}\right]=\frac{\partial[\ln|M(x)|]}{\partial x^{\mu}}, \tag{3.66}$$

式中 Tr 代表迹，所以

$$\Gamma^{\mu}_{\mu\nu}=\frac{1}{2}g^{\mu\alpha}g_{\mu\alpha,\nu}=\frac{1}{2}(\ln g)_{,\nu}=\frac{1}{\sqrt{-g}}(\sqrt{-g})_{,\nu}, \tag{3.67}$$

矢量场的散度为

$$V^{\mu}_{;\mu}=V^{\mu}_{,\mu}+\Gamma^{\mu}_{\mu\nu}V^{\nu}=\frac{1}{\sqrt{-g}}(\sqrt{-g}V^{\mu})_{,\mu}. \tag{3.68}$$

利用方程(3.68)可得

$$\int\sqrt{-g}V^{\mu}_{;\mu}\mathrm{d}^4x=\int(\sqrt{-g}V^{\mu})_{,\mu}\mathrm{d}^4x. \tag{3.69}$$

利用方程(3.67),张量的协变散度可以简化为

$$T^{\mu\nu}_{;\mu}=\frac{1}{\sqrt{-g}}(\sqrt{-g}T^{\mu\nu})_{,\mu}+\Gamma^{\nu}_{\mu\alpha}T^{\mu\alpha}. \tag{3.70}$$

对于反对称张量 $A_{\mu\nu}=-A_{\nu\mu}$,则有

$$A_{\mu\nu;\alpha}+A_{\alpha\mu;\nu}+A_{\nu\alpha;\mu}=A_{\mu\nu,\alpha}+A_{\alpha\mu,\nu}+A_{\nu\alpha,\mu}. \tag{3.71}$$

现在利用上述结果讨论曲线坐标系,如二维极坐标系及三维球坐标系中梯度、散度与拉普拉斯算符∇^2 的计算. 对于三维空间中一般曲线坐标系,线元为

$$\mathrm{d}s^2=\sum_{i,j=1}^{3}g_{ij}\mathrm{d}x^i\mathrm{d}x^j=(h_1\mathrm{d}x^1)^2+(h_2\mathrm{d}x^2)^2+(h_3\mathrm{d}x^3)^2, \tag{3.72}$$

度规 $g_{ij}=h_i^2\delta_{ij}$(本小节此处开始相同指标不求和),$g^{ij}=h_i^{-2}\delta_{ij}$,$\sqrt{g}=h_1h_2h_3$. 标量场梯度

$$\Psi_i=\Psi_{,i}, \tag{3.73a}$$

$$\Psi^i=\sum_{j=1}^{3}g^{ij}\Psi_{,j}=h_i^{-2}\Psi_{,i}. \tag{3.73b}$$

注意通常三维空间中的矢量 $\mathbf{V}$ 的分量 $\overline{V}_i$ 既不是协变分量 V_i,也不是逆变分量 V^i. 从两个矢量的内积

$$\mathbf{V}\cdot\boldsymbol{U}=\sum_{i=1}^{3}\overline{V}_i\overline{U}_i=\sum_{i,j}g_{ij}V^iU^j=\sum_{i,j}\delta_{ij}(h_iV^i)(h_jU^j), \tag{3.74}$$

可知

$$\overline{V}_i=h_iV^i=h_i^{-1}V_i. \tag{3.75}$$

利用通常意义的矢量分量,则标量场梯度分量

$$\overline{\Psi}_i=h_i^{-1}\Psi_{,i}. \tag{3.76}$$

矢量场散度

$$\begin{aligned}\boldsymbol{\nabla}\cdot\mathbf{V}&=\frac{1}{h_1h_2h_3}\sum_{i=1}^{3}\frac{\partial(h_1h_2h_3V^i)}{\partial x^i}=\frac{1}{h_1h_2h_3}\sum_{i=1}^{3}\frac{\partial(h_1h_2h_3h_i^{-1}\overline{V}_i)}{\partial x^i}\\&=\frac{1}{h_1h_2h_3}\left[\frac{\partial(h_2h_3\overline{V}_1)}{\partial x^1}+\frac{\partial(h_1h_3\overline{V}_2)}{\partial x^2}+\frac{\partial(h_1h_2\overline{V}_3)}{\partial x^3}\right].\end{aligned} \tag{3.77}$$

取 $V^i=\Psi^i$,则得到

$$\nabla^2\Psi = \frac{1}{h_1h_2h_3}\sum_{i=1}^{3}\frac{\partial(h_1h_2h_3h_i^{-2}\Psi_{,i})}{\partial x^i}$$

$$= \frac{1}{h_1h_2h_3}\left[\frac{\partial}{\partial x^1}\left(\frac{h_2h_3}{h_1}\frac{\partial\Psi}{\partial x^1}\right)+\frac{\partial}{\partial x^2}\left(\frac{h_1h_3}{h_2}\frac{\partial\Psi}{\partial x^2}\right)+\frac{\partial}{\partial x^3}\left(\frac{h_1h_2}{h_3}\frac{\partial\Psi}{\partial x^3}\right)\right]. \tag{3.78}$$

对于二维空间的极坐标，$ds^2 = dr^2 + r^2 d\theta^2$，则有

$$g_{rr} = h_1^2 = 1, \tag{3.79a}$$

$$g_{\theta\theta} = h_2^2 = r^2, \tag{3.79b}$$

$$g_{r\theta} = 0, \tag{3.79c}$$

$$\nabla\Psi = \frac{\partial\Psi}{\partial r}\boldsymbol{e}_r + \frac{1}{r}\frac{\partial\Psi}{\partial\theta}\boldsymbol{e}_\theta, \tag{3.79d}$$

$$\nabla\cdot\boldsymbol{V} = \frac{1}{r}\frac{\partial(r\bar{V}_r)}{\partial r} + \frac{1}{r}\frac{\partial\bar{V}_\theta}{\partial\theta}, \tag{3.79e}$$

$$\nabla^2\Psi = \frac{1}{r}\frac{\partial}{\partial r}\left(r\frac{\partial\Psi}{\partial r}\right) + \frac{1}{r^2}\frac{\partial^2\Psi}{\partial\theta^2}. \tag{3.79f}$$

对于三维空间的球坐标，$ds^2 = dr^2 + r^2 d\theta^2 + r^2\sin^2\theta d\phi^2$，则有

$$g_{rr} = h_1^2 = 1, \tag{3.80a}$$

$$g_{\theta\theta} = h_2^2 = r^2, \tag{3.80b}$$

$$g_{\phi\phi} = h_3^2 = r^2\sin^2\theta, \tag{3.80c}$$

$$\nabla\Psi = \frac{\partial\Psi}{\partial r}\boldsymbol{e}_r + \frac{1}{r}\frac{\partial\Psi}{\partial\theta}\boldsymbol{e}_\theta + \frac{1}{r\sin\theta}\frac{\partial\Psi}{\partial\phi}\boldsymbol{e}_\phi, \tag{3.80d}$$

$$\nabla\cdot\boldsymbol{V} = \frac{1}{r^2}\frac{\partial(r^2\bar{V}_r)}{\partial r} + \frac{1}{r\sin\theta}\frac{\partial(\sin\theta\bar{V}_\theta)}{\partial\theta} + \frac{1}{r\sin\theta}\frac{\partial\bar{V}_\phi}{\partial\phi}, \tag{3.80e}$$

$$\nabla^2\Psi = \frac{1}{r^2}\frac{\partial}{\partial r}\left(r^2\frac{\partial\Psi}{\partial r}\right) + \frac{1}{r^2\sin\theta}\frac{\partial}{\partial\theta}\left(\sin\theta\frac{\partial\Psi}{\partial\theta}\right) + \frac{1}{r^2\sin^2\theta}\frac{\partial^2\Psi}{\partial\phi^2}. \tag{3.80f}$$

3.2.5　平行移动

要比较相邻事件的矢量和张量，则需要把它们平行移动到同一事件进行比较. 在平直时空，平行移动可通过构造图 3.1 所示的平行四边形方式进行. 要把图 3.1 中位于曲线 C 上 A 点的矢量 $\boldsymbol{AB}$ 平行移动到曲线 C 上 D 点，可以先用直线（平直时空中测地线）连接 B 点与 D 点，然后从 A 点画一条直线通过 BD 的中点到 E 点，使得 BD 的中点也是 AE 的中点，则 DE 与 AB 平行且长度相等，因此矢量 $\boldsymbol{AB}$ 沿曲线 C 从 A 点平行移动到 D 点为矢量 $\boldsymbol{DE}$. 尽管上述平行移动选取了曲线 C，实际上平直时空中平行移动与路径无关，一个张量沿任意闭合曲线平行移动回到原事件都保持不变. 这种张量 T^α_β 的平行移动

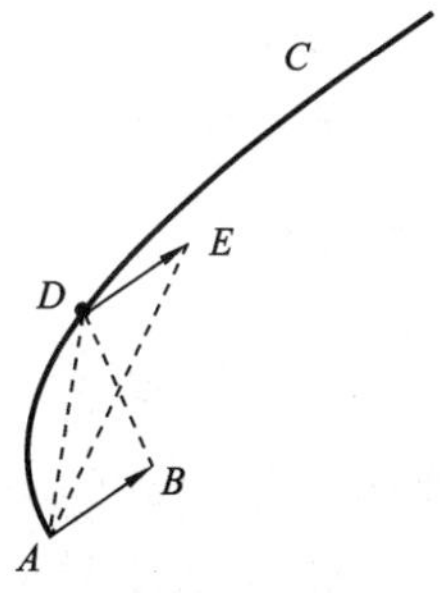

图 3.1　平直时空中矢量沿曲线平行移动示意图

也可以表述成沿曲线 C 的切线方向 V^μ 的方向导数为零，即

$$T^\alpha_{\beta,\mu}V^\mu=0. \tag{3.81}$$

在弯曲时空中，可以把上述操作中的直线推广为测地线. 相应地，方程(3.81)中的普通导数推广为协变导数，当然弯曲时空中的平行移动不一定与路径无关.

如果张量 T 是定义在一条曲线 $x^\mu(\tau)$上，如粒子的动量和自旋，则讨论它对坐标 x^μ 的协变导数没有意义，这时可定义沿曲线 $x^\mu(\tau)$的协变导数

$$\frac{\mathrm{D}A^\mu}{\mathrm{D}\tau}=\frac{\mathrm{d}A^\mu}{\mathrm{d}\tau}+\Gamma^\mu_{\nu\alpha}\frac{\mathrm{d}x^\alpha}{\mathrm{d}\tau}A^\nu=A^\mu_{;\alpha}\frac{\mathrm{d}x^\alpha}{\mathrm{d}\tau}, \tag{3.82}$$

式中 $\mathrm{d}x^\alpha/\mathrm{d}\tau$ 为曲线 $x^\alpha(\tau)$的切矢量. 可以证明逆变矢量 A^μ 沿曲线的协变导数 $\mathrm{D}A^\mu/\mathrm{D}\tau$ 仍然是逆变矢量，即

$$\frac{\mathrm{D}A'^\mu}{\mathrm{D}\tau}=\frac{\partial x'^\mu}{\partial x^\nu}\frac{\mathrm{D}A^\nu}{\mathrm{D}\tau}. \tag{3.83}$$

同理，协变矢量 A_μ 沿曲线 $x^\mu(\tau)$的协变导数定义为

$$\frac{\mathrm{D}A_\mu}{\mathrm{D}\tau}=\frac{\mathrm{d}A_\mu}{\mathrm{d}\tau}-\Gamma^\alpha_{\mu\nu}\frac{\mathrm{d}x^\nu}{\mathrm{d}\tau}A_\alpha, \tag{3.84}$$

它还是一个协变矢量，即

$$\frac{\mathrm{D}A'_\mu}{\mathrm{D}\tau}=\frac{\partial x^\nu}{\partial x'^\mu}\frac{\mathrm{D}A_\nu}{\mathrm{D}\tau}. \tag{3.85}$$

由沿曲线协变导数定义式(3.82)及式(3.84)可知，如果在局域惯性系中矢量 A^μ 不随 τ 变化，则一般坐标系中 $\mathrm{D}A^\mu/\mathrm{D}\tau=0$，从而有

$$\frac{\mathrm{d}A^\mu}{\mathrm{d}\tau}=-\Gamma^\mu_{\nu\alpha}\frac{\mathrm{d}x^\alpha}{\mathrm{d}\tau}A^\nu, \tag{3.86}$$

由平直时空中平行移动可知，这种沿曲线 $x^\mu(\tau)$定义矢量 $A^\mu(\tau)$的协变导数的方式是该矢量沿曲线的平行移动. 测地线方程(3.60)即为测地线切矢量沿自身的平行移动.

为了更好地理解沿测地线的平行移动，这里对 DeWitt 与 Brehme[33] 引入的双矢量(bi-vector)作一个简单介绍. 通过测地线连接的时空两点 x 与 z 之间的距离 $s(x, z)$是一个不变量，也称为测地线区间(geodetic interval)的双标量(bi-scalar)[33]，它具有如下性质：

$$g^{\mu\nu}s_{;\mu}s_{;\nu}=g^{\alpha\beta}s_{;\alpha}s_{;\beta}=\pm1, \tag{3.87}$$

$$\lim_{x\to z}s(x,\ z)=0, \tag{3.88}$$

对于类空距离，公式(3.87)取＋号；对于类时距离，公式(3.87)取－号；$s_{;\alpha}$ 表示对 z^α 求协变导数；$s_{;\mu}$ 表示对 x^μ 求协变导数. 指标中希腊字母前半部分 α, β, γ 等对应于时空点 z，希腊字母后半部分 μ, ν, σ 等对应于时空点 x. 为方便起见，在测地线区间 s 取单值的区域，引入变量 $\sigma\equiv\pm s^2/2$，＋号对应于类空距离，－号对应于类时距离，

则有

$$\frac{1}{2}g^{\mu\nu}\sigma_{;\mu}\sigma_{;\nu}=\frac{1}{2}g^{\alpha\beta}\sigma_{;\alpha}\sigma_{;\beta}=\sigma, \tag{3.89}$$

$$\lim_{x\to z}\sigma(x,\ z)=0. \tag{3.90}$$

对方程(3.89)重复求协变导数,可以证明[33]

$$\lim_{x\to z}\sigma_{;\alpha\beta}=g_{\alpha\beta}, \tag{3.91}$$

$$\lim_{x\to z}\sigma_{;\alpha\beta\gamma}=0. \tag{3.92}$$

进一步定义沿测地线切向方向的协变导数为零的双矢量 $\bar{g}_{\mu\alpha}(x,\ z)$,即

$$\bar{g}_{\mu\alpha;\nu}g^{\nu\rho}\sigma_{;\rho}=0, \tag{3.93a}$$

$$\bar{g}_{\mu\alpha;\beta}g^{\beta\gamma}\sigma_{;\gamma}=0, \tag{3.93b}$$

$$\lim_{x\to z}\bar{g}_{\mu\alpha}=g_{\mu\alpha}, \tag{3.94}$$

则由初始条件(3.94)及方程(3.93)可唯一确定 $\bar{g}_{\mu\alpha}(x,\ z)$,且 $\bar{g}_{\mu\alpha}(x,\ z)$具有如下性质:

$$\bar{g}_{\mu}{}^{\alpha}\bar{g}_{\nu}{}^{\beta}g_{\alpha\beta}=g_{\mu\nu}, \tag{3.95a}$$

$$\bar{g}^{\mu}{}_{\alpha}\bar{g}^{\nu}{}_{\beta}g_{\mu\nu}=g_{\alpha\beta}, \tag{3.95b}$$

$$\bar{g}_{\mu}{}^{\alpha}\sigma_{;\alpha}=-\sigma_{;\mu}, \tag{3.96a}$$

$$\bar{g}^{\mu}{}_{\alpha}\sigma_{;\mu}=-\sigma_{;\alpha}, \tag{3.96b}$$

$$\bar{g}_{\mu\alpha}\bar{g}^{\nu\alpha}=\delta_{\mu}^{\nu}, \tag{3.97a}$$

$$\bar{g}_{\mu\alpha}\bar{g}^{\mu\beta}=\delta_{\alpha}^{\beta}, \tag{3.97b}$$

$$\bar{g}_{\mu\alpha}(x,\ z)=\bar{g}_{\alpha\mu}(z,\ x). \tag{3.98}$$

把 $\bar{g}_{\mu}{}^{\alpha}(x,\ z)$作用在点 z 处的矢量 A_{α},则得到一个点 x 处的矢量 $\bar{A}_{\mu}=\bar{g}_{\mu}{}^{\alpha}A_{\alpha}$,$\bar{A}_{\mu}$ 即为由点 z 处的矢量 A_{α} 沿着 z 到 x 的测地线平行位移到点 x 处的矢量. 所以利用双矢量 $\bar{g}_{\mu\alpha}$,矢量沿测地线平行移动可以看成指标通过 $\bar{g}_{\mu}{}^{\alpha}$ 升降及缩并得到. 利用 $\bar{g}^{\mu\alpha}$,x 处的矢量 $A^{\mu}(x)$用 z 处的矢量 $A^{\alpha}(z)$作泰勒展开得到的结果可以表达成如下关系[33,34]:

$$A^{\mu}(x)=\bar{g}^{\mu\alpha}(x,\ z)[A_{\alpha}(z)-\sigma_{;\beta}(x,\ z)A^{\alpha;\beta}(z)+O(s^{2})]. \tag{3.99}$$

3.2.6　黎曼曲率张量

黎曼曲率张量的定义为

$$R^{\alpha}{}_{\mu\beta\nu}=\Gamma^{\alpha}_{\mu\nu,\beta}-\Gamma^{\alpha}_{\mu\beta,\nu}+\Gamma^{\alpha}_{\sigma\beta}\Gamma^{\sigma}_{\mu\nu}-\Gamma^{\alpha}_{\sigma\nu}\Gamma^{\sigma}_{\mu\beta}. \tag{3.100}$$

在广义坐标变换下,它是一个四阶混合张量,即

$$R'^{\alpha}{}_{\mu\beta\nu}=\frac{\partial x'^{\alpha}}{\partial x^{\rho}}\frac{\partial x^{\sigma}}{\partial x'^{\mu}}\frac{\partial x^{\gamma}}{\partial x'^{\beta}}\frac{\partial x^{\eta}}{\partial x'^{\nu}}R^{\rho}_{\sigma\gamma\eta}. \tag{3.101}$$

可以证明黎曼曲率张量是利用度规张量及其一阶和二阶导数构造出来的且对二阶导数是线性的唯一张量[8].

为了方便讨论黎曼曲率张量的特性，计算协变形式的黎曼曲率张量 $R_{\mu\nu\alpha\beta}=g_{\mu\lambda}R^{\lambda}{}_{\nu\alpha\beta}$.

$$R_{\mu\nu\alpha\beta}=g_{\mu\lambda}\left[\frac{1}{2}g^{\lambda\rho}(g_{\rho\nu,\beta}+g_{\rho\beta,\nu}-g_{\nu\beta,\rho})\right]_{,\alpha}-g_{\mu\lambda}\left[\frac{1}{2}g^{\lambda\rho}(g_{\rho\nu,\alpha}+g_{\rho\alpha,\nu}-g_{\nu\alpha,\rho})\right]_{,\beta}$$
$$+g_{\mu\lambda}(\Gamma^{\lambda}_{\rho\alpha}\Gamma^{\rho}_{\nu\beta}-\Gamma^{\lambda}_{\rho\beta}\Gamma^{\rho}_{\nu\alpha}). \tag{3.102}$$

利用关系式

$$g_{\mu\lambda}g^{\lambda\rho}_{\ \ ,\alpha}=-g^{\lambda\rho}g_{\mu\lambda,\alpha}=-g^{\rho\lambda}(\Gamma^{\sigma}_{\mu\alpha}g_{\sigma\lambda}+\Gamma^{\sigma}_{\lambda\alpha}g_{\mu\sigma})=-\Gamma^{\rho}_{\mu\alpha}-g^{\rho\lambda}g_{\mu\sigma}\Gamma^{\sigma}_{\alpha\lambda}, \tag{3.103}$$

及

$$g_{\rho\lambda}\Gamma^{\lambda}_{\nu\beta}=\frac{1}{2}(g_{\rho\nu,\beta}+g_{\rho\beta,\nu}-g_{\nu\beta,\rho}), \tag{3.104}$$

得到

$$R_{\mu\nu\alpha\beta}=\frac{1}{2}(g_{\mu\beta,\nu\alpha}-g_{\nu\beta,\mu\alpha}-g_{\mu\alpha,\nu\beta}+g_{\nu\alpha,\mu\beta})+g_{\rho\lambda}\Gamma^{\rho}_{\mu\beta}\Gamma^{\lambda}_{\nu\alpha}-g_{\rho\lambda}\Gamma^{\rho}_{\mu\alpha}\Gamma^{\lambda}_{\nu\beta}$$
$$-g_{\mu\sigma}\Gamma^{\sigma}_{\lambda\alpha}\Gamma^{\lambda}_{\nu\beta}+g_{\mu\sigma}\Gamma^{\sigma}_{\lambda\beta}\Gamma^{\lambda}_{\nu\alpha}+g_{\mu\lambda}\Gamma^{\lambda}_{\rho\alpha}\Gamma^{\rho}_{\nu\beta}-g_{\mu\lambda}\Gamma^{\lambda}_{\rho\beta}\Gamma^{\rho}_{\nu\alpha}$$
$$=\frac{1}{2}(g_{\mu\beta,\nu\alpha}-g_{\nu\beta,\mu\alpha}-g_{\mu\alpha,\nu\beta}+g_{\nu\alpha,\mu\beta})+g_{\rho\lambda}\Gamma^{\rho}_{\mu\beta}\Gamma^{\lambda}_{\nu\alpha}-g_{\rho\lambda}\Gamma^{\rho}_{\mu\alpha}\Gamma^{\lambda}_{\nu\beta}. \tag{3.105}$$

在局域惯性系，联络为零，但度规二阶导数不为零，由最后一个等式右边第一行给出的黎曼曲率张量也不为零. 由方程(3.105)可知，黎曼曲率张量具有如下代数性质：

(1) 对称性.

$$R_{\mu\nu\alpha\beta}=R_{\alpha\beta\mu\nu}. \tag{3.106}$$

(2) 反对称性.

$$R_{\mu\nu\alpha\beta}=-R_{\nu\mu\alpha\beta}=-R_{\mu\nu\beta\alpha}=-R_{\beta\alpha\mu\nu}=-R_{\alpha\beta\nu\mu}. \tag{3.107}$$

(3) 循环性.

$$R_{\mu\nu\alpha\beta}+R_{\mu\alpha\beta\nu}+R_{\mu\beta\nu\alpha}=0. \tag{3.108}$$

由于对称性质(3.106)，$R_{\mu\nu\alpha\beta}$可以看成关于指标$(\mu\nu)$和指标$(\alpha\beta)$对称的矩阵. 由于每一对指标$(\mu\nu)$和$(\alpha\beta)$的反对称性质(3.107)，每一对指标的自由度为 $n=4\times(4-1)/2=6$，所以独立矩阵元数目为 $n(n+1)/2=6\times7/2=21$. 循环性(3.108)给出的限制方程数目为 $4\times(4-1)\times(4-2)\times(4-3)/4!=1$，最后得到黎曼曲率张量的独立数目为 $21-1=20$.

利用方程(3.105)在局域惯性系中的形式，很容易得到比安基(Bianchi)恒等式

$$R_{\mu\nu\alpha\beta;\rho}+R_{\mu\nu\beta\rho;\alpha}+R_{\mu\nu\rho\alpha;\beta}=0. \tag{3.109}$$

由于方程(3.109)是协变的，所以比安基恒等式在任意坐标系中都成立.

由于黎曼曲率张量具有的上述性质，利用度规张量和黎曼曲率张量缩并可得唯

一的二阶张量

$$R_{\mu\nu}=R^{\alpha}{}_{\mu\alpha\nu}. \tag{3.110}$$

里奇(Ricci)张量 $R_{\mu\nu}$ 是对称张量. 进一步缩并可得里奇标量

$$R=g^{\mu\nu}R_{\mu\nu}. \tag{3.111}$$

利用度规缩并比安基恒等式(3.109)得到

$$R_{\nu\beta;\rho}+R^{\mu}{}_{\nu\beta\rho;\mu}-R_{\nu\rho;\beta}=0. \tag{3.112}$$

进一步缩并可得

$$R_{;\rho}-2R^{\mu}{}_{\rho;\mu}=0. \tag{3.113}$$

引入爱因斯坦张量

$$G_{\mu\nu}=R_{\mu\nu}-\frac{1}{2}g_{\mu\nu}R, \tag{3.114}$$

则方程(3.113)可写成爱因斯坦张量的守恒律

$$G^{\mu\nu}{}_{;\nu}=0. \tag{3.115}$$

双标量 $\sigma(x, z)$ 的协变导数与黎曼曲率张量存在如下关系：

$$\sigma_{;\alpha\beta}=g_{\alpha\beta}+\frac{1}{3}R_{\alpha}{}^{\gamma}{}_{\beta}{}^{\delta}\sigma_{;\gamma}\sigma_{;\delta}+O(s^3), \tag{3.116}$$

$$\sigma_{;\alpha\beta\gamma}=\frac{1}{3}(R_{\alpha\gamma\beta}{}^{\delta}+R_{\beta\gamma\alpha}{}^{\delta})\sigma_{;\delta}+O(s^2), \tag{3.117}$$

$$\sigma_{;\alpha\beta\gamma\delta}=\frac{1}{3}(R_{\alpha\gamma\beta\delta}+R_{\alpha\delta\beta\gamma})+O(s). \tag{3.118}$$

本节最后以虫洞(wormhole)度规 $ds^2=-dt^2+dr^2+(b^2+r^2)(d\theta^2+\sin^2\theta d\phi^2)$ 为例，利用 xAct Mathematica 程序包[35-39]及附录 A 中的代码，计算克里斯多菲联络及爱因斯坦张量. 度规的矩阵形式为

$$g_{\mu\nu}=\begin{pmatrix}-1 & 0 & 0 & 0\\ 0 & 1 & 0 & 0\\ 0 & 0 & b^2+r^2 & 0\\ 0 & 0 & 0 & (b^2+r^2)\sin^2\theta\end{pmatrix}, \tag{3.119}$$

其逆矩阵(逆变度规)为

$$g^{\mu\nu}=\begin{pmatrix}-1 & 0 & 0 & 0\\ 0 & 1 & 0 & 0\\ 0 & 0 & \frac{1}{b^2+r^2} & 0\\ 0 & 0 & 0 & \frac{\csc^2\theta}{b^2+r^2}\end{pmatrix}, \tag{3.120}$$

克里斯多菲联络为

$$\Gamma^{\alpha}_{\mu\nu}=\begin{bmatrix}\begin{pmatrix}0\\0\\0\\0\end{pmatrix} & \begin{pmatrix}0\\0\\0\\0\end{pmatrix} & \begin{pmatrix}0\\0\\0\\0\end{pmatrix} & \begin{pmatrix}0\\0\\0\\0\end{pmatrix}\\ \begin{pmatrix}0\\0\\0\\0\end{pmatrix} & \begin{pmatrix}0\\0\\0\\0\end{pmatrix} & \begin{pmatrix}0\\0\\-r\\0\end{pmatrix} & \begin{pmatrix}0\\0\\0\\-r\sin^2\theta\end{pmatrix}\\ \begin{pmatrix}0\\0\\0\\0\end{pmatrix} & \begin{pmatrix}0\\0\\\frac{r}{b^2+r^2}\\0\end{pmatrix} & \begin{pmatrix}0\\\frac{r}{b^2+r^2}\\0\\0\end{pmatrix} & \begin{pmatrix}0\\0\\0\\-\sin\theta\cos\theta\end{pmatrix}\\ \begin{pmatrix}0\\0\\0\\0\end{pmatrix} & \begin{pmatrix}0\\0\\0\\\frac{r}{b^2+r^2}\end{pmatrix} & \begin{pmatrix}0\\0\\0\\\cot\theta\end{pmatrix} & \begin{pmatrix}0\\\frac{r}{b^2+r^2}\\\cot\theta\\0\end{pmatrix}\end{bmatrix},\tag{3.121}$$

其中矩阵元中一列 4 个元素对应于联络最后一个指标 ν. 由方程(3.121)可知,仿射联络非零分量为

$$\Gamma^{r}_{\phi\phi}=-r\sin^2\theta,\tag{3.122a}$$

$$\Gamma^{\theta}_{r\theta}=\Gamma^{\theta}_{\theta r}=\Gamma^{\phi}_{r\phi}=\Gamma^{\phi}_{\phi r}=\frac{r}{b^2+r^2},\tag{3.122b}$$

$$\Gamma^{r}_{\theta\theta}=-r,\tag{3.122c}$$

$$\Gamma^{\theta}_{\phi\phi}=-\sin\theta\cos\theta,\tag{3.122d}$$

$$\Gamma^{\phi}_{\theta\phi}=\Gamma^{\phi}_{\phi\theta}=\cot\theta.\tag{3.122e}$$

黎曼曲率张量非零分量为

$$R_{r\theta\theta r}=R_{\theta rr\theta}=-R_{r\theta r\theta}=-R_{\theta r\theta r}=\frac{b^2}{b^2+r^2},\tag{3.123a}$$

$$R_{r\phi\phi r}=R_{\phi rr\phi}=-R_{r\phi r\phi}=-R_{\phi r\phi r}=\frac{b^2\sin^2\theta}{b^2+r^2},\tag{3.123b}$$

$$R_{\theta\phi\theta\phi}=R_{\phi\theta\phi\theta}=-R_{\theta\phi\phi\theta}=-R_{\phi\theta\theta\phi}=b^2\sin^2\theta.\tag{3.123c}$$

黎曼曲率张量的平方,即 Kretschmann 标量 $R_{\mu\nu\alpha\beta}R^{\mu\nu\alpha\beta}=12b^4/(b^2+r^2)^4$. 里奇张量为

$$R_{\mu\nu}=\begin{pmatrix}0 & 0 & 0 & 0\\0 & -\frac{2b^2}{(b^2+r^2)^2} & 0 & 0\\0 & 0 & 0 & 0\\0 & 0 & 0 & 0\end{pmatrix}.\tag{3.124}$$

里奇标量 $R=-2b^2/(b^2+r^2)^2$，爱因斯坦张量非零分量为

$$G_t^t=-G_r^r=G_\theta^\theta=G_\phi^\phi=\frac{b^2}{(b^2+r^2)^2}. \tag{3.125}$$

3.2.7 弯曲时空判据

给定一个度规，如何判断这个时空是具有引力的弯曲时空，还是平直时空在曲线坐标系中的等价形式呢？如三维欧几里得空间在球坐标系下的度规(3.80)，可以通过坐标变换选择笛卡尔坐标系. 在笛卡尔坐标系度规为常数，克里斯多菲联络及黎曼曲率张量都为零. 由于黎曼曲率张量为协变量，所以在曲线坐标系下黎曼曲率张量也为零. 对于弯曲时空，即使在局域惯性系，度规为闵可夫斯基度规 $g_{\mu\nu}=\eta_{\mu\nu}$，度规一阶导数为零，克里斯多菲联络 $\Gamma^\mu_{\alpha\beta}=0$，但是度规二阶导数不为零，黎曼曲率张量 $R^\mu{}_{\alpha\beta\gamma}$ 不为零，因此可以用黎曼曲率张量来判断弯曲时空，判断依据为如下定理：一个度规 $g_{\mu\nu}$ 和闵可夫斯基度规 $\eta_{\mu\nu}$ 等价的充要条件为在某点 X，度规 $g_{\mu\nu}$ 有三个正的和一个负的本征值，且由度规 $g_{\mu\nu}$ 计算得到的黎曼曲率张量必须处处为零，$R^\mu{}_{\nu\alpha\beta}=0$.

对于三维欧几里得空间在球坐标系下的度规(3.80)，非零联络分量为(具体计算代码见附录 A)

$$\Gamma^r_{\theta\theta}=-r, \tag{3.126a}$$

$$\Gamma^r_{\phi\phi}=-r\sin^2\theta, \tag{3.126b}$$

$$\Gamma^\theta_{r\theta}=\Gamma^\theta_{\theta r}=\Gamma^\phi_{r\phi}=\Gamma^\phi_{\phi r}=\frac{1}{r}, \tag{3.126c}$$

$$\Gamma^\theta_{\phi\phi}=-\sin\theta\cos\theta, \tag{3.126d}$$

$$\Gamma^\phi_{\theta\phi}=\Gamma^\phi_{\phi\theta}=\cot\theta. \tag{3.126e}$$

由联络计算黎曼曲率张量得到所有黎曼曲率张量分量都为零，说明这是一个平直欧几里得空间.

3.2.8 协变导数的对易性

在平直时空，求导数和先后次序无关. 在弯曲时空，协变导数的对易性则与黎曼曲率张量是否为零密切相关.

$$\begin{aligned}V_{\mu;\nu;\alpha}&=\frac{\partial V_{\mu;\nu}}{\partial x^\alpha}-\Gamma^\rho_{\mu\alpha}V_{\rho;\nu}-\Gamma^\rho_{\nu\alpha}V_{\mu;\rho}\\&=V_{\mu,\nu\alpha}-\Gamma^\rho_{\mu\nu}V_{\rho,\alpha}-\Gamma^\rho_{\mu\alpha}V_{\rho,\nu}-\Gamma^\rho_{\nu\alpha}V_{\mu,\rho}+\Gamma^\rho_{\nu\alpha}\Gamma^\sigma_{\mu\rho}V_\sigma-\Gamma^\beta_{\mu\nu,\alpha}V_\beta+\Gamma^\rho_{\mu\alpha}\Gamma^\beta_{\rho\nu}V_\beta.\end{aligned} \tag{3.127}$$

方程(3.127)第二个等式右边第一行对于 ν 与 α 对称，所以

$$V_{\mu;\nu;\alpha}-V_{\mu;\alpha;\nu}=V_\beta R^\beta{}_{\mu\nu\alpha}. \tag{3.128}$$

同理对于逆变矢量，有

$$V^\mu{}_{;\alpha;\beta}-V^\mu{}_{;\beta;\alpha}=-V^\nu R^\mu{}_{\nu\alpha\beta}. \tag{3.129}$$

3.2.9 测地线偏离方程

对于相邻粒子分别沿轨道 x^μ 和 $x^\mu+\delta x^\mu$ 作测地线运动，有

$$0=\frac{\mathrm{d}^2 x^\mu}{\mathrm{d}\tau^2}+\Gamma^\mu_{\alpha\beta}\frac{\mathrm{d}x^\alpha}{\mathrm{d}\tau}\frac{\mathrm{d}x^\beta}{\mathrm{d}\tau},\tag{3.130a}$$

$$0=\frac{\mathrm{d}^2(x^\mu+\delta x^\mu)}{\mathrm{d}\tau^2}+\Gamma^\mu_{\alpha\beta}(x+\delta x)\frac{\mathrm{d}(x^\alpha+\delta x^\alpha)}{\mathrm{d}\tau}\frac{\mathrm{d}(x^\beta+\delta x^\beta)}{\mathrm{d}\tau},\tag{3.130b}$$

两式相减并精确到 δx^μ 的一阶，得到测地线偏离方程

$$0=\frac{\mathrm{d}^2\delta x^\mu}{\mathrm{d}\tau^2}+\Gamma^\mu_{\alpha\beta,\rho}\delta x^\rho\ \frac{\mathrm{d}x^\alpha}{\mathrm{d}\tau}\frac{\mathrm{d}x^\beta}{\mathrm{d}\tau}+2\Gamma^\mu_{\alpha\beta}\frac{\mathrm{d}\delta x^\alpha}{\mathrm{d}\tau}\frac{\mathrm{d}x^\beta}{\mathrm{d}\tau},\tag{3.131}$$

利用沿曲线 $x^\mu(\tau)$的协变导数(3.82)，测地线偏离方程(3.131)可以写成

$$\frac{\mathrm{D}^2}{\mathrm{D}\tau^2}\delta x^\rho=-R^\rho{}_{\mu\alpha\nu}\delta x^\alpha\ \frac{\mathrm{d}x^\mu}{\mathrm{d}\tau}\frac{\mathrm{d}x^\nu}{\mathrm{d}\tau}.\tag{3.132}$$

上述测地线偏离方程右边可以看成引力的潮汐力. 当粒子间的距离远小于引力场的特征尺度时，潮汐力可以忽略不计，两个粒子可以处于同一局域惯性系中，它们之间没有相对加速度.

3.3 爱因斯坦场方程

回到牛顿引力势满足的泊松方程

$$\nabla^2\phi_\mathrm{N}=4\pi G\rho,\tag{3.133}$$

并回忆测地线方程的弱场低速极限给出 $g_{00}=-(1+2\phi_\mathrm{N})$，所以引力场的协变方程应该为度规张量 $g_{\mu\nu}$ 及其一阶与二阶导数给出的方程. 由上一节的讨论可知，由度规张量及其一阶与二阶导数给出的张量是黎曼曲率张量，因此方程(3.133)左边应该为黎曼曲率张量构成的几何量. 方程右边应该为包含能量密度 ρ 的物质张量，一个自然猜测是物质能量-动量张量. 对于理想流体，有

$$T_{\mu\nu}=pg_{\mu\nu}+(\rho+p)U_\mu U_\nu,\tag{3.134}$$

式中流体四速度 $U^\mu=\mathrm{d}x^\mu/\mathrm{d}\tau$ 且 $g^{\mu\nu}U_\mu U_\nu=-1$. 最简单的可能协变方程为标量方程

$$R=\alpha T,\tag{3.135}$$

式中物质能量-动量张量的迹 $T=T^\mu_\mu$，α 为待定常数. 但是 T 中除了物质能量密度 ρ 之外，还包括其他物理量. 如理想流体 T 中还包含压强 p，而泊松方程(3.133)只有物质能量密度，所以下一步猜测的方程为张量方程(不可能用黎曼曲率张量及度规张量构造出矢量). 由黎曼曲率张量构成的二阶张量只有里奇张量 $R_{\mu\nu}$ 及度规和里奇标量组合成的张量 $g_{\mu\nu}R$，因此含度规及最高到度规二阶导数的二阶张量只能是 $R_{\mu\nu}$ 与 $g_{\mu\nu}R$ 的线性组合[①]. 因为方程右边的物质满足守恒方程 $T^{\mu\nu}{}_{;\nu}=0$，方程左边由 $R_{\mu\nu}$ 与

① 原则上还可以包括宇宙学常数项 $\Lambda g_{\mu\nu}$.

$g_{\mu\nu}R$ 的线性组合也应该满足守恒方程，前面的讨论说明爱因斯坦张量满足这些要求，所以推测爱因斯坦场方程为[40]

$$G_{\mu\nu}=R_{\mu\nu}-\frac{1}{2}g_{\mu\nu}R=8\pi G T_{\mu\nu}. \tag{3.136}$$

下面由牛顿近似说明待定常数 $\alpha=8\pi G$. 对爱因斯坦场方程(3.136)进行缩并可得

$$-R=8\pi G T, \tag{3.137}$$

所以爱因斯坦场方程也可以写成如下形式：

$$R_{\mu\nu}=8\pi G\left(T_{\mu\nu}-\frac{1}{2}g_{\mu\nu}T\right). \tag{3.138}$$

下面验证静态弱场情况下爱因斯坦场方程 00 分量给出泊松方程. 对于非相对论系统，$|T_{ij}|\ll|T_{00}|$，所以$|G_{ij}|\ll|G_{00}|$. 利用爱因斯坦场方程(3.136)及非相对论条件 $G_{ij}\approx 0$，则

$$R_{ij}\approx\frac{1}{2}g_{ij}R. \tag{3.139}$$

由于

$$R\approx -R_{00}+R_{ii}=-R_{00}+\frac{3}{2}R, \tag{3.140}$$

所以

$$R\approx 2R_{00}. \tag{3.141}$$

近似到度规的一阶，黎曼曲率张量为

$$R_{\mu\nu\alpha\beta}\approx\frac{1}{2}(g_{\mu\beta,\nu\alpha}-g_{\nu\beta,\mu\alpha}-g_{\mu\alpha,\nu\beta}+g_{\nu\alpha,\mu\beta}). \tag{3.142}$$

对于静态场，所有时间导数都为零，则

$$R_{0000}\approx 0, \tag{3.143a}$$

$$R_{0i0j}\approx-\frac{1}{2}g_{00,ij}, \tag{3.143b}$$

$$R_{00}\approx-\frac{1}{2}\nabla^2 g_{00}, \tag{3.143c}$$

$$G_{00}=R_{00}+\frac{1}{2}R\approx 2R_{00}\approx-\nabla^2 g_{00}\approx 2\nabla^2\phi_{\mathrm{N}}. \tag{3.144}$$

由爱因斯坦场方程 $G_{00}=8\pi G T_{00}$ 得到弱场近似下的方程

$$\nabla^2 g_{00}=-8\pi G T_{00}. \tag{3.145}$$

由方程(3.134)可知 $T_{00}=\rho$，所以场方程(3.145)为泊松方程(3.133)，且 $g_{00}=-1-2\phi_{\mathrm{N}}$. 另外，爱因斯坦场方程(3.136)的 ij 分量也可以给出 g_{ij} 的线性扰动所满足的方程. 由方程(3.142)及方程(3.143)可得

$$R\approx\nabla^2 g_{00}-\nabla^2 g_{ii}+\partial_i\partial_j g_{ij}, \tag{3.146}$$

$$G_{ij} \approx \frac{1}{2}(\partial_i\partial_j g_{00} - \delta_{ij}\nabla^2 g_{00}) - \frac{1}{2}(\nabla^2 g_{ij} - \delta_{ij}\nabla^2 g_{kk} + \partial_i\partial_j g_{kk} + \delta_{ij}\partial_l\partial_m g_{lm} - \partial_i\partial_k g_{jk} - \partial_j\partial_k g_{ik}), \tag{3.147}$$

对方程(3.147)取迹，并利用方程 $G_{ij} \approx 0$，可得

$$\partial_i\partial_j g_{ij} - \nabla^2 g_{ii} = -2\,\nabla^2 g_{00}. \tag{3.148}$$

把方程(3.148)代入方程(3.146)，则验证了前面的结果 $R=2R_{00}$. 求解方程(3.147)与方程(3.148)，得到 $g_{ij}=\delta_{ij}(1-2\phi_{\mathrm{N}})$.

爱因斯坦张量是对称的，它具有 10 个独立分量，所以爱因斯坦场方程给出了度规 10 个分量的 10 个方程. 但是比安基恒等式给出了爱因斯坦张量满足的 4 个限制条件，这样一来 10 个方程只有 6(即 10－4)个是独立的，度规 10 个分量中还有 4 个自由度，这 4 个自由度和广义坐标变换 $x \to x'$ 的自由度相同. 和麦克斯韦方程组不能唯一确定矢势 A_μ 类似，爱因斯坦场方程不能唯一确定 $g_{\mu\nu}$，我们需要选定一定的规范条件. 为了求解爱因斯坦场方程，我们需要选择合适的坐标系，一个方便的坐标系选择是谐和坐标条件

$$\Gamma^\lambda = g^{\mu\nu}\Gamma^\lambda_{\mu\nu} = (-g)^{-1/2}(\sqrt{-g}g^{\lambda\mu})_{,\mu} = 0. \tag{3.149}$$

3.4 弗里德曼方程

本节把爱因斯坦场方程应用到整个宇宙，简单研究宇宙的基本演化规律. 对宇宙学感兴趣的读者可参考龚云贵所著的《宇宙学基本原理》[41].

基于宇宙学原理，即宇宙任意时刻在大尺度上(大于 3 亿光年)都是均匀各向同性的，可知描述整个宇宙时空的度规为罗伯逊-沃克(Robertson-Walker)度规，其线元形式为

$$ds^2 = g_{\mu\nu}dx^\mu dx^\nu = -dt^2 + a^2(t)\left[\frac{dr^2}{1-Kr^2} + r^2(d\theta^2 + \sin^2\theta d\phi^2)\right], \tag{3.150}$$

式中无量纲函数 $a(t)$ 称为宇宙标度因子(scale factor)，t 是宇宙标准时，r,θ,ϕ 为共动球坐标系中的球坐标，$K=0$ 表示空间几何是平坦的，K 取正数(在不考虑其量纲的情况下通常取 $K=1$)对应于闭宇宙，K 取负数(在不考虑其量纲的情况下通常取 $K=-1$)对应于开宇宙. 用矩阵表示时，罗伯逊-沃克度规的形式为

$$g_{\mu\nu} = \begin{pmatrix} -1 & 0 & 0 & 0 \\ 0 & \dfrac{a^2(t)}{1-Kr^2} & 0 & 0 \\ 0 & 0 & a^2(t)r^2 & 0 \\ 0 & 0 & 0 & a^2(t)r^2\sin^2\theta \end{pmatrix}, \tag{3.151}$$

其逆度规为

$$g^{\mu\nu}=\begin{pmatrix}-1 & 0 & 0 & 0\\ 0 & \dfrac{1-Kr^2}{a^2(t)} & 0 & 0\\ 0 & 0 & \dfrac{1}{a^2(t)r^2} & 0\\ 0 & 0 & 0 & \dfrac{\csc^2\theta}{a^2(t)r^2}\end{pmatrix}. \tag{3.152}$$

利用 xAct Mathematica 程序包[35-39]及附录 A 中的代码,计算得到仿射联络

$$\Gamma^{\alpha}_{\mu\nu}=\begin{bmatrix}\begin{pmatrix}0\\0\\0\\0\end{pmatrix} & \begin{pmatrix}0\\ \dfrac{a(t)a'(t)}{1-Kr^2}\\0\\0\end{pmatrix} & \begin{pmatrix}0\\0\\a(t)a'(t)r^2\\0\end{pmatrix} & \begin{pmatrix}0\\0\\0\\a(t)a'(t)r^2\sin^2\theta\end{pmatrix}\\ \begin{pmatrix}0\\ \dfrac{a'(t)}{a(t)}\\0\\0\end{pmatrix} & \begin{pmatrix}\dfrac{a'(t)}{a(t)}\\ \dfrac{Kr}{1-Kr^2}\\0\\0\end{pmatrix} & \begin{pmatrix}0\\0\\r(Kr^2-1)\\0\end{pmatrix} & \begin{pmatrix}0\\0\\0\\r\sin^2\theta(Kr^2-1)\end{pmatrix}\\ \begin{pmatrix}0\\0\\ \dfrac{a'(t)}{a(t)}\\0\end{pmatrix} & \begin{pmatrix}0\\0\\ \dfrac{1}{r}\\0\end{pmatrix} & \begin{pmatrix}\dfrac{a'(t)}{a(t)}\\ \dfrac{1}{r}\\0\\0\end{pmatrix} & \begin{pmatrix}0\\0\\0\\-\sin\theta\cos\theta\end{pmatrix}\\ \begin{pmatrix}0\\0\\0\\ \dfrac{a'(t)}{a(t)}\end{pmatrix} & \begin{pmatrix}0\\0\\0\\ \dfrac{1}{r}\end{pmatrix} & \begin{pmatrix}0\\0\\0\\ \cot\theta\end{pmatrix} & \begin{pmatrix}\dfrac{a'(t)}{a(t)}\\ \dfrac{1}{r}\\ \cot\theta\\0\end{pmatrix}\end{bmatrix}, \tag{3.153}$$

其中 $a'(t)=\mathrm{d}a(t)/\mathrm{d}t$,非零分量为

$$\Gamma^{t}_{rr}=\frac{a(t)a'(t)}{1-Kr^2}, \tag{3.154a}$$

$$\Gamma^{t}_{\theta\theta}=a(t)a'(t)r^2, \tag{3.154b}$$

$$\Gamma^{t}_{\phi\phi}=a(t)a'(t)r^2\sin^2\theta, \tag{3.154c}$$

$$\Gamma^{r}_{tr}=\Gamma^{r}_{rt}=\Gamma^{\theta}_{t\theta}=\Gamma^{\theta}_{\theta t}=\Gamma^{\phi}_{t\phi}=\Gamma^{\phi}_{\phi t}=\frac{a'(t)}{a(t)}, \tag{3.154d}$$

$$\Gamma^{r}_{rr}=\frac{Kr}{1-Kr^2}, \tag{3.154e}$$

$$\Gamma^{r}_{\theta\theta}=r(Kr^2-1), \tag{3.154f}$$

$$\Gamma^{r}_{\phi\phi}=r(Kr^2-1)\sin^2\theta, \tag{3.154g}$$

$$\Gamma^{\theta}_{r\theta}=\Gamma^{\theta}_{\theta r}=\Gamma^{\phi}_{r\phi}=\Gamma^{\phi}_{\phi r}=\frac{1}{r}, \tag{3.154h}$$

$$\Gamma^{\theta}_{\phi\phi}=-\sin\theta\cos\theta, \tag{3.154i}$$

$$\Gamma^{\phi}_{\theta\phi}=\Gamma^{\phi}_{\phi\theta}=\cot\theta. \tag{3.154j}$$

由测地线方程

$$\frac{\mathrm{d}^2x^\alpha}{\mathrm{d}\tau^2}+\Gamma^{\alpha}_{\beta\gamma}\frac{\mathrm{d}x^\beta}{\mathrm{d}\tau}\frac{\mathrm{d}x^\gamma}{\mathrm{d}\tau}=0, \tag{3.155}$$

计算初始时刻静止的粒子($\mathrm{d}x^i/\mathrm{d}\tau=0$)的加速度

$$\frac{\mathrm{d}^2x^i}{\mathrm{d}\tau^2}=-\Gamma^{i}_{tt}\left(\frac{\mathrm{d}t}{\mathrm{d}\tau}\right)^2=0, \tag{3.156}$$

所以在这个坐标系中静止的粒子将保持静止，即罗伯逊-沃克度规给出的坐标系是共动坐标系.

利用这些仿射联络的结果计算得到里奇张量

$$R_{\mu\nu}=\begin{pmatrix} -\frac{3a''(t)}{a(t)} & 0 & 0 & 0 \\ 0 & \frac{f(t)}{1-Kr^2} & 0 & 0 \\ 0 & 0 & r^2f(t) & 0 \\ 0 & 0 & 0 & r^2\sin^2\theta f(t) \end{pmatrix}, \tag{3.157}$$

式中 $f(t)=a(t)a''(t)+2a'(t)^2+2K$,以及里奇标量

$$R=\frac{6[a(t)a''(t)+a'(t)^2+K]}{a(t)^2}. \tag{3.158}$$

爱因斯坦张量各个分量为

$$G^{t}_{t}=-\frac{3(a'(t)^2+K)}{a(t)^2}, \tag{3.159}$$

$$G^{r}_{r}=G^{\theta}_{\theta}=G^{\phi}_{\phi}=-\frac{2a(t)a''(t)+a'(t)^2+K}{a(t)^2}. \tag{3.160}$$

对于均匀各向同性宇宙中的物质分布，其能量-动量张量取理想流体形式，且能量密度 ρ 和压强 p 都只是宇宙时 t 的函数，即

$$T_{\mu\nu}=p(t)g_{\mu\nu}+[\rho(t)+p(t)]U_\mu U_\nu. \tag{3.161}$$

在共动坐标系，四速度矢量为

$$U^t=1,\tag{3.162a}$$

$$U^i=0.\tag{3.162b}$$

把式(3.151)及式(3.162)代入式(3.161)得到非零分量

$$T_t^t=-\rho,\tag{3.163a}$$

$$T_j^i=p\delta_j^i.\tag{3.163b}$$

联立方程(3.159),方程(3.160)与方程(3.163)，爱因斯坦场方程 $G_{\mu\nu}=8\pi GT_{\mu\nu}$ 的 tt 分量给出了弗里德曼(Friedmann)方程[42]

$$\left(\frac{a'}{a}\right)^2+\frac{K}{a^2}=\frac{8\pi G}{3}\rho,\tag{3.164}$$

爱因斯坦场方程的空间-空间分量给出方程

$$\left(\frac{a'}{a}\right)^2+\frac{K}{a^2}+2\frac{a''}{a}=-8\pi Gp.\tag{3.165}$$

联立方程(3.164)和方程(3.165)，可以得到加速度方程

$$\frac{a''}{a}=-\frac{4\pi G}{3}(\rho+3p).\tag{3.166}$$

由弗里德曼方程(3.164)和加速度方程(3.166)可以得到物质能量守恒方程

$$\rho'+3\frac{a'}{a}(\rho+p)=0.\tag{3.167}$$

上述物质能量守恒方程也可以从能量-动量张量守恒方程 $T^{\mu\nu}_{;\mu}=0$ 直接得到. 上面三个微分方程(3.164)，(3.166)，(3.167)只有两个是相互独立的. 而方程中有 $a(t)$，$\rho(t)$及 $p(t)$三个未知数，所以还需要加上一个方程及初始条件才能求解宇宙的演化方程. 附加的方程通常为物质的物态方程 $p=f(\rho)$,对于辐射物质,物态方程参数 $w_{\mathrm{r}}=p/\rho_{\mathrm{r}}=1/3$；对于尘埃物质,物态方程参数 $w_{\mathrm{m}}=p/\rho_{\mathrm{m}}=0$;而对于宇宙学常数,物态方程参数 $w_\Lambda=p/\rho=-1$. 初始条件通常取宇宙学参数现在的值. 为了求解方程方便,通常选取求解一阶微分方程,即弗里德曼方程(3.164)和物质能量守恒方程(3.167). 如果物态方程参数 w 是一个常数,则由物质能量守恒方程(3.167)可以解得

$$\rho\propto a^{-3(1+w)}.\tag{3.168}$$

对于尘埃物质,有

$$\rho_{\mathrm{m}}\propto a^{-3}.\tag{3.169}$$

对于辐射物质,有

$$\rho_{\mathrm{r}}\propto a^{-4}.\tag{3.170}$$

辐射物质能量密度衰减要比尘埃物质快,即宇宙早期辐射物质能量密度比尘埃物质大,宇宙要先经历辐射物质为主的时期,然后到尘埃物质为主的时期. 对于空间平坦宇宙,$K=0$,根据结果(3.168),对弗里德曼方程(3.164)求解得到

$$a(t)=a_0\left(\frac{t}{t_0}\right)^{2/3(1+w)}, \tag{3.171}$$

式中下标 0 表示该物理量取现在的值. 对于尘埃物质为主的时期,有

$$a=a_0\left(\frac{t}{t_0}\right)^{2/3}. \tag{3.172}$$

对于辐射物质为主的时期,有

$$a(t)=a_0\left(\frac{t}{t_0}\right)^{1/2}. \tag{3.173}$$

根据结果(3.169)及(3.170)可知,无论是辐射物质为主的时期,还是尘埃物质为主的时期,宇宙中占主导成分的能量密度 $\rho(t)$都是按时间 t^{-2}方式演化.

3.4.1　宇宙学参数及哈勃常数

前面提到求解弗里德曼方程(3.164)及物质能量守恒方程(3.167)时,我们需要知道宇宙学参数的初始值. 常用的宇宙学参数有哈勃参数 H 及减速参数 q,即

$$H(t)\equiv\frac{a'}{a}=\frac{\mathrm{d}a/\mathrm{d}t}{a}, \tag{3.174}$$

$$q(t)\equiv-\frac{a''}{aH^2}=-\frac{1}{aH^2}\frac{\mathrm{d}^2a}{\mathrm{d}t^2}. \tag{3.175}$$

哈勃参数现在的值描述了宇宙现在膨胀的速度,称为哈勃常数. 通过造父变星(Cepheid variables)定标后的超新星测量出的哈勃常数值为 $H_0=(73.2\pm1.3)$ km/(s · Mpc)[43],通过红巨星分支技术(tip of the red giant branch)定标后的超新星测量出的哈勃常数值为 $H_0=[69.8\pm0.6(\mathrm{stat})\pm1.6(\mathrm{sys})]$ km/(s · Mpc)[44],而通过含宇宙学常数及冷暗物质在内的标准宇宙学模型拟合普朗克(Planck)卫星对宇宙微波背景辐射各向异性观测数据得到的哈勃常数值为 $H_0=(67.27\pm0.6)$ km/(s · Mpc)[45]. 可以看出,目前超新星和宇宙微波背景辐射各向异性观测对哈勃常数的测量结果存在差异. 由于超新星测量依赖于距离定标,而宇宙微波背景辐射各向异性测量依赖于宇宙学模型,这种差异是来自超新星的距离定标问题,还是来自超新星作为标准烛光的处理问题,或者是宇宙学模型问题,对此我们并没有答案,目前还不清楚产生这种差异的原因. 借助引力波可以对宇宙学距离进行精确测量,通过它也许能找到这种差异的原因. 地面引力波天文台观测到的第一个双中子星并合引力波事件 GW170817[46]及其电磁对应体 GRB170817A[47,48]给出的结果为 $H_0=70.0^{+12.0}_{-8.0}$ km/(s · Mpc)[49],加上 47 个双黑洞并合引力波事件得出的结果为 $H_0=68^{+8}_{-5}$ km/(s · Mpc)[50]. 这个结果由于精度不高,还无法用于判断前面提到的哈勃常数测量差异的原因.

结合宇宙学模型及哈勃常数的数值,可以计算出宇宙年龄

$$t_0=\int_0^{a_0}\frac{\mathrm{d}a}{aH(a)}. \tag{3.176}$$

为了表征宇宙中的物质能量密度，定义宇宙临界密度

$$\rho_c \equiv \frac{3H^2}{8\pi G}. \tag{3.177}$$

结合哈勃常数的数值 $H_0=100h$ km/(s·Mpc)，宇宙现在的临界密度为

$$\rho_{c0}=\frac{3H_0^2}{8\pi G}=1.8791h^2\times 10^{-29}\ \mathrm{g/cm^3}=8.0992h^2\times 10^{-47}\ \mathrm{GeV^4}. \tag{3.178}$$

利用宇宙临界密度，可定义无量纲物质密度比重参数

$$\Omega_{m,r}\equiv\frac{\rho_{m,r}}{\rho_c}=\frac{8\pi G\rho_{m,r}}{3H^2}, \tag{3.179}$$

及空间曲率密度比重参数

$$\Omega_k\equiv\frac{-K}{a^2H^2}. \tag{3.180}$$

3.4.2 宇宙微波背景辐射

伽莫夫(Gamow)依据热大爆炸宇宙的演化规律，于 1948 年预言宇宙微波背景辐射(CMB)的存在[51]．阿尔菲(Alpher)和赫尔曼(Herman)在伽莫夫的工作基础上进一步预言宇宙微波背景辐射温度 $T_{\gamma 0}$ 大约为 5 K[52]．彭齐亚斯(Penzias)和威尔逊(Wilson)利用大喇叭天线于 1965 年观测到宇宙微波背景辐射[53]，他们也因为这个观测发现获得 1978 年的诺贝尔物理学奖．背景辐射探测器(COBE)卫星更加精确地测量了宇宙只有 38 万岁时由最后散射面所发出的黑体辐射谱——宇宙微波背景辐射，在 95%的置信度下 COBE 卫星测量到的宇宙微波背景辐射温度为 $T_{\gamma 0}=(2.728\pm 0.004)$ K[54]．后来更多及更精确的观测结果为 $T_{\gamma 0}=(2.72548\pm 0.00057)$ K[55]．宇宙微波背景辐射的观测结果表明宇宙至少早在 38 万岁时在大尺度上仍然是均匀各向同性的，这为宇宙学原理及热大爆炸宇宙学提供了强有力的观测证据．另外，COBE 卫星也观测到宇宙微波背景辐射中 10^{-5} 量级的微小的各向异性，这种微小的不均匀性是宇宙大尺度结构形成的种子．马瑟(Mather)与斯莫特(Smoot)因为发现宇宙微波背景辐射中微小的各向异性而获得 2006 年的诺贝尔物理学奖．威尔金森微波背景各向异性探测器(WMAP)及普朗克卫星通过对宇宙微波背景辐射中微小的各向异性的更加精确的观测，给出了包括哈勃常数在内的宇宙学参数的高精度观测值[56,45]．

3.4.3 暴涨宇宙

尽管结合宇宙学原理及爱因斯坦广义相对论的宇宙学模型成功地阐释了宇宙的热历史，很好地解释了原初核合成、微波背景辐射及大尺度结构形成等问题，但它也面临一些理论问题，如宇宙初始奇点问题等．

光的传播速度有限，在有限时间内我们能够观测到的宇宙大小也有限．或者说，

有限时间内信息传播距离有限，即宇宙存在视界，只有处于视界内的宇宙才可能通过相互作用达到均匀各向同性. 由于宇宙膨胀速度小于光速，因此现在处于视界内的可观测宇宙(约 10^{28} cm)在宇宙早期必然处于那时的视界之外. 具体而言，在 $t=10^{-32}$ s，视界尺度约为 10^{-21} cm，而当前可观测宇宙在那时的尺度约为 1 cm，所以那时有 10^{63} (即 $(1/10^{-21})^3$)个区域之间没有因果关联. 这些区域如何达到均匀各向同性是宇宙学无法回答的问题，此即视界问题. 另外，前面介绍的宇宙学模型还无法解释空间平坦性及磁单极等问题.

为了解决宇宙学中的视界、平坦性及磁单极问题，Guth 在 1980 年利用宇宙在极早期(大统一能标约 10^{15} GeV)的一级相变提出宇宙暴涨[57](也称为老暴涨(old inflation①))模型. 如图 3.2 所示，在温度高于临界温度 T_c 时，宇宙处于高温对称相，希格斯(Higgs)场处于真空态($\phi=0$). 当宇宙温度降至 T_c 以下，对称相由于其能量更大而处于亚稳态，对称性破缺真空态($\phi_0>0$)成为稳定态，低温相的气泡(bubble)开始成核及成长. 如果气泡成核率较低，则随着宇宙膨胀，宇宙温度持续降低，亚稳高温相将处于超冷状态 T_s($T_s \ll T_c$)，宇宙中能量密度由亚稳真空能 $V(\phi=0)$ 主导，宇宙开始指数膨胀[57,58]，把处于视界内有因果关联的区域在极短时间内膨胀到比当前可观测宇宙在那时的尺寸还大，从而解决宇宙学中上述问题. 当相变最终在 T_s 发生时，存储在气泡壁的潜热通过气泡碰撞而释放出来重新加热宇宙到 T_c 量级. 在 Guth 提出的老暴涨模型中，气泡里面的标量场(希格斯场) ϕ 迅速增加到 ϕ_0，气泡成核率小于宇宙膨胀率，随机形成的气泡会导致非均匀性，而且相变不会结束[58]，这也称为优雅退出(graceful exit)问题.

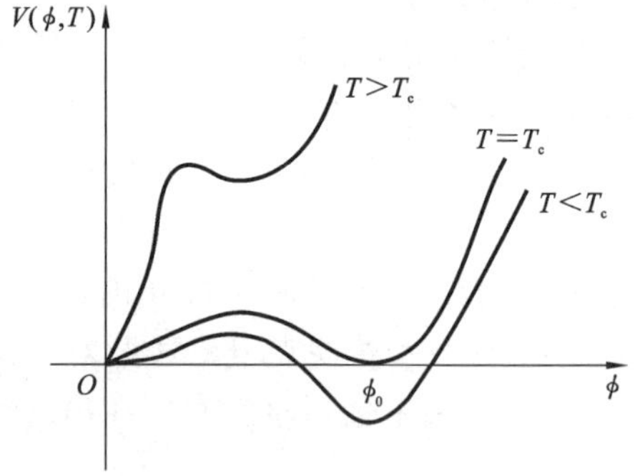

图 3.2　对称性破缺示意图

为了避免老暴涨模型中的问题，Linde 及 Albrecht 与 Steinhardt 分别提出了新暴涨(new inflation)模型[59,60]. 他们通过引入科尔曼-温伯格(Coleman-Weinberg)机

① 张元仲老师认为 inflation 应该翻译成暴涨，而非暴胀，本书采用暴涨，以此缅怀张元仲老师.

制，使得气泡里面的标量场隧道贯穿势垒后缓慢增加到 ϕ_0. 由于真空能量密度 $V(\phi)$ 几乎等于 $V(0)$，处于气泡中的宇宙仍呈指数膨胀，从而整个可观测宇宙处于一个气泡中[59,60]. 重加热不是通过气泡碰撞，而是通过标量场 ϕ 在能量最低点 ϕ_0 附近振荡所产生的粒子之间的相互作用来实现[59].

总之，宇宙暴涨图像的基本思想是宇宙经历了一段由真空能主导的急剧加速膨胀（指数膨胀）阶段，即宇宙的标度因子在极短的时间内增加了约 e^{60} 倍. 宇宙暴涨图像不但解决了上述宇宙学问题，而且暴涨期间量子涨落所产生的原初标量及张量（引力波）功率谱是一个近标度不变的高斯谱[61-65]；标量场（暴涨子）的量子扰动（10^{-5} 量级）为宇宙大尺度结构形成提供了种子，并在宇宙微波背景辐射中留下了各向异性可观测印迹；原初引力波会在宇宙微波背景辐射极化谱中产生 B 模特征极化. 如图3.3所示，暴涨模型通常是通过一个具有非常平坦势函数的单标量场来实现暴涨的. 当标量场的势函数变化较快时，标量场的动能会大于其势能，这样暴涨便结束了. 这时宇宙变得很冷，在宇宙恢复辐射物质为主的时期之前，宇宙要经历一个暴涨子在其势能最低点附近振荡而释放能量的重加热过程. 利用势函数的变化率（慢滚参数）参数化原初功率谱的幅度及谱指数，则可以计算暴涨模型预言的原初功率谱幅度及谱指数. 宇宙微波背景辐射对原初功率谱的幅度及谱指数的测量不但为暴涨图像提供了观测证据，而且可以用来检验暴涨模型.

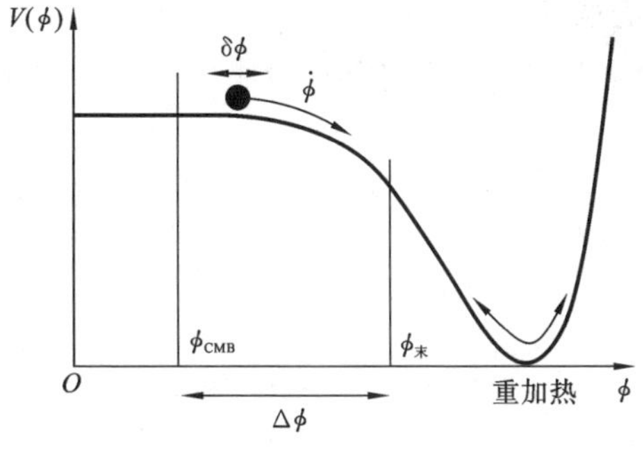

图 3.3　驱动宇宙暴涨的标量场（暴涨子）势函数示意图

3.4.4　宇宙加速膨胀

高红移超新星搜寻组与超新星宇宙学计划组于 1998 年分析超新星数据时分别独立地发现测量到的超新星亮度要比预期的暗，即超新星与我们之间的实际距离比预期的要远，由此他们指出宇宙现在处于加速膨胀阶段[66,67]. 这一发现颠覆了人们对传统宇宙学的认知，被《科学》期刊评为当年的科学进展之最. Perlmutter, Schmidt 与 Riess 三人因为发现宇宙的加速膨胀而获得 2011 年的诺贝尔物理学奖.

宇宙膨胀是由宇宙物质之间的引力相互作用驱动的，而物质之间的引力是吸引力，所以宇宙膨胀是减速膨胀，不应该是加速膨胀．要解释宇宙加速膨胀，需要引入引力相互作用表现为排斥力的暗能量．实际上，爱因斯坦在 1917 年利用广义相对论研究宇宙学时，认为宇宙是静止的，而引入了宇宙学常数来抗衡物质间的引力，当然到 1929 年哈勃发现了著名的哈勃定律，而指出宇宙在膨胀之后，爱因斯坦就放弃了宇宙学常数的使用．尽管如此，宇宙学常数的引力效应表现为排斥力，可以用来解释宇宙加速膨胀．如果把宇宙学常数看成真空能，则体积为 L^3 的立方体中的真空能为

$$E_{\text{vac}}=\frac{1}{2}\hbar L^3\int_0^{k_{\max}}\frac{\omega_k}{(2\pi)^3}\mathrm{d}^3k=\frac{1}{2}\hbar L^3\int_0^{k_{\max}}\frac{(k^2+m^2/\hbar^2)^{1/2}}{(2\pi)^3}\mathrm{d}^3k$$
$$\approx\frac{1}{2}\hbar L^3\int_0^{k_{\max}}\frac{k}{(2\pi)^3}\mathrm{d}^3k,\tag{3.181}$$

式中 $k_{\max}$ 为截断能标对应的波数，最后近似是因为 $k_{\max}\gg m$．能量密度

$$\rho_{\text{vac}}=\lim_{L\to\infty}\frac{E_{\text{vac}}}{L^3}=\hbar\frac{k_{\max}^4}{16\pi^2}.\tag{3.182}$$

取普朗克能量（10^{19} GeV）作为截断能标，则

$$\rho_{\text{vac}}=10^{74}\ \text{GeV}^4/\hbar^3\approx10^{92}\ \text{g/cm}^3=10^{120}\rho_\Lambda.\tag{3.183}$$

真空能比宇宙现在加速膨胀所要求的宇宙学常数大 10^{120} 倍，这也是著名的宇宙学常数问题[68]．当然，标量场是驱动宇宙加速膨胀最简单的动力学暗能量模型，早在 1988 年 Ratra 与 Peebles① 及 Wetterich 分别提出了这种模型[69,70]，这里不作详细讨论，感兴趣的读者可以参阅相关文献[71,72]或龚云贵所著的《宇宙学基本原理》[41]．包含宇宙暴涨、辐射、重子物质、冷暗物质及暗能量的宇宙学模型也称为宇宙学标准模型．

① Peebles 因为理论宇宙学方面的贡献分享了 2019 年的诺贝尔物理学奖．

第 4 章　广义相对论经典检验

爱因斯坦在 1915 年年底提交给普鲁士科学院的论文中提出了爱因斯坦场方程[40]，并在 1916 年总结了光线偏折和水星进动效应的计算结果，特别是水星进动的计算结果和观测情况吻合得很好，光线偏折的结果也在 1919 年得到验证. 在其后 100 多年间，广义相对论经历了各种实验检验，具体可参考 Will 的著作[73]或综述[74]. 施瓦西(Schwarzschild)在 1916 年找到了真空爱因斯坦场方程的静态球对称解，这也是第一个精确解，称为施瓦西解[75]. 本章主要介绍静态球对称解，并将其应用到太阳系中计算水星进动、引力红移、光线偏折、雷达回波延迟，同时介绍相关实验检验等.

4.1　静态球对称解

最一般的静态球对称度规形式为

$$ds^2=g_{\mu\nu}dx^\mu dx^\nu=-F(r)dt^2+2rE(r)dtdr+r^2D(r)dr^2+C(r)(d\boldsymbol{x})^2, \tag{4.1}$$

式中$(d\boldsymbol{x})^2=dr^2+r^2(d\theta^2+\sin^2\theta d\phi^2)$，$rE(r)$中的 r 可以吸收到 $E(r)$ 里面，同样 $r^2D(r)$中的 r^2 也可以吸收到 $D(r)$ 里面. 这里为了后面化简方便而写成上述形式. 作坐标变换

$$\tilde{t}=t+\psi(r), \tag{4.2}$$

$$\tilde{r}^2=C(r)r^2, \tag{4.3}$$

$$\frac{d\psi}{dr}=-\frac{rE(r)}{F(r)}, \tag{4.4}$$

则线元(4.1)可以写成

$$ds^2=-F(r)d\tilde{t}^2+H(r)d\tilde{r}^2+\tilde{r}^2(d\theta^2+\sin^2\theta d\phi^2), \tag{4.5}$$

其中

$$H(r)=\frac{G(r)+C(r)}{C(r)}\left[1+\frac{r}{2C(r)}\frac{dC(r)}{dr}\right]^{-2}, \tag{4.6a}$$

$$G(r)=r^2\left[D(r)+\frac{E^2(r)}{F(r)}\right]. \tag{4.6b}$$

利用坐标变换(4.3)，函数 $F(r)$及 $H(r)$可以写成 $\tilde{r}$ 的函数，由方程(4.5)可得静态球对称度规的标准形式(为书写方便，去掉 t 与 r 上的～，即把 $\tilde{t}$ 写成 t，把 $\tilde{r}$ 写成 r)

$$ds^2=-B(r)dt^2+A(r)dr^2+r^2(d\theta^2+\sin^2\theta d\phi^2). \tag{4.7}$$

另外，如果对线元(4.1)作如下形式的坐标变换：

$$\mathrm{d}(\ln\bar{r})=\left[1+\frac{r^2}{C(r)}\left(D(r)+\frac{E^2(r)}{F(r)}\right)\right]^{1/2}\mathrm{d}(\ln r),\tag{4.8}$$

则线元(4.1)也可以写成各向同性形式

$$\mathrm{d}s^2=-K(\bar{r})\mathrm{d}\tilde{t}^2+J(\bar{r})(\mathrm{d}\bar{r}^2+\bar{r}^2\mathrm{d}\theta^2+\bar{r}^2\sin^2\theta\mathrm{d}\phi^2),\tag{4.9}$$

其中 $K(\bar{r})=F(r)$,$J(\bar{r})=r^2C(r)/\bar{r}^2$. 所以线元(4.7)也可以写成各向同性形式(为书写方便,去掉 r 上的一与 t 上的～)

$$\mathrm{d}s^2=-B(r)\mathrm{d}t^2+A(r)(\mathrm{d}r^2+r^2\mathrm{d}\theta^2+r^2\sin^2\theta\mathrm{d}\phi^2).\tag{4.10}$$

函数 $B(r)$与 $A(r)$满足无穷远渐近平坦条件

$$r\to\infty,\tag{4.11a}$$

$$A(r)\to 1,\tag{4.11b}$$

$$B(r)\to 1.\tag{4.11c}$$

利用 xAct Mathematica 程序包[35-39]及附录 A 中的代码,可计算出标准形式度规(4.7)的克里斯多菲联络

$$\Gamma^{\alpha}_{\mu\nu}=\begin{bmatrix}
\begin{pmatrix}0\\ \frac{B'(r)}{2B(r)}\\ 0\\ 0\end{pmatrix} & \begin{pmatrix}\frac{B'(r)}{2B(r)}\\ 0\\ 0\\ 0\end{pmatrix} & \begin{pmatrix}0\\0\\0\\0\end{pmatrix} & \begin{pmatrix}0\\0\\0\\0\end{pmatrix}\\
\begin{pmatrix}\frac{B'(r)}{2A(r)}\\ 0\\ 0\\ 0\end{pmatrix} & \begin{pmatrix}0\\ \frac{A'(r)}{2A(r)}\\ 0\\ 0\end{pmatrix} & \begin{pmatrix}0\\ 0\\ -\frac{r}{A(r)}\\ 0\end{pmatrix} & \begin{pmatrix}0\\0\\0\\ -\frac{r\sin^2\theta}{A(r)}\end{pmatrix}\\
\begin{pmatrix}0\\0\\0\\0\end{pmatrix} & \begin{pmatrix}0\\0\\ \frac{1}{r}\\ 0\end{pmatrix} & \begin{pmatrix}0\\ \frac{1}{r}\\ 0\\ 0\end{pmatrix} & \begin{pmatrix}0\\0\\0\\ -\sin\theta\cos\theta\end{pmatrix}\\
\begin{pmatrix}0\\0\\0\\0\end{pmatrix} & \begin{pmatrix}0\\0\\0\\ \frac{1}{r}\end{pmatrix} & \begin{pmatrix}0\\0\\0\\ \cot\theta\end{pmatrix} & \begin{pmatrix}0\\ \frac{1}{r}\\ \cot\theta\\ 0\end{pmatrix}
\end{bmatrix}.\tag{4.12}$$

本节用′代表对 r 求导数,$B'(r)=\mathrm{d}B(r)/\mathrm{d}r$. 非零里奇张量为

$$R_{tt}=\frac{B''(r)}{2A(r)}-\frac{1}{4}\frac{B'(r)}{A(r)}\left(\frac{B'(r)}{B(r)}+\frac{A'(r)}{A(r)}\right)+\frac{B'(r)}{A(r)r},\tag{4.13a}$$

$$R_{rr}=-\frac{B''(r)}{2B(r)}+\frac{1}{4}\frac{B'(r)}{B(r)}\left(\frac{B'(r)}{B(r)}+\frac{A'(r)}{A(r)}\right)+\frac{A'(r)}{A(r)r},\tag{4.13b}$$

$$R_{\theta\theta}=1-\frac{r}{2A(r)}\left(-\frac{A'(r)}{A(r)}+\frac{B'(r)}{B(r)}\right)-\frac{1}{A(r)},\tag{4.13c}$$

$$R_{\phi\phi}=\sin^2\theta R_{\theta\theta}.\tag{4.13d}$$

由真空中爱因斯坦场方程 $R_{\mu\nu}=0$ 可得

$$\frac{R_{rr}}{A}+\frac{R_{tt}}{B}=\frac{1}{rA}\left(\frac{A'}{A}+\frac{B'}{B}\right)=0.\tag{4.14}$$

结合渐近平坦边界条件(4.11)得到解 $A(r)B(r)=1$. 把这个解代入 $R_{\theta\theta}=0$,得到

$$R_{\theta\theta}=1-B-rB'=0,\tag{4.15}$$

其解为

$$B(r)=1-\frac{C}{r},\tag{4.16}$$

式中 C 为积分常数. 3.1.2 小节牛顿极限告诉我们,质量为 M 的物体在离其中心很远处给出的度规 $g_{tt}=-1+2GM/r$,所以 $C=2GM$. 由此得到真空爱因斯坦场方程的静态球对称的施瓦西解[75]

$$ds^2=-\left(1-\frac{2GM}{r}\right)dt^2+\left(1-\frac{2GM}{r}\right)^{-1}dr^2+r^2(d\theta^2+\sin^2\theta d\phi^2).\tag{4.17}$$

利用坐标变换

$$r=\rho\left(1+\frac{GM}{2\rho}\right)^2,\tag{4.18a}$$

$$\rho=\frac{1}{2}r\left[1-\frac{GM}{r}+\left(1-\frac{2GM}{r}\right)^{1/2}\right],\tag{4.18b}$$

可得施瓦西度规的各向同性形式

$$ds^2=-\left[\frac{1-GM/(2\rho)}{1+GM/(2\rho)}\right]^2dt^2+\left(1+\frac{GM}{2\rho}\right)^4(d\rho^2+\rho^2d\theta^2+\rho^2\sin^2\theta d\phi^2).\tag{4.19}$$

4.2　粒子测地线运动

由方程(4.12)可知,克里斯多菲联络非零分量为

$$\Gamma^t_{tr}=\Gamma^t_{rt}=\frac{B'}{2B},\tag{4.20a}$$

$$\Gamma^r_{tt}=\frac{B'}{2A},\tag{4.20b}$$

$$\Gamma^r_{rr}=\frac{A'}{2A},\tag{4.20c}$$

$$\Gamma^r_{\phi\phi}=\sin^2\theta\Gamma^r_{\theta\theta}=-\frac{r\sin^2\theta}{A},\tag{4.20d}$$

$$\Gamma^{\theta}_{r\theta}=\Gamma^{\theta}_{\theta r}=\frac{1}{r},\tag{4.20e}$$

$$\Gamma^{\theta}_{\phi\phi}=-\sin\theta\cos\theta,\tag{4.20f}$$

$$\Gamma^{\phi}_{r\phi}=\Gamma^{\phi}_{\phi r}=\frac{1}{r},\tag{4.20g}$$

$$\Gamma^{\phi}_{\theta\phi}=\Gamma^{\phi}_{\phi\theta}=\cot\theta.\tag{4.20h}$$

代入测地线方程(3.7)得到

$$\frac{\mathrm{d}^2 t}{\mathrm{d}\tau^2}+\frac{B'}{B}\frac{\mathrm{d}t}{\mathrm{d}\tau}\frac{\mathrm{d}r}{\mathrm{d}\tau}=0,\tag{4.21}$$

$$\frac{\mathrm{d}^2 r}{\mathrm{d}\tau^2}+\frac{B'}{2A}\left(\frac{\mathrm{d}t}{\mathrm{d}\tau}\right)^2+\frac{A'}{2A}\left(\frac{\mathrm{d}r}{\mathrm{d}\tau}\right)^2-\frac{r}{A}\left(\frac{\mathrm{d}\theta}{\mathrm{d}\tau}\right)^2-\frac{r\sin^2\theta}{A}\left(\frac{\mathrm{d}\phi}{\mathrm{d}\tau}\right)^2=0,\tag{4.22}$$

$$\frac{\mathrm{d}^2\theta}{\mathrm{d}\tau^2}+\frac{2}{r}\frac{\mathrm{d}r}{\mathrm{d}\tau}\frac{\mathrm{d}\theta}{\mathrm{d}\tau}-\sin\theta\cos\theta\left(\frac{\mathrm{d}\phi}{\mathrm{d}\tau}\right)^2=0,\tag{4.23}$$

$$\frac{\mathrm{d}^2\phi}{\mathrm{d}\tau^2}+\frac{2}{r}\frac{\mathrm{d}r}{\mathrm{d}\tau}\frac{\mathrm{d}\phi}{\mathrm{d}\tau}+2\cot\theta\,\frac{\mathrm{d}\theta}{\mathrm{d}\tau}\frac{\mathrm{d}\phi}{\mathrm{d}\tau}=0.\tag{4.24}$$

由方程(4.24)可得

$$\frac{\mathrm{d}}{\mathrm{d}\tau}\left[\ln\left(\frac{\mathrm{d}\phi}{\mathrm{d}\tau}\right)+\ln r^2+2\ln(\sin\theta)\right]=0,\tag{4.25}$$

求解得到角动量守恒方程

$$r^2\sin^2\theta\,\frac{\mathrm{d}\phi}{\mathrm{d}\tau}=r^2\sin^2\theta\dot{\phi}=l.\tag{4.26}$$

由方程(4.21)可得

$$\frac{\mathrm{d}}{\mathrm{d}\tau}\left[\ln\left(\frac{\mathrm{d}t}{\mathrm{d}\tau}\right)+\ln B\right]=0,\tag{4.27}$$

方程(4.27)的解为

$$\dot{t}=\frac{\mathrm{d}t}{\mathrm{d}\tau}=\frac{\widetilde{E}}{B(r)},\tag{4.28}$$

其中 $\widetilde{E}$ 是粒子单位质量的能量. 对于静态球对称度规,由方程(3.63)及其讨论可知,粒子的能量 $\widetilde{E}=-p_t=B\dot{t}$ 及角动量 $l=p_\phi=r^2\sin^2\theta\dot{\phi}$ 沿测地线是守恒量. 为计算方便,且不失一般性,可以考虑在赤道面上运动的粒子. 取 $\theta=\pi/2$,并把解(4.26)与解(4.28)代入方程(4.22),得到

$$\frac{\mathrm{d}^2 r}{\mathrm{d}\tau^2}+\frac{A'(r)}{2A(r)}\left(\frac{\mathrm{d}r}{\mathrm{d}\tau}\right)^2-\frac{l^2}{r^3A(r)}+\frac{\widetilde{E}^2B'(r)}{2A(r)B^2(r)}=0.\tag{4.29}$$

方程(4.29)两边乘以 $2A(r)\mathrm{d}r/\mathrm{d}\tau$ 可得

$$\frac{\mathrm{d}}{\mathrm{d}\tau}\left[A(r)\left(\frac{\mathrm{d}r}{\mathrm{d}\tau}\right)^2+\frac{l^2}{r^2}-\frac{\widetilde{E}^2}{B(r)}\right]=0,\tag{4.30}$$

求解得到该系统的另一个守恒量,即

$$A(r)\left(\frac{\mathrm{d}r}{\mathrm{d}\tau}\right)^2+\frac{l^2}{r^2}-\frac{\widetilde{E}^2}{B(r)}=2\mathcal{H},\tag{4.31}$$

式中守恒量 $\mathcal{H}$ 为哈密顿密度.

$$\begin{aligned}\mathcal{H}&=g_{\mu\nu}p^\mu p^\nu/2=-\frac{1}{2}B\left(\frac{\mathrm{d}t}{\mathrm{d}\tau}\right)^2+\frac{1}{2}A\left(\frac{\mathrm{d}r}{\mathrm{d}\tau}\right)^2+\frac{1}{2}r^2\left(\frac{\mathrm{d}\phi}{\mathrm{d}\tau}\right)^2\\&=\frac{1}{2}A(r)\left(\frac{\mathrm{d}r}{\mathrm{d}\tau}\right)^2+\frac{l^2}{2r^2}-\frac{\widetilde{E}^2}{2B(r)}.\end{aligned}\tag{4.32}$$

对于有质量粒子,取 $\mathrm{d}\tau^2=-\mathrm{d}s^2$,则 $\mathcal{H}=-1/2$. 对于光子,测地线方程为 $\mathrm{d}s^2=0$,则 $\mathcal{H}=0$.

上述能量及角动量两个守恒量也可以通过满足基灵(Killing)方程

$$\xi_{\mu;\nu}+\xi_{\nu;\mu}=0\tag{4.33}$$

的基灵矢量 ξ_μ 得到. 这是因为基灵矢量与测地线切向矢量 U^μ 的内积沿测地线是一个常数,即

$$U^\mu\xi_\mu=\text{常数}.\tag{4.34}$$

利用测地线方程及基灵方程(4.33)很容易证明方程(4.34).

$$U^\nu(U^\mu\xi_\mu)_{;\nu}=U^\nu U^\mu_{;\nu}\xi_\mu+U^\mu U^\nu\xi_{\mu;\nu}=0.\tag{4.35}$$

方程(4.35)第一个等号右边第一项由测地线方程可知其结果为零;第二项由于 $U^\mu U^\nu$ 是对称的,基灵方程是反对称的,所以也为零.

静态球对称度规存在两个基灵矢量

$$K^\mu=\left(\frac{\partial}{\partial t}\right)^\mu,\tag{4.36a}$$

$$R^\mu=\left(\frac{\partial}{\partial\phi}\right)^\mu.\tag{4.36b}$$

利用这两个基灵矢量,可得两个不变量 $\widetilde{E}=-K^\mu U_\mu$ 及 $l=R^\mu U_\mu$.

方程(4.31)可以改写成

$$\frac{1}{2}\left(\frac{\mathrm{d}r}{\mathrm{d}\tau}\right)^2+\frac{l^2}{2r^2A(r)}-\frac{\mathcal{H}}{A(r)}=\frac{\widetilde{E}^2}{2}.\tag{4.37}$$

把施瓦西解(4.17)代入方程(4.37),得到粒子的运动方程

$$\frac{1}{2}\left(\frac{\mathrm{d}r}{\mathrm{d}\tau}\right)^2+\frac{2GM\mathcal{H}}{r}+\frac{l^2}{2r^2}-\frac{GMl^2}{r^3}=\frac{\widetilde{E}^2+2\mathcal{H}}{2}=\mathcal{E}.\tag{4.38}$$

显然粒子的有效势函数为

$$V_{\mathrm{eff}}(r)=\frac{2GM\mathcal{H}}{r}+\frac{l^2}{2r^2}-\frac{GMl^2}{r^3}.\tag{4.39}$$

和第 1 章的牛顿有效势函数(1.21)比较,可以看出 $\mathcal{H}=-\frac{1}{2}$ 且最后一项 $\frac{1}{r^3}$ 来自广义相对论修正,它对应于吸引力,角动量不为零时才出现,所以广义相对论修正增强引力. 无量纲常数 $\widetilde{E}$ 可以理解为单位质量的总能量,加上光速 c(本节中下面两个方程

中写出 c，其他方程中仍然取 $c=1$)，系统非相对论性能量 E_{Newt} 可以通过下式定义：

$$\widetilde{E}\equiv\frac{mc^2+E_{\text{Newt}}}{mc^2}, \tag{4.40}$$

则

$$\widetilde{E}^2=1+2\mathcal{E}=\left(1+\frac{E_{\text{Newt}}}{mc^2}\right)^2\approx 1+\frac{2E_{\text{Newt}}}{mc^2}, \tag{4.41}$$

代入方程(4.38)，得到

$$E_{\text{Newt}}=mc^2\mathcal{E}=\frac{m}{2}\left(\frac{\mathrm{d}r}{\mathrm{d}\tau}\right)^2-\frac{GMm}{r}+\frac{L^2}{2mr^2}-\frac{GML^2}{mr^3}, \tag{4.42}$$

其中角动量 $L=ml$. 显然最后一项为广义相对论修正.

取不同的角动量值，有效势的图像见图 4.1. 在距离很大的地方，相对论修正的吸引力可以忽略，有效势回到牛顿引力势，即

$$V_{\text{eff}}(r)\rightarrow -\frac{GM}{r},\quad r\rightarrow\infty. \tag{4.43}$$

随着距离 r 减小，相对论修正的吸引力的作用越来越重要. 在 $r=2GM$ 处，相对论修正的吸引力和转动的离心力相互抵消，从而

$$V_{\text{eff}}(r=2GM)=-\frac{1}{2}. \tag{4.44}$$

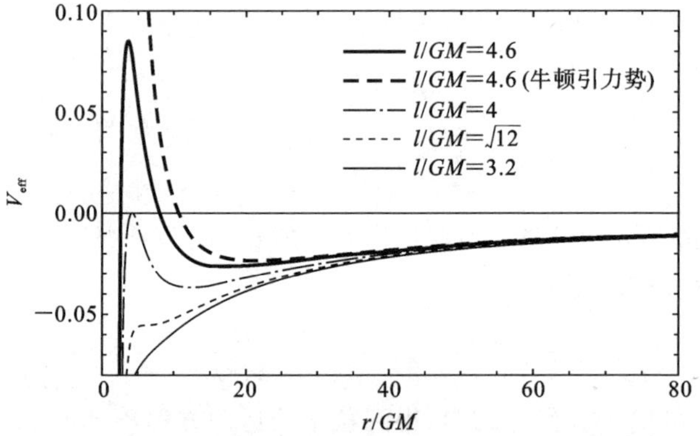

图 4.1　角动量 l 取不同值时的有效势函数(4.39)的示意图

方程(4.31)也可以看成粒子四速度

$$U^\mu=\left(\frac{\mathrm{d}t}{\mathrm{d}\tau},\ \frac{\mathrm{d}r}{\mathrm{d}\tau},\ \frac{\mathrm{d}\theta}{\mathrm{d}\tau},\ \frac{\mathrm{d}\phi}{\mathrm{d}\tau}\right) \tag{4.45}$$

满足归一化条件 $U^\mu U_\mu=g_{\mu\nu}U^\mu U^\nu=-1$. 结合方程(4.26)及方程(4.28)可得粒子的角速度

$$\Omega=\frac{\mathrm{d}\phi}{\mathrm{d}t}=\frac{B}{r^2}\frac{l}{\widetilde{E}}=\frac{1}{r^2}\left(1-\frac{2GM}{r}\right)\frac{l}{\widetilde{E}}. \tag{4.46}$$

4.2.1　稳定圆轨道

当 $l \geqslant \sqrt{12}GM$ 时，有效势函数(4.39)具有两个极点. 由 $\mathrm{d}V_{\mathrm{eff}}/\mathrm{d}r=0$ 可得

$$r_{\pm}=\frac{l^2}{2GM}\left[1\pm\sqrt{1-12\left(\frac{GM}{l}\right)^2}\right], \tag{4.47}$$

其中 r_+ 对应于势能极小值，是稳定点；r_- 对应于势能极大值，是不稳定点. 若 $l=\sqrt{12}GM$，则极小值和极大值重合，对应于最内稳定圆轨道(ISCO)，此时有

$$r_{\mathrm{ISCO}}=6GM\approx 9(M/M_{\odot})\ \mathrm{km}. \tag{4.48}$$

对于一般的稳定轨道，方程(4.47)也可以写成

$$l^2=\frac{GMr^2}{r-3GM}. \tag{4.49}$$

在弱场近似下($GM/r\ll 1$)，有

$$l^2\approx GMr\left(1+\frac{3GM}{r}\right), \tag{4.50}$$

方程右边第二项对应于广义相对论给出的修正. 对于圆轨道，$\mathrm{d}r/\mathrm{d}\tau=0$，则由方程(4.38)可得

$$\mathcal{E}=\frac{\widetilde{E}^2-1}{2}=V_{\mathrm{eff}}=-\frac{GM}{r}+\frac{l^2}{2r^2}-\frac{GMl^2}{r^3}, \tag{4.51}$$

即

$$\widetilde{E}^2=\left(1-\frac{2GM}{r}\right)^2\frac{r}{r-3GM}. \tag{4.52}$$

在弱场近似下，有

$$\widetilde{E}^2\approx 1+\frac{GM}{r}, \tag{4.53a}$$

$$E_{\mathrm{Newt}}=m\,\mathcal{E}\approx\frac{1}{2}\frac{GMm}{r}, \tag{4.53b}$$

粒子的非相对论性能量在最低阶近似下与牛顿引力中结果一致. 结合方程(4.46)，方程(4.49)及方程(4.52)可得在稳定圆轨道中运动的粒子的角速度

$$\Omega=\frac{\mathrm{d}\phi}{\mathrm{d}t}=\sqrt{\frac{GM}{r^3}}. \tag{4.54}$$

因此圆轨道运动周期和牛顿引力结果一致，只是广义相对论中系统的角动量与能量表达式(4.49)及(4.52)与牛顿引力的结果不完全相同. 常角速度意味着隐含对称性，这个隐含对称性对应的守恒量为龙格-楞次矢量(1.17)，有

$$\boldsymbol{A}=\frac{\boldsymbol{v}\times(\boldsymbol{r}\times\boldsymbol{v})}{GM}-\frac{\boldsymbol{r}}{r}, \tag{4.55}$$

其中 $\boldsymbol{v}=\mathrm{d}\boldsymbol{r}/\mathrm{d}t=r\Omega\boldsymbol{\lambda}$. 由加速度 $\boldsymbol{a}=\mathrm{d}\boldsymbol{v}/\mathrm{d}t=-\Omega^2\boldsymbol{r}$ 及角速度表达式(4.54)容易证明

$$\frac{\mathrm{d}\boldsymbol{A}}{\mathrm{d}t}=\frac{\boldsymbol{a}\times(\boldsymbol{r}\times\boldsymbol{v})}{GM}-\Omega\boldsymbol{\lambda}=\left(\frac{r^3\Omega^2}{GM}-1\right)\Omega\boldsymbol{\lambda}=0. \tag{4.56}$$

结合方程(4.28)及方程(4.52)可得在稳定圆轨道中运动的粒子的坐标时与固有时之间的关系式

$$\frac{\mathrm{d}t}{\mathrm{d}\tau}=\left(\frac{1}{1-3GM/r}\right)^{1/2}. \tag{4.57}$$

与质量为 M 的中心物体的距离 r 越小,$\mathrm{d}t/\mathrm{d}\tau$ 越大,坐标时钟变得越慢. 在最内稳定圆轨道上,$\mathrm{d}t/\mathrm{d}\tau=\sqrt{2}$.

4.2.2 束缚轨道

在牛顿引力理论中,粒子在质量为 M 的引力场中的运动轨道为

$$r=\frac{GM\tilde{p}}{1+e\cos\chi}. \tag{4.58}$$

与方程(1.23)比较可知 $p=\tilde{p}GM$. 为了方便后面的讨论,这里取无量纲的量 $\tilde{p}$ 作为参数. 另外,方程(4.58)也可以作为施瓦西度规中测地线方程的解.

由于

$$\left.\frac{\mathrm{d}r}{\mathrm{d}\tau}\right|_{r_{\mathrm{peri}},r_{\mathrm{apo}}}=0, \tag{4.59}$$

所以由方程(4.38)可得

$$V_{\mathrm{eff}}(r,\ l)\big|_{r_{\mathrm{peri}},r_{\mathrm{apo}}}=\frac{\tilde{E}^2-1}{2}. \tag{4.60}$$

把方程(1.25)代入方程(4.60),可得轨道参数 p 和 e 与守恒量 $\tilde{E}$ 和 l 的关系式

$$l^2=\frac{\tilde{p}^2G^2M^2}{\tilde{p}-3-e^2}, \tag{4.61a}$$

$$\tilde{E}^2=\frac{(\tilde{p}-2-2e)(\tilde{p}-2+2e)}{\tilde{p}(\tilde{p}-3-e^2)}. \tag{4.61b}$$

弱场近似下($\tilde{p}\gg 1$),有

$$l^2\approx\tilde{p}(GM)^2, \tag{4.62a}$$

$$\tilde{E}^2\approx 1-\frac{GM}{a}\approx 1+\frac{2E_{\mathrm{Newt}}}{\mu}, \tag{4.62b}$$

式中 $a=p/(1-e^2)$ 为半长轴. 式(4.62)与结果(1.24d)和(1.24e)一致,即弱场近似下回到牛顿引力结果.

4.2.3 径向自由落体运动

考虑粒子在无穷远处从静止开始自由下落,则 $l=0$,$\mathcal{E}=0$ 且 $\tilde{E}=1$. 由方程(4.38)可得

$$0=\frac{1}{2}\left(\frac{\mathrm{d}r}{\mathrm{d}\tau}\right)^2-\frac{GM}{r}. \tag{4.63}$$

由于考虑的是径向向内运动，所以

$$r^{1/2}\mathrm{d}r=-(2GM)^{1/2}\mathrm{d}\tau, \tag{4.64}$$

选取积分常数使得 $\tau=\tau_*$ 时，$r=0$，积分可得

$$r(\tau)=\left(\frac{3}{2}\right)^{2/3}(2GM)^{1/3}(\tau_*-\tau)^{2/3}. \tag{4.65}$$

由此可见在粒子自身的共动坐标系，粒子在有限时间(固有时)内从 r 到达坐标原点，即粒子在有限时间内通过施瓦西视界($r_{\mathrm{H}}=2GM$，5.1 节将详细介绍). 现在利用坐标时 t 求解粒子的运动，由方程(4.28)可得

$$\frac{\mathrm{d}t}{\mathrm{d}\tau}=\left(1-\frac{2GM}{r}\right)^{-1}. \tag{4.66}$$

这就是引力导致的时间变慢效应. 距离越近，引力越强，时间变慢效应越强. 当 $r\to r_{\mathrm{H}}=2GM$，则 $\mathrm{d}t/\mathrm{d}\tau\to\infty$.

联立方程(4.66)及方程(4.64)得到

$$\frac{\mathrm{d}t}{\mathrm{d}r}=-\left(\frac{2GM}{r}\right)^{-1/2}\left(1-\frac{2GM}{r}\right)^{-1}, \tag{4.67}$$

积分可得

$$t=t_*+2GM\left[-\frac{2}{3}\left(\frac{r}{2GM}\right)^{3/2}-2\left(\frac{r}{2GM}\right)^{1/2}+\lg\left|\frac{[r/(2GM)]^{1/2}+1}{[r/(2GM)]^{1/2}-1}\right|\right], \tag{4.68}$$

其中 t_* 为任意积分常数. 这个结果说明，对于无穷远观测者而言，粒子需要无穷长时间 t 通过施瓦西视界，即粒子不能通过视界，这也说明施瓦西度规在 $r=2GM$ 附近有问题. 把解(4.65)代入方程(4.68)，则可得坐标时和固有时之间的关系 $t(\tau)$.

4.3　近心点进动

我们现在考虑粒子在束缚轨道上的运动. 由方程(4.38)可得

$$\frac{\mathrm{d}r}{\mathrm{d}\tau}=\pm\sqrt{2(\mathcal{E}-V_{\mathrm{eff}})}. \tag{4.69}$$

联立方程(4.26)及方程(4.69)得到

$$\frac{\mathrm{d}\phi}{\mathrm{d}r}=\pm\frac{l}{r^2}\frac{1}{\sqrt{2(\mathcal{E}-V_{\mathrm{eff}})}}=\pm\frac{l}{r^2}\left[\widetilde{E}^2-\left(1-\frac{2GM}{r}\right)\left(1+\frac{l^2}{r^2}\right)\right]^{-1/2}, \tag{4.70}$$

积分得到

$$\Delta\phi=2l\int_{r_1}^{r_2}\frac{1}{r^2}\left[\widetilde{E}^2-\left(1-\frac{2GM}{r}\right)\left(1+\frac{l^2}{r^2}\right)\right]^{-1/2}\mathrm{d}r, \tag{4.71}$$

其中积分上下限 r_1 及 r_2 是满足 $\mathrm{d}r/\mathrm{d}\tau=0$ 的两个位置.

$$\frac{\widetilde{E}^2-1}{2}=-\frac{GM}{r_1}+\frac{l^2}{2r_1^2}-\frac{GMl^2}{r_1^3}. \tag{4.72a}$$

$$\frac{\widetilde{E}^2-1}{2}=-\frac{GM}{r_2}+\frac{l^2}{2r_2^2}-\frac{GMl^2}{r_2^3} \tag{4.72b}$$

把方程(4.58)与方程(4.61)代入方程(4.71)可得

$$\Delta\phi=\widetilde{p}^{1/2}\int_0^{2\pi}\frac{\mathrm{d}\chi}{(\widetilde{p}-6-2e\cos\chi)^{1/2}}=8\left(\frac{\widetilde{p}}{\widetilde{p}-6+2e}\right)^{1/2}K\left(\frac{4e}{\widetilde{p}-6+2e}\right), \tag{4.73}$$

式中

$$K(y)=\int_0^{\pi/2}\frac{\mathrm{d}\psi}{(1-y\sin^2\psi)^{1/2}} \tag{4.74}$$

是第一类完全椭圆积分,且 $K(0)=\pi/2$. 由式(4.73)可知,$\Delta\phi$ 一般不是 2π 的整数倍,即施瓦西度规中的束缚测地线轨道不是封闭的. 无穷远的观测者看到的轨道运动不具有周期性,因为只有径向运动表现出周期性,而角向运动没有固定的周期. 因此径向运动定义的周期与由角度 ϕ 变化 2π 所需要的时间一般不一致.

牛顿引力没有方程(4.72)最后一项 $1/r^3$,其结果为

$$\begin{aligned}\Delta\phi&=2l\int_{r_1}^{r_2}\frac{1}{r^2}\left[\widetilde{E}^2-1+\frac{2GM}{r}-\frac{l^2}{r^2}\right]^{-1/2}\mathrm{d}r\\&=2\int_{u_2}^{u_1}\frac{\mathrm{d}u}{\sqrt{(u_1-u)(u-u_2)}}=2\pi,\end{aligned} \tag{4.75}$$

其中 $u=1/r$. 即牛顿引力中的运动轨道为封闭椭圆轨道.

在弱引力场近似下($GM/r\ll1$),由方程(4.72)可得

$$\widetilde{E}^2-1\approx-\frac{2GM}{r_1+r_2}\left[1-\frac{2GM(r_1+r_2)}{r_1r_2}\left(1-\frac{1}{r_1+r_2}\frac{r_2^3-r_1^3}{r_2^2-r_1^2}\right)\right], \tag{4.76}$$

$$l^2\approx\frac{2GMr_1r_2}{r_1+r_2}\left(1+\frac{2GM}{r_1r_2}\frac{r_2^3-r_1^3}{r_2^2-r_1^2}\right), \tag{4.77}$$

其中$(GM)^2$ 为广义相对论修正,这里把守恒量 $\widetilde{E}$ 与 l 的表达式写成对 r_1 与 r_2 对称的形式. 利用 r_1 及 r_2 可以定义轨道半正焦弦

$$\frac{1}{p}=\frac{1}{2}\left(\frac{1}{r_1}+\frac{1}{r_2}\right). \tag{4.78}$$

为了计算方便,参考温伯格书中的方法[8],把积分(4.71)改写成

$$\begin{aligned}\Delta\phi&=2l\int_{r_1}^{r_2}\frac{1}{r^2}\left(1-\frac{2GM}{r}\right)^{-1/2}\left[\widetilde{E}^2\left(1-\frac{2GM}{r}\right)^{-1}-\left(1+\frac{l^2}{r^2}\right)\right]^{-1/2}\mathrm{d}r\\&\approx2l\int_{r_1}^{r_2}\frac{1}{r^2}\frac{1+GM/r}{[\widetilde{E}^2(1+2GM/r+4G^2M^2/r^2)-1-l^2/r^2]^{1/2}}\mathrm{d}r.\end{aligned} \tag{4.79}$$

在 $r=r_1$ 及 $r=r_2$ 处,上述积分中的分母为零,所以分母中括号里面部分可以写成

$$\widetilde{E}^2\left(1+\frac{2GM}{r}+\frac{4G^2M^2}{r^2}\right)-1-\frac{l^2}{r^2}=C\left(\frac{1}{r_1}-\frac{1}{r}\right)\left(\frac{1}{r}-\frac{1}{r_2}\right), \tag{4.80}$$

其中常数 C 可由 $r\to\infty$ 得到，此时有

$$\widetilde{E}^2-1=-\frac{C}{r_1r_2}, \tag{4.81a}$$

$$C=\frac{2GMr_1r_2}{r_1+r_2}\left[1-\frac{2GM(r_1+r_2)}{r_1r_2}+\frac{2GM}{r_1r_2}\frac{r_2^3-r_1^3}{r_2^2-r_1^2}\right]. \tag{4.81b}$$

联立方程(4.79)～(4.81)得到

$$\begin{aligned}\Delta\phi &= 2\left[1+GM\left(\frac{1}{r_1}+\frac{1}{r_2}\right)\right]\int_{r_1}^{r_2}\frac{1}{r^2}\frac{1+GM/r}{[(1/r_1-1/r)(1/r-1/r_2)]^{1/2}}\mathrm{d}r\\ &= 2\left(1+\frac{2GM}{p}\right)\int_{u_2}^{u_1}\frac{1+GMu}{\sqrt{(u_1-u)(u-u_2)}}\mathrm{d}u\\ &= 2\pi+\frac{6\pi GM}{p}.\end{aligned} \tag{4.82}$$

由于广义相对论对有效势的 $1/r^3$ 修正项，粒子运动一个径向周期后的角度不再为 2π，即轨道不是封闭的，产生了如图 4.2 所示的进动，所以近心点进动角为

$$\delta\phi_{\text{prec}}=\Delta\phi-2\pi=\frac{6\pi GM}{p}=\frac{6\pi}{\bar{p}}. \tag{4.83}$$

由太阳质量参数 $GM_\odot=1.475$ km(这里其实为 $GM_\odot/c^2$，默认 $c=1$，这样量纲就是 km)及水星轨道参数半正焦弦 $p=5.53\times10^7$ km 可知，水星开普勒轨道周期为 87.7 d，即 0.24 a. 把上述参数代入方程(4.83)，则得到广义相对论计算出来的水星近日点进动角度为每百年(416 转)42.98″，这和实验观测值 $\delta\phi((42.98''\pm0.04'')/100\text{ a})$ 符合得很好[15]，从而水星近日点的进动很好地验证了广义相对论.

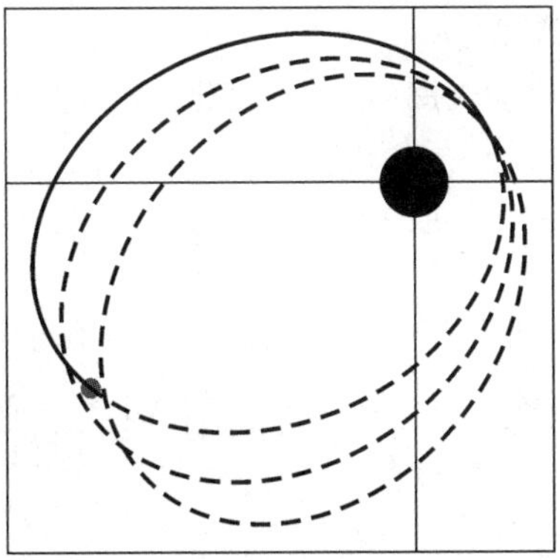

图 4.2　近心点进动示意图

对于双中子星 PSR B1913＋16，其近心点进动角为 $\delta\phi=(4.226598^\circ\pm0.000005^\circ)/\text{a}$[74].

为了检验广义相对论，通常利用附录 B 中的后牛顿参数化把修改引力理论中静态球对称度规参数化成如下形式：

$$\begin{aligned} ds^2 =& -\left(1-\frac{2GM}{r}+2(\beta-\gamma)\frac{G^2M^2}{r^2}+\cdots\right)dt^2 \\ &+\left(1+\frac{2\gamma GM}{r}+\cdots\right)dr^2+r^2(d\theta^2+\sin^2\theta d\phi^2). \end{aligned} \tag{4.84}$$

利用参数化度规(4.84)，则近心点进动表达式为

$$\delta\phi_{\text{prec}}=\frac{6\pi}{\tilde{p}}\frac{2-\beta+2\gamma}{3}. \tag{4.85}$$

另外，结合方程(4.28)与方程(4.29)可得

$$\frac{dr}{dt}=\pm\frac{1-2GM/r}{\tilde{E}}\left[\tilde{E}^2-\left(1-\frac{2GM}{r}\right)\left(1+\frac{l^2}{r^2}\right)\right]^{1/2}. \tag{4.86}$$

定义近心点到远心点再回到近心点所用的时间为粒子轨道周期，则在低阶近似下，轨道周期

$$\begin{aligned} T =& 2\int_{r_1}^{r_2}\frac{\tilde{E}}{1-2GM/r}\left[\tilde{E}^2-\left(1-\frac{2GM}{r}\right)\left(1+\frac{l^2}{r^2}\right)\right]^{-1/2}dr \\ \approx& 2\tilde{E}\int_{r_1}^{r_2}\left(1-\frac{2GM}{r}\right)^{-3/2}\left[\tilde{E}^2\left(1-\frac{2GM}{r}\right)^{-1}-1-\frac{l^2}{r^2}\right]^{-1/2}dr \\ \approx& \frac{2}{\sqrt{GMp}}\int_{r_1}^{r_2}\frac{1+3GM/r}{[(1/r_1-1/r)(1/r-1/r_2)]^{1/2}}dr \\ \approx& \frac{2}{\sqrt{GMp}}\int_{u_2}^{u_1}u^2\frac{1+3GMu}{[(u_1-u)(u-u_2)]^{1/2}}du \\ \approx& 2\pi\sqrt{\frac{a^3}{GM}}\left[1+\frac{3GM}{a}\right]. \end{aligned} \tag{4.87}$$

如果轨道周期定义为粒子运动一圈(角度 ϕ 变化 2π)所用的时间，则由方程(4.46)可得轨道周期

$$T=\frac{\tilde{E}}{l}\int_0^{2\pi}r^2\left(1-\frac{2GM}{r}\right)^{-1}d\phi. \tag{4.88}$$

要计算出轨道周期，则需要知道 $r(\phi)$. 取最低阶近似，粒子轨道为开普勒轨道，因此

$$\begin{aligned} T \approx& \sqrt{\frac{p^3}{GM}}\left[1-\frac{GM(1-e^2)(4+e^2)}{2p}\right]\int_0^{2\pi}\frac{1+2GM(1+e\cos\phi)/p}{(1+e\cos\phi)^2}d\phi \\ \approx& 2\pi\sqrt{\frac{a^3}{GM}}\left[1+\frac{GM(1-e^2)}{2a}\right]. \end{aligned} \tag{4.89}$$

由方程(4.87)及方程(4.89)可知，在最低阶近似下，分别由径向运动周期性和角度周期性定义的轨道周期结果与牛顿力学结果一致，但是考虑广义相对论修正后，径向运动周期性和角度周期性定义的轨道周期结果并不相同.

4.4 光线运动

前面主要讨论有质量粒子的测地线运动. 本节讨论光在引力场中的测地线运动.

4.4.1 引力红移

在一个匀强引力场 g 中的引力红移效应可通过能量守恒及牛顿力学推导出来. 一个静止质量为 m 的粒子在匀强引力场 g 中 A 点从静止开始自由下落高度 h 到 B 点,该粒子的动能增加 mgh,其总能量为 $m+mgh$. 同理,一个在 A 点能量为 $E_A=h\nu_A$ 的光子从 A 点下落到 B 点,其能量变为

$$E_B=E_A(1+gh). \tag{4.90}$$

因此光子从下端 B 爬到上端 A 将损失能量,即光子频率或波长会发生红移.

$$1+z=\frac{\lambda_A}{\lambda_B}=\frac{h\nu_B}{h\nu_A}=\frac{E_B}{E_A}=1+gh. \tag{4.91}$$

光子红移效应也可以通过等效原理得到. 根据等效原理,在无引力场的匀加速参考系中,实验观测到的红移与无加速度的匀强引力场中实验测量到的红移相同. 考虑一个以匀加速度 g 运动的火箭中沿加速度方向相距为 h 的两个观测者 A 与 B. 火箭在某个惯性坐标系中处于静止状态时,处于下端 B 点的观测者向 A 发送一个光子,该光子在时刻 $t=h$ 后到达上面观测者 A. 在这个过程中,A 增加了一个速度 $v=gt=gh$,因此他观测到的光子会发生多普勒红移

$$z=v=gh. \tag{4.92}$$

这和前面利用能量守恒推导出的结果一致.

对于处于静态球对称引力场中的静止观测者,其四速度(4.45)只有 U^t_{obs} 分量不为 0,即

$$U^t_{\text{obs}}=\left(1-\frac{2GM}{r}\right)^{-1/2}. \tag{4.93}$$

结合方程(2.77),则该观测者测量到沿类光测地线运动的光子的能量为

$$\hbar\omega=-g_{\mu\nu}U^{\mu}_{\text{obs}}P^{\nu}=-g_{\mu\nu}U^{\mu}_{\text{obs}}\frac{\mathrm{d}x^{\nu}}{\mathrm{d}\lambda}, \tag{4.94}$$

其中 λ 为仿射参数. 结合方程(4.28)可得

$$\hbar\omega=\left(1-\frac{2GM}{r}\right)^{1/2}\frac{\mathrm{d}t}{\mathrm{d}\lambda}=\left(1-\frac{2GM}{r}\right)^{-1/2}\widetilde{E}. \tag{4.95}$$

由于 $\widetilde{E}$ 为常数,所以分别处于 r_1 及 r_2 两处的光子,其频率 ω_1 与 ω_2 满足关系式

$$\frac{\omega_2}{\omega_1}=\left(\frac{1-2GM/r_1}{1-2GM/r_2}\right)^{1/2}. \tag{4.96}$$

静止观测者测量到处于引力场中的光子的频率为

$$\omega(r)=\omega_0\left(1-\frac{2GM}{r}\right)^{-1/2}, \tag{4.97}$$

其中 ω_0 为无穷远处没有引力场时静止观测者所测量到的光子的频率.

4.4.2 光线偏折

由于引力作用,光线经过物体时会发生偏折. 对于光子运动,$ds^2=0$,把方程(4.38)中的 $d\tau$ 换成仿射参数 $d\lambda$,并取 $\mathcal{H}=0$,得到

$$\left(\frac{dr}{d\lambda}\right)^2+\frac{l^2}{r^2}\left(1-\frac{2GM}{r}\right)=\widetilde{E}^2. \tag{4.98}$$

有效势为

$$W_{\text{eff}}=\frac{l^2}{2r^2}\left(1-\frac{2GM}{r}\right). \tag{4.99}$$

注意上式中没有 $\frac{1}{r}$ 牛顿引力势,如图 4.3 所示,光子有效势的极大值点为 $r=3GM$,且 $W_{\text{eff}}(3GM)=l^2/(54G^2M^2)$.

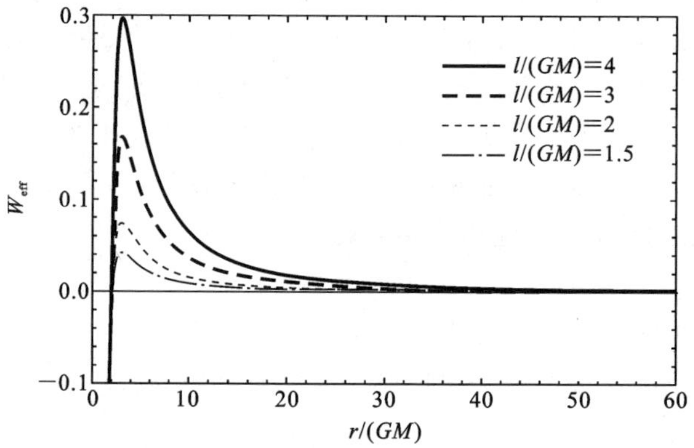

图 4.3　角动量 l 取不同值时的有效势函数(4.99)的示意图

光线离物体最近时,如图 4.4 所示,$r=r_0$,$dr/d\lambda=0$,从而有

$$\frac{1}{b^2}=\frac{\widetilde{E}^2}{l^2}=\frac{1}{r_0^2}\left(1-\frac{2GM}{r_0}\right),$$

$$b\approx r_0\left(1+\frac{GM}{r_0}\right), \tag{4.100}$$

其中 $b=l/\widetilde{E}$ 为碰撞参量(impact parameter). 结合角动量守恒方程可得

$$\frac{d\phi}{dr}=\pm\frac{1}{r^2}\left[\frac{\widetilde{E}^2}{l^2}-\frac{1}{r^2}\left(1-\frac{2GM}{r}\right)\right]^{-1/2}, \tag{4.101}$$

积分可得光线偏折角为

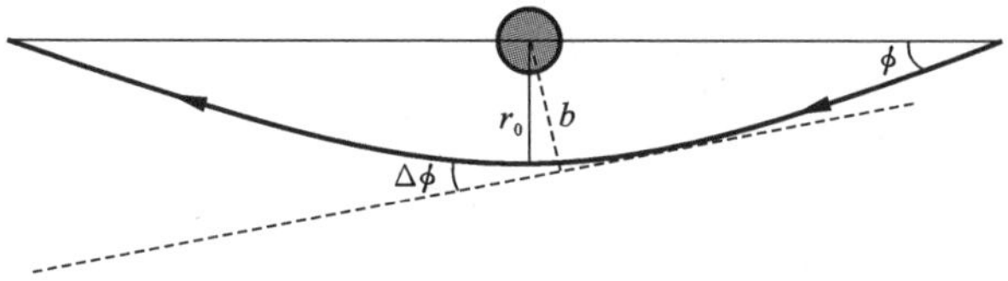

图 4.4　光线偏折示意图

$$\begin{aligned}\Delta\phi &= 2\int_{r_0}^{\infty}\frac{1}{r^2}\left[\frac{1}{b^2}-\frac{1}{r^2}\left(1-\frac{2GM}{r}\right)\right]^{-1/2}\mathrm{d}r\\ &= 2\int_{r_0}^{\infty}\frac{1}{r^2}\left(1-\frac{2GM}{r}\right)^{-1/2}\left[b^{-2}\left(1-\frac{2GM}{r}\right)^{-1}-\frac{1}{r^2}\right]^{-1/2}\mathrm{d}r\\ &\approx 2\int_{r_0}^{\infty}\frac{1}{r}\left(1+\frac{GM}{r}\right)\left[\frac{r^2}{b^2}\left(1+\frac{2GM}{r}\right)-1\right]^{-1/2}\mathrm{d}r.\end{aligned} \tag{4.102}$$

通过方程(4.100)用 r_0 消除 b 得到

$$\frac{r^2}{b^2}\left(1+\frac{2GM}{r}\right)-1\approx\left[\left(\frac{r}{r_0}\right)^2-1\right]\left(1-\frac{2GMr}{r_0(r+r_0)}\right). \tag{4.103}$$

把式(4.103)代入方程(4.102)得到

$$\Delta\phi\approx 2\int_{r_0}^{\infty}\frac{1}{r[(r/r_0)^2-1]^{1/2}}\left(1+\frac{GM}{r}+\frac{GMr}{r_0(r+r_0)}\right)\mathrm{d}r=\pi+\frac{4GM}{r_0}. \tag{4.104}$$

和前面牛顿引力计算的结果(1.38)相比较，可以看出广义相对论计算得到的光线偏折角是牛顿引力结果的两倍. 对于太阳引起的光线偏折，$M=M_\odot=1.97\times10^{33}$ g，$GM_\odot=1.475$ km，取 r_0 的最小值为太阳半径，$r_0=R_\odot=6.95\times10^5$ km，则光线被太阳所偏折的最大角度为

$$\delta\phi=\Delta\phi-\pi=\frac{4GM_\odot}{R_\odot}=1.75''. \tag{4.105}$$

利用前面参数化的度规(4.84)，光线偏折角为

$$\delta\phi=\frac{4GM}{r_0}\frac{1+\gamma}{2}. \tag{4.106}$$

4.4.3　引力透镜

恒星发出的光经过大质量物体(如星系、星系团及黑洞)时，光线会像通过透镜一样发生弯曲，这种现象称为引力透镜. 光线弯曲的程度主要取决于引力场的强弱. 分析观测到的光源所成像的扭曲，有助于研究透镜体的性质.

利用关系式(4.100)，光线偏折角(式(4.104))也可以写成

$$\alpha=\frac{4GM}{b}=\frac{2r_{\mathrm{H}}}{b}, \tag{4.107}$$

其中 b 为碰撞参量，施瓦西半径 $r_H=2GM$. 在小角度近似下，从图 4.5 可知，观测者和透镜体连线与观测者和像连线之间的夹角 θ、观测者和透镜体连线与观测者和光源连线之间的夹角 β、光源的光线偏折角 α、光源与透镜体之间的距离在观测者和透镜体连线上的投影 D_{LS}、观测者与像之间的距离在观测者和透镜体连线上的投影 D_S，这些变量满足引力透镜方程

$$\theta D_S=\beta D_S+\alpha D_{LS}. \tag{4.108}$$

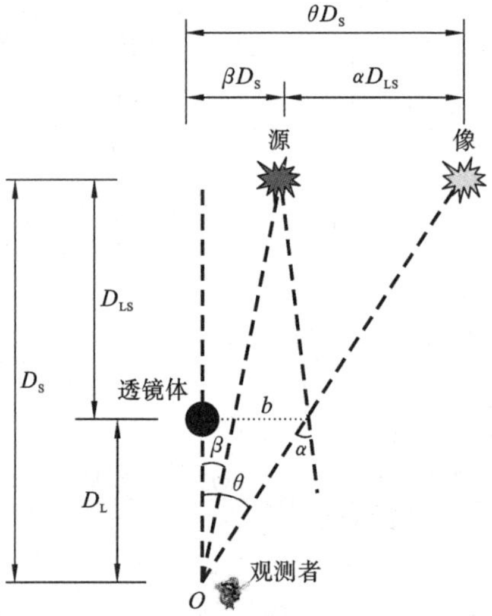

图 4.5 引力透镜效应示意图

另外，由图 4.5 可知，碰撞参量 b、观测者与透镜体之间的距离 D_L、角度 θ 满足近似关系 $b\approx D_L\theta$，加上引力透镜方程(4.108)，得到

$$\theta=\beta+\frac{\theta_E^2}{\theta},\quad \theta^2-\beta\theta-\theta_E^2=0, \tag{4.109}$$

其中爱因斯坦角 θ_E 为

$$\theta_E=\left(2r_H\frac{D_{LS}}{D_SD_L}\right)^{1/2}\approx 3''\left(\frac{D_{LS}}{D_L}\frac{1\ \text{Gpc}}{D_S}\frac{M}{10^{12}M_\odot}\right)^{1/2}. \tag{4.110}$$

求解方程(4.109)得到像的位置

$$\theta_\pm=\frac{1}{2}[\beta\pm\sqrt{\beta^2+4\theta_E^2}], \tag{4.111}$$

且 $\theta_+\theta_-=-\theta_E^2$. 像的位置在透镜的两侧，且一侧像的角度大于爱因斯坦角，另外一侧像的角度小于爱因斯坦角. 注意像的位置与光源的频率无关，与光学透镜不同，引力透镜是无色的. 如果光源、透镜体与观测者在同一条连线上，$\beta=0$，则 $\theta_+=\theta_-=\theta_E$，由对称性可知这些像构成一个与连线(轴)之间的张角为 θ_E 的圆环，称之为爱因斯

坦环.

两个像之间的分离角为

$$\Delta\theta=\theta_{+}-\theta_{-}=2\theta_{\mathrm{E}}\sqrt{1+\frac{\beta^{2}}{4\theta_{\mathrm{E}}^{2}}}.\tag{4.112}$$

因此通过测量光源的位置 β 以及像的位置 $\theta_{\pm}$，利用方程(4.112)可以计算出爱因斯坦角 θ_{E}. 如果能够测量出透镜体及光源与观测者之间的距离，则可以计算出透镜体的质量，因此引力透镜可以用来测量包括暗物质在内的宇宙中物质的质量.

定义表面亮度 $I(\nu)$ 为单位时间、单位立体角、单位频率区间、通过与传播方向垂直的单位面积的频率为 ν 的光子的能流. 由于光子传播过程中相空间密度 f 保持不变，所以 $I(\nu)/(hk^{3})$ 不变，其中光子波数 $k=h\nu/\hbar$. 尽管光线被物体偏折时会引起光源的表观光度的变化，但是透镜效应并不改变内在表面亮度. 观测者接收到来自光源的能流为表面亮度与源所张的立体角的乘积. 由于表面亮度是守恒的，引力透镜效应会改变像的形状及其在天空中所张的立体角 $\mathrm{d}\Omega$，从而放大光源的亮度. 放大倍数

$$A=\frac{\mathrm{d}\Omega}{\mathrm{d}\Omega_{0}},\tag{4.113}$$

式中 $\mathrm{d}\Omega$ 与 $\mathrm{d}\Omega_{0}$ 分别为有透镜与无透镜时观测到的立体角. 对于点源，利用方程(4.107)，两个像的放大倍数分别为

$$A_{\pm}=\frac{\mathrm{d}\Omega_{\pm}}{\mathrm{d}\Omega_{0}}=\frac{\theta_{\pm}\,\mathrm{d}\theta_{\pm}}{\beta\mathrm{d}\beta}=\frac{1}{2}\pm\frac{\beta^{2}+2\theta_{\mathrm{E}}^{2}}{2\beta\sqrt{\beta^{2}+4\theta_{\mathrm{E}}^{2}}}.\tag{4.114}$$

对于位于 θ_{-} 的像，A_{-} 为负数，意味着像是倒的. 如果两个像的距离大到可以被分辨开，则可以测量它们的相对放大 A_{+}/A_{-}. 如果两个像不能被分辨开，则只能观测到光源的总能流，定义总放大倍数为

$$A=A_{+}+|A_{-}|=\frac{\beta^{2}+2\theta_{\mathrm{E}}^{2}}{\beta\sqrt{\beta^{2}+4\theta_{\mathrm{E}}^{2}}}.\tag{4.115}$$

单次观测不可能测量出这个放大倍数 A. 但是，如果透镜相对于源的视线方向运动，则 A 会随时间变化，我们可以测量出像的光度变化. 在类星体 QSO2237+0305 的一个像中第一次观测到这种引力透镜效应，这也成为通过微引力透镜效应寻找星系中暗物质的实验基础[76].

4.4.4　雷达回波延迟

雷达回波延迟是 Shapiro 于 1964 年提出来的对广义相对论的第四个检验，通常也称为 Shapiro 时间延迟[77]. 因为光线经过物体时会发生偏折，所以当光途经太阳引力场时其速度将会减缓，其传播时间将会增加，Shapiro 认为增加量和角度偏移量成正比. 他设计了一个用于证实这个预言的观测实验：从地面上向金星(或水星)表

面发射雷达波并测量其往返时间,如图 4.6 所示. 当地球、太阳和金星(或水星)最大限度地在同一条直线上时,由于太阳引力导致的雷达波往返的时间延迟将达到 200 μs 左右,这种延迟量在 20 世纪 60 年代的技术条件下完全可以被观测到. 第一次实验观测是借助麻省理工学院的"草堆"雷达天线完成的,其结果和理论预测符合,误差小于 20%[78].

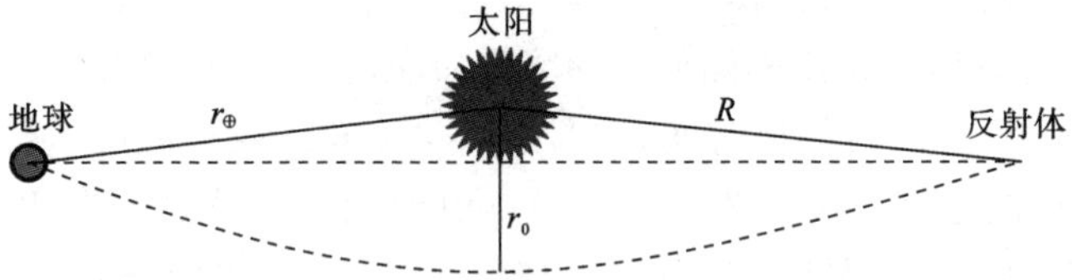

图 4.6 雷达回波示意图

结合方程(4.28)及方程(4.98)可得

$$dt=\pm\left(1-\frac{2GM}{r}\right)^{-3/2}\left[\left(1-\frac{2GM}{r}\right)^{-1}-\frac{l^2}{\widetilde{E}^2r^2}\right]^{-1/2}dr. \tag{4.116}$$

把方程(4.100)代入上述方程,取弱引力场近似,得到

$$\begin{aligned}\left(1-\frac{2GM}{r}\right)^{-1}-\frac{l^2}{\widetilde{E}^2r^2}&=\left(1-\frac{2GM}{r}\right)^{-1}-\frac{r_0^2}{r^2}\left(1-\frac{2GM}{r_0}\right)^{-1}\\&\approx\left(1-\frac{r_0^2}{r^2}\right)\left(1+\frac{2GM}{r+r_0}\right),\end{aligned} \tag{4.117}$$

则

$$dt\approx\pm\frac{dr}{\sqrt{1-(r_0/r)^2}}\left(1+\frac{3GM}{r}-\frac{GM}{r+r_0}\right). \tag{4.118}$$

所以

$$\begin{aligned}t(r,\ r_0)&=\int_{r_0}^{r}\frac{1}{\sqrt{1-(r_0/r)^2}}\left(1+\frac{3GM}{r}-\frac{GM}{r+r_0}\right)dr\\&=\sqrt{r^2-r_0^2}+2GM\ln\frac{r+\sqrt{r^2-r_0^2}}{r_0}+GM\left(\frac{r-r_0}{r+r_0}\right)^{1/2}.\end{aligned} \tag{4.119}$$

其中第一项为无引力时雷达信号走直线所需要的时间,后面两项为广义相对论给出的额外时间延迟. 如图 4.6 所示,取 r_0 为太阳半径,地球上的观测者离太阳的距离 $r_\oplus\gg R_\odot$,则雷达信号从地球掠过太阳表面到达接收位置再返回到地球所需要的额外时间延迟为

$$\begin{aligned}\delta t&=2[t(r_\oplus,\ R_\odot)+t(R,\ R_\odot)-\sqrt{r_\oplus^2-R_\odot^2}-\sqrt{R^2-R_\odot^2}]\\&\approx 4GM_\odot\left(1+\ln\frac{4Rr_\oplus}{R_\odot^2}\right).\end{aligned} \tag{4.120}$$

取 R 为金星(或水星)到太阳的距离,则最大的额外时间延迟为 $\delta t=240\ \mu s$. 利用前

面的参数化度规(4.84),则额外时间延迟

$$\delta t \approx 4GM_\odot\left(1+\frac{1+\gamma}{2}\ln\frac{4Rr_\oplus}{R_\odot^2}\right). \tag{4.121}$$

卡西尼(Cassini)卫星通过测量雷达回波时间延迟,对后牛顿参数 γ 给出了限制结果 $\gamma=1.00001\pm0.000012$[79],这也是目前对后牛顿参数 γ 最严格的限制.

第5章 黑　　洞

爱因斯坦于1915年年底提出广义相对论后，施瓦西便在1916年找到真空爱因斯坦场方程的第一个精确解，即施瓦西黑洞解[75]．结合电磁场方程与爱因斯坦场方程，Reissner于1916年求解出带电Reissner-Nordstrom黑洞[80,81]．考虑转动情况，直到1963年克尔(Kerr)才找到转动黑洞解[82]．其后纽曼(Newman)把转动解推广到带电黑洞，给出了被称为克尔-纽曼黑洞的带电转动的黑洞[83]．彭罗斯(Penrose)在1965年证明，按照广义相对论，能量非负的物质可以通过引力坍缩形成黑洞[84]，他因为发现黑洞形成是广义相对论的一个强有力预言而分享了2020年诺贝尔物理学奖．与伯克霍夫(Birkhoff)定理保证了施瓦西度规是广义相对论中唯一的真空球对称解类似，卡特(Carter)证明只有克尔度规代表了由质量及角动量两个参数表征的黑洞的外场[85]，霍金进一步证明了广义相对论中任何稳态黑洞都是克尔黑洞[86]，这些结果被进一步推广为黑洞无毛定理．"事件视界望远镜"(Event Horizon Telescope, EHT)于2019年及2022年分别公布了室女座椭圆星系M87中心超大质量黑洞及银河系中心超大质量黑洞人马座A* 的照片[96,97]，为黑洞观测提供了新的途径．

20世纪70年代，贝肯斯坦(Bekenstein)首先提出黑洞具有熵，而且黑洞熵正比于面积而不是体积[87,88]．霍金发现黑洞不但具有熵，而且具有量子辐射，其辐射温度正比于其表面引力[89]．巴丁(Bardeen)等人的研究表明黑洞可以被看作一个热力学系统，而且其质量、温度、熵等热力学量满足热力学三定律[90]．将黑洞无毛定理及黑洞量子蒸发过程相结合，就出现了黑洞信息丢失佯谬问题[91]．1981年贝肯斯坦基于黑洞熵的研究成果而提出一个适合于任意弱引力相互作用系统的普适的熵上限公式[92]．20世纪90年代，t'Hooft① 与Susskind把贝肯斯坦的思想进一步提升为所谓的全息原理，即把一个区域中引力系统的信息与该区域的边界面积联系起来[93,94]．这一原理在1998年被Maldacena通过超弦理论得到佐证．Maldacena提出在反de-Sitter时空中的五维引力理论和在该反de-Sitter时空边界上的四维共形场论等价，即所谓的AdS/CFT对偶[95]．黑洞面积熵定律、黑洞温度及黑洞霍金辐射是引力量子效应的体现，因此黑洞被认为是研究量子引力的一扇窗户．

---

① t'Hooft和他的导师Veltman因阐释弱相互作用的量子结构获得1999年诺贝尔物理学奖．

5.1 施瓦西黑洞

采用标准形式，施瓦西度规为

$$ds^2=-\left(1-\frac{2GM}{r}\right)dt^2+\left(1-\frac{2GM}{r}\right)^{-1}dr^2+r^2(d\theta^2+\sin^2\theta d\phi^2). \tag{5.1}$$

实际上，伯克霍夫定理指出爱因斯坦真空场方程的所有球对称解是静态的，即施瓦西度规是爱因斯坦场方程的唯一球对称解.

由 4.2.3 小节讨论可知，施瓦西度规(5.1)中 g_{rr} 在 $r=2GM$ 处奇异，但是黎曼曲率张量的平方，即 Kretschmann 标量

$$R^{\mu\nu\rho\sigma}R_{\mu\nu\rho\sigma}=\frac{48G^2M^2}{r^6} \tag{5.2}$$

在 $r=2GM$ 处连续，其奇异点发生在坐标零点 $r=0$. 由于时空几何在 $r=2GM$ 处并没有奇异，$r=2GM$ 称为坐标奇点，但是 $r=0$ 是时空奇点. $r=2GM$ 也被称为施瓦西黑洞的事件视界，本书记为 r_H. 下面介绍黑洞视界.

5.1.1 黑洞视界

黑洞视界是一个类光超曲面，它是光线能否逃离到无穷远处的分界面. 在视界外面，光线可以逃离到无穷远处. 在视界里面，则光线不能逃离到无穷远处. 类光超曲面是指其法向为零模矢量的超曲面，零模意味着法向矢量与其自身正交，因此零模法矢量同时也是类光超曲面的切向矢量，它和另外两个类空切矢量相互正交. 类光超曲面也可以看作由所有类光测地线集合构成的超曲面，这些类光测地线 $x^\mu(\lambda)$ 也称为该类光超曲面的生成元，其切矢量 ξ^μ 正比于零模法矢量，且满足

$$\xi^\mu\xi_\mu=0, \tag{5.3a}$$

$$\xi^\nu{}_{;\mu}\xi^\mu=0. \tag{5.3b}$$

对于静态球对称的施瓦西黑洞，式(5.3a)为零模条件，式(5.3b)为测地线方程. 类光超曲面 $r=r_H=$常数的法向矢量$\partial_\mu r$ 为零模要求

$$g^{\mu\nu}(\partial_\mu r)(\partial_\nu r)|_{r=r_H}=g^{rr}(r_H)=0, \tag{5.4}$$

所以视界面为 $r_H=2GM\approx 3M/M_\odot$ km. 视界内 $r<r_H$，g_{tt} 和 g_{rr} 的符号都改变了，r 变成时间坐标，它只有一个方向，视界内的时间方向是 r 减小的方向，所以无论是向内还是向外发射的光线都只能沿 $r=0$ 的方向运动，即光线不能逃离出视界.

5.1.2 乌龟坐标

由测地线方程

$$ds^2=-\left(1-\frac{2MG}{r}\right)dt^2+\left(1-\frac{2MG}{r}\right)^{-1}dr^2=0 \tag{5.5}$$

得到图 5.1 所示的光锥面

$$\frac{\mathrm{d}t}{\mathrm{d}r}=\pm\left(1-\frac{2GM}{r}\right)^{-1}\to\pm1,\quad r\to\infty,\tag{5.6a}$$

$$t=\pm\left[r+2GM\ln\left(\frac{r}{2GM}-1\right)\right].\tag{5.6b}$$

上式在 $r=2GM$ 处奇异，但它可以通过坐标系的选择而消除．在 $r>2GM$ 区域选取乌龟坐标

$$\frac{\mathrm{d}r^*}{\mathrm{d}r}=\left(1-\frac{2GM}{r}\right)^{-1},\tag{5.7}$$

即

$$r^*=r+2GM\ln\left(\frac{r}{2GM}-1\right)\to-\infty,\quad r\to r_{\mathrm{H}},\tag{5.8}$$

则光锥面为 $\mathrm{d}t/\mathrm{d}r^*=\pm1$．乌龟坐标是 Wheeler 在 1955 年首先引入的[98]，也称为 Regge-Wheeler 坐标[99]，它覆盖了 $-\infty$ 到 $+\infty$ 的整个空间．如果 $r\gg r_{\mathrm{H}}$，则 $r^*\approx r$．当 r 无限接近 r_{H}，就像乌龟缓慢爬向 r_{H}，r^* 快速趋向 $-\infty$．在乌龟坐标系，r 只能无限接近视界面 r_{H}，但永远无法到达视界面 r_{H}，即乌龟坐标 r^* 在视界外．利用乌龟坐标，在 $r>2GM$ 区域施瓦西度规可以写成如下共形平坦形式：

$$\mathrm{d}s^2=\left(1-\frac{2GM}{r}\right)\left[-\mathrm{d}t^2+(\mathrm{d}r^*)^2\right]+r^2\mathrm{d}\Omega^2.\tag{5.9}$$

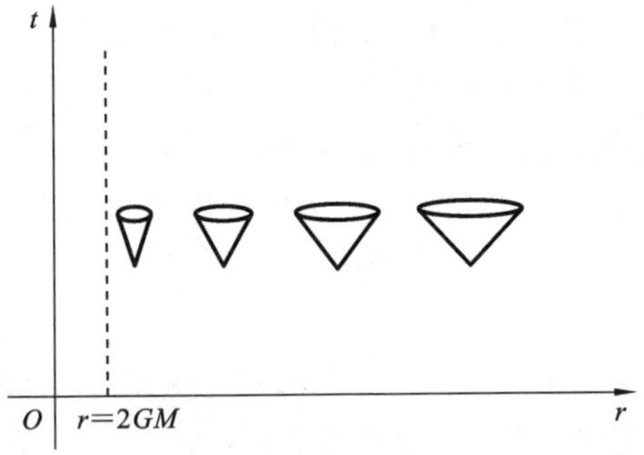

图 5.1　施瓦西黑洞时空光锥面示意图

下面介绍爱丁顿-芬克尔斯坦(Eddington-Finkelstein)坐标．取

$$u=t-r^*,\tag{5.10a}$$

$$v=t+r^*,\tag{5.10b}$$

则

$$\mathrm{d}v^2=\mathrm{d}t^2+\mathrm{d}r^{*2}+\mathrm{d}t\mathrm{d}r^*+\mathrm{d}r^*\mathrm{d}t,\tag{5.11a}$$

$$\mathrm{d}v\mathrm{d}r=\left(1-\frac{2GM}{r}\right)\mathrm{d}r^*(\mathrm{d}t+\mathrm{d}r^*),\tag{5.11b}$$

$$ds^2=-\left(1-\frac{2GM}{r}\right)dv^2+2dvdr+r^2d\Omega^2. \tag{5.11c}$$

在爱丁顿-芬克尔斯坦坐标系,度规在 $r=2GM$ 处不再奇异,但 $r=0$ 是坐标奇异点. 由光锥面 $ds^2=0$ 得到 $dv=0$ 或者

$$\frac{dv}{dr}=2/(1-2GM/r), \tag{5.12}$$

即

$$v=t+r+2GM\ln\left|\frac{r}{2GM}-1\right|=\text{常数}, \tag{5.13}$$

或者

$$v-2\left(r+2GM\ln\left|\frac{r}{2GM}-1\right|\right)=\text{常数}. \tag{5.14}$$

由方程(5.13)可知,要想保持 v 为常数,则如果时间 t 增大,距离 r 就必须减小,所以 $v=$ 常数为全空间向内径向运动的光线. 视界外,方程(5.14)给出的是向外径向运动的光线,而在视界内方程(5.14)给出的则是向内径向运动的光线. 因此视界内只有向内径向运动的光线,即光线不能逃脱出视界.

5.1.3 Kruskal-Szekeres 坐标

由于 $dudv=dt^2-(dr^*)^2$,度规也可以写成

$$ds^2=-\frac{1}{2}\left(1-\frac{2GM}{r}\right)(dvdu+dudv)+r^2d\Omega^2. \tag{5.15}$$

作坐标变换

$$u'=-e^{-u/(4GM)}=-\left(\frac{r}{2GM}-1\right)^{1/2}e^{(r-t)/(4GM)}, \tag{5.16a}$$

$$v'=e^{v/(4GM)}=\left(\frac{r}{2GM}-1\right)^{1/2}e^{(r+t)/(4GM)}, \tag{5.16b}$$

则度规成为

$$ds^2=-\frac{32G^3M^3}{r}e^{-r/(2GM)}du'dv'+r^2d\Omega^2. \tag{5.17}$$

选取克鲁斯卡尔(Kruskal)-Szekeres 坐标,在 $r>2GM$ 区域,有

$$T=\frac{1}{2}(v'+u')=\left(\frac{r}{2GM}-1\right)^{1/2}e^{r/(4GM)}\sinh\frac{t}{4GM}, \tag{5.18a}$$

$$R=\frac{1}{2}(v'-u')=\left(\frac{r}{2GM}-1\right)^{1/2}e^{r/4GM}\cosh\frac{t}{4GM}, \tag{5.18b}$$

$$\frac{T}{R}=\tanh\frac{t}{4GM}. \tag{5.18c}$$

在 $r<2GM$ 区域,有

$$T=\left(1-\frac{r}{2GM}\right)^{1/2}\mathrm{e}^{r/(4GM)}\cosh\frac{t}{4GM},\tag{5.19a}$$

$$R=\left(1-\frac{r}{2GM}\right)^{1/2}\mathrm{e}^{r/(4GM)}\sinh\frac{t}{4GM},\tag{5.19b}$$

$$\frac{T}{R}=\coth\frac{t}{4GM}.\tag{5.19c}$$

则在 $r>2GM$ 或 $r<2GM$ 区域，有

$$T^2-R^2=\left(1-\frac{r}{2GM}\right)\mathrm{e}^{r/(2GM)},\tag{5.20a}$$

$$\mathrm{d}s^2=\frac{32G^3M^3}{r}\mathrm{e}^{-r/(2GM)}(-\mathrm{d}T^2+\mathrm{d}R^2)+r^2\mathrm{d}\Omega^2.\tag{5.20b}$$

显然该度规是共形平坦的. 在 Kruskal-Szekeres 坐标系，光锥面为 $T=\pm R+$常数. 在视界面 $r=2GM$，度规没有奇异，光锥面为 $T=\pm R$. 由方程(5.18)，方程(5.19)与方程(5.20)可知

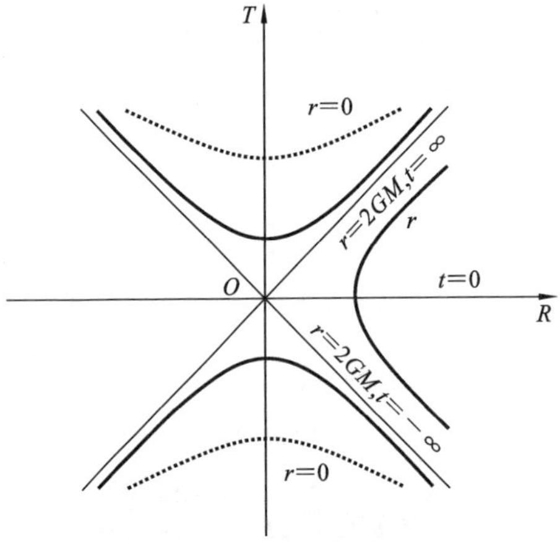

图 5.2 施瓦西黑洞 Kruskal 图

标记为 r 的曲线代表 $r=$常数.

$$r=\text{常数}\Rightarrow T^2-R^2=\text{常数},\tag{5.21a}$$

$$t=\text{常数}\Rightarrow\frac{T}{R}=\text{常数}.\tag{5.21b}$$

所以 r 为常数的平面为时空中的超曲面，且 $r=0$ 对应于 $T=\sqrt{R^2+1}$；t 为常数的平面对应于斜率为常数的平面，且 $t\to\pm\infty$ 对应于 $T=\pm R$，即 $r=2GM$，如图 5.2 所示. 进一步作坐标变换，可以把无穷远变换到有限区域，即

$$v''-u''=\arctan(u'/\sqrt{2GM}),\tag{5.22a}$$

$$v''+u''=\arctan(v'/\sqrt{2GM}),\tag{5.22b}$$

其中坐标 u'' 及 v'' 的取值范围为

$$-\frac{\pi}{2}<v''<\frac{\pi}{2},\tag{5.23a}$$

$$-\frac{\pi}{2}<u''<\frac{\pi}{2},\tag{5.23b}$$

$$-\frac{\pi}{2}<v''+u''<\frac{\pi}{2}.\tag{5.23c}$$

利用坐标 u'' 及 v'' 给出的时空图(图 5.3)也称为彭罗斯图. 由上述坐标变换关系可知，$r=\infty$ 对应于 $u''=\pi/2$ 及 $v''=0$，即图 5.3 中类空无穷远 I_0. $t=\pm\infty$ 分别对应于 $v''=\pm u''=\pm\pi/4$，即图 5.3 中未来及过去类时无穷远 $I_\pm$. 未来及过去类光无穷远

$r \pm t = \infty$对应于图 5.3 中 $\mathcal{J}_{\pm}$.

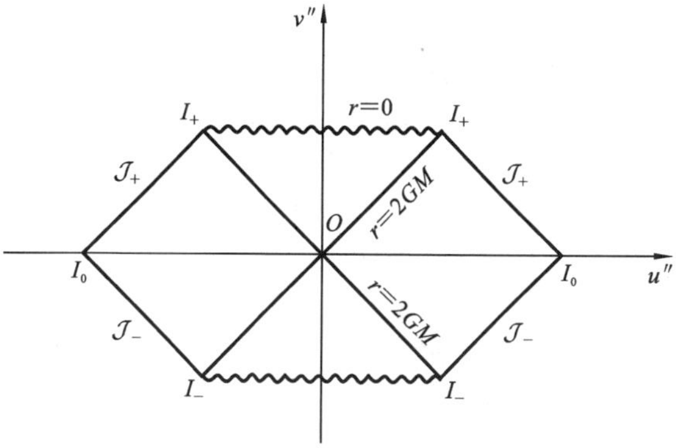

图 5.3 施瓦西黑洞彭罗斯图

I_0 对应于类空无穷远，$I_{\pm}$ 分别对应于未来及过去类时无穷远，$\mathcal{J}_{\pm}$ 分别对应于未来及过去类光无穷远.

下面以平直时空为例给出闵可夫斯基时空的彭罗斯图. 对于平直时空，其线元为

$$ds^2 = -dt^2 + dr^2 + r^2 d\Omega^2, \quad -\infty < t < \infty, \quad 0 \leqslant r < \infty. \tag{5.24}$$

作坐标变换

$$u = t - r, \quad v = t + r, \quad -\infty < u < \infty, \quad -\infty < v < \infty, \tag{5.25}$$

线元可写成

$$ds^2 = -\frac{1}{2}(du dv + dv du) + \frac{1}{4}(v^2 - u^2) d\Omega^2, \quad u \leqslant v. \tag{5.26}$$

继续作坐标变换

$$U = \arctan u, \quad V = \arctan v, \quad -\frac{\pi}{2} < U \leqslant V < \frac{\pi}{2}, \tag{5.27a}$$

$$T = V + U, \quad R = V - U, \quad 0 \leqslant R < \pi, \quad |T| + R < \pi, \tag{5.27b}$$

最后得到共形平坦度规

$$ds^2 = \omega^{-2}(T, R)(-dT^2 + dR^2 + \sin^2 R d\Omega^2), \tag{5.28}$$

其中坐标 R 与 T 在有限区间取值.

$$\begin{aligned} \omega &= 2\cos U \cos V = 2\cos\left[\frac{1}{2}(T - R)\right]\cos\left[\frac{1}{2}(T + R)\right] \\ &= \cos T + \cos R. \end{aligned} \tag{5.29}$$

图 5.4 是闵可夫斯基时空的彭罗斯图. 由坐标变换关系(5.25)及(5.27)可知，$r=0$对应于 $R=0$；$r=\infty$对应于 $T=0$ 及 $R=\pi$，即图 5.4 中 I_0；$t=\pm\infty$分别对应于 $R=0$及 $T=\pm\pi$，即图 5.4 中 $I_{\pm}$. 光锥面 $t=\pm r$ 分别对应于 $T=\pm R$，即图 5.4 中类光无穷远 $\mathcal{J}_{\pm}$.

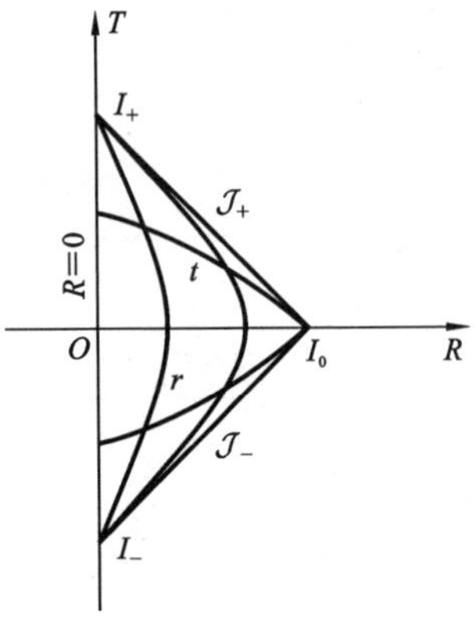

图 5.4 闵可夫斯基时空的彭罗斯图

标记为 r 的曲线代表 $r=$常数，标记为 t 的曲线代表 $t=$常数. $R=0$ 对应于坐标原点 $r=0$，I_0 对应于类空无穷远. $I_\pm$ 分别对应于未来及过去类时无穷远，即 $t=\pm\infty$. $\mathcal{J}_\pm$ 分别对应于未来及过去类光无穷远.

5.2 带电及转动黑洞

本节介绍带电 Reissner-Nordstrom 黑洞[80,81]、转动克尔黑洞[82]及带电转动的克尔-纽曼黑洞[83].

5.2.1 Reissner-Nordstrom 黑洞

电磁场能量-动量张量

$$T_{\mu\nu}=F_{\mu\rho}F_\nu^\rho-\frac{1}{4}g_{\mu\nu}F_{\rho\sigma}F^{\rho\sigma} \tag{5.30}$$

满足 $g^{\mu\nu}T_{\mu\nu}=0$. 考虑一般球对称解

$$ds^2=-e^{2\alpha(t,r)}dt^2+e^{2\beta(r,t)}dr^2+r^2d\Omega^2, \tag{5.31a}$$

$$F_{tr}=f(r,\ t)=-F_{rt},\quad F_{\theta\phi}=g(r,\ t)\sin\theta=-F_{\phi\theta}, \tag{5.31b}$$

$$\epsilon^{\rho\sigma\mu\nu}=\frac{1}{\sqrt{-g}}\tilde{\epsilon}^{\rho\sigma\mu\nu}\propto\frac{1}{\sin\theta}. \tag{5.31c}$$

结合麦克斯韦方程组

$$g^{\mu\nu}\nabla_\mu F_{\nu\sigma}=0, \tag{5.32a}$$

$$\nabla_{[\mu}F_{\nu\rho]}=0, \tag{5.32b}$$

及爱因斯坦场方程可得 Reissner-Nordstrom 黑洞[80,81]

$$ds^2=-\Delta dt^2+\Delta^{-1}dr^2+r^2d\Omega^2, \tag{5.33a}$$

$$\Delta=1-\frac{2GM}{r}+\frac{G(Q^2+P^2)}{r^2}, \tag{5.33b}$$

$$E_r=F_{rt}=\frac{Q}{r^2}, \tag{5.33c}$$

$$B_r=\frac{F_{\theta\phi}}{r^2\sin\theta}=\frac{P}{r^2}. \tag{5.33d}$$

在 $r=0$，$R_{\mu\nu\rho\sigma}R^{\mu\nu\rho\sigma}=\infty$. 如果 $GM^2>Q^2+P^2$，则 Reissner-Nordstrom 黑洞具有内外两个视界，即

$$g^{rr}(r)=\Delta(r)=1-\frac{2GM}{r}+\frac{G(Q^2+P^2)}{r^2}=0, \tag{5.34a}$$

$$r_\pm=GM\pm\sqrt{G^2M^2-G(Q^2+P^2)}. \tag{5.34b}$$

如果 $GM^2<Q^2+P^2$，则没有视界，$r=0$ 为时空奇点. 如果 $GM^2=Q^2+P^2$，则内外视界重合，$r_\pm=GM$，也称为极端黑洞.

5.2.2 克尔黑洞

转动黑洞解是克尔在 1963 年找到的，此类黑洞也称为克尔黑洞. 在 Boyer-Lindquist 坐标系，克尔黑洞的度规为[82]

$$\begin{aligned}ds^2=&-\left(1-\frac{2GMr}{\Sigma}\right)dt^2-\frac{2GM\tilde{a}r\sin^2\theta}{\Sigma}(dtd\phi+d\phi dt)+\frac{\Sigma}{\Delta}dr^2\\&+\Sigma d\theta^2+\frac{\sin^2\theta}{\Sigma}[(r^2+\tilde{a}^2)^2-\Delta\tilde{a}^2\sin^2\theta]d\phi^2,\end{aligned} \tag{5.35}$$

其中

$$\Delta(r)=r^2-2GMr+\tilde{a}^2, \tag{5.36a}$$

$$\Sigma(r,\ \theta)=r^2+\tilde{a}^2\cos^2\theta, \tag{5.36b}$$

$\tilde{a}=J/M$，J 为黑洞自旋(转动)角动量. 当 $GM<\tilde{a}$ 时，克尔黑洞没有视界，$r=0$ 为时空奇点. 当 $GM>\tilde{a}$ 时，克尔黑洞具有内外两个视界，即

$$g^{rr}=\frac{\Delta}{\rho^2}=0\Rightarrow\Delta(r)=r^2-2GMr+\tilde{a}^2=0, \tag{5.37a}$$

$$r_\pm=GM\pm\sqrt{G^2M^2-\tilde{a}^2}. \tag{5.37b}$$

当 $GM=\tilde{a}$ 时，内外两个视界重合，$r_\pm=GM$.

考虑赤道面上($\theta=\pi/2$)沿 ϕ 方向作圆周运动的光子，由测地线方程

$$0=ds^2=g_{tt}dt^2+g_{t\phi}(dtd\phi+d\phi dt)+g_{\phi\phi}d\phi^2 \tag{5.38}$$

可知

$$\frac{d\phi}{dt}=-\frac{g_{t\phi}}{g_{\phi\phi}}+\sqrt{\left(\frac{g_{t\phi}}{g_{\phi\phi}}\right)^2-\frac{g_{tt}}{g_{\phi\phi}}}=\frac{\sqrt{\Delta}-g_{t\phi}}{g_{\phi\phi}}, \tag{5.39}$$

其中 $g_{t\phi}=-2GM\tilde{a}/r$ 及 $g_{\phi\phi}=r^2+\tilde{a}^2+2GM\tilde{a}^2/r$. 定义黑洞转动角速度 Ω_H 为外视界

上最小角速度，则由方程(5.39)可得外视界面上

$$\Omega_{\mathrm{H}}=-\frac{g_{t\phi}}{g_{\phi\phi}}=\frac{\tilde{a}}{r_+^2+\tilde{a}^2}. \tag{5.40}$$

对于克尔度规，稳态及轴对称对应的基灵矢量分别为

$$K^\mu=\left(\frac{\partial}{\partial t}\right)^\mu=(1,\ 0,\ 0,\ 0)^\mu, \tag{5.41a}$$

$$R^\mu=\left(\frac{\partial}{\partial \phi}\right)^\mu=(0,\ 0,\ 0,\ 1)^\mu. \tag{5.41b}$$

相应的守恒量分别为

$$-\widetilde{E}=K^\mu U_\mu=g_{tt}U^t+g_{t\phi}U^\phi, \tag{5.42a}$$

$$l=R^\mu U_\mu=g_{\phi t}U^t+g_{\phi\phi}U^\phi. \tag{5.42b}$$

对于赤道面上的运动，$\theta=\pi/2$，把方程(5.42)代入克尔黑洞的度规(5.35)可得

$$\frac{\mathrm{d}t}{\mathrm{d}\tau}=\frac{1}{\Delta}\left[\left(r^2+\tilde{a}^2+\frac{2GM\tilde{a}^2}{r}\right)\widetilde{E}-\frac{2GM\tilde{a}}{r}l\right], \tag{5.43a}$$

$$\frac{\mathrm{d}\phi}{\mathrm{d}\tau}=\frac{1}{\Delta}\left[\left(1-\frac{2GM}{r}\right)l+\frac{2GM\tilde{a}}{r}\widetilde{E}\right]. \tag{5.43b}$$

对方程(5.42)中第一个方程平方得到

$$\widetilde{E}^2=g_{tt}\left[g_{tt}\left(\frac{\mathrm{d}t}{\mathrm{d}\tau}\right)^2+2g_{t\phi}\frac{\mathrm{d}t}{\mathrm{d}\tau}\frac{\mathrm{d}\phi}{\mathrm{d}\tau}\right]+g_{t\phi}^2\left(\frac{\mathrm{d}\phi}{\mathrm{d}\tau}\right)^2. \tag{5.44}$$

把方程(5.44)代入哈密顿量 $\mathcal{H}=U^\mu U_\mu/2$ 并利用赤道面上 $U^\theta=0$ 可得

$$\begin{aligned}\mathcal{H}&=\frac{1}{2}g_{rr}\left(\frac{\mathrm{d}r}{\mathrm{d}\tau}\right)^2+\frac{\widetilde{E}^2}{2g_{tt}}+\frac{g_{tt}g_{\phi\phi}-g_{t\phi}^2}{2g_{tt}}\left(\frac{\mathrm{d}\phi}{\mathrm{d}\tau}\right)^2\\&=\frac{1}{2}g_{rr}\left(\frac{\mathrm{d}r}{\mathrm{d}\tau}\right)^2+\frac{\widetilde{E}^2}{2g_{tt}}-\frac{\Delta}{2g_{tt}}\left(\frac{\mathrm{d}\phi}{\mathrm{d}\tau}\right)^2.\end{aligned} \tag{5.45}$$

把方程(5.43)中的 $\mathrm{d}\phi/\mathrm{d}\tau$ 及度规(5.35)代入方程(5.45)，则得到赤道上的径向运动方程

$$\frac{1}{2}\left(\frac{\mathrm{d}r}{\mathrm{d}\tau}\right)^2+V_{\mathrm{eff}}(r,\ \widetilde{E},\ l)=\frac{\widetilde{E}^2+2\mathcal{H}}{2}, \tag{5.46}$$

其中

$$V_{\mathrm{eff}}(r,\ \widetilde{E},\ l)=\frac{2GM\mathcal{H}}{r}+\frac{l^2-\tilde{a}^2(\widetilde{E}^2+2\mathcal{H})}{2r^2}-\frac{GM(l-\tilde{a}\widetilde{E})^2}{r^3}. \tag{5.47}$$

当 $\tilde{a}=0$，方程(5.46)与方程(5.47)退化成施瓦西黑洞结果(4.38)与(4.39).

对有质量粒子，$\mathcal{H}=-\frac{1}{2}$，径向运动方程(5.46)为

$$\frac{1}{2}\left(\frac{\mathrm{d}r}{\mathrm{d}\tau}\right)^2+V_{\mathrm{eff}}(r,\ \widetilde{E},\ l)=\frac{\widetilde{E}^2-1}{2}, \tag{5.48}$$

其中

$$V_{\text{eff}}(r,\ \widetilde{E},\ l)=-\frac{GM}{r}+\frac{l^2-\tilde{a}^2(\widetilde{E}^2-1)}{2r^2}-\frac{GM(l-\tilde{a}\widetilde{E})^2}{r^3}. \tag{5.49}$$

对光子这样的无质量粒子，$\mathcal{H}=0$，径向运动方程(5.46)为

$$\frac{1}{2}\left(\frac{\mathrm{d}r}{\mathrm{d}\lambda}\right)^2+W_{\text{eff}}(r,\ \widetilde{E},\ l)=\frac{\widetilde{E}^2}{2}, \tag{5.50}$$

其中

$$W_{\text{eff}}(r,\ \widetilde{E},\ l)=\frac{l^2-\tilde{a}^2\widetilde{E}^2}{2r^2}-\frac{GM(l-\tilde{a}\widetilde{E})^2}{r^3}. \tag{5.51}$$

5.2.3　克尔-纽曼黑洞

在克尔黑洞中，作如下替换：

$$2GMr(\text{Kerr})\rightarrow 2GMr-G(Q^2+P^2), \tag{5.52}$$

则得到克尔-纽曼黑洞解[83]

$$\begin{aligned}\mathrm{d}s^2=&-\left(1-\frac{2GMr-G(Q^2+P^2)}{\Sigma}\right)\mathrm{d}t^2+\frac{\Sigma}{\Delta}\mathrm{d}r^2+\Sigma\mathrm{d}\theta^2\\&+\frac{\sin^2\theta}{\Sigma}[(r^2+\tilde{a}^2)^2-\tilde{a}^2\Delta\sin^2\theta]\mathrm{d}\phi^2\\&-\frac{[2GMr-G(Q^2+P^2)]\tilde{a}\sin^2\theta}{\Sigma}(\mathrm{d}t\mathrm{d}\phi+\mathrm{d}\phi\mathrm{d}t),\end{aligned} \tag{5.53}$$

其中

$$\Delta(r)=r^2-2GMr+G(Q^2+P^2)+\tilde{a}^2, \tag{5.54a}$$

$$\Sigma(r,\ \theta)=r^2+\tilde{a}^2\cos^2\theta. \tag{5.54b}$$

电磁场矢势非零分量为

$$A_t=\frac{Qr-P\tilde{a}\cos\theta}{\Sigma}, \tag{5.55a}$$

$$A_\phi=\frac{-Q\tilde{a}r\sin^2\theta+P(r^2+\tilde{a}^2)\cos\theta}{\Sigma}. \tag{5.55b}$$

由度规方程

$$g^{rr}=\frac{\Delta}{\Sigma}=0\Rightarrow\Delta(r)=r^2-2GMr+G(Q^2+P^2)+\tilde{a}^2=0, \tag{5.56a}$$

可得克尔-纽曼黑洞内外两个视界为

$$r_\pm=GM\pm\sqrt{G^2M^2-\tilde{a}^2-G(Q^2+P^2)}. \tag{5.56b}$$

5.3　黑洞阴影

光线通过黑洞附近时可能被黑洞俘获而作圆周运动. 这些被捕获的光不能从黑洞附近逃逸出来，使得黑洞在天空中看起来就是一个暗盘，这个暗盘也称为黑洞

阴影.

考虑稳态轴对称时空,度规非零分量 g_{tt}, g_{rr}, $g_{\theta\theta}$, $g_{\phi\phi}$ 及 $g_{t\phi}$ 只是 r 与 θ 的函数,逆度规为

$$g^{\mu\nu}=\begin{pmatrix}-g_{\phi\phi}/D & 0 & 0 & g_{t\phi}/D\\ 0 & g_{rr}^{-1} & 0 & 0\\ 0 & 0 & g_{\theta\theta}^{-1} & 0\\ g_{t\phi}/D & 0 & 0 & -g_{tt}/D\end{pmatrix}, \tag{5.57}$$

式中 $D=g_{t\phi}^2-g_{tt}g_{\phi\phi}$. 赤道面上,$\theta=\pi/2$,$D=\Delta$. 对于光子的测地线运动,能量 $\widetilde{E}=-p_t$ 及角动量 $l=p_\phi$ 是守恒量,哈密顿密度 $\mathcal{H}=g^{\mu\nu}p_\mu p_\nu/2=0$,有

$$g^{tt}\widetilde{E}^2+g^{rr}p_r^2+g^{\theta\theta}p_\theta^2+g^{\phi\phi}l^2-2g^{t\phi}\widetilde{E}l=0. \tag{5.58}$$

定义动能

$$K=g^{rr}p_r^2+g^{\theta\theta}p_\theta^2, \tag{5.59}$$

及势能

$$V=g^{tt}\widetilde{E}^2+g^{\phi\phi}l^2-2g^{t\phi}\widetilde{E}l=-\frac{1}{D}(\widetilde{E}^2g_{\phi\phi}+2\widetilde{E}lg_{t\phi}+l^2g_{tt}), \tag{5.60}$$

则方程(5.58)可以写成

$$2\mathcal{H}=K+V=0. \tag{5.61}$$

由方程(5.59)与方程(5.61)可知,如果 $V=0$,则

$$K=0\Rightarrow p_r=p_\theta=0. \tag{5.62}$$

定义光球为光子被黑洞俘获在圆轨道上运动所形成的球形区域. 在光球面上,$p_r=p_\theta=\dot{p}_\mu=0$,其中 $\dot{p}_\mu=\mathrm{d}p_\mu/\mathrm{d}\lambda$,$\lambda$ 为仿射参数. 由方程(5.62)可知,光球面上势函数 $V=0$. 联立方程(5.59)与方程(5.61),则由哈密顿方程可得

$$\dot{p}_\mu=-\partial_\mu\mathcal{H}=-(\partial_\mu g^{rr}p_r^2+\partial_\mu g^{\theta\theta}p_\theta^2+\partial_\mu V)/2. \tag{5.63}$$

在光球面上,$p_r=p_\theta=\dot{p}_\mu=0$ 要求 $\partial_\mu V=0$,即势函数取极值. 因此在光球面上,$r=r_{\mathrm{ph}}$,从而有

$$V(r_{\mathrm{ph}})=\partial_\mu V|_{r=r_{\mathrm{ph}}}=0, \tag{5.64}$$

碰撞参量 $b=l/\widetilde{E}$ 的临界值为 $b_{\mathrm{cr}}=b(r_{\mathrm{ph}})$.

5.3.1　施瓦西黑洞阴影

对于赤道面上的光子测地线,由方程(4.95)可知

$$V=2W_{\mathrm{eff}}-\widetilde{E}^2=\frac{l^2}{r^2}\left(1-\frac{2GM}{r}\right)-\widetilde{E}^2. \tag{5.65}$$

势能取极值条件 $\mathrm{d}V/\mathrm{d}r=0$ 给出光球面

$$r_{\mathrm{ph}}=3GM. \tag{5.66}$$

由于

$$\frac{\mathrm{d}^2 V}{\mathrm{d}r^2}(r_{\mathrm{ph}})=-\frac{l^2}{(3GM)^4}<0, \tag{5.67}$$

光球面轨道是不稳定的. 由 $V(r_{\mathrm{ph}})=0$ 得到

$$\widetilde{E}^2=\frac{l^2}{27G^2M^2}, \tag{5.68a}$$

$$b_{\mathrm{cr}}=3\sqrt{3}GM. \tag{5.68b}$$

定义黑洞阴影半径为[100]

$$r_{\mathrm{sh}}=\frac{r_{\mathrm{ph}}}{\sqrt{-g_{tt}(r_{\mathrm{ph}})}}. \tag{5.69}$$

对于施瓦西黑洞,由方程(5.68)及方程(5.69)可知

$$r_{\mathrm{sh}}=b_{\mathrm{cr}}=3\sqrt{3}GM.$$

对于距离黑洞中心 r_{obs} 的静态观测者,由图 5.5 可知光线和观测者与黑洞中心连线之间的夹角满足

$$\cot\alpha=\frac{\sqrt{g_{rr}}}{\sqrt{g_{\phi\phi}}}\frac{\mathrm{d}r}{\mathrm{d}\phi}\bigg|_{r=r_{\mathrm{obs}}}. \tag{5.70}$$

取碰撞参量 $b=b_{\mathrm{cr}}$,图 5.5 中 $R=r_{\mathrm{ph}}$,则 α 为黑洞阴影角半径 α_{sh}.

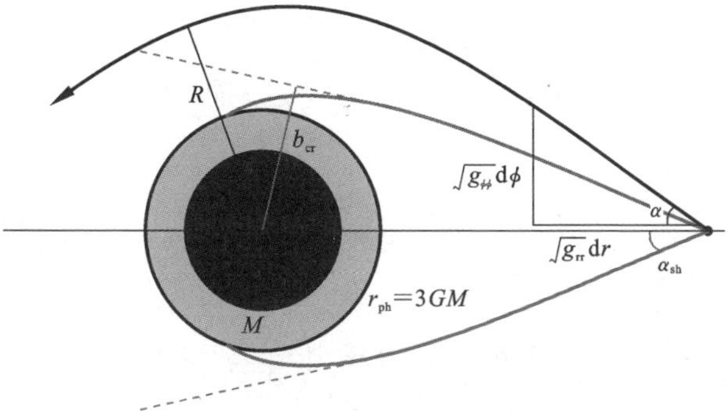

图 5.5 施瓦西黑洞光球图

中心黑球代表质量为 M 的黑洞,其视界半径 $r_{\mathrm{H}}=2GM$. 外面灰色圆代表光球,其半径为 $r_{\mathrm{ph}}=3GM$. α_{sh}表示黑洞阴影角半径.

由方程(4.97)可得

$$\frac{\mathrm{d}r}{\mathrm{d}\phi}=\pm r^2\left[\frac{\widetilde{E}^2}{l^2}-\frac{1}{r^2}\left(1-\frac{2GM}{r}\right)\right]^{1/2}, \tag{5.71}$$

联立方程(5.70)及方程(5.71)可得

$$\cot\alpha = \pm\left[\frac{r_{\rm obs}^2}{b^2}\left(1-\frac{2GM}{r_{\rm obs}}\right)^{-1}-1\right]^{1/2}, \tag{5.72a}$$

$$\sin^2\alpha = \frac{b^2}{r_{\rm obs}^2}\left(1-\frac{2GM}{r_{\rm obs}}\right). \tag{5.72b}$$

对于远处观测者($r_{\rm obs}\gg GM$),有

$$\alpha_{\rm sh}\approx\frac{b_{\rm cr}}{r_{\rm obs}}=\frac{3\sqrt{3}GM}{r_{\rm obs}}. \tag{5.73}$$

5.3.2 克尔黑洞阴影

在 Boyer-Lindquist 坐标系,测地线运动常数

$$\widetilde{E}=-p_t=\left(1-\frac{2GMr}{\Sigma}\right)\dot{t}+\frac{4GMr\tilde{a}\sin^2\theta}{\Sigma}\dot{\phi}, \tag{5.74a}$$

$$l=p_\phi=\frac{4GMr\tilde{a}\sin^2\theta}{\Sigma}\dot{t}+\sin^2\theta\left(r^2+\tilde{a}^2+\frac{2GMr\tilde{a}^2\sin^2\theta}{\Sigma}\right)\dot{\phi}, \tag{5.74b}$$

式中字母上一点代表对仿射参数 λ 求导数,如 $\dot{t}=\mathrm{d}t/\mathrm{d}\lambda$. 把克尔度规(5.35)代入方程(5.58)得到

$$0=2\mathcal{H}=\frac{\Delta}{\Sigma}p_r^2+\frac{1}{\Sigma}p_\theta^2+\frac{1}{\Delta\Sigma}[-(r^2+\tilde{a}^2)\widetilde{E}+\tilde{a}l]^2+\frac{1}{\Sigma\sin^2\theta}(l-\tilde{a}\widetilde{E}\sin^2\theta)^2=0. \tag{5.75}$$

类光测地线方程为[101,102]

$$\dot{t}=\widetilde{E}+\frac{2GMr(\tilde{a}^2\widetilde{E}-\tilde{a}l+\widetilde{E}r^2)}{\Delta\Sigma}, \tag{5.76}$$

$$\dot{\phi}=\frac{2GMr\tilde{a}\widetilde{E}}{\Delta\Sigma}+\frac{\Delta-\tilde{a}^2\sin^2\theta}{\Delta\Sigma\sin^2\theta}l, \tag{5.77}$$

$$R(r)=\Sigma^2\dot{r}^2=-\Delta[Q+(\tilde{a}\widetilde{E}-l)^2]+[\tilde{a}l-(r^2+\tilde{a}^2)\widetilde{E}]^2, \tag{5.78}$$

$$\Theta(\theta)=\Sigma^2\dot{\theta}^2=Q-\cos^2\theta\left(\frac{l}{\sin^2\theta}-\tilde{a}^2\widetilde{E}^2\right), \tag{5.79}$$

其中 Q 为卡特常数[101]. 由光球条件 $\dot{r}=\ddot{r}=0$ 可得

$$R(r)=-\Delta[Q+(\tilde{a}\widetilde{E}-l)^2]+[\tilde{a}l-(r^2+\tilde{a}^2)\widetilde{E}]^2=0, \tag{5.80a}$$

$$\frac{\mathrm{d}R}{\mathrm{d}r}=-4\widetilde{E}r[\tilde{a}l-(r^2+\tilde{a}^2)\widetilde{E}]-2(r-GM)[Q+(\tilde{a}\widetilde{E}-l)^2]=0. \tag{5.80b}$$

求解方程(5.80)得到两个碰撞参量

$$b=\frac{l}{\widetilde{E}}=-\frac{r^2(r-3GM)+\tilde{a}^2(r+GM)}{\tilde{a}(r-GM)}, \tag{5.81a}$$

$$\chi=\frac{Q}{\widetilde{E}^2}=\frac{r^3[4GM\tilde{a}^2-r(r-3GM)^2]}{\tilde{a}^2(r-GM)^2}. \tag{5.81b}$$

引入参数

$$\mathcal{A}=(GM)^2-\frac{1}{3}\tilde{a}(\tilde{a}+b),\quad \mathcal{B}=GM[(GM)^2-\tilde{a}^2]|\mathcal{A}|^{-3/2},\tag{5.82}$$

求解方程(5.81)可得[103]

$$r=\begin{cases}GM+2\sqrt{\mathcal{A}}\cos\left(\frac{1}{3}\arccos\mathcal{B}\right), & \mathcal{A}\geqslant 0,\mathcal{B}\leqslant 1,\\ GM+2\sqrt{\mathcal{A}}\cosh\left(\frac{1}{3}\ln[\sqrt{\mathcal{B}^2-1}+\mathcal{B}]\right), & \mathcal{A}\geqslant 0,\mathcal{B}>1,\\ GM-2\sqrt{|\mathcal{A}|}\sinh\left(\frac{1}{3}\ln[\sqrt{\mathcal{B}^2+1}-\mathcal{B}]\right), & \mathcal{A}<0.\end{cases}\tag{5.83}$$

对于在位置 θ_o 的无穷远观测者，观测到相平面上克尔黑洞阴影边缘坐标(x, y)为[104]

$$x=-\frac{b}{\sin\theta_o},\tag{5.84a}$$

$$y=\pm\sqrt{\chi+\tilde{a}^2\cos^2\theta_o-b^2\cot^2\theta_o}.\tag{5.84b}$$

给定克尔黑洞参数及碰撞参量 b，由方程(5.81)及方程(5.83)可计算出 r 及 χ，从而求出黑洞阴影. 选取不同 θ_o 及角动量参数 $\tilde{a}$，图 5.6 为不同位置的无穷远观测者看到的具有不同角动量参数 $\tilde{a}$ 的克尔黑洞的阴影图. 左图 $\theta_o=\pi/2$，角动量参数 $\tilde{a}$ 取不同数值. 右图角动量参数 $\tilde{a}=0.998GM$，θ_o 取不同值. EHT 于 2019 年发布了第一张黑洞照片[96]，由黑洞阴影测量出引力角半径为 $GM/D=(3.8\pm 0.4)$ μas[105]，其中 D 为观测者与黑洞之间的距离，并于 2022 年发布了图 5.7 所示的银河系中心超大质量黑洞人马座 A* 的第一张照片[97]，测量出的黑洞阴影半径为 $4.5GM\lesssim$① $r_{sh}\lesssim 5.5GM$[106]，这为黑洞观测提供了新的途径.

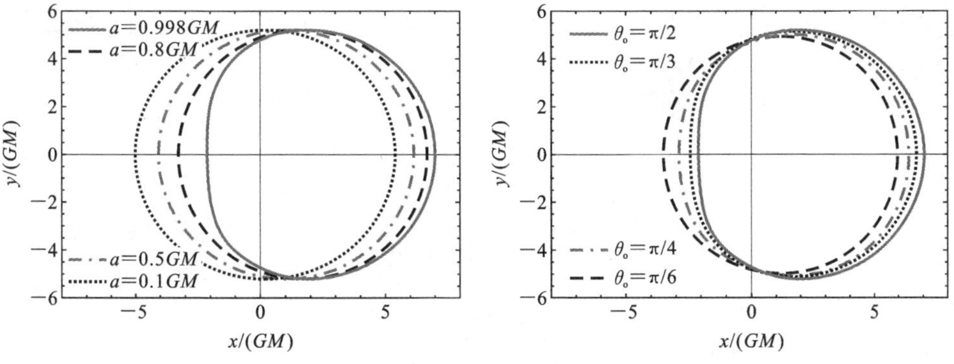

图 5.6　克尔黑洞阴影图

① ≲表示近似等于或小于。

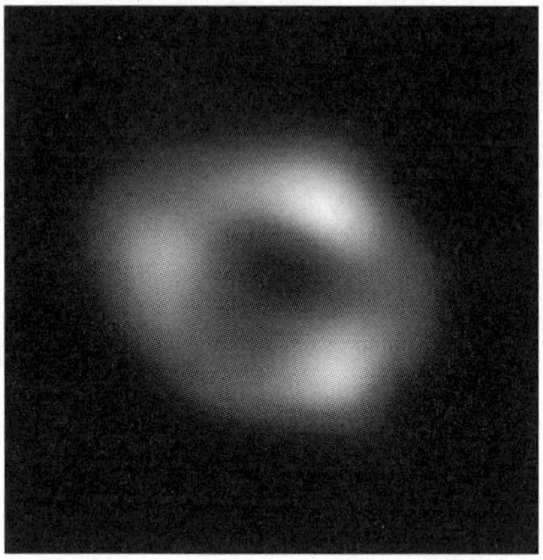

图 5.7 银河系中心超大质量黑洞人马座 A* 的照片

5.4 球对称物质分布内部解

星体诞生于由氢和氦组成的星系际气体的引力坍缩.压缩会升高内核温度,从而点燃热核反应,把氢聚变成氦,并放出能量.当较轻元素的原子核聚变成较重元素的原子核时,所放出的能量是阻止星核坍塌的原因.星体处于稳态时,其因辐射而损耗的能量由内核聚变所放出的能量补充.当星体内氢燃料几乎耗尽后,星体内核的核聚变反应停止,内核变得不稳定而继续引力坍缩过程.压缩加热又会使温度升高,直到燃烧氦聚变出其他元素的反应发生.这时恒星变得更亮,其表面温度发生变化.最终,大量的氦气被耗尽,内核继续坍缩,并启动新的热核燃烧.坍塌时星核会变得更密和更热,从而耗尽核燃料,这个核聚变过程持续到铁核为止.大质量星体会爆炸成超新星,然后坍缩成中子星或黑洞.

对于静态球对称度规

$$ds^2 = -e^{2\alpha(r)}dt^2 + e^{2\beta(r)}dr^2 + r^2 d\Omega^2, \tag{5.85}$$

非零爱因斯坦张量分量为

$$G_{tt} = \frac{1}{r^2}e^{2(\alpha-\beta)}(2r\beta_{,r} - 1 + e^{2\beta}), \tag{5.86}$$

$$G_{rr} = \frac{1}{r^2}(2r\alpha_{,r} + 1 - e^{2\beta}), \tag{5.87}$$

$$G_{\theta\theta} = r^2 e^{-2\beta}\left[\alpha_{,rr} + (\alpha_{,r})^2 - \alpha_{,r}\beta_{,r} + \frac{1}{r}(\alpha-\beta)_{,r}\right], \tag{5.88}$$

$$G_{\phi\phi} = \sin^2\theta G_{\theta\theta}. \tag{5.89}$$

假设物质为理想流体，其能量-动量张量 $T_{\mu\nu}=(\rho+p)U_\mu U_\nu+pg_{\mu\nu}$①，其中四速度满足 $U_\mu U^\mu=-1$，则爱因斯坦场方程为

$$G_t^t=-\frac{1}{r^2}e^{-2\beta}(2r\beta_{,r}-1+e^{2\beta})=-8\pi G\rho, \tag{5.90}$$

$$G_r^r=\frac{e^{-2\beta}}{r^2}(2r\alpha_{,r}+1-e^{2\beta})=8\pi Gp, \tag{5.91}$$

$$G_{\theta\theta}=r^2e^{-2\beta}\left[\alpha_{,rr}+(\alpha_{,r})^2-\alpha_{,r}\beta_{,r}+\frac{1}{r}(\alpha-\beta)_{,r}\right]=8\pi Gr^2p. \tag{5.92}$$

引入质量函数

$$m(r)=\frac{1}{2G}(r-re^{-2\beta}), \tag{5.93}$$

即

$$e^{2\beta}=\left[1-\frac{2Gm(r)}{r}\right]^{-1}, \tag{5.94}$$

则由方程(5.90)及方程(5.93)可得

$$\frac{dm}{dr}=4\pi r^2\rho, \tag{5.95a}$$

$$m(r)=4\pi\int_0^r\rho(r')r'^2dr'. \tag{5.95b}$$

所以 $m(R)$ 是半径为 R 的球体内总质量 M 且 $m(r=0)=0$. 但弯曲空间中体积元为 $\sqrt{\gamma}d^3x=e^\beta r^2\sin\theta drd\theta d\phi$，球内质量实际应该为

$$\overline{M}=\int\sqrt{\gamma}\rho(x)d^3x=4\pi\int_0^R\rho(r)r^2e^{\beta(r)}dr=4\pi\int_0^R\frac{\rho(r)r^2}{[1-2Gm(r)/r]^{1/2}}dr. \tag{5.96}$$

$E_B=\overline{M}-M>0$，称为结合能.

由方程(5.91)可得

$$\frac{d\alpha}{dr}=\frac{Gm(r)+4\pi Gr^3p}{r[r-2Gm(r)]}. \tag{5.97}$$

在牛顿极限下，$p\ll\rho$，$r^3p\ll m(r)$ 且 $m(r)\ll r$，上述方程退化成球对称情况下的泊松(Poisson)方程

$$\frac{d\alpha}{dr}=\frac{Gm(r)}{r^2}. \tag{5.98}$$

由能量-动量守恒方程 $\nabla_\mu T^{\mu\nu}=0$ 可得

$$(\rho+p)\frac{d\alpha}{dr}=-\frac{dp}{dr}. \tag{5.99}$$

① 本节中 p 代表压强.

联立方程(5.97)与方程(5.99)便得到 Tolman-奥本海默(Oppenheimer)-沃尔科夫(Volkoff)(TOV)方程

$$-\frac{\mathrm{d}p}{\mathrm{d}r}=(\rho+p)\frac{Gm(r)+4\pi Gr^3 p}{r[r-2Gm(r)]}. \tag{5.100}$$

在牛顿极限下,上述方程退化成牛顿流体静力学的平衡方程

$$\frac{\mathrm{d}p}{\mathrm{d}r}=-\frac{G\rho m(r)}{r^2}. \tag{5.101}$$

加上物质状态方程 $p=p(\rho)$,求解方程(5.95)与方程(5.100)可得 $\rho(r)$, $p(r)$ 及 $m(r)$. 把这些解代入方程(5.94)及方程(5.97)便可得到函数 $\alpha(r)$ 及 $\beta(r)$ 与时空度规. 方程(5.95),方程(5.97)与方程(5.100)一起构成球对称相对论性星体的结构方程组,此方程组的解也是球对称物质分布的内部解. 方程(5.95)与方程(5.100)都是一阶微分方程,它们有两个积分常数,$m(r=0)$ 及 $p(r=0)$. 显然我们可以取 $m(r=0)=0$. 方程(5.95)与方程(5.100)应该从星体中心向外积分,一直到压强 p 在某一点($r=R$)降到零为止,因此 R 可以理解为星体的半径. 在星体表面,压强为零,$p(R)=0$, $m(R)$的值为星体的总质量 M. 在星体外部,时空几何由质量 $M=m(R)$的施瓦西度规描述,所以度规所满足的边界条件为 $\mathrm{e}^{2\alpha(R)}=1-2Gm(R)/R$. 星体中心能量密度 ρ_c 可以作为给定恒星模型的一个自由参数,取值为零到无穷大. 对于不同 ρ_c 值,按照上述步骤求解可得恒星质量 $M(\rho_c)$及半径 $R(\rho_c)$.

5.4.1　均匀密度星

下面以密度均匀分布为例进行求解. 由

$$\rho(r)=\begin{cases}\rho_*, & r\leqslant R,\\ 0, & r>R,\end{cases} \tag{5.102}$$

得到方程(5.95)的解

$$m(r)=\begin{cases}\dfrac{4\pi}{3}\rho_* r^3, & r\leqslant R,\\[2ex] M=\dfrac{4\pi}{3}\rho_* R^3, & r>R.\end{cases} \tag{5.103}$$

把解(5.103)代入方程(5.100)可得解

$$p(r)=\rho_*\frac{R\sqrt{R-2GM}-\sqrt{R^3-2GMr^2}}{\sqrt{R^3-2GMr^2}-3R\sqrt{R-2GM}}. \tag{5.104}$$

中心处 $r=0$ 的压强为

$$p(0)=\rho_*\frac{R\sqrt{R-2GM}-\sqrt{R^3}}{\sqrt{R^3}-3R\sqrt{R-2GM}}. \tag{5.105}$$

$p(0)>0$ 要求

$$3R\sqrt{R-2GM}\geqslant R^{3/2}\geqslant R\sqrt{R-2GM}, \tag{5.106}$$

即

$$M \leqslant \frac{4R}{9G}, \tag{5.107}$$

或者

$$R \geqslant 9GM/4. \tag{5.108}$$

密度均匀分布的星体的半径不能小于 $9GM/4$,否则要求无穷大压强支撑这样的静态构型. 这个最小半径($9GM/4$)只比视界 r_H($2GM$)大一点. 这个结论对于任何恒星模型都成立,也称为 Buchdahl 定理[107]. 如果我们构造一个半径为 $9GM/4$ 的恒星,则一个向内的推力可以导致坍缩,当然坍缩过程中,恒星外面的度规为施瓦西度规. 所以物质内部的爱因斯坦场方程静态球对称解必须满足条件

$$R \geqslant \frac{9GM}{4} = \frac{9G}{4}\frac{4\pi}{3}\rho_* R^3, \tag{5.109a}$$

$$R^2 \leqslant \frac{1}{3\pi G\rho_*}, \tag{5.109b}$$

以及

$$M = \frac{4\pi}{3}\rho_* R^3 \geqslant \frac{4\pi\rho_*}{3}\left(\frac{9GM}{4}\right)^3, \tag{5.110a}$$

$$M \leqslant \left(\frac{16}{243\pi G^3\rho_*}\right)^{1/2} = 6.7M_\odot\left(\frac{2.9\times 10^{14}\ \mathrm{g\cdot cm^{-3}}}{\rho_*}\right)^{1/2}. \tag{5.110b}$$

由上式可知,恒星密度越大,其最大质量越小.

5.4.2　简并费米气体

大多数恒星通过热气体的压强来抗衡引力坍缩,当恒星烧光其热核燃料后,则引力坍缩需要由费米气体简并压来抗衡. 由于泡利不相容原理,简并电子气体的压强可以抗衡引力坍缩,而形成白矮星.

考虑质量为 m 的非相对论性自由粒子在宽度为 L 的一维无限深势阱中运动,其能级为

$$E_j = \frac{1}{2m}\left(\frac{j\pi\hbar}{L}\right)^2 = \frac{k^2}{2m},\quad j = 1,\ 2,\ \cdots, \tag{5.111}$$

式中 $k = j\pi\hbar/L$ 为粒子动量,本节恢复 $\hbar$ 及 c. 由此可知,动量空间中,一个态占据的区间为 $\pi\hbar/L$,即粒子态密度为 $L/(\pi\hbar)$. 由于泡利不相容原理,N(偶数)个无相互作用费米子的能量为

$$E = \sum_{j=1}^{N/2}(2E_j). \tag{5.112}$$

对于大 N 的情况,上述求和可以写成积分

$$E = \sum_{j=1}^{N/2}(2E_j) = \frac{2L}{\pi\hbar}\int_0^{k_F} E_j(k)\mathrm{d}k = \frac{2L}{\pi\hbar}\int_0^{k_F}\frac{k^2}{2m}\mathrm{d}k, \tag{5.113}$$

式中 k_F 称为费米动量. 把上述结果推广到三维,则态密度为 $L^3/(\pi\hbar)^3$,填充到费米动量 k_F 的总粒子数为

$$N = 2\left(\frac{L}{\pi\hbar}\right)^3 \frac{1}{8}\int_0^{k_F} d^3k = \frac{\pi}{3}\left(\frac{L}{\pi\hbar}\right)^3 k_F^3, \tag{5.114}$$

式中因子 1/8 是由于半径为 k_F 的球体需要 8 个边长为 k_F 的立方体填充. 由此可得粒子数密度

$$n=\frac{N}{L^3}=\frac{k_F^3}{3\pi^2\hbar^3}. \tag{5.115}$$

推广到相对论性粒子,$E(k)=(m^2c^4+k^2c^2)^{1/2}$,则简并费米气体总能量为

$$E = 2\left(\frac{L}{\pi\hbar}\right)^3 \frac{1}{8}\int_0^{k_F} 4\pi(m^2c^4+k^2c^2)^{1/2}k^2 dk. \tag{5.116}$$

费米气体简并压为

$$p = \frac{8\pi}{3(2\pi\hbar)^3}\int_0^{k_F} \frac{c^2k^2}{(m^2c^4+k^2c^2)^{1/2}}k^2 dk. \tag{5.117}$$

在非相对论性极限下,$E(k)\approx mc^2+k^2/(2m)$. 简并费米气体动能为

$$\mathcal{E}_k = \frac{8\pi}{(2\pi\hbar)^3}\int_0^{k_F} \frac{k^2}{2m}k^2 dk = \frac{L^3}{10m\pi^2\hbar^3}k_F^5. \tag{5.118}$$

动能密度

$$\rho_k=\frac{\mathcal{E}_k}{L^3}=\frac{k_F^5}{10m\pi^2\hbar^3}=\frac{3}{10}(3\pi^2)^{2/3}\frac{\hbar^2}{m}n^{5/3}. \tag{5.119}$$

费米气体简并压为

$$p=\frac{1}{5}(3\pi^2)^{2/3}\frac{\hbar^2}{m}n^{5/3}. \tag{5.120}$$

在极端相对论性极限下,$E(k)\approx kc$. 简并费米气体能量密度为

$$\rho = \frac{8\pi}{(2\pi\hbar)^3}\int_0^{k_F} ck^3 dk = \frac{3}{4}(3\pi^2)^{1/3}(\hbar c)n^{4/3}. \tag{5.121}$$

费米气体简并压为

$$p = \frac{8\pi}{3(2\pi\hbar)^3}\int_0^{k_F} ck^3 dk = \frac{1}{4}(3\pi^2)^{1/3}(\hbar c)n^{4/3}. \tag{5.122}$$

在极端相对论性情况下,简并费米气体的物态方程为 $\rho=3p$. 把这个物态方程代入方程(5.95)与方程(5.100)求解可得

$$\rho(r)=\frac{3}{56\pi Gr^2}, \tag{5.123a}$$

$$m(r)=\frac{3r}{14G}. \tag{5.123b}$$

结合方程(5.94)及边界条件 $e^{-2\beta(R)}=1-2GM/R$ 可知 $R=14GM/3$. 求解方程(5.97)可得

$$e^{2\alpha(r)}=\frac{4}{7}\frac{r}{R}. \tag{5.124}$$

耗尽核燃料的星体质量主要由核子贡献，其质量密度为

$$\rho=nm_{\mathrm{N}}\mu, \tag{5.125}$$

式中 μ 是核子数与电子数之比. 对于耗尽了氢燃料的星体，$\mu\approx2$[8]. 考虑电子简并压，对于非相对论性情况，式(5.120)变为

$$p=\frac{1}{5}(3\pi^2)^{2/3}\left(\frac{\hbar^2}{m_{\mathrm{e}}}\right)\left(\frac{\rho}{m_{\mathrm{N}}\mu}\right)^{5/3}. \tag{5.126}$$

对于极端相对论性情况，式(5.122)变为

$$p=\frac{1}{4}(3\pi^2)^{1/3}(\hbar c)\left(\frac{\rho}{m_{\mathrm{N}}\mu}\right)^{4/3}. \tag{5.127}$$

作为例子，取 $\mu=2$ 及不同质量密度 $\rho(r=0)$ 的值作为初始条件，并利用物态方程(5.126)及物态方程(5.127)求解方程(5.95)与方程(5.100)，可得零温电子简并压支撑的星体的质量 M 与半径 R，结果如图 5.8 所示. 图 5.8 表明由零温电子简并压抗衡引力坍缩的星体的质量具有上限. 更严格的计算表明由电子简并压支撑的星体的最大质量为 $1.4M_\odot$，此即钱德拉塞卡(Chandrasekhar)质量.

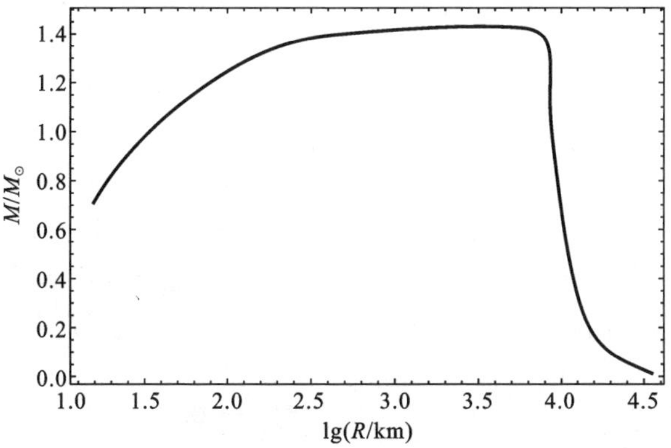

图 5.8 零温电子简并压支撑的星体质量 M 与半径 R 关系

5.4.3 暗物质环境黑洞

大质量黑洞周围的暗物质会形成暗物质晕，考虑 Hernquist 型暗物质晕密度分布[108]

$$\rho_{\mathrm{H}}=\frac{Mr_0}{2\pi r(r+r_0)^3}, \tag{5.128}$$

式中 M 为暗物质晕的总质量，r_0 为暗物质晕的典型尺寸. M/r_0 称为暗物质紧致度，且 $M/r_0\ll1$. 类似于爱因斯坦构造一个由很多引力物体组成的稳态系统，即爱因斯

坦团,包含中心黑洞在内的暗物质晕的密度分布可以推广为[109]

$$4\pi\rho_{\rm DM}=\frac{m'}{r^2}=\frac{2M(r_0+2GM_{\rm BH})(1-2GM_{\rm BH}/r)}{r(r+r_0)^3}. \tag{5.129}$$

显然在没有中心黑洞或者距离很远($r\gg GM_{\rm BH}$ 且 $GM_{\rm BH}\ll GM\ll r_0$)的情况下,上式回到 Hernquist 型暗物质晕密度分布(5.128). 暗物质可以等效为各向异性流体,其能量-动量张量为[109]

$$T^{\mu}_{\nu}={\rm diag}(-\rho_{\rm DM},\ 0,\ P_t,\ P_t), \tag{5.130}$$

式中

$$2P_t=\frac{m(r)\rho_{\rm DM}}{r-2Gm(r)}. \tag{5.131}$$

求解爱因斯坦场方程可得[109]

$$m(r)=M_{\rm BH}+\frac{Mr^2}{(r_0+r)^2}\left(1-\frac{2GM_{\rm BH}}{r}\right)^2, \tag{5.132}$$

及

$$e^{2\alpha(r)}=\left(1-\frac{2GM_{\rm BH}}{r}\right)e^{\Upsilon}, \tag{5.133}$$

式中

$$\Upsilon=-\pi\sqrt{\frac{GM}{\xi}}+2\sqrt{\frac{GM}{\xi}}\arctan\frac{r+r_0-GM}{\sqrt{GM\xi}}, \tag{5.134}$$

参数 ξ 为

$$\xi=2r_0-GM+4GM_{\rm BH}. \tag{5.135}$$

度规(5.132)及(5.133)描述了视界在 $r=2GM_{\rm BH}$ 的黑洞,而且 $r=0$ 是时空奇点,时空的 Arnowitt-Deser-Misner(ADM)质量为 $M+M_{\rm BH}$. 显然在没有暗物质的情况下,上述结果回到施瓦西黑洞解.

5.5 黑洞热力学

根据伯克霍夫定理,施瓦西度规是广义相对论中唯一的真空球对称解. 对于稳态轴对称情况,卡特与霍金证明克尔黑洞是广义相对论中唯一真空解[85,86],这些结果导出黑洞无毛定理:与电磁场耦合的广义相对论的稳态、渐近平坦且在事件视界外非奇异的黑洞解完全由质量、电和磁荷,以及角动量这三个参数确定. 黑洞无毛定理指出黑洞完全由质量、电和磁荷,以及角动量这三个守恒荷确定,通常也称它们为黑洞的“三根毛发”.

20 世纪 70 年代,贝肯斯坦认识到如果物质进入黑洞而黑洞不具有通常物质所具有的统计特性(如熵等),那么这个过程是和热力学第二定律(熵增加原理)相矛盾的. 贝肯斯坦从而提出黑洞具有和其视界面积成正比的熵[87,88]. 根据黑洞与热力学系统的相似性，随后巴丁、卡特及霍金发现了黑洞热力学四大定律[90].

第零定律：稳态黑洞的表面引力 κ 在事件视界上是常数. 利用基灵矢量 χ^μ，表面引力可以通过下式进行计算：

$$\kappa^2=-\frac{1}{2}(\nabla^\mu\chi^\nu)(\nabla_\mu\chi_\nu), \tag{5.136}$$

注意表面引力最终结果是取视界上的值，且视界上 $\chi^\mu\chi_\mu=0$ 以及 $\chi^\mu\nabla_\mu\chi_\nu=-\kappa\chi_\nu$.

第一定律：对一个质量为 M，电和磁荷为 Q 及角动量为 J 的黑洞作微扰得到

$$\delta M=\frac{\kappa}{8\pi G}\delta A+\Omega_{\mathrm{H}}\delta J+V_{\mathrm{H}}\delta Q, \tag{5.137}$$

式中 A 为视界面积，Ω_{H} 为视界的转动角速度，V_{H} 为视界上的静电势.

对于克尔黑洞，视界面上类光基灵矢量 $\chi^\mu=K^\mu+\Omega_{\mathrm{H}}R^\mu$，外视界 $r_+=GM+\sqrt{G^2M^2-\tilde{a}^2}$，视界面上的诱导度规为

$$\begin{aligned}\gamma_{ij}\mathrm{d}x^i\mathrm{d}x^j&=\mathrm{d}s^2(\mathrm{d}t=\mathrm{d}r=0,\ r=r_+)\\&=(r_+^2+\tilde{a}^2\cos^2\theta)\mathrm{d}\theta^2+\frac{(r_+^2+\tilde{a}^2)^2\sin^2\theta}{r_+^2+\tilde{a}^2\cos^2\theta}\mathrm{d}\phi^2,\end{aligned} \tag{5.138}$$

视界面积为

$$A=\int\sqrt{|\gamma|}\mathrm{d}\theta\mathrm{d}\phi=\int(r_+^2+\tilde{a}^2)\sin\theta\mathrm{d}\theta\mathrm{d}\phi=4\pi(r_+^2+\tilde{a}^2). \tag{5.139}$$

所以

$$\begin{aligned}\delta A&=\frac{16\pi G^2}{\sqrt{G^2M^2-\tilde{a}^2}}\left[(GM+\sqrt{G^2M^2-\tilde{a}^2})M\delta M-\tilde{a}\delta J/(2G)\right]\\&=\frac{8\pi G\tilde{a}}{\Omega_{\mathrm{H}}\sqrt{G^2M^2-\tilde{a}^2}}(\delta M-\Omega_{\mathrm{H}}\delta J),\end{aligned} \tag{5.140}$$

式中角动量 $J=M\tilde{a}$，黑洞转动角速度由方程(5.40)计算. 方程(5.140)可改写成

$$\delta M=\frac{\kappa}{8\pi G}\delta A+\Omega_{\mathrm{H}}\delta J, \tag{5.141}$$

式中表面引力 κ 为

$$\kappa=\frac{\sqrt{G^2M^2-\tilde{a}^2}}{2GM(GM+\sqrt{G^2M^2-\tilde{a}^2})}. \tag{5.142}$$

第二定律：黑洞事件视界的面积 A 不会随时间减小，$\delta A\geqslant 0$.

第三定律：不可能通过任何物理过程及有限操作把黑洞表面引力 κ 减小到零.

把黑洞四大定律与热力学定律比较，可知黑洞质量 M 可等效为系统能量 E，黑洞表面引力可等效为温度 T，从而有黑洞温度

$$T_{\mathrm{BH}}=\frac{\hbar\kappa}{2\pi k_{\mathrm{B}}c}, \tag{5.143}$$

式中 c 为真空中光速，k_{B} 为玻尔兹曼常数. 黑洞视界面积 A 等效为熵 S，从而有黑洞

熵

$$S_{\mathrm{BH}}=\frac{c^3k_{\mathrm{B}}A}{4G\hbar}. \tag{5.144}$$

黑洞四大定律也称为黑洞热力学四大定律.

在不考虑量子涨落的情况下，物质穿过事件视界不可能再出来. 但是，因为微观系统的量子特性，如果在事件视界附近产生正负粒子对，粒子可以通过量子隧穿效应出现在事件视界之外. 霍金仔细研究了黑洞背景上的微扰量子场论，他发现无穷远的观测者能观测到黑洞的量子辐射[89]，这就是著名的霍金辐射. 相应的辐射温度以及黑洞熵称为霍金温度和贝肯斯坦-霍金熵. 施瓦西黑洞的霍金温度及黑洞熵为

$$T_{\mathrm{BH}}=\frac{c^3\hbar}{8\pi k_{\mathrm{B}}GM}, \tag{5.145a}$$

$$S_{\mathrm{BH}}=\frac{4\pi k_{\mathrm{B}}GM^2}{\hbar c}. \tag{5.145b}$$

其中普朗克常数 $\hbar$ 的出现说明黑洞熵来自量子效应. 通常物质系统的热力学熵正比于系统的体积，但是黑洞熵正比于视界面积. 这一点启发了对引力全息性以及量子系统几何纠缠熵的研究. 对于具有太阳质量的黑洞来说，霍金温度太低以至于无法通过当前的技术手段直接观测到. 霍金辐射在理论上具有重要意义，它与黑洞无毛定理的结合直接导致了黑洞信息丢失佯谬[91]的提出. 在经典爱因斯坦引力中，考虑一个通过引力坍缩形成黑洞的过程. 在初始情况下，坍缩物质可能有各种各样的构型，这些构型记录了坍缩物质具有的丰富信息. 黑洞无毛定理告诉我们，无论初始构型如何，坍缩后形成的黑洞只需要有限的物理量来描述，末态的黑洞构型相对于初态构型来说非常简单. 在经典情况下，这不会导致特别严重的问题，因为其他没有反映在黑洞上的信息可能隐藏在事件视界之后，这些信息无法被外部观察者感知. 但是，霍金辐射会导致黑洞蒸发甚至最终消失，那么信息似乎就真的丢失了[91].

5.6 黑洞微扰理论

对于质量为 m 的粒子在质量为 M 的黑洞周围运动的情况，如果 $m\ll M$，则可以把质量为 m 的粒子的引力及运动作为扰动，并且按 m/M 展开进行求解. 因此黑洞微扰不限于低速运动，或者对闵可夫斯基时空的微小偏离等情况，求解扰动的爱因斯坦场方程时已经考虑了质量为 M 的黑洞给出的背景时空的弯曲效应. 黑洞微扰理论最初讨论的是度规的扰动. 对于施瓦西黑洞，Regge 与 Wheeler 推导出奇宇称部分度规扰动满足的被称为 Regge-Wheeler 方程的主方程[99]，Zerilli 则给出了偶宇称部分度规扰动满足的主方程[110]. 在平直时空背景极限下，Regge-Wheeler 方程与 Zerilli 方程可退化成标准的克莱因-戈尔登(Klein-Gordon)波动方程. 但是，对于克尔黑洞，这样的主方程并没有被找到. 基于纽曼-彭罗斯变量，巴丁及 Press 给出了施

瓦西黑洞时空黎曼曲率张量扰动的无源主方程[111]，然后 Teukolsky 给出了克尔黑洞时空黎曼曲率张量扰动的更一般的有源主方程[112]．但是在平直时空背景极限下，Teukolsky 方程不能退化成标准的克莱因-戈尔登波动方程形式，这使得 Teukolsky 方程的数值求解极为困难．后来，钱德拉塞卡引入一个变换，表明在施瓦西黑洞情况下，Teukolsky 方程可以变换成 Regge-Wheeler 或 Zerilli 形式[113]．对于克尔黑洞，佐佐木(Sasaki)与中村(Nakamura)把上述钱德拉塞卡变换推广成佐佐木-中村变换[114,115]．在施瓦西黑洞极限下，Teukolsky 方程在变换后退化成 Regge-Wheeler 方程．本节主要基于纽曼-彭罗斯变量讨论黑洞微扰理论．对于黑洞微扰理论的详细讨论，有兴趣的读者可以查阅文献[116]．

利用附录 C 定义的类光基矢，度规可写成

$$g^{\mu\nu}=l^{\mu}n^{\nu}+n^{\mu}l^{\nu}-m^{\mu}\bar{m}^{\nu}-\bar{m}^{\mu}m^{\nu}. \tag{5.146}$$

对于克尔度规(5.35)，类光基矢为

$$l^{\mu}=[(r^2+\tilde{a}^2)/\Delta,\ 1,\ 0,\ \tilde{a}/\Delta], \tag{5.147a}$$

$$n^{\mu}=\frac{1}{2\Sigma}[r^2+\tilde{a}^2,\ -\Delta,\ 0,\ \tilde{a}], \tag{5.147b}$$

$$m^{\mu}=\frac{1}{2^{1/2}(r+\mathrm{i}\tilde{a}\cos\theta)}[\mathrm{i}\tilde{a}\sin\theta,\ 0,\ 1,\ \mathrm{i}/\sin\theta], \tag{5.147c}$$

$$\bar{m}^{\mu}=\frac{1}{2^{1/2}(r-\mathrm{i}\tilde{a}\cos\theta)}[-\mathrm{i}\tilde{a}\sin\theta,\ 0,\ 1,\ -\mathrm{i}/\sin\theta], \tag{5.147d}$$

式中 $\Sigma=r^2+\tilde{a}^2\cos^2\theta$，$\Delta=r^2-2GMr+\tilde{a}^2$．纽曼-彭罗斯变量为

$$\Psi_0=\Psi_1=\Psi_3=\Psi_4=0, \tag{5.148a}$$

$$\Psi_2=-\frac{M}{(r-\mathrm{i}\tilde{a}\cos\theta)^3}. \tag{5.148b}$$

当 $\tilde{a}=0$，则克尔度规退化为施瓦西度规，非零纽曼-彭罗斯变量 $\Psi_2=-M/r^3$．

利用度规扰动 $\delta\boldsymbol{l}$，$\delta\boldsymbol{n}$，$\delta\boldsymbol{m}$ 及 $\delta\bar{\boldsymbol{m}}$，可以计算相应的微扰，如自旋 $s=0$ 的标量扰动，自旋 $s=\pm\frac{1}{2}$ 的旋量扰动，自旋 $s=\pm1$ 的矢量扰动 $\delta\phi_0$ 与 $\delta\phi_2$ 及自旋 $s=\pm2$ 的张量扰动 $\delta\Psi_0$ 与 $\delta\Psi_4$．自旋为 s 的扰动场 $\psi^{(s)}$ 均满足如下被称为 Teukolsky 方程的主方程[112]：

$$\begin{aligned}&\left[\frac{(r^2+\tilde{a}^2)^2}{\Delta}-\tilde{a}^2\sin^2\theta\right]\frac{\partial^2\psi}{\partial t^2}+\frac{4GM\tilde{a}r}{\Delta}\frac{\partial^2\psi}{\partial t\partial\phi}+\left(\frac{\tilde{a}^2}{\Delta}-\frac{1}{\sin^2\theta}\right)\frac{\partial^2\psi}{\partial\phi^2}\\&-\Delta^{-s}\frac{\partial}{\partial r}\left(\Delta^{s+1}\frac{\partial\psi}{\partial r}\right)-2s\left[\frac{\tilde{a}(r-GM)}{\Delta}+\frac{\mathrm{i}\cos\theta}{\sin^2\theta}\right]\frac{\partial\psi}{\partial\phi}\\&-\frac{1}{\sin\theta}\frac{\partial}{\partial\theta}\left(\sin\theta\frac{\partial\psi}{\partial\theta}\right)-2s\left[\frac{GM(r^2-\tilde{a}^2)}{\Delta}-r-\mathrm{i}\tilde{a}\cos\theta\right]\frac{\partial\psi}{\partial t}\\&+(s^2\cot^2\theta-s)\psi=4\pi\Sigma T,\end{aligned} \tag{5.149}$$

为书写方便，式中用 ψ 代表 $\psi^{(s)}$．对于 $s=+2$ 的张量扰动，$\psi=\delta\Psi_0$，无穷远处出射波

及入射波的边界条件分别为 $\delta\Psi_0\sim \mathrm{e}^{\mathrm{i}\omega r^*}/r^5$ 及 $\delta\Psi_0\sim \mathrm{e}^{-\mathrm{i}\omega r^*}/r$，这里乌龟坐标定义为 $\mathrm{d}r/\mathrm{d}r^*=\Delta/(r^2+\tilde{a}^2)$. 对于 $s=-2$ 的张量扰动，$\psi=\rho^{-4}\delta\Psi_4$，函数 $\rho=(r-\mathrm{i}\tilde{a}\cos\theta)^{-1}$，无穷远处出射波及入射波的边界条件分别为 $\delta\Psi_4\sim \mathrm{e}^{\mathrm{i}\omega r^*}/r$ 及 $\delta\Psi_4\sim \mathrm{e}^{-\mathrm{i}\omega r^*}/r^5$. 因此传播到无穷远处的出射波主要为 $\delta\Psi_4$. $\psi^{(s=-2)}$ 的物质源 T 为

$$T=2(B_2+B_2^*),\tag{5.150a}$$

$$B_2=\frac{1}{2}\rho^8\bar{\rho}\hat{L}_{-1}[\rho^{-4}\hat{L}_0(\rho^{-2}\bar{\rho}^{-1}T_{nn})]+\frac{1}{2\sqrt{2}}\rho^8\bar{\rho}\Delta^2\hat{L}_{-1}[\rho^{-4}\bar{\rho}^2\hat{J}_+(\rho^{-2}\bar{\rho}^{-2}\Delta^{-1}T_{\bar{m}n})],\tag{5.150b}$$

$$B_2^*=\frac{1}{4}\rho^8\bar{\rho}\Delta^2\hat{J}_+[\rho^{-4}\hat{J}_+(\rho^{-2}\bar{\rho}T_{\bar{m}\bar{m}})]+\frac{1}{2\sqrt{2}}\rho^8\bar{\rho}\Delta^2\hat{J}_+[\rho^{-4}\bar{\rho}^2\Delta^{-1}\hat{L}_{-1}(\rho^{-2}\bar{\rho}^{-2}T_{\bar{m}n})],\tag{5.150c}$$

$\bar{\rho}$ 为 ρ 的复共轭，物质能量-动量张量的标架分量

$$T_{\bar{m}n}=T_{\mu\nu}\bar{m}^{\mu}n^{\nu},\tag{5.151}$$

算符

$$\hat{L}_s=\partial_\theta-\frac{\mathrm{i}}{\sin\theta}\partial_\phi-\mathrm{i}\tilde{a}\sin\theta\partial_t+s\cot\theta,\tag{5.152a}$$

$$\hat{J}_+=\partial_r-\frac{1}{\Delta}[(r^2+\tilde{a}^2)\partial_t+\tilde{a}\partial_\phi].\tag{5.152b}$$

利用分离变量法，有

$$\psi^{(s)}=\sum_{l,m}\frac{1}{\sqrt{2\pi}}\int R_{lm\omega}^{(s)}(r,\ \omega)\,{}_sS_{lm}^{\tilde{a}\omega}(\theta)\mathrm{e}^{-\mathrm{i}\omega t+\mathrm{i}m\phi}\mathrm{d}\omega,\tag{5.153}$$

则可得径向函数 $R_{lm\omega}^{(s)}(r)$ 及角向函数 ${}_sS_{lm}^{\tilde{a}\omega}(\theta)$ 所满足的 Teukolsky 方程[112]

$$\Delta^{-s}\frac{\mathrm{d}}{\mathrm{d}r}\left(\Delta^{s+1}\frac{\mathrm{d}R_{lm\omega}^{(s)}}{\mathrm{d}r}\right)-V_T^{(s)}(r)R_{lm\omega}^{(s)}=T_{lm\omega}^{(s)},\tag{5.154}$$

$$\frac{1}{\sin\theta}\frac{\mathrm{d}}{\mathrm{d}\theta}\left(\sin\theta\frac{\mathrm{d}}{\mathrm{d}\theta}{}_sS_{lm}^{\tilde{a}\omega}\right)+\left(-\tilde{a}^2\omega^2\sin^2\theta-\frac{(m+s\cos\theta)^2}{\sin^2\theta}-2\tilde{a}\omega s\cos\theta+s+2m\tilde{a}\omega+\lambda\right){}_sS_{lm}^{\tilde{a}\omega}=0,\tag{5.155}$$

式中势函数

$$V_T^{(s)}(r)=\lambda-4\mathrm{i}s\omega r-\frac{K^2-2\mathrm{i}s(r-GM)K}{\Delta},\tag{5.156}$$

这里加上指标(s)，强调这些函数的表达式和自旋 s 相关，$\delta\Psi_4$ 的物质源

$$T_{lm\omega}=\frac{4}{\sqrt{2\pi}}\int\rho^{-5}\bar{\rho}^{-1}(B_2+B_2^*)\mathrm{e}^{-\mathrm{i}m\phi+\mathrm{i}\omega t}\,{}_{-2}S_{lm}^{\tilde{a}\omega}\,\mathrm{d}\Omega\mathrm{d}t,\tag{5.157}$$

$K=(r^2+\tilde{a}^2)\omega-m\tilde{a}$，$\lambda$ 是 ${}_sS_{lm}^{\tilde{a}\omega}$ 的本征值，角向函数 ${}_sS_{lm}^{\tilde{a}\omega}$ 为带自旋权重 s 的椭球谐函数(spheroidal harmonic)，满足归一化条件

$$\int_0^\pi|{}_sS_{lm}^{\tilde{a}\omega}|^2\sin\theta\mathrm{d}\theta=1.\tag{5.158}$$

出射波及入射波在无穷远处的边界条件分别为 $R^{(s)}\sim e^{i\omega r^*}/r^{2s+1}$ 及 $R^{(s)}\sim e^{-i\omega r^*}/r$，在视界面出射波及入射波的边界条件分别为 $R^{(s)}\sim e^{ikr^*}$ 及 $R^{(s)}\sim\Delta^{-s}e^{-ikr^*}$，这里 $k=\omega-m\tilde{a}/(2Mr_+)$，$r_+$ 为外视界半径. 对于确定的 s, m 与 $\tilde{a}\omega$，下标 l 标注本征值，最小的本征值为 $l=\max(|m|, |s|)$. 按照施图姆-刘维尔(Sturm-Liouville)理论，对于每一个 s, m 与 $\tilde{a}\omega$，带自旋权重 s 的椭球谐函数 ${}_sS_{lm}^{\tilde{a}\omega}$ 在 $0\leqslant\theta\leqslant\pi$ 区域构成正交完全集. 当 $s=0$，函数 ${}_0S_{lm}^{\tilde{a}\omega}$ 为椭球谐函数 $S_{lm}(-\tilde{a}^2\omega^2, \cos\theta)$. 当 $\tilde{a}\omega=0$，带自旋权重 s 的椭球谐函数 ${}_sS_{lm}$ 退化为带自旋权重 s 的球谐函数 ${}_sY_{lm}(\theta, \phi)={}_sS_{lm}(\theta)e^{im\phi}$，且 $\lambda=(l-s)(l+s+1)$.

具体而言，无穷远处渐近解为

$$\delta\Psi_4(r\rightarrow\infty)\sim e^{-i\omega t+im\phi}{}_{-2}S_{lm}^{\tilde{a}\omega}(\theta)\left(\frac{Z_{\omega lm}^{\text{in}}e^{-i\omega r^*}}{r^5}+\frac{Z_{\omega lm}^{\text{out}}e^{i\omega r^*}}{r}\right), \tag{5.159}$$

以及

$$\delta\Psi_0(r\rightarrow\infty)\sim e^{-i\omega t+im\phi}{}_2S_{lm}^{\tilde{a}\omega}(\theta)\left(\frac{\widetilde{Z}_{\omega lm}^{\text{in}}e^{-i\omega r^*}}{r}+\frac{\widetilde{Z}_{\omega lm}^{\text{out}}e^{i\omega r^*}}{r^5}\right), \tag{5.160}$$

且

$$C\widetilde{Z}_{\omega lm}^{\text{in}}=64\omega^4Z_{\omega lm}^{\text{in}}, \tag{5.161}$$

$$4\omega^4\widetilde{Z}_{\omega lm}^{\text{out}}=C^*Z_{\omega lm}^{\text{out}}, \tag{5.162}$$

$$\begin{aligned}|C|^2=&(Q^2+4\tilde{a}\omega m-4\tilde{a}^2\omega^2)[(Q-2)^2+36\tilde{a}\omega m-36\tilde{a}^2\omega^2]\\&+(2Q-1)(96\tilde{a}^2\omega^2-48\tilde{a}\omega m)+144\omega^2(M-\tilde{a}^2),\end{aligned} \tag{5.163}$$

$$\text{Im}(C)=12M\omega, \tag{5.164}$$

$$Q=\lambda+s(s+1). \tag{5.165}$$

视界面上入射波渐近形式为

$$\delta\Psi_4(r\rightarrow r_+)\sim e^{-i\omega t+im\phi}{}_{-2}S_{lm}^{\tilde{a}\omega}(\theta)Z_{\omega lm}^{\text{H}}\rho^4\Delta^2e^{-ikr^*}, \tag{5.166}$$

以及

$$\delta\Psi_0(r\rightarrow r_+)\sim e^{-i\omega t+im\phi}{}_2S_{lm}^{\tilde{a}\omega}(\theta)\widetilde{Z}_{\omega lm}^{\text{H}}\Delta^{-2}e^{-ikr^*}, \tag{5.167}$$

且

$$C\widetilde{Z}_{\omega lm}^{\text{H}}=64(2Mr_+)^4ik(k^2+4\epsilon^2)(-ik+4\epsilon)Z_{\omega lm}^{\text{H}}, \tag{5.168}$$

其中

$$\epsilon=\frac{\sqrt{M^2-\tilde{a}^2}}{4Mr_+}. \tag{5.169}$$

由方程(5.159)及方程(5.160)可知，无穷远处 Ψ_4 主要为出射波，Ψ_0 主要为入射波，所以辐射到无穷远的引力波主要由 Ψ_4 贡献. 在视界面上，$\Delta=0$，由方程(5.166)及方程(5.167)可知视界面入射波主要由 Ψ_0 贡献. 由于 Z 与 $\widetilde{Z}$ 满足式(5.161)、式(5.162)及式(5.168)，Ψ_0 的渐近解可以从 Ψ_4 得到，因此一般只求解 Ψ_4.

由于径向函数 $R_{lm\omega}^{(s)}(r)$ 所满足的 Teukolsky 方程在平直时空极限下得不到克莱

因-戈尔登方程,佐佐木与中村为此提出如下变换把径向函数 $R^{(s)}_{lm\omega}(r)$ 转换成函数 $X^{(s)}_{lm\omega}(r)$[114,115,117]:

$$X^{(s)}_{lm\omega}=\sqrt{(r^2+\tilde{a}^2)\Delta^s}(\alpha R^{(s)}_{lm\omega}+\beta\Delta^{s+1}R^{(s)}_{lm\omega,r}), \tag{5.170a}$$

$$R^{(s)}_{lm\omega}(r)=\frac{1}{\eta}[(\alpha+\beta_{,r}\Delta^{s+1})\chi^{(s)}_{lm\omega}-\beta\Delta^{s+1}\chi^{(s)}_{lm\omega,r}], \tag{5.170b}$$

式中

$$\eta=\alpha(\alpha+\beta_{,r}\Delta^{s+1})-\beta\Delta^{s+1}(\alpha_{,r}+\beta V^{(s)}_T(r)\Delta^s), \tag{5.171a}$$

$$\chi^{(s)}_{lm\omega}=\frac{X^{(s)}_{lm\omega}}{\sqrt{(r^2+\tilde{a}^2)\Delta^s}}. \tag{5.171b}$$

对于张量扰动,有

$$\alpha=-\mathrm{i}\frac{K\beta}{\Delta^2}+3\mathrm{i}K_{,r}+\lambda+\frac{6\Delta}{r^2}, \tag{5.172a}$$

$$\beta=2\Delta\left(-\mathrm{i}K+r-GM-\frac{2\Delta}{r}\right). \tag{5.172b}$$

在 Teukolsky 方程(5.154)中,利用变换(5.170)把变量 $R^{(s)}_{lm\omega}$ 换成变量 $X^{(s)}_{lm\omega}$ 后,则 Teukolsky 方程转换成 Regge-Wheeler 形式[99,114,115,117],即

$$\frac{\mathrm{d}^2X^{(s)}}{\mathrm{d}r^{*2}}-{}_sF(r)\frac{\mathrm{d}X^{(s)}}{\mathrm{d}r^*}-{}_sU(r)X^{(s)}=0, \tag{5.173}$$

式中 r^* 为乌龟坐标,${}_sF(r)$为

$${}_sF(r)=\frac{\Delta}{r^2+\tilde{a}^2}\frac{\eta_{,r}(r)}{\eta(r)}, \tag{5.174}$$

势函数${}_sU(r)$为

$${}_sU(r)={}_sU_1(r)\frac{\Delta}{(r^2+a^2)^2}+{}_sG(r)^2+{}_sG_{,r}(r)f(r)-{}_sG(r){}_sF(r), \tag{5.175}$$

$${}_sU_1(r)=V_T+\frac{1}{\beta\Delta^s}\left[(2\alpha+\beta_{,r}\Delta^{s+1})_{,r}-\frac{\eta_{,r}(r)}{\eta(r)}(\alpha+\beta_{,r}\Delta^{s+1})\right], \tag{5.176}$$

$${}_sG(r)=\frac{r\Delta}{(r^2+\tilde{a}^2)^2}+\frac{s(r-1)}{r^2+\tilde{a}^2}, \tag{5.177}$$

以及函数

$$\eta(\hat{r})=c_0+\frac{c_1}{r}+\frac{c_2}{r^2}+\frac{c_3}{r^3}+\frac{c_4}{r^4}. \tag{5.178}$$

对于张量扰动,系数 c_i 为

$$c_0=-12\mathrm{i}\omega M+\lambda(\lambda+2)-12\tilde{a}\omega(\tilde{a}\omega-m), \tag{5.179a}$$

$$c_1=8\mathrm{i}\tilde{a}[3\tilde{a}\omega-\lambda(\tilde{a}\omega-m)], \tag{5.179b}$$

$$c_2=-24\mathrm{i}\tilde{a}M(\tilde{a}\omega-m)+12\tilde{a}^2[1-2(\tilde{a}\omega-m)^2], \tag{5.179c}$$

$$c_3=24\mathrm{i}\tilde{a}^3(\tilde{a}\omega-m)-24M\tilde{a}^2, \tag{5.179d}$$

$$c_4=12\tilde{a}^4. \tag{5.179e}$$

Regge-Wheeler 方程的求解相对于 Teukolsky 方程要容易一些.

对于施瓦西黑洞,$\tilde{a}=0$,利用方程(C.23)可得施瓦西黑洞类光基矢

$$l^{\mu}=\frac{1}{\Delta}[r^2,\ \Delta,\ 0,\ 0], \tag{5.180a}$$

$$n^{\mu}=\frac{1}{2r^2}[r^2,\ -\Delta,\ 0,\ 0], \tag{5.180b}$$

$$m^{\mu}=\frac{1}{r\sqrt{2}}[0,\ 0,\ 1,\ \mathrm{i}/\sin\theta], \tag{5.180c}$$

$$\bar{m}^{\mu}=\frac{1}{r\sqrt{2}}[0,\ 0,\ 1,\ -\mathrm{i}/\sin\theta], \tag{5.180d}$$

式中 $\Delta=r^2-2GMr$.

利用带自旋权重 $s=-2$ 的球谐函数${}_{-2}Y_{lm}$对表示向外传播的引力辐射 $\delta\Psi_4$ 作如下傅里叶分解:

$$\delta\Psi_4=\frac{1}{r^4}\int_{-\infty}^{+\infty}\sum_{lm}\mathrm{e}^{-\mathrm{i}\omega t}R_{lm\omega}(r)\ {}_{-2}Y_{lm}(\theta,\ \phi)\mathrm{d}\omega, \tag{5.181}$$

其中 l 与 m 的求和区间为$-l\leqslant m\leqslant l$ 与 $l\geqslant 2$,则径向分量 $R_{lm\omega}$ 满足的非均匀(有源) Teukolsky 方程为[112]

$$\left\{r^2 f\frac{\mathrm{d}^2}{\mathrm{d}r^2}-2(r-2GM)\frac{\mathrm{d}}{\mathrm{d}r}+U(r)\right\}R_{lm\omega}(r)=T_{lm\omega}(r), \tag{5.182}$$

式中势函数

$$U(r)=f^{-1}[\omega^2r^2-4\mathrm{i}\omega(r-3GM)]-(l-1)(l+2), \tag{5.183a}$$

$$f(r)=1-\frac{2GM}{r}, \tag{5.183b}$$

物质源 $T_{lm\omega}(r)$可通过能量-动量张量 $T_{\alpha\beta}$的扰动得到,即

$${}_0T_{lm\omega}(r)=\frac{1}{2\pi}\int T_{\alpha\beta}n^{\alpha}n_0^{\beta}\bar{Y}_{lm}(\theta,\ \phi)\mathrm{e}^{\mathrm{i}\omega t}\mathrm{d}t\mathrm{d}\Omega, \tag{5.184a}$$

$${}_{-1}T_{lm\omega}(r)=\frac{1}{2\pi}\int T_{\alpha\beta}n^{\alpha}\bar{m}_{-1}^{\beta}\bar{Y}_{lm}(\theta,\ \phi)\mathrm{e}^{\mathrm{i}\omega t}\mathrm{d}t\mathrm{d}\Omega, \tag{5.184b}$$

$${}_{-2}T_{lm\omega}(r)=\frac{1}{2\pi}\int T_{\alpha\beta}\bar{m}^{\alpha}\bar{m}_{-2}^{\beta}\bar{Y}_{lm}(\theta,\ \phi)\mathrm{e}^{\mathrm{i}\omega t}\mathrm{d}t\mathrm{d}\Omega, \tag{5.184c}$$

式中 $\mathrm{d}\Omega=\mathrm{d}\cos\theta\mathrm{d}\phi$. 计算得到

$$\begin{aligned}\frac{T_{lm\omega}(r)}{2\pi}=&2[(l-1)l(l+1)(l+2)]^{1/2}r_0^4T_{lm\omega}(r)\\&+2\,[2(l-1)(l+2)]^{1/2}r^2f\mathcal{L}_a\{r^3f^{-1}{}_{-1}T_{lm\omega}(r)\}\\&+rf\mathcal{L}_a\{r^4f^{-1}\mathcal{L}_a\{r_{-2}T_{lm\omega}(r)\}\},\end{aligned} \tag{5.185}$$

式中算符 $\mathcal{L}_a=f\mathrm{d}/\mathrm{d}r+\mathrm{i}\omega=\mathrm{d}/\mathrm{d}r^*+\mathrm{i}\omega$,$r^*=r+2GM\ln[r/(2GM)-1]$是乌龟坐标.

$\delta\Psi_4$ 在无穷远处的渐近行为是

$$\delta\Psi_4(r\to\infty)\sim\frac{1}{r}\mathrm{e}^{-\mathrm{i}\omega(t-r^*)}{}_{-2}Y_{lm}(\theta,\phi)Z^{\mathrm{out}}_{\omega lm}. \tag{5.186}$$

要利用格林函数方法求解有源 Teukolsky 方程，我们先通过无源 Teukolsky 方程的两个线性独立通解来构造格林函数. 由方程(5.182)可得均匀(无源)Teukolsky 方程

$$\left\{r^2 f\frac{\mathrm{d}^2}{\mathrm{d}r^2}-2(r-2GM)\frac{\mathrm{d}}{\mathrm{d}r}+U(r)\right\}R_{lm\omega}(r)=0, \tag{5.187}$$

其解一 R^0_{in} 满足的边界条件为

$$R^0_{\mathrm{in}}=\begin{cases} r^4 f^2\mathrm{e}^{-\mathrm{i}\omega r^*}, & r^*\to-\infty \\ A_{\mathrm{out}}r^3\mathrm{e}^{\mathrm{i}\omega r^*}+A_{\mathrm{in}}r^{-1}\mathrm{e}^{-\mathrm{i}\omega r^*}. & r^*\to+\infty \end{cases} \tag{5.188}$$

解二 R^0_{out} 满足的边界条件为

$$R^0_{\mathrm{out}}=\begin{cases} B_{\mathrm{out}}\mathrm{e}^{\mathrm{i}\omega r^*}+B_{\mathrm{in}}r^4 f^2\mathrm{e}^{-\mathrm{i}\omega r^*}, & r^*\to-\infty \\ r^3\mathrm{e}^{\mathrm{i}\omega r^*}. & r^*\to+\infty \end{cases} \tag{5.189}$$

R^0_{in} 在视界面没有出射波，代表视界面上纯入射波；R^0_{out} 在无穷远处没有入射波，代表无穷远处纯出射波. 显然它们不是标准的波动形式解. 利用这两个解 R^0_{in} 及 R^0_{out} 可得非均匀 Teukolsky 方程(5.182)满足无穷远处只有纯出射波且视界面只有纯入射波的解

$$R(r)=\frac{1}{2\mathrm{i}\omega A_{\mathrm{in}}}\left(R^0_{\mathrm{in}}\int_{r^*}^{+\infty}\frac{T(r)R^0_{\mathrm{out}}}{r^4 f^2}\mathrm{d}r^*+R^0_{\mathrm{out}}\int_{-\infty}^{r^*}\frac{T(r)R^0_{\mathrm{in}}}{r^4 f^2}\mathrm{d}r^*\right), \tag{5.190}$$

式中 $2\mathrm{i}\omega A_{\mathrm{in}}$ 是 R^0_{in} 与 R^0_{out} 的 Wronski 量，即

$$W=\frac{R^0_{\mathrm{in}}}{r^2 f}\frac{\mathrm{d}R^0_{\mathrm{out}}}{\mathrm{d}r^*}-\frac{R^0_{\mathrm{out}}}{r^2 f}\frac{\mathrm{d}R^0_{\mathrm{in}}}{\mathrm{d}r^*}=2\mathrm{i}\omega A_{\mathrm{in}}. \tag{5.191}$$

对于施瓦西黑洞，佐佐木-中村变换(5.170)退化成钱德拉塞卡变换[113]，即

$$R_{lm\omega}=\frac{\Delta}{c_0}\left(\frac{\mathrm{d}}{\mathrm{d}r^*}+\mathrm{i}\omega\right)\frac{r^2}{\Delta}\left(\frac{\mathrm{d}}{\mathrm{d}r^*}+\mathrm{i}\omega\right)rX_{lm\omega}, \tag{5.192a}$$

$$X_{lm\omega}=\frac{r^5}{\Delta}\left(\frac{\mathrm{d}}{\mathrm{d}r^*}-\mathrm{i}\omega\right)\frac{r^2}{\Delta}\left(\frac{\mathrm{d}}{\mathrm{d}r^*}+\mathrm{i}\omega\right)\frac{R_{lm\omega}}{r^2}, \tag{5.192b}$$

式中 r^* 为乌龟坐标，$c_0=(l-1)l(l+1)(l+2)-12\mathrm{i}M\omega$. 利用上述变换关系，则 Teukolsky方程(5.182)变成 Regge-Wheeler 方程[99]

$$f^2\frac{\mathrm{d}^2X_{lm\omega}}{\mathrm{d}r^2}+ff'\frac{\mathrm{d}X_{lm\omega}}{\mathrm{d}r}+[\omega^2-U_l(r)]X_{lm\omega}=S_{lm\omega}, \tag{5.193}$$

式中势函数

$$U_l(r)=\frac{f}{r^2}\left(l(l+1)-\frac{6GM}{r}\right). \tag{5.194}$$

利用乌龟坐标 r^*，Regge-Wheeler 方程为

$$\frac{\mathrm{d}^2 X_{lm\omega}}{\mathrm{d}r^{*2}}+[\omega^2-U_l(r)]X_{lm\omega}=S_{lm\omega}, \tag{5.195}$$

边界条件为

$$X_{lm\omega}(r)=\begin{cases} X_{lm\omega}^{\mathrm{in}}\mathrm{e}^{-\mathrm{i}\omega r^*}, & r^*\to-\infty, \\ X_{lm\omega}^{\mathrm{out}}\mathrm{e}^{\mathrm{i}\omega r^*}, & r^*\to+\infty. \end{cases} \tag{5.196}$$

显然，上述边界条件具有标准波动形式. 在平直时空极限下，$M=0$，Regge-Wheeler 方程(5.193)的解为球贝塞尔函数.

下面利用格林函数方法求解有源非均匀 Regge-Wheeler 方程. 首先，构造满足边界条件的无源方程的两个线性独立解. 解一 X_{in}^0 满足的边界条件为

$$X_{\mathrm{in}}^0=\begin{cases} \mathrm{e}^{-\mathrm{i}\omega r^*}, & r^*\to-\infty, \\ C_{\mathrm{out}}\mathrm{e}^{\mathrm{i}\omega r^*}+C_{\mathrm{in}}\mathrm{e}^{-\mathrm{i}\omega r^*}, & r^*\to+\infty. \end{cases} \tag{5.197}$$

利用变换关系(5.192)可得系数 A_{in}，A_{out} 与 C_{in}，C_{out} 之间的关系

$$A_{\mathrm{in}}=-\frac{1}{4\omega^2}C_{\mathrm{in}}, \tag{5.198a}$$

$$A_{\mathrm{out}}=-\frac{4\omega^2}{c_0}C_{\mathrm{out}}. \tag{5.198b}$$

解二 X_{out}^0 满足的边界条件为

$$X_{\mathrm{out}}^0=\begin{cases} D_{\mathrm{out}}\mathrm{e}^{\mathrm{i}\omega r^*}+D_{\mathrm{in}}\mathrm{e}^{-\mathrm{i}\omega r^*}, & r^*\to-\infty, \\ \mathrm{e}^{\mathrm{i}\omega r^*}, & r^*\to+\infty. \end{cases} \tag{5.199}$$

利用无源方程的上述两个解，有源 Regge-Wheeler 方程的解为

$$X(r)=\frac{X_{\mathrm{in}}^0\int_{r^*}^{+\infty}S(r)X_{\mathrm{out}}^0\mathrm{d}r^*+X_{\mathrm{out}}^0\int_{-\infty}^{r^*}S(r)X_{\mathrm{in}}^0\mathrm{d}r^*}{2\mathrm{i}\omega C_{\mathrm{in}}}, \tag{5.200}$$

式中 $2\mathrm{i}\omega C_{\mathrm{in}}$ 是 X_{in}^0 与 X_{out}^0 的 Wronski 量，即

$$W=X_{\mathrm{in}}^0\frac{\mathrm{d}X_{\mathrm{out}}^0}{\mathrm{d}r^*}-X_{\mathrm{out}}^0\frac{\mathrm{d}X_{\mathrm{in}}^0}{\mathrm{d}r^*}=2\mathrm{i}\omega C_{\mathrm{in}}. \tag{5.201}$$

下面对结果(5.201)进行证明. 取极限 $r^*\to+\infty$，有

$$\begin{aligned} W&=(C_{\mathrm{out}}\mathrm{e}^{\mathrm{i}\omega r^*}+C_{\mathrm{in}}\mathrm{e}^{-\mathrm{i}\omega r^*})\mathrm{i}\omega\mathrm{e}^{\mathrm{i}\omega r^*}-\mathrm{e}^{\mathrm{i}\omega r^*}\frac{\mathrm{d}(C_{\mathrm{out}}\mathrm{e}^{\mathrm{i}\omega r^*}+C_{\mathrm{in}}\mathrm{e}^{-\mathrm{i}\omega r^*})}{\mathrm{d}r^*} \\ &=(C_{\mathrm{out}}\mathrm{e}^{\mathrm{i}\omega r^*}+C_{\mathrm{in}}\mathrm{e}^{-\mathrm{i}\omega r^*})\mathrm{i}\omega\mathrm{e}^{\mathrm{i}\omega r^*}-(C_{\mathrm{out}}\mathrm{e}^{\mathrm{i}\omega r^*}-C_{\mathrm{in}}\mathrm{e}^{-\mathrm{i}\omega r^*})\mathrm{i}\omega\mathrm{e}^{\mathrm{i}\omega r^*} \\ &=2\mathrm{i}\omega C_{\mathrm{in}}. \end{aligned} \tag{5.202}$$

由于

$$\frac{\mathrm{d}W}{\mathrm{d}r^*}=\frac{\mathrm{d}X_{\mathrm{in}}^0}{\mathrm{d}r^*}\frac{\mathrm{d}X_{\mathrm{out}}^0}{\mathrm{d}r^*}+X_{\mathrm{in}}^0\frac{\mathrm{d}^2X_{\mathrm{out}}^0}{\mathrm{d}r^{*2}}-\frac{\mathrm{d}X_{\mathrm{out}}^0}{\mathrm{d}r^*}\frac{\mathrm{d}X_{\mathrm{in}}^0}{\mathrm{d}r^*}-X_{\mathrm{out}}^0\frac{\mathrm{d}^2X_{\mathrm{in}}^0}{\mathrm{d}r^{*2}}=0, \tag{5.203}$$

所以 W 不依赖于坐标 r^*，且 $W=2\mathrm{i}\omega C_{\mathrm{in}}$. 一般而言，黑洞背景下无源 Regge-Wheeler 方程没有解析解，需要数值求解. 由于远场情况下，$M\omega$ 比较小，可以把 $M\omega$ 作为小量对 Regge-Wheeler 方程近似求解. 在零阶，$M\omega=0$，此即平直时空极限，其解为球贝塞尔函数.

第 6 章 引 力 波

爱因斯坦于 1915 年提出引力场方程后[40]，便于 1916 年利用平直时空背景下的线性近似推导出度规扰动所满足的波动方程及引力辐射的四极矩公式，从而预言了引力波的存在，且预言引力波的传播速度为光速[118]. 爱因斯坦 1916 年的推导犯了一个错误，这个错误导致引力波的独立自由度为三个，当然他于 1918 年更正了这个错误，正确指出引力波只有两个独立自由度，即两个偏振方向[119]. 爱因斯坦的四极矩公式表明一个质量分布不对称的体系在作加速运动的时候会使时空产生变形，而且这种变形会以波纹的形式向外传播. 引力波在本质上不同于我们熟悉的电磁波，由加速运动物体产生的引力波是时空纤维本身的波. 由于引力波会扭曲时空，因此它会改变两个宏观自由物体之间的距离. 但是引力波所产生的可观测效应非常微弱，人们一度认为不可能探测到引力波. 爱因斯坦本人就曾经怀疑过引力波的存在，他与助手罗森(Rosen)在 20 世纪 30 年代写了一篇论文，论证引力波不存在. 这篇论文的错误被匿名审稿人罗伯逊指出[120]，爱因斯坦当时并没有接受审稿人的意见，后来在他的助理因费尔德(Infeld)帮助下才改正了这个错误[120,121]，并以“论引力波”为题于 1937 年发表[122]. 直到 20 世纪 50 年代，一些相对论理论物理学家，特别是皮拉尼(Pirani)在 1956 年指出黎曼曲率张量与可观测量的关系及黎曼曲率张量的物理意义[123]，Bondi 严格证明了引力辐射实际上是可观测的[124]，引力波的探测才被重视起来. 当然这种引力波应该是来自像黑洞、中子星或者白矮星一样具有强引力场的致密天体并合所辐射的，因此它可以用来检验引力理论在强场及非线性区域的性质. 尽管在引力波被发现之前爱因斯坦广义相对论经历了各种经典检验，但是这些检验基本上是仅在太阳系这种弱场环境下进行的. 由于爱因斯坦广义相对论无法量子化，而且目前我们还面临暗能量及暗物质等问题，因此爱因斯坦广义相对论在强场及非线性区域可能需要修改，引力波观测则为我们在强场及非线性区域探究这些可能的修改提供了全新的手段.

引力波可自由传播，其传播基本不受环境干扰，从而是一个很干净的系统，因此不需要考虑环境因素带来的不确定性. 但是地面上能探测到的引力波信号短暂，其波源不可预测，实验条件不可人为控制，而且引力波信号很弱，我们需要发展复杂的数据分析技术从噪声中提取信号. 所以引力波探测并不容易. 20 世纪 60 年代韦伯(Weber)开始首先尝试利用被称为韦伯棒的探测器来探测引力波，但并没有成功. 因为引力波携带能量，所以一个辐射引力波的系统会损失能量，双星系统便是这样的系统. 双星系统中的星体相互绕转会向外辐射引力波，从而损耗能量，导致双星的轨道衰减及其周期变短. 赫尔斯(Hulse)和泰勒(Taylor)通过对脉冲星 B1913＋16 长达 30 年的观测,发现该双星系统的轨道衰减与广义相对论的预言惊人地一致[125,126]. 该研究成果间接地证明了引力波的存在. 1993 年的诺贝尔物理学奖颁发给了赫尔斯和泰勒,以表彰他们发现一种新的脉冲星,并为研究引力打开了全新的可能探测方式. 最近对双白矮星 ZTFJ153932.16＋502738.8 的轨道周期随时间衰减的观测结果进一步验证了广义相对论的四极辐射结果[127].

Gerstenstein 与 Pustovoit 在 1962 年提出利用激光干涉仪来测量引力波信号[128]. 美国激光干涉仪引力波天文台(Laser Interferometer Gravitational-Wave Observatory, LIGO)于 2002 年建造完成,并于 2004 年升级为先进 LIGO(aLIGO)[129,130]. 2016 年 2 月 11 日,美国 LIGO 合作组及意大利的 Virgo 合作组宣布他们在 2015 年 9 月 14 日观测到距离地球 410 Mpc 的质量分别为 36 个及 29 个太阳质量的两个黑洞并合成一个质量为 62 个太阳质量的黑洞时所释放的引力波信号 GW150914[131],这一划时代的观测结果为引力波的存在提供了第一个直接观测证据. 它不但极大地激发了人们对引力波的兴趣及研究热情,而且为我们研究引力本质开启了一扇全新的窗口. 外斯(Weiss),Barish 和索恩(Thorne)这三位美国科学家因此获得 2017 年诺贝尔物理学奖. LIGO 合作组及 Virgo 合作组目前已经观测到近百个引力波事件[132-135],值得一提的是 GW170817,它是观测到的第一个由双中子星并合所产生的引力波,该引力波的电磁对应体也被世界上各种天文望远镜捕捉到了. 引力波事件 GW170817 及其电磁对应体伽马暴 GRB170817A[47,48]不仅提供了更丰富的物理内涵,而且意味着多信使引力波天文学时代的来临. 引力波的精确探测,不仅让我们可以了解更多关于波源及其环境的信息,同时也提供了一个前所未有的机会来检验各种引力理论.

爱因斯坦广义相对论预言引力波是横波,以光速传播,具有两个偏振态,最低阶的辐射是四极辐射. 超越爱因斯坦广义相对论的修改引力理论中的引力波性质则可能完全不同. 一般而言,引力波的传播速度依赖于引力理论中的参数. 与弱场情况下后牛顿参数类似,总可以通过调节理论参数使得修改引力理论中的引力波速度接近光速. 引力波辐射机制的探究则依赖于引力波波形的精确测量. 由于不同引力理论中的引力波偏振态不尽相同,且引力波偏振态与理论参数无关,它是引力理论的自身特性,因此对引力波偏振态的测量将有助于甄别各种引力理论,特别是进一步证实爱因斯坦的广义相对论,当然额外偏振态强度还是依赖于理论中的参数. 综上所述,引力波的传播速度、偏振态及辐射机制这些基本特性是探究引力理论的重要手段,测量引力波的这些特性是未来引力波天文台的主要科学目标.

6.1 扰动及自由度

广义相对论所预言的引力波是以光速传播的横波,具有被称为加(“＋”)与叉

(“×”)偏振的两个极化,并携带能量,其频率范围极宽. 数学上,引力波可以看成背景时空中的扰动. 为了介绍方便,这里讨论在平直时空背景中的扰动(引力波),时空度规可以表达成

$$g_{\mu\nu}=\eta_{\mu\nu}+h_{\mu\nu}, \tag{6.1}$$

式中 $g_{\mu\nu}$ 代表时空总的度规,$\eta_{\mu\nu}$ 代表平直背景时空(无引力存在时)的度规,$|h_{\mu\nu}|\ll 1$ 代表引力波所引起的时空扰动. 注意这里 $g_{\mu\nu}$ 是二阶张量,但是 $\eta_{\mu\nu}$ 与 $h_{\mu\nu}$ 并不是张量,它们不满足张量的变换性质. 在线性近似下,逆度规为

$$g^{\mu\nu}=\eta^{\mu\nu}-h^{\mu\nu}, \tag{6.2}$$

$h_{\mu\nu}$ 的指标可以用 $\eta_{\mu\nu}$ 来升降,即 $h^{\mu\nu}=\eta^{\mu\alpha}\eta^{\nu\beta}h_{\alpha\beta}$,$\eta^{\lambda\rho}\frac{\partial}{\partial x^\rho}=\eta^{\lambda\rho}\partial_\rho=\partial^\lambda$. 近似到 $h_{\mu\nu}$ 的一阶,克里斯多菲联络为

$$\Gamma^{\mu}{}_{\alpha\beta}\approx\frac{1}{2}\eta^{\mu\nu}\left(h_{\nu\alpha,\beta}+h_{\nu\beta,\alpha}-h_{\alpha\beta,\nu}\right), \tag{6.3a}$$

$$\Gamma^{\lambda}{}_{\lambda\mu}\approx\frac{1}{2}\eta^{\lambda\rho}\frac{\partial}{\partial x^\mu}h_{\rho\lambda}+O(h^2)=\frac{1}{2}\eta^{\lambda\rho}h_{\lambda\rho,\mu}+O(h^2), \tag{6.3b}$$

黎曼曲率张量 $R^{\alpha}{}_{\mu\beta\nu}=\Gamma^{\alpha}{}_{\mu\nu,\beta}-\Gamma^{\alpha}{}_{\mu\beta,\nu}+\Gamma^{\alpha}{}_{\sigma\beta}\Gamma^{\sigma}{}_{\mu\nu}-\Gamma^{\alpha}{}_{\sigma\nu}\Gamma^{\sigma}{}_{\mu\beta}$ 及里奇张量 $R_{\mu\nu}=R^{\alpha}{}_{\mu\alpha\nu}$ 可表达为

$$R_{\mu\nu\alpha\beta}\approx\eta_{\mu\sigma}\left(\Gamma^{\sigma}{}_{\nu\beta,\alpha}-\Gamma^{\sigma}{}_{\nu\alpha,\beta}\right)=\frac{1}{2}\left(h_{\nu\alpha,\mu\beta}+h_{\mu\beta,\nu\alpha}-h_{\mu\alpha,\nu\beta}-h_{\nu\beta,\mu\alpha}\right), \tag{6.4}$$

$$R_{\mu\nu}=R^{\alpha}{}_{\mu\alpha\nu}\approx\Gamma^{\lambda}{}_{\mu\nu,\lambda}-\Gamma^{\lambda}{}_{\lambda\mu,\nu}+O(h^2)\approx-\frac{1}{2}\left(\Box^2h_{\mu\nu}-h^{\lambda}{}_{\nu,\lambda\mu}-h^{\lambda}{}_{\mu,\lambda\nu}+h^{\lambda}{}_{\lambda,\mu\nu}\right), \tag{6.5}$$

式中

$$\Box^2=\eta^{\mu\nu}\partial_\mu\partial_\nu=-\frac{\partial^2}{\partial t^2}+\nabla^2, \tag{6.6}$$

方程(6.4)也可以通过把度规(6.1)代入方程(3.105)或方程(3.142)得到. 由此得到里奇标量

$$R=g^{\mu\nu}R_{\mu\nu}\approx-\left(\Box^2h^{\lambda}{}_{\lambda}-h^{\mu\nu}{}_{,\mu\nu}\right) \tag{6.7}$$

及爱因斯坦张量

$$\begin{aligned}G_{\mu\nu}&=-\frac{1}{2}\left(\Box^2h_{\mu\nu}+\eta_{\mu\nu}\partial_\alpha\partial_\beta h^{\alpha\beta}-\partial_\mu\partial^\alpha h_{\nu\alpha}-\partial_\nu\partial^\alpha h_{\mu\alpha}+\partial_\mu\partial_\nu h-\eta_{\mu\nu}\Box^2h\right)\\&=\frac{1}{2}\left(\partial_\mu\partial_\alpha\bar{h}^{\alpha}_{\nu}+\partial_\nu\partial_\alpha\bar{h}^{\alpha}_{\mu}-\Box^2\bar{h}_{\mu\nu}-\eta_{\mu\nu}\partial_\alpha\partial_\beta\bar{h}^{\alpha\beta}\right),\end{aligned} \tag{6.8}$$

式中 $\bar{h}_{\mu\nu}=h_{\mu\nu}-\eta_{\mu\nu}h^{\alpha}_{\alpha}/2$ 为反迹变量. 由于广义坐标变换的自由度,可以适当选取坐标系(规范)来化简及求解爱因斯坦场方程. 下面先讨论坐标变换及物理自由度.

在无穷小坐标变换 $x^\mu\rightarrow x'^\mu=x^\mu+\epsilon^\mu$ 下,一个二阶协变张量的变换关系为

$$A'_{\mu\nu}=\frac{\partial x^{\alpha}}{\partial x'^{\mu}}\frac{\partial x^{\beta}}{\partial x'^{\nu}}A_{\alpha\beta}\approx A_{\mu\nu}-A_{\alpha\nu}\partial_{\mu}\epsilon^{\alpha}-A_{\mu\alpha}\partial_{\nu}\epsilon^{\alpha}. \tag{6.9}$$

把这个变换关系代入度规 $g'_{\mu\nu}=\eta_{\mu\nu}+h'_{\mu\nu}$，近似到一阶，可以得到扰动 $h_{\mu\nu}$ 的变换关系

$$h'_{\mu\nu}=h_{\mu\nu}-\partial_{\mu}\epsilon_{\nu}-\partial_{\nu}\epsilon_{\mu},\quad h'^{\mu\nu}=h^{\mu\nu}-\epsilon^{\mu}{}_{,\lambda}\eta^{\lambda\nu}-\epsilon^{\nu}{}_{,\lambda}\eta^{\lambda\mu}, \tag{6.10a}$$

$$\bar{h}'_{\mu\nu}=\bar{h}_{\mu\nu}-\partial_{\nu}\epsilon_{\mu}-\partial_{\mu}\epsilon_{\nu}+\eta_{\mu\nu}\partial_{\alpha}\epsilon^{\alpha}. \tag{6.10b}$$

显然扰动 $h_{\mu\nu}$ 不满足张量的变换规则．如果按照张量变换规则，扰动的变换应该为

$$h'_{\mu\nu}=h_{\mu\nu}-h_{\alpha\nu}\partial_{\mu}\epsilon^{\alpha}-h_{\mu\alpha}\partial_{\nu}\epsilon^{\alpha}\approx h_{\mu\nu}. \tag{6.11}$$

即在线性近似下，张量扰动是不变量（标量），这与张量假设相矛盾，因此度规扰动 $h_{\mu\nu}$ 不是广义坐标变换下的张量．

坐标变换(6.10)可以帮助我们消除度规中的 4 个非物理自由度．例如，通过选取坐标变换使得 ϵ_{μ} 满足

$$\Box^{2}\epsilon_{\nu}=h^{\mu}_{\nu,\mu}-\frac{1}{2}h^{\mu}_{\mu,\nu}=\bar{h}^{\mu}_{\nu,\mu}, \tag{6.12}$$

则由方程(6.10)可知

$$\partial'^{\mu}\bar{h}'_{\mu\nu}=\partial^{\mu}\bar{h}_{\mu\nu}-\Box^{2}\epsilon_{\nu}-\partial_{\nu}\partial^{\mu}\epsilon_{\mu}+\partial_{\nu}\partial^{\alpha}\epsilon_{\alpha}=0. \tag{6.13}$$

即在新的坐标系下 $\bar{h}'_{\mu\nu}$ 满足谐和坐标条件 $\partial'^{\mu}\bar{h}'_{\mu\nu}=0$．因此总可以通过合适的坐标变换来选取满足横向规范条件

$$\partial^{\mu}\bar{h}_{\mu\nu}=0 \tag{6.14}$$

的谐和坐标[①]．在四维时空中，$h_{\mu\nu}$ 有 10 个独立分量，4 个谐和坐标条件(6.14)可以用来消除 4 个自由度，这样 $h_{\mu\nu}$ 只剩下 6 个自由度．注意与电磁场中的洛伦兹规范条件类似，谐和坐标条件并没有完全固定坐标自由度，它还遗留一个满足齐次方程 $\Box^{2}\xi_{\mu}=0$ 的解的冗余自由度，这个冗余自由度可以进一步消除非物理的自由度．

选取谐和坐标条件(6.14)，由方程(6.8)可得

$$G_{\mu\nu}=-\frac{1}{2}\Box^{2}\bar{h}_{\mu\nu}. \tag{6.15}$$

因此在线性近似下，爱因斯坦真空场方程给出一阶扰动 $\bar{h}_{\mu\nu}$ 满足的波动方程

$$\Box^{2}\bar{h}_{\mu\nu}=0. \tag{6.16}$$

由此可见时空的扰动满足波动方程，它是动力学可传播的，其传播速度为光速，此即引力波．波动方程(6.16)的平面波解为

$$\bar{h}_{\mu\nu}=\epsilon_{\mu\nu}\exp(\mathrm{i}k_{\alpha}x^{\alpha})+\epsilon^{*}_{\mu\nu}\exp(-\mathrm{i}k_{\alpha}x^{\alpha}), \tag{6.17}$$

式中类光波矢 k^{μ} 满足 $\eta_{\mu\nu}k^{\mu}k^{\nu}=0$，$\epsilon_{\mu\nu}=\epsilon_{\nu\mu}$ 代表偏振态，满足横波条件 $k^{\mu}\epsilon_{\mu\nu}=0$，$\epsilon^{*}_{\mu\nu}$ 是 $\epsilon_{\mu\nu}$ 的复共轭．注意横波条件即是谐和坐标条件(6.14)．前面提到谐和坐标条件还有满足方程 $\Box^{2}\xi_{\mu}=0$ 的冗余坐标自由度 $x^{\mu}\to x'^{\mu}=x^{\mu}+\xi^{\mu}$，这个冗余坐标自由度的

① 横向规范条件(6.14)一般也称为谐和坐标条件、de Donder 条件或者洛伦兹规范条件．

解为

$$\xi_\mu = \mathrm{i}a_\mu \exp(\mathrm{i}k_\alpha x^\alpha) - \mathrm{i}a_\mu^* \exp(-\mathrm{i}k_\alpha x^\alpha). \tag{6.18}$$

在冗余坐标变换下,有

$$\epsilon'_{\mu\nu} = \epsilon_{\mu\nu} + k_\mu a_\nu + k_\nu a_\mu - \eta_{\mu\nu} k^\alpha a_\alpha, \tag{6.19}$$

显然 $\epsilon'_{\mu\nu}$ 满足横波条件 $k^\mu \epsilon'_{\mu\nu}=0$. 选取

$$a_0 = -\frac{1}{4\omega_k}\left(\epsilon_{00} + \sum_j \epsilon_{jj}\right), \tag{6.20a}$$

$$a_i = -\frac{1}{\omega_k}\epsilon_{0i} + \frac{k_i}{4\omega_k^2}\left(\epsilon_{00} + \sum_j \epsilon_{jj}\right), \tag{6.20b}$$

则由式(6.19)可知

$$\epsilon'_{0\mu} = 0, \quad \sum_j \epsilon'_{jj} = 0, \quad \sum_j k_j \epsilon'_{ji} = 0, \quad \bar{h}'_{0\mu} = 0. \tag{6.21}$$

即通过选取冗余自由度得到无迹条件 $h'=h'^{\mu}_{\mu}=\eta^{\mu\nu}h'_{\mu\nu}=0$. 在无迹条件下,$\bar{h}_{\mu\nu}=h_{\mu\nu}$. 对于沿 z 方向传播的平面引力波,$k_z=-k_0$ 且 $k_x=k_y=0$,扰动可以写成 $h_{\mu\nu}=h_{\mu\nu}(t-z)$. 利用无迹条件 $\sum_j \epsilon_{jj}=0$ 及横波条件 $\sum_j k_j\epsilon_{ji}=0$ 可得

$$\epsilon_{zx} = \epsilon_{zy} = \epsilon_{zz} = 0, \tag{6.22a}$$

$$\epsilon_{xx} = -\epsilon_{yy}. \tag{6.22b}$$

因此在横向无迹规范条件

$$\partial^\mu h_{\mu\nu} = 0, \quad h = h^\mu_\mu = 0 \tag{6.23}$$

下,平面波解为

$$h_{\mu\nu} = \begin{pmatrix} 0 & 0 & 0 & 0 \\ 0 & \epsilon_{11} & \epsilon_{12} & 0 \\ 0 & \epsilon_{12} & -\epsilon_{11} & 0 \\ 0 & 0 & 0 & 0 \end{pmatrix} \cos[\omega(t-z)], \tag{6.24}$$

式中 ϵ_{11} 代表加模式,ϵ_{12} 代表叉模式.

下面用规范不变量来讨论引力波的传播自由度. 为了讨论方便,把度规扰动作如下分解[136]:

$$h_{tt} = 2\phi, \tag{6.25a}$$

$$h_{ti} = \bar{h}_{ti} = \beta_i + \partial_i \gamma, \tag{6.25b}$$

$$\bar{h}_{tt} = \frac{1}{2}H + \phi, \tag{6.25c}$$

$$h_{ij} = h_{ij}^{\mathrm{TT}} + \frac{1}{3}H\delta_{ij} + \partial_{(i}\sigma_{j)} + \left(\partial_i\partial_j - \frac{1}{3}\delta_{ij}\nabla^2\right)\lambda, \tag{6.25d}$$

$$\bar{h}_{ij} = h_{ij}^{\mathrm{TT}} + \delta_{ij}\left(\phi - \frac{1}{6}H\right) + \partial_{(i}\sigma_{j)} + \left(\partial_i\partial_j - \frac{1}{3}\delta_{ij}\nabla^2\right)\lambda, \tag{6.25e}$$

式中 h_{ij}^{TT} 上标 TT 代表横向(transverse)无迹(traceless),$\partial_{(i}\sigma_{j)} = (\partial_i\sigma_j + \partial_j\sigma_i)/2$,

$H=h+2\phi$，变量 β_i、σ_i 及 h_{ij}^{TT} 满足如下条件：

$$\partial_i\beta_i=0,\quad \partial_i\sigma_i=0,\quad \partial_i h_{ij}^{\mathrm{TT}}=0,\quad \delta^{ij}h_{ij}^{\mathrm{TT}}=0. \tag{6.26}$$

取 $\epsilon_\mu=(A,\ B_i+\partial_i C)$ 的无穷小坐标变换，得到

$$\phi\rightarrow \phi-\dot{A}, \tag{6.27a}$$

$$\beta_i\rightarrow \beta_i-\dot{B}_i, \tag{6.27b}$$

$$\gamma\rightarrow \gamma-A-\dot{C}, \tag{6.27c}$$

$$H\rightarrow H-2\nabla^2 C, \tag{6.27d}$$

$$\lambda\rightarrow \lambda-2C, \tag{6.27e}$$

$$\sigma_i\rightarrow \sigma_i-2B_i, \tag{6.27f}$$

$$h_{ij}^{\mathrm{TT}}\rightarrow h_{ij}^{\mathrm{TT}}, \tag{6.27g}$$

式中 $\dot{A}=\mathrm{d}A/\mathrm{d}t$. 度规扰动的横向无迹分量 h_{ij}^{TT} 在广义坐标变换下是不变量. 根据这些变换性质，我们可以定义如下规范不变量：

$$\Phi=-\phi+\dot{\gamma}-\frac{1}{2}\ddot{\lambda}, \tag{6.28a}$$

$$\Theta=\frac{1}{3}(H-\nabla^2\lambda), \tag{6.28b}$$

$$\Xi_i=\beta_i-\frac{1}{2}\dot{\sigma}_i,\quad \partial_i\Xi_i=0. \tag{6.28c}$$

这 6 个规范不变量在广义坐标变换下是不变量，它们描述了度规扰动的 6 个物理自由度. 利用这些规范不变量，得到

$$G_{tt}=\partial_t\partial_\alpha\bar{h}^\alpha_t-\frac{1}{2}\Box^2\bar{h}_{tt}+\frac{1}{2}\partial_\alpha\partial_\beta\bar{h}^{\alpha\beta}=-\frac{1}{2}\partial_t^2\bar{h}_{tt}-\frac{1}{2}\Box^2\bar{h}_{tt}+\frac{1}{2}\partial_i\partial_j\bar{h}^{ij}=-\nabla^2\Theta, \tag{6.29a}$$

$$G_{ti}=-\frac{1}{2}\nabla^2\Xi_i-\partial_i\dot{\Theta}, \tag{6.29b}$$

$$G_{ij}=-\frac{1}{2}\Box^2 h_{ij}^{\mathrm{TT}}-\partial_{(i}\dot{\Xi}_{j)}-\frac{1}{2}\partial_i\partial_j(2\Phi+\Theta)+\delta_{ij}\left[\frac{1}{2}\nabla^2(2\Phi+\Theta)-\ddot{\Theta}\right]. \tag{6.29c}$$

利用方程(6.29)很容易证明比安基恒等式 $G^\nu_{\mu,\nu}$ 自动满足. 类似地，把能量-动量张量(一阶扰动)分解成

$$T_{tt}=\rho, \tag{6.30a}$$

$$T_{ti}=S_i+\partial_i S, \tag{6.30b}$$

$$T_{ij}=\delta_{ij}p+\Pi_{ij}+\partial_{(i}\Pi_{j)}+\left(\partial_i\partial_j-\frac{1}{3}\delta_{ij}\nabla^2\right)\Upsilon, \tag{6.30c}$$

其中 S_i，Π_i 及 Π_{ij} 满足如下约束：

$$\partial_i S_i=\partial_i\Pi_i=\partial_i\Pi_{ij}=\delta^{ij}\Pi_{ij}=0. \tag{6.31}$$

注意在线性近似下，一阶能量-动量张量是不变量，所以方程(6.30)中的变量都是规范不变量. 利用物质能量-动量张量守恒条件，可以把变量 S，Υ 及 Π_i 与 ρ，p 及 S_i

联系起来,即

$$\nabla^2 S=\dot{\rho},\tag{6.32a}$$

$$\nabla^2 \Upsilon=-\frac{3}{2}p+\frac{3}{2}\dot{S},\tag{6.32b}$$

$$\nabla^2 \Pi_i=2\dot{S}_i.\tag{6.32c}$$

爱因斯坦方程的 tt 分量给出方程[137]

$$\nabla^2 \Theta=-8\pi G\rho.\tag{6.33}$$

爱因斯坦方程的迹给出方程

$$\nabla^2 \Phi=4\pi G(\rho+3p-3\dot{S}).\tag{6.34}$$

爱因斯坦方程的 ti 分量给出方程

$$\nabla^2 \Xi_i=-16\pi G S_i.\tag{6.35}$$

爱因斯坦方程的 ij 分量给出方程

$$\Box^2 h_{ij}^{\mathrm{TT}}=-16\pi G\Pi_{ij}.\tag{6.36}$$

标量场 Φ 与 Θ,以及矢量场 Ξ_i 满足泊松方程,它们都不是可传播的波. 只有横向无迹分量 h_{ij}^{TT} 满足的方程是波动方程,是可传播的引力波自由度. 所以引力波只有两个独立自由度. 选取横向无迹规范(6.23),引力波独立自由度可以写成

$$h_{\mu\nu}=\begin{pmatrix}0 & 0 & 0 & 0\\ 0 & h_+ & h_\times & 0\\ 0 & h_\times & -h_+ & 0\\ 0 & 0 & 0 & 0\end{pmatrix}.\tag{6.37}$$

其中第一列(行)代表时间分量,第四列(行)代表引力波传播方向,中间两列(行)代表垂直引力波传播的方向. 可以看到,广义相对论中的引力波只有两种极化模式(分别由 h_+ 和 $h_\times$ 代表),即 $h_{\mu\nu}=\epsilon_{\mu\nu}^{+}h_+ + \epsilon_{\mu\nu}^{\times}h_\times$,其中 $\epsilon_{\mu\nu}^{+}$ 及 $\epsilon_{\mu\nu}^{\times}$ 分别代表+及×两种极化张量. 后面我们会看到,它们会改变与引力波传播方向相垂直的平面内的两个自由物体之间的固有距离.

6.2 引力波的偏振态

引力波的两种极化模式对放在垂直于引力波传播方向的平面内的一个圆环上的自由粒子的作用见图 6.1. 引力波垂直于纸面传播时,会使粒子之间的固有距离发生变化:一个方向上的距离被压缩的同时,与之垂直方向上的距离会被拉伸. h_+ 和 $h_\times$ 两种极化模式的区别仅在于两者的最大拉伸压缩方向之间存在 45°的夹角. 下面详细讨论引力波的偏振态及其效应.

根据等效原理,由于整个引力波探测器在引力场中自由下落,引力波探测器不会对引力波产生的加速度作出反应,所以引力的可观测效应只能在潮汐力中体现出来,

引力波探测器只能通过加速度的变化感受到引力波. 与电磁场的偏振方向是利用检验电荷在电场中的运动来描述类似,可以利用检验粒子在引力场中的运动来定义引力波的偏振态. 在广义相对论中,自由下落的检验粒子走测地线

$$\frac{d^2 t}{d\tau^2}=-\Gamma^t_{tt}\left(\frac{dt}{d\tau}\right)^2-2\Gamma^t_{tj}\frac{dt}{d\tau}\frac{dx^j}{d\tau}+\Gamma^t_{jk}\frac{dx^j}{d\tau}\frac{dx^k}{d\tau}, \tag{6.38a}$$

$$\frac{d^2 x^i}{d\tau^2}=-\Gamma^i_{tt}\left(\frac{dt}{d\tau}\right)^2-2\Gamma^i_{tj}\frac{dt}{d\tau}\frac{dx^j}{d\tau}+\Gamma^i_{jk}\frac{dx^j}{d\tau}\frac{dx^k}{d\tau}, \tag{6.38b}$$

$$\begin{aligned}\frac{d^2 x^i}{dt^2}&=\frac{d}{d\tau}\left(\frac{dx^i}{d\tau}\frac{d\tau}{dt}\right)\frac{d\tau}{dt}=\frac{d^2 x^i}{d\tau^2}\left(\frac{d\tau}{dt}\right)^2-\frac{dx^i}{dt}\frac{d^2 t}{d\tau^2}\left(\frac{dt}{d\tau}\right)^{-2}\\&=-(\Gamma^i_{tt}+2\Gamma^i_{tj}v^j+\Gamma^i_{jk}v^j v^k)+v^i(\Gamma^t_{tt}+2\Gamma^t_{tj}v^j+\Gamma^t_{jk}v^j v^k),\end{aligned} \tag{6.38c}$$

在低速近似下,坐标速度 $v^i=dx^i/dt\ll 1$,再加上横向无迹规范条件 $h^{TT}_{\mu t}=0$,上述方程可近似为[137]

$$\frac{d^2 x^i}{dt^2}\approx-\Gamma^i_{tt}=-\frac{1}{2}(2\partial_t h^{TT}_{it}-\partial_i h^{TT}_{tt})=0. \tag{6.39}$$

正如所料,引力波不会对检验粒子的测地线运动造成影响,单个检验粒子的自由落体运动不能用来检验引力波及描述引力波偏振态. 需要考虑两个相邻的自由下落粒子的相对加速度,即考虑引力的潮汐力. 为此,考虑测地线偏离方程

$$\frac{D^2}{D\tau^2}\delta x^\lambda=-R^\lambda{}_{\nu\mu\rho}\delta x^\mu\frac{dx^\nu}{d\tau}\frac{dx^\rho}{d\tau}. \tag{6.40}$$

在观测者所处的局域惯性坐标系(沿着第一个检验粒子的测地线运动的坐标系)中,两个作自由落体运动的相邻检验粒子之间的距离满足方程(这里用 x^i 替代 δx^i)

$$\frac{d^2 x^i}{dt^2}=-R_{i0j0}x^j. \tag{6.41}$$

注意在线性近似下 R_{i0j0} 是规范不变量,因此可以利用测地线偏离方程来定义引力波偏振态. 通常把检验粒子放在一个球面上,用这个球面上的检验粒子在引力波作用下相对于球心的运动来定义引力波偏振态. 下面,先考虑广义相对论中的情况.

在横向无迹规范下,广义相对论中的平面引力波 $h_{\mu\nu}$ 由方程(6.24)给出,它具有两个独立自由度,代入方程(6.4)得到

$$R_{i0j0}=-\frac{1}{2}h^{TT}_{ij,tt}. \tag{6.42}$$

把方程(6.42)代入方程(6.41)可得

$$\frac{d^2 x^i}{dt^2}=\frac{1}{2}\ddot{h}^{TT}_{ij}x^j. \tag{6.43}$$

如果探测器长度为 L,则引力波引起的探测器长度变化为

$$\delta L(t)u^i=\frac{L}{2}h^{TT}_{ij}(t)u^j, \tag{6.44}$$

式中 $\boldsymbol{u}$ 代表激光干涉仪两臂方向的单位矢量.

下面讨论具体模式的作用. ϵ_{11}模式引起的测地线偏离为

$$\ddot{x}=-\frac{\omega^2}{2}\epsilon_{11}\cos[\omega(t-z)]x, \tag{6.45}$$

$$\ddot{y}=\frac{\omega^2}{2}\epsilon_{11}\cos[\omega(t-z)]y, \tag{6.46}$$

这通常称为"＋"偏振模式,其振动模式见图 6.1(a). 所以"＋"偏振模式使得 x 方向长度增大的同时,y 方向的长度减小,反之亦然.

ϵ_{12}模式引起的测地线偏离为

$$\ddot{x}=-\frac{\omega^2}{2}\epsilon_{12}\cos[\omega(t-z)]y, \tag{6.47}$$

$$\ddot{y}=-\frac{\omega^2}{2}\epsilon_{12}\cos[\omega(t-z)]x, \tag{6.48}$$

这通常称为"×"偏振模式,其振动模式见图 6.1(b). "＋"偏振模式与"×"偏振模式都是横波模式.

而在更一般的度规引力理论中,$h_{\mu\nu}$ 可能有多于两个的独立波动自由度,因而 R_{i0j0} 的独立自由度可能多于两个,反映到测地线偏离方程上,则说明可能有多个偏振模式. 由于对称性,R_{i0j0} 最多有 6 个独立变量. 根据方程(6.41),可以利用 R_{i0j0} 定义六种基本偏振模式[136].

(1) "＋"偏振模式:$\hat{P}_+=-R_{x0x0}+R_{y0y0}=\frac{1}{2}(h_{xx,tt}-h_{yy,tt})$.

(2) "×"偏振模式:$\hat{P}_\times=2R_{x0y0}=-h_{xy,tt}$.

(3) 呼吸模式:$\hat{P}_{\mathrm{b}}=R_{x0x0}+R_{y0y0}=-\frac{1}{2}(h_{xx,tt}+h_{yy,tt})$.

(4) 矢量-x 模式:$\hat{P}_x=R_{x0z0}=\frac{1}{2}(h_{x0,tz}-h_{xz,tt})$.

(5) 矢量-y 模式:$\hat{P}_y=R_{y0z0}=\frac{1}{2}(h_{y0,tz}-h_{yz,tt})$.

(6) 纵振模式:$\hat{P}_{\mathrm{l}}=R_{z0z0}=-\frac{1}{2}(h_{00,zz}+h_{zz,tt}-2h_{0z,tz})$.

为了更直观地理解引力波的上述偏振模式,这里讨论球面上的自由下落的检验粒子在沿 z 方向传播的引力波的作用下相对球心的运动,如图 6.1,图 6.2,图 6.3 所示. 对于爱因斯坦广义相对论中的引力波,只存在图 6.1 中的"＋"偏振模式 $\hat{P}_+=h_{+,tt}$ 与"×"偏振模式 $\hat{P}_\times=-h_{\times,tt}$.

以上便是一般的度规引力理论中所包含的六种基本偏振模式,但在具体的引力理论中,其偏振模式可能包含上述六种偏振模式中的某几种,或包含由它们组合形成的混合模式. 利用附录 C.3 中引入的纽曼-彭罗斯变量[175],可以利用局域洛伦兹对称性对类光引力波(以光速传播的引力波)所具有的上述六种偏振模式进行分

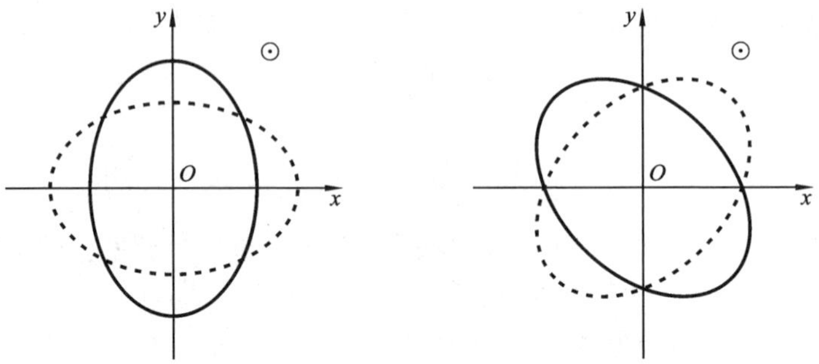

(a) (b)

图 6.1 球面上的检验粒子在"+"偏振模式与"×"偏振模式引力波作用下的位移示意图

图(a)对应的$-R_{x0x0}+R_{y0y0}$是"+"偏振模式，只会引起横向的偏离. 图(b)对应的$2R_{x0y0}$是"×"偏振模式，只会引起横向的偏离. 图右上角标示引力波传播方向.

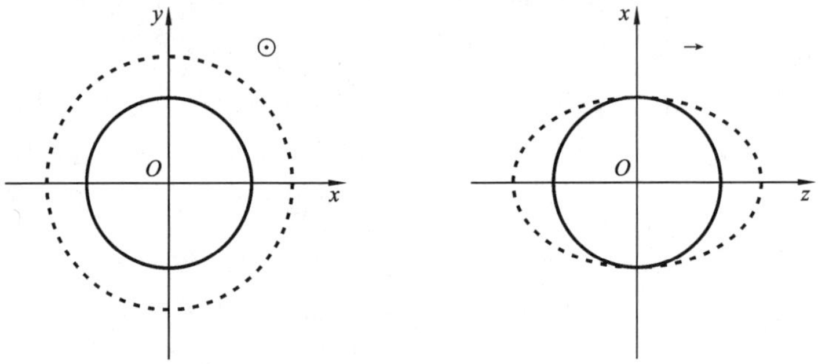

(a) (b)

图 6.2 球面上的检验粒子在呼吸模式与纵振模式引力波作用下的位移示意图

图(a)对应的$R_{x0x0}+R_{y0y0}$是呼吸模式，简称为"b"模式，只会引起横向的偏离. 图(b)对应的R_{z0z0}是纵振模式，简称为"l"模式，只会引起纵向的偏离. 图右上角标示引力波传播方向.

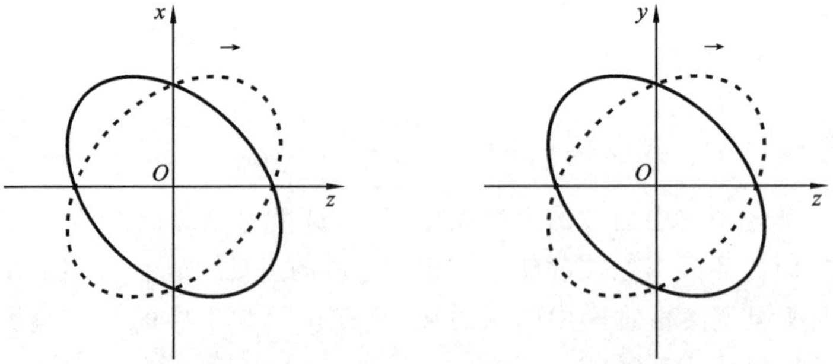

(a) (b)

图 6.3 球面上的检验粒子在矢量-x 与矢量-y 模式引力波作用下的位移示意图

图(a)对应的R_{x0z0}是矢量-x 模式，同时引起横向和纵向的偏离. 图(b)对应的R_{y0z0}是矢量-y 模式，同时引起横向和纵向的偏离. 图右上角标示引力波传播方向.

类[176]. 按照这个分类,对于类光引力波,上述六种偏振模式是相互独立的. 对于弱的类光平面引力波,为不失一般性,假设它沿 z 方向传播,则黎曼曲率张量只是类光变量 $v=t-z$ 的函数,$R_{\mu\nu\alpha\beta}=R_{\mu\nu\alpha\beta}(v)$. 因为黎曼曲率张量只是 v 的函数,所以 $R_{abcd,p}=0$,这里 a,b,c,d 取类光坐标 $k,l,m,\bar{m}$,而 $p,q,r,\cdots$ 只取 $k,m,\bar{m}$. 在线性近似下,比安基恒等式的协变导数就是普通坐标导数,从而有

$$R_{ab(pq;l)}=R_{ab(pq,l)}=\frac{1}{3}(R_{abpq,l}+R_{abql,p}+R_{ablp,q})=\frac{1}{3}R_{abpq,l}=0, \qquad (6.49)$$

由此可知 R_{abpq} 是一个常数. 对于引力波,无穷远边界条件说明 $R_{abpq}=R_{pqab}=0$. 如果 l 不出现在前两个指标或后两个指标中,则相应黎曼曲率张量分量为零,所以黎曼曲率张量非零分量为 $R_{plql}\neq 0$. 非零里奇张量为

$$R_{ll}=R_{albl}\eta^{ab}=R_{ml\bar{m}l}+R_{\bar{m}lml}=2R_{lml\bar{m}}, \qquad (6.50a)$$

$$R_{lk}=R_{albk}\eta^{ab}=-R_{kllk}=R_{klkl}=R_{lklk}=R_{kl}, \qquad (6.50b)$$

$$R_{lm}=R_{albm}\eta^{ab}=-R_{kllm}=R_{lklm}=R_{ml}, \qquad (6.50c)$$

$$R_{l\bar{m}}=R_{alb\bar{m}}\eta^{ab}=-R_{kll\bar{m}}=R_{lkl\bar{m}}=R_{\bar{m}l}, \qquad (6.50d)$$

$$R=R_{ab}\eta^{ab}=-R_{lk}-R_{kl}=-2R_{lk}=-2R_{lklk}. \qquad (6.50e)$$

利用这些结果可得到纽曼-彭罗斯变量

$$\Psi_0=-R_{kmkm}=0, \qquad (6.51)$$

$$\Psi_1=-R_{klkm}+\frac{1}{2}R_{km}=0, \qquad (6.52)$$

$$\begin{aligned}\Psi_2&=-\frac{1}{2}\left(-R_{klm\bar{m}}+R_{klkl}-\frac{2}{3}R_{kl}-\frac{1}{3}R_{m\bar{m}}\right)=-\frac{1}{2}\left(R_{klkl}-\frac{2}{3}R_{klkl}\right)\\&=-\frac{1}{6}R_{lklk}=-\frac{1}{6}R_{ztzt}=-\frac{1}{6}R_{z0z0},\end{aligned} \qquad (6.53)$$

$$\begin{aligned}\Psi_3&=R_{kll\bar{m}}+\frac{1}{2}R_{l\bar{m}}=-\frac{1}{2}R_{lkl\bar{m}}=-\frac{1}{4}(R_{tztx}-R_{tzzx}-iR_{tzty}+iR_{tzzy})\\&=-\frac{1}{2}R_{xtzt}+\frac{i}{2}R_{ytzt}=-\frac{1}{2}R_{x0z0}+\frac{i}{2}R_{y0z0},\end{aligned} \qquad (6.54)$$

$$\begin{aligned}\Psi_4&=-R_{\bar{m}l\bar{m}l}=-\frac{1}{4}(R_{x0x0}-2R_{x0xz}+R_{xzxz}-R_{y0y0}+2R_{y0yz}-R_{yzyz})\\&\quad+\frac{1}{2}i(R_{x0y0}+R_{xzyz}-R_{x0yz}-R_{xzy0})\\&=-R_{x0x0}+R_{y0y0}+2iR_{x0y0},\end{aligned} \qquad (6.55)$$

$$\Phi_{00}=\Phi_{01}=\Phi_{10}=\Phi_{02}=\Phi_{20}=0, \qquad (6.56)$$

$$\Phi_{22}=-R_{lml\bar{m}}=-R_{x0x0}-R_{y0y0}, \qquad (6.57)$$

$$\Phi_{11}=\frac{3}{2}\Psi_2, \quad \Phi_{12}=\bar{\Phi}_{21}=\bar{\Psi}_3, \qquad (6.58)$$

$$\Lambda=-\frac{1}{24}R=\frac{1}{12}R_{lklk}=-\frac{1}{2}\Psi_2. \qquad (6.59)$$

在上述方程推导中,注意到 $h(v)=h(t-z)$,即 $h_{,t}=-h_{,z}$. 展开到 h 的一阶,黎曼曲率张量各分量的结果为

$$R_{x0z0}=\frac{1}{2}(h_{x0,0z}-h_{xz,tt})=-\frac{1}{2}(h_{x0,tt}+h_{xz,tt}), \tag{6.60a}$$

$$R_{xzz0}=\frac{1}{2}(h_{x0,zz}-h_{xz,z0})=\frac{1}{2}(h_{x0,tt}+h_{xz,tt})=-R_{x0z0}, \tag{6.60b}$$

$$R_{y0z0}=-\frac{1}{2}(h_{y0,tt}+h_{yz,tt}), \tag{6.60c}$$

$$R_{yzz0}=\frac{1}{2}(h_{y0,tt}+h_{yz,tt})=-R_{y0z0}, \tag{6.60d}$$

$$R_{z0z0}=-\frac{1}{2}(h_{00,tt}+h_{zz,tt}-2h_{0z,tt}), \tag{6.60e}$$

$$R_{x0x0}=-\frac{1}{2}h_{xx,tt}, \tag{6.60f}$$

$$R_{y0y0}=-\frac{1}{2}h_{yy,tt}, \tag{6.60g}$$

$$R_{x0y0}=-\frac{1}{2}h_{xy,tt}. \tag{6.60h}$$

总之,与黎曼曲率张量 6 个电分量 R_{i0j0} 相联系的非零独立纽曼-彭罗斯变量为

$$\Psi_4(v)=-R_{\bar{m}l\bar{m}l}=-R_{x0x0}+R_{y0y0}+2\mathrm{i}R_{x0y0}=\frac{1}{2}(h_{xx,tt}-h_{yy,tt})-\mathrm{i}h_{xy,tt}, \tag{6.61a}$$

$$\Phi_{22}(v)=-R_{lml\bar{m}}=-R_{x0x0}-R_{y0y0}=\frac{1}{2}(h_{xx,tt}+h_{yy,tt}), \tag{6.61b}$$

$$\Psi_3(v)=-\frac{1}{2}R_{lkl\bar{m}}=-\frac{1}{2}R_{x0z0}+\frac{\mathrm{i}}{2}R_{y0z0}=\frac{1}{4}(h_{x0,tt}+h_{xz,tt})-\frac{1}{4}\mathrm{i}(h_{y0,tt}+h_{yz,tt}), \tag{6.61c}$$

$$\Psi_2(v)=-\frac{1}{6}R_{lklk}=-\frac{1}{6}R_{z0z0}=\frac{1}{12}(h_{00,tt}+h_{zz,tt}-2h_{0z,tt}). \tag{6.61d}$$

显然 Ψ_4 代表 $\hat{P}_+$ 及 $\hat{P}_\times$,Φ_{22} 代表 $\hat{P}_{\mathrm{b}}$,Ψ_3 代表 $\hat{P}_x$ 及 $\hat{P}_y$,Ψ_2 代表 $\hat{P}_{\mathrm{l}}$. 在保持沿 z 轴的波矢不变的局域洛伦兹变换下,这些纽曼-彭罗斯变量的变换关系为

$$\Psi'_2=\Psi_2, \tag{6.62a}$$

$$\Psi'_3=\mathrm{e}^{-\mathrm{i}\varphi}(\Psi_3+3\bar{\alpha}\Psi_2), \tag{6.62b}$$

$$\Psi'_4=\mathrm{e}^{-2\mathrm{i}\varphi}(\Psi_4+4\bar{\alpha}\Psi_3+6\bar{\alpha}^2\Psi_2), \tag{6.62c}$$

$$\Phi'_{22}=\Phi_{22}+2\alpha\Psi_3+2\bar{\alpha}\bar{\Psi}_3+6\alpha\bar{\alpha}\Psi_2, \tag{6.62d}$$

式中 φ 代表绕 z 轴的转动角,复矢量 α 代表二维空间的平移矢量. 如果只考虑绕 z 轴的转动变换,取 $\alpha=0$,则由变换关系(6.62)可知

$$\Psi'_2=\Psi_2, \tag{6.63a}$$

$$\Psi'_3=e^{-i\varphi}\Psi_3, \tag{6.63b}$$

$$\Psi'_4=e^{-2i\varphi}\Psi_4, \tag{6.63c}$$

$$\Phi'_{22}=\Phi_{22}. \tag{6.63d}$$

所以 Ψ_2 与 Φ_{22} 为标量，呼吸模式及纵模模式代表标量引力波；Ψ_3 为自旋为 -1 的矢量场，矢量-x 模式与矢量-y 模式代表自旋为 1 的矢量引力波；Ψ_4 为自旋为 -2 的场，"+"偏振模式与"×"偏振模式代表自旋为 2 的张量引力波. 另外，变换关系(6.62)说明，即使在某个局域惯性系中只有纵振模式，即 $\Psi_4=\Phi_{22}=\Psi_3=0$ 且 $\Psi_2\neq 0$，则在变换后的局域惯性系中，上述变量都不为零，即纵振模式的出现意味着某些局域惯性系中的观测者可以观测到所有六种偏振模式.

6.3 引力波能量-动量张量

引力波携带能量，其能量-动量张量也是爱因斯坦场方程的源. 类比于电磁场，引力场的能量-动量应该是场强的平方. 但是前面的计算只保留到线性阶，所以要计算引力场的能量-动量张量，就要考虑扰动至少到二阶.

$$g_{\mu\nu}=\eta_{\mu\nu}+h^{(1)}_{\mu\nu}+h^{(2)}_{\mu\nu}, \tag{6.64a}$$

$$R_{\mu\nu}=R^{(0)}_{\mu\nu}+R^{(1)}_{\mu\nu}+R^{(2)}_{\mu\nu}. \tag{6.64b}$$

在零阶，真空场方程 $R^{(0)}_{\mu\nu}=0$ 给出背景解 $\eta_{\mu\nu}$. 在线性阶，真空场方程 $R^{(1)}_{\mu\nu}=0$，即

$$\Box^2 h_{\mu\nu}-h^{\lambda}_{\nu,\lambda\mu}-h^{\lambda}_{\mu,\lambda\nu}+h^{\lambda}_{\lambda,\mu\nu}=0 \tag{6.65}$$

给出一阶扰动 $h^{(1)}_{\mu\nu}$ 的解. 为书写方便，上述方程中略去了上指标(1). 展开到二阶，真空场方程为

$$R^{(1)}_{\mu\nu}[h^{(2)}]+R^{(2)}_{\mu\nu}[h^{(1)}]=0. \tag{6.66}$$

所以 $R^{(2)}_{\mu\nu}[h^{(1)}]$ 可以看成 $R^{(1)}_{\mu\nu}[h^{(2)}]$ 的源. 注意因为一阶真空场方程 $R^{(1)}_{\mu\nu}[h^{(1)}]=0$，上式中没有出现交叉项 $h^{(1)\mu\nu}R^{(1)}_{\mu\nu}[h^{(1)}]$. 更一般地，包括引力场作为源的一阶爱因斯坦方程为

$$G^{(1)}_{\mu\nu}=8\pi G(T_{\mu\nu}+t_{\mu\nu})=G_{\mu\nu}+8\pi G t_{\mu\nu}, \tag{6.67}$$

等式右边 $t_{\mu\nu}$ 给出了引力场的能量-动量张量. 前面提到，它应该是一阶扰动的平方，因此上述方程右边的爱因斯坦张量应该展开到 h 的二阶，即

$$\begin{aligned} R^{(2)}_{\mu\nu}=&\frac{1}{2}h^{\rho\sigma}\partial_\mu\partial_\nu h_{\rho\sigma}+\frac{1}{4}(\partial_\mu h_{\rho\sigma})\partial_\nu h^{\rho\sigma}+(\partial^\sigma h^{\rho}_{\nu})\partial_{[\sigma}h_{\rho]\mu}-h^{\rho\sigma}\partial_\rho\partial_{(\mu}h_{\nu)\sigma}\\ &+\frac{1}{2}\partial_\sigma(h^{\rho\sigma}\partial_\rho h_{\mu\nu})-\frac{1}{4}(\partial_\rho h_{\mu\nu})\partial^\rho h-(\partial_\sigma h^{\rho\sigma}-\frac{1}{2}\partial^\rho h)\partial_{(\mu}h_{\nu)\rho}. \end{aligned} \tag{6.68}$$

所以在二阶近似下，引力场的能量-动量张量可以表达成

$$t_{\mu\nu}=\frac{1}{8\pi G}(G^{(1)}_{\mu\nu}-G_{\mu\nu})=-\frac{1}{8\pi G}G^{(2)}_{\mu\nu}=-\frac{1}{8\pi G}\left[R^{(2)}_{\mu\nu}-\frac{1}{2}\eta_{\mu\nu}R^{(2)}_{\rho\sigma}\eta^{\rho\sigma}\right]. \tag{6.69}$$

由比安基恒等式可知 $t^{\mu\nu}$ 满足守恒条件 $t^{\mu\nu}_{;\nu}=0$. 遗憾的是,这样给出的 $t_{\mu\nu}$ 理解成能量-动量张量具有一定的局限性,而且这不是能量-动量张量的唯一定义方式,它还有其他一些定义形式. 局域上不可能定义引力场(时空自身的扰动)的能量. 因为如果在一个确定的位置定义了能量,则根据测不准原理,其动量将为无穷大. 为了克服这个困难,通过在几个波长内取平均的方法来定义引力场的能量-动量张量. 联立方程(6.65),方程(6.68)与方程(6.69),得到

$$\begin{aligned}t_{\mu\nu}&=\frac{1}{32\pi G}\langle(\partial_\mu h_{\rho\sigma})(\partial_\nu h^{\rho\sigma})+(\partial_\rho h)(\partial^\rho h_{\mu\nu})-(\partial_\rho h^{\rho\sigma})(\partial_\mu h_{\nu\sigma})-(\partial_\rho h^{\rho\sigma})(\partial_\nu h_{\mu\sigma})\rangle\\&=\frac{1}{32\pi G}\langle(\partial_\mu \bar{h}_{\rho\sigma})(\partial_\nu \bar{h}^{\rho\sigma})-\frac{1}{2}(\partial_\mu \bar{h})(\partial_\nu \bar{h})-(\partial_\rho \bar{h}^{\rho\sigma})(\partial_\mu \bar{h}_{\nu\sigma})-(\partial_\rho \bar{h}^{\rho\sigma})(\partial_\nu \bar{h}_{\mu\sigma})\rangle.\end{aligned} \tag{6.70}$$

取横向无迹规范条件(6.23),引力场的能量-动量张量表达式可以简化为

$$t_{\mu\nu}=\frac{1}{32\pi G}\langle(\partial_\mu h^{\mathrm{TT}}_{\rho\sigma})(\partial_\nu h^{\rho\sigma}_{\mathrm{TT}})\rangle. \tag{6.71}$$

在某个时刻包含在某个区域 Σ 内的引力辐射总能量为

$$E=\int_\Sigma t_{00}\,\mathrm{d}^3x, \tag{6.72}$$

辐射到无穷远处的总能量可以表达为

$$\Delta E=\int P\mathrm{d}t, \tag{6.73}$$

其中辐射功率[138]

$$P=\int_{S^2_\infty} t_{0\mu}n^\mu r^2\,\mathrm{d}\hat{\Omega}, \tag{6.74}$$

积分作用在空间无穷远处的二维球面 S^2_∞ 上,且 $n^\nu=(0,1,0,0)$ 是 S^2_∞ 的法向类空单位矢量. 辐射也可以通过计算系统作用于自身的辐射反冲而得到[139]. 对于辐射功率是常数的情况,两种方法得到的结果一致;对于辐射功率随时间变化的情况,两种方法得到的结果不一致. 可以证明这两种方法在取时间平均后得到的结果一致[138].

对于沿 z 方向传播的平面引力波,其能量-动量张量非零分量为

$$t_{00}=t_{zz}=-t_{0z}=\frac{1}{16\pi G}\langle\dot{h}^2_+ +\dot{h}^2_\times\rangle. \tag{6.75}$$

辐射功率为

$$P=\frac{1}{16\pi G}\int_{S^2_\infty}\langle\dot{h}^2_+ +\dot{h}^2_\times\rangle r^2\,\mathrm{d}\hat{\Omega}, \tag{6.76}$$

下面通过计算施瓦西时空的能流来说明施瓦西时空没有能量辐射. 取施瓦西度规的各向同性形式

$$\mathrm{d}s^2=-\frac{[1-GM/(2\rho)]^2}{[1+GM/(2\rho)]^2}\mathrm{d}t^2+\left(1+\frac{GM}{2\rho}\right)^4(\mathrm{d}\rho^2+\rho^2\mathrm{d}\Omega^2), \tag{6.77}$$

得到

$$h_{00}=h_{xx}=h_{yy}=h_{zz}=\frac{2GM}{\rho}, \tag{6.78a}$$

$$h=\frac{4GM}{\rho}. \tag{6.78b}$$

把上述度规扰动代入方程(6.71)可得

$$t_{00}=\frac{1}{32\pi G}\langle\partial_\rho h\,\partial^\rho h_{00}\rangle=\frac{GM^2}{4\pi\rho^4}, \tag{6.79}$$

$$t_{01}=t_{02}=t_{03}=0, \tag{6.80}$$

$$t_{ij}=\frac{GM^2}{4\pi\rho^4}\left(\frac{x_i x_j}{\rho^2}-\delta_{ij}\right). \tag{6.81}$$

所以能流 t_{0i} 为 0. 另外,能量密度正比于 $1/\rho^4$,它不代表辐射能量.

6.4 四极辐射

如果一个质量分布不对称的物体作加速运动,那么时空变形就会以波纹的形式向外传播,这就是引力波,它能脱离引力场源在时空中传播. 利用反迹变量

$$\bar{h}_{\mu\nu}=h_{\mu\nu}-\frac{1}{2}\eta_{\mu\nu}h, \tag{6.82}$$

方程(6.8)给出了线性近似下 $G_{\mu\nu}$ 的表达式

$$G_{\mu\nu}=\frac{1}{2}(\partial_\mu\partial_\alpha\bar{h}^\alpha_\nu+\partial_\nu\partial_\alpha\bar{h}^\alpha_\mu-\Box^2\bar{h}_{\mu\nu}-\eta_{\mu\nu}\partial_\alpha\partial_\beta\bar{h}^{\alpha\beta}). \tag{6.83}$$

由于广义坐标变换的自由度,可以选取谐和坐标,即横向规范条件(6.14),$\partial_\mu\bar{h}^{\mu\nu}=0$. 在精确到 $h_{\mu\nu}$ 的一阶近似下,谐和坐标中爱因斯坦场方程可以写成

$$\Box^2\bar{h}_{\mu\nu}=-16\pi G\tau_{\mu\nu}, \tag{6.84}$$

式中 $\tau_{\mu\nu}=T_{\mu\nu}+t_{\mu\nu}$,它是包括引力波在内的总能量-动量张量. 一般情况下,波动方程(6.84)的推迟势解为

$$\bar{h}_{\mu\nu}(\boldsymbol{y},\ t)=4G\int\frac{\tau_{\mu\nu}(\boldsymbol{x},\ t-\Delta)}{|\ \boldsymbol{y}-\boldsymbol{x}\ |}\mathrm{d}^3x, \tag{6.85}$$

式中,$\boldsymbol{y}$ 表示场点位置,$\boldsymbol{x}$ 表示源点的位置,场点与源点之间的距离 $\Delta=|\boldsymbol{y}-\boldsymbol{x}|$. 由于爱因斯坦场方程的高度非线性,引力波本身就是其自身的源,使得方程的求解十分困难. 除了寻求严格的场方程特解,另一种探索引力波的途径是研究场方程的远场辐射解,即认为引力波在某个时空背景下传播,它自身携带的能量和动量可以忽略不计,从而不影响其自身的传播. 在远离源的地方,$|\boldsymbol{x}|\ll|\boldsymbol{y}|$,$\Delta=|\boldsymbol{y}-\boldsymbol{x}|\approx|\boldsymbol{y}|=D$,一阶近似下得到[140,141]

$$\bar{h}_{\mu\nu}(\boldsymbol{y},\ t)=\frac{4G}{D}\int T_{\mu\nu}(\boldsymbol{x},\ t-D)\mathrm{d}^3x. \tag{6.86}$$

由物质能量-动量张量守恒定律可知

$$\begin{aligned}\int T^{ij}(\boldsymbol{x},\ t)\mathrm{d}^3x &= -\int x^i\partial_k T^{kj}(\boldsymbol{x},\ t)\mathrm{d}^3x = \int x^i\partial_t T^{0j}(\boldsymbol{x},\ t)\mathrm{d}^3x \\ &= \frac{1}{2}\partial_t\int[x^iT^{0j}(\boldsymbol{x},\ t)+x^jT^{0i}(\boldsymbol{x},\ t)]\mathrm{d}^3x \\ &= \frac{1}{2}\partial_t\int[\partial_k(x^ix^jT^{0k}(\boldsymbol{x},\ t))-x^ix^j\partial_kT^{0k}(\boldsymbol{x},\ t)]\mathrm{d}^3x \\ &= \frac{1}{2}\partial_t^2\int[x^ix^jT^{00}(\boldsymbol{x},\ t)]\mathrm{d}^3x = \frac{1}{2}\ddot{I}^{ij}(t),\end{aligned} \tag{6.87}$$

式中物质源的四极矩为

$$I^{ij}(t) = \int T^{00}(\boldsymbol{x},\ t)x^ix^j\mathrm{d}^3x. \tag{6.88}$$

把方程(6.87)代入推迟势公式(6.86)，便得到最低阶引力辐射的幅度

$$\bar{h}_{ij}(\boldsymbol{y},\ t) = \frac{4G}{D}\int T^{ij}(\boldsymbol{x},\ t-R)\mathrm{d}^3x = \frac{2G}{D}\ddot{I}_{ij}(t-D), \tag{6.89}$$

此即著名的四极矩公式. 由于质量、动量及角动量守恒，引力辐射最低阶为四极辐射，且辐射场的幅度与距离成反比.

由于度规扰动中的横向无迹部分才是可传播的引力波，利用横向投影算符

$$P_{ij} = \delta_{ij} - n_in_j, \tag{6.90}$$

以及横向无迹投影算符

$$\Lambda_{ij,kl} = P_{ik}P_{jl} - \frac{1}{2}P_{ij}P_{kl}, \tag{6.91}$$

得到

$$h_{ij}^{\mathrm{TT}} = \bar{h}_{ij}^{\mathrm{TT}} = \left(P_{ik}P_{jl} - \frac{1}{2}P_{ij}P_{kl}\right)\bar{h}_{kl} = \sum_{A=+,\times} h_A\epsilon_{ij}^A, \tag{6.92}$$

$$I_{ij}^{\mathrm{TT}} = Q_{ij}^{\mathrm{TT}} = \left(P_{ik}P_{jl} - \frac{1}{2}P_{ij}P_{kl}\right)I_{kl} = \left(P_{ik}P_{jl} - \frac{1}{2}P_{ij}P_{kl}\right)Q_{kl}, \tag{6.93}$$

其中 $Q_{ij} = I_{ij} - \frac{1}{3}\delta_{ij}\delta^{kl}I_{kl}$，$\boldsymbol{n}$ 为引力波传播方向. 在源坐标系，取引力波传播方向为 z 方向，则 $\boldsymbol{n}=\hat{\boldsymbol{z}}=(0,\ 0,\ 1)$，且

$$P_{ij}(\boldsymbol{n}) = \begin{pmatrix}1 & 0 & 0\\ 0 & 1 & 0\\ 0 & 0 & 0\end{pmatrix}, \tag{6.94}$$

所以

$$Q_{ij}^{\mathrm{TT}} = \Lambda_{ij,kl}Q_{kl} = \begin{pmatrix}(Q_{11}-Q_{22})/2 & Q_{12} & 0\\ Q_{21} & -(Q_{11}-Q_{22})/2 & 0\\ 0 & 0 & 0\end{pmatrix}, \tag{6.95}$$

极化张量 $\boldsymbol{\epsilon}^+ = \hat{\boldsymbol{x}}\times\hat{\boldsymbol{x}} - \hat{\boldsymbol{y}}\times\hat{\boldsymbol{y}}$，$\boldsymbol{\epsilon}^\times = \hat{\boldsymbol{x}}\times\hat{\boldsymbol{y}} + \hat{\boldsymbol{y}}\times\hat{\boldsymbol{x}}$，以及

$$h_+(t, \hat{z})=\frac{G}{D}(\ddot{Q}_{11}-\ddot{Q}_{22})(t-D)=\frac{G}{D}(\ddot{I}_{11}-\ddot{I}_{22})(t-D), \tag{6.96a}$$

$$h_\times(t, \hat{z})=\frac{2G}{D}\ddot{Q}_{12}(t-D)=\frac{2G}{D}\ddot{I}_{12}(t-D), \tag{6.96b}$$

式中时间 $t-D$ 是延迟时间. 要计算沿任意方向 $\boldsymbol{n}=(\sin\theta\sin\phi, \sin\theta\cos\phi, \cos\theta)$ 传播的引力波,我们引入两个正交的单位矢量 $\hat{\boldsymbol{u}}$ 与 $\hat{\boldsymbol{v}}$,它们同时与 $\boldsymbol{n}$ 正交,即 $\hat{\boldsymbol{u}}\times\hat{\boldsymbol{v}}=\boldsymbol{n}$,则 $\boldsymbol{\epsilon}^+=\hat{\boldsymbol{u}}\times\hat{\boldsymbol{u}}-\hat{\boldsymbol{v}}\times\hat{\boldsymbol{v}}$,$\boldsymbol{\epsilon}^\times=\hat{\boldsymbol{u}}\times\hat{\boldsymbol{v}}+\hat{\boldsymbol{v}}\times\hat{\boldsymbol{u}}$. 在以 $(\hat{\boldsymbol{u}}, \hat{\boldsymbol{v}}, \boldsymbol{n})$ 为坐标轴的 (x', y', z') 坐标系,引力波沿 z' 轴传播 $(\boldsymbol{n}'=\hat{\boldsymbol{z}}'=(0, 0, 1))$,可以把方程(6.96)中的 Q_{ij} 替换为 I'_{ij}. (x', y', z') 坐标系中的四极矩与 (x, y, z) 坐标系中的四极矩可以通过坐标转动得到. 变换关系 $n_i=\mathcal{R}_{ij}n'_j$ 的转动矩阵为

$$\mathcal{R}_{ij}=\begin{pmatrix}\cos\phi & \sin\phi & 0\\ -\sin\phi & \cos\phi & 0\\ 0 & 0 & 1\end{pmatrix}\begin{pmatrix}1 & 0 & 0\\ 0 & \cos\theta & \sin\theta\\ 0 & -\sin\theta & \cos\theta\end{pmatrix}. \tag{6.97}$$

因为 $I_{ij}=\mathcal{R}_{ik}\mathcal{R}_{jl}I'_{kl}$,所以 $I'_{ij}=(\mathcal{R}^{\mathrm{T}}\boldsymbol{I}\mathcal{R})_{ij}$,则

$$\begin{aligned}h_+(t, \hat{\boldsymbol{n}})&=\frac{G}{D}(\ddot{I}'_{11}-\ddot{I}'_{22})\\ &=\frac{G}{D}[\ddot{I}_{11}(\cos^2\phi-\sin^2\phi\cos^2\theta)+\ddot{I}_{22}(\sin^2\phi-\cos^2\phi\cos^2\theta)\\ &\quad-\ddot{I}_{33}\sin^2\theta-\ddot{I}_{12}\sin(2\phi)(1+\cos^2\theta)\\ &\quad+\ddot{I}_{13}\sin\phi\sin(2\theta)+\ddot{I}_{23}\cos\phi\sin(2\theta)],\end{aligned} \tag{6.98}$$

$$\begin{aligned}h_\times(t, \hat{\boldsymbol{n}})=\frac{2G}{D}\ddot{I}'_{12}=\frac{G}{D}[&(\ddot{I}_{11}-\ddot{I}_{22})\sin(2\phi)\cos\theta+2\ddot{I}_{12}\cos(2\phi)\cos\theta\\ &-2\ddot{I}_{13}\cos\phi\sin\theta+2\ddot{I}_{23}\sin\phi\sin\theta].\end{aligned} \tag{6.99}$$

上述方程右边的四极矩中的时间取延迟时 $t-D$. 另外,也可以通过 $h'_{ij}=(\mathcal{R}^{\mathrm{T}}\boldsymbol{h}\mathcal{R})_{ij}$ 得到 $h_+(\hat{\boldsymbol{n}})=(h'_{11}-h'_{22})/2$ 及 $h_\times(\hat{\boldsymbol{n}})=h'_{12}$.

下面讨论引力波的辐射功率的计算. 要计算辐射功率,需要计算 t_{0r}. 因为

$$\partial_0 h_{ij}^{\mathrm{TT}}=\frac{2G}{D}\dddot{I}_{ij}^{\mathrm{TT}}(t-D), \tag{6.100}$$

$$\partial_r h_{ij}^{\mathrm{TT}}=-\frac{2G}{D}\dddot{I}_{ij}^{\mathrm{TT}}(t-D)-\frac{2G}{D^2}\ddot{I}_{ij}^{\mathrm{TT}}(t-D)\approx-\frac{2G}{D}\dddot{I}_{ij}^{\mathrm{TT}}(t-D), \tag{6.101}$$

所以

$$t_{0r}=-\frac{G}{8\pi D^2}\langle\dddot{I}_{ij}^{\mathrm{TT}}\dddot{I}_{\mathrm{TT}}^{ij}\rangle. \tag{6.102}$$

利用方程(6.93)可以得到

$$Q_{ij}^{\mathrm{TT}}Q_{\mathrm{TT}}^{ij}=Q_{ij}Q^{ij}-2Q_i^jQ^{ik}n_jn_k+\frac{1}{2}Q^{ij}Q^{kl}n_in_jn_kn_l, \tag{6.103}$$

因此辐射功率

$$P=-\frac{G}{8\pi}\int\langle\dddot{Q}_{ij}\dddot{Q}^{ij}-2\dddot{Q}_i^j\dddot{Q}^{ik}n_jn_k+\frac{1}{2}\dddot{Q}^{ij}\dddot{Q}^{kl}n_in_jn_kn_l\rangle\mathrm{d}\hat{\Omega}. \tag{6.104}$$

利用积分

$$\int\mathrm{d}\hat{\Omega}=4\pi, \tag{6.105}$$

$$\int n_in_j\,\mathrm{d}\hat{\Omega}=\frac{4\pi}{3}\delta_{ij}, \tag{6.106}$$

$$\int n_in_jn_kn_l\,\mathrm{d}\hat{\Omega}=\frac{4\pi}{15}(\delta_{ij}\delta_{kl}+\delta_{ik}\delta_{jl}+\delta_{il}\delta_{jk}). \tag{6.107}$$

最终得到

$$P=-\frac{G}{5}\langle\dddot{Q}_{ij}\dddot{Q}^{ij}\rangle. \tag{6.108}$$

同理可得角动量辐射功率[138]

$$\frac{\mathrm{d}L_i}{\mathrm{d}t}=-\frac{2G}{5}\epsilon_{ijk}\langle\ddot{Q}^{jl}\dddot{Q}_l^k\rangle. \tag{6.109}$$

6.5 椭球自转

本节以三轴椭球转动为例计算引力波. 简单起见,假设初始时刻 $t=0$,椭球的四极矩只有对角元分量,即

$$\boldsymbol{I}_s=\begin{pmatrix}I_1 & 0 & 0\\ 0 & I_2 & 0\\ 0 & 0 & I_3\end{pmatrix}. \tag{6.110}$$

考虑椭球绕对称轴 z 以角速度 ω 转动,则

$$I_{ij}(t)=\boldsymbol{R}_3(\omega t)\boldsymbol{I}_s\boldsymbol{R}_3^{-1}(\omega t)=\begin{pmatrix}\frac{1}{2}I+\frac{1}{2}eI_3\cos(2\omega t) & -\frac{1}{2}eI_3\sin(2\omega t) & 0\\ -\frac{1}{2}eI_3\sin(2\omega t) & \frac{1}{2}I-\frac{1}{2}eI_3\cos(2\omega t) & 0\\ 0 & 0 & I_3\end{pmatrix}, \tag{6.111}$$

其中 $I=I_1+I_2$,椭率 $e=(I_1-I_2)/I_3$,绕 z 轴的转动矩阵

$$\boldsymbol{R}_3(\phi)=\begin{pmatrix}\cos\phi & \sin\phi & 0\\ -\sin\phi & \cos\phi & 0\\ 0 & 0 & 1\end{pmatrix}. \tag{6.112}$$

把式(6.111)代入式(6.89)可得引力波

$$h_{ij}^{\mathrm{TT}}=\frac{2G}{D}\ddot{I}_{ij}=\frac{4GeI_3\omega^2}{D}\begin{pmatrix}-\cos(2\omega t) & \sin(2\omega t) & 0\\ \sin(2\omega t) & \cos(2\omega t) & 0\\ 0 & 0 & 0\end{pmatrix}. \tag{6.113}$$

引力波的频率为 2ω，即椭球自转频率 ω 的两倍. 辐射功率为

$$P_{\rm rad}=\frac{32G}{5}e^2 I_3^2\omega^6. \tag{6.114}$$

把四极矩方程(6.111)代入式(6.109)可得角动量辐射功率

$$\dot{L}_3=-\frac{32G}{5}e^2 I_3^2\omega^5=-\frac{P_{\rm rad}}{\omega}. \tag{6.115}$$

对于距离地球 $D=2.5$ kpc 的蟹状星云脉冲星，其质量 $M=1.4M_\odot$，半径 $r=10$ km，自转周期 $T=0.0333$ s，自转减慢率 $\dot{T}=4.21\times10^{-13}$，轨道倾角 $\iota=62°$，质量四极矩 $I_3\approx 2Mr^2/5=1.1\times10^{38}\ \mathrm{kg\cdot m^2}$. 如果自转周期变短完全来自引力波辐射，则可求出所需要的椭率[142]，即

$$I_3\dot{\omega}=-I_3\frac{2\pi\dot{T}}{T^2}=\dot{L}_3=-\frac{32G}{5}e^2 I_3^2\omega^5, \tag{6.116a}$$

$$e=\sqrt{\frac{5}{512\pi^4}\frac{\dot{T}T^3}{GI_3}}\approx 7.2\times10^{-4}. \tag{6.116b}$$

6.6 双星系统

本节以双星系统绕转为例计算引力波. 对于由质量分别为 M_1 及 M_2 的两个天体组成的双星系统，其相对运动可以等效为质量 $\mu=M_1M_2/(M_1+M_2)$ 的单体绕该系统质心的转动，转动角速度 $\Omega=\sqrt{GM/r^3}$，这里 $M=M_1+M_2$，r 为两个天体之间的距离. 四极辐射(6.89)可以表达成

$$h_{\rm TT}^{ij}=\frac{2G\mu}{D}\frac{\partial^2(r^ir^j)}{\partial t^2}=\frac{4G\mu}{D}\left(v^iv^j-\frac{GMr^ir^j}{r^3}\right)_{\rm TT}. \tag{6.117}$$

为了讨论方便，取双星系统的轨道平面为 x-y 平面，则这个双星系统的非零四极矩为

$$I_{11}=\mu r^2\cos^2(\Omega t), \tag{6.118a}$$

$$I_{22}=\frac{1}{2}\mu r^2[1-\cos(2\Omega t)], \tag{6.118b}$$

$$I_{12}=I_{21}=\frac{1}{2}\mu r^2\sin(2\Omega t). \tag{6.118c}$$

把四极矩方程(6.118)代入方程(6.89)，便得到双星系统辐射的沿 z 方向传播的引力波波形

$$h_{ij}^{\rm TT}(t,\ \boldsymbol{x})=\frac{4G\mu}{D}\Omega^2r^2\begin{pmatrix}\cos[2\Omega(t-D)] & \sin[2\Omega(t-D)] & 0\\ \sin[2\Omega(t-D)] & -\cos[2\Omega(t-D)] & 0\\ 0 & 0 & 0\end{pmatrix}, \tag{6.119}$$

式中 $D=z$，这里已经选取了横向无迹规范. 式(6.119)说明，引力波角频率 $2\pi f=$

2Ω，即双星系统辐射的引力波频率 f 是双星系统轨道运动频率的两倍，其幅度为 $h(t)=4G\mu\Omega^2 r^2/D=4(G\mathcal{M})^{5/3}\Omega^{2/3}/D$，其中啾鸣(chirp)质量 $\mathcal{M}=(\mu^3 M^2)^{1/5}$. 对于距离地球 100 Mpc 的恒星级质量的双黑洞系统，有

$$\mu v^2 \sim 1 M_\odot c^2 = 1.8\times 10^{54}\ \text{erg}, \tag{6.120a}$$

$$D = 100\ \text{Mpc} = 1.3\times 10^{26}\ \text{cm}, \tag{6.120b}$$

$$G/c^4 = 8.26\times 10^{-50}\ \text{cm/erg}, \tag{6.120c}$$

其辐射的引力波幅度 $h\sim 10^{-21}$，频率 $f\sim 100$ Hz. 把四极矩方程(6.118)代入方程(6.98)与方程(6.99)得到极化模式

$$h_+ = -\frac{4(G\mathcal{M})^{5/3}\Omega^{2/3}}{D}\frac{1+\cos^2\theta}{2}\cos(2\Omega t+2\phi) \tag{6.121a}$$

$$h_\times = -\frac{4(G\mathcal{M})^{5/3}\Omega^{2/3}}{D}\cos\theta\sin(2\Omega t+2\phi). \tag{6.121b}$$

把四极矩方程(6.118)代入式(6.108)可得双星辐射的引力波功率

$$P_{\text{rad}} = \frac{\mathrm{d}E_{\text{gw}}}{\mathrm{d}t} = -\frac{32}{5}G^{7/3}\mathcal{M}^{10/3}\Omega^{10/3}. \tag{6.122}$$

辐射引力波导致双星系统的轨道运动能量

$$E_{\text{orb}} = -\frac{1}{2}\frac{G\mu M}{r} \tag{6.123}$$

减小.

对应偏心率为 e 的开普勒椭圆轨道

$$r = \frac{a(1-e^2)}{1+e\cos\psi}, \tag{6.124}$$

其中 a 是半长轴，ψ 是极角，角速度为

$$\frac{\mathrm{d}\psi}{\mathrm{d}t} = \dot{\psi} = \frac{[G(M_1+M_2)a(1-e^2)]^{1/2}}{r^2}. \tag{6.125}$$

四极矩非零分量有

$$I_{11} = \mu r^2\cos^2\psi, \tag{6.126a}$$

$$I_{22} = \mu r^2\sin^2\psi, \tag{6.126b}$$

$$I_{12} = I_{21} = \mu r^2\sin\psi\cos\psi, \tag{6.126c}$$

总的辐射功率为[140]

$$P_{\text{rad}} = \frac{8}{15}\frac{G^4 M_1^2 M_2^2 M}{a^5(1-e^2)^5}(1+e\cos\psi)^4[12(1+e\cos\psi)^2+e^2\sin^2\psi]. \tag{6.127}$$

双星椭圆运动一个周期内平均辐射功率为

$$\langle P_{\text{rad}}\rangle = \frac{\Omega}{2\pi}\int_0^{2\pi} P_{\text{rad}}\frac{\mathrm{d}t}{\mathrm{d}\psi}\mathrm{d}\psi = -\frac{32}{5}\frac{G^4\mu^2 M^3}{a^5}g(e), \tag{6.128}$$

式中[140]

$$g(e)=\frac{1+73e^2/24+37e^4/96}{(1-e^2)^{7/2}}. \tag{6.129}$$

类似地，可以求出角动量平均辐射率[138]

$$\left\langle \frac{\mathrm{d}L}{\mathrm{d}t} \right\rangle=-\frac{32}{5}\frac{G^{7/2}M_1^2M_2^2M^{1/2}}{a^{7/2}(1-e^2)^2}\left(1+\frac{7}{8}e^2\right). \tag{6.130}$$

由方程(4.61)可知双星系统的角动量及能量分别为

$$L^2=\frac{\mu^2\tilde{p}^2G^2M^2}{\tilde{p}-3-e^2}, \tag{6.131a}$$

$$E=\sqrt{\frac{\mu^2(\tilde{p}-2-2e)(\tilde{p}-2+2e)}{\tilde{p}(\tilde{p}-3-e^2)}}, \tag{6.131b}$$

式中 $\tilde{p}=a(1-e^2)/(GM)$. 引力波辐射导致系统轨道参数 $\tilde{p}$ 与 e 随时间的演化[143]

$$-\left\langle \frac{\mathrm{d}E}{\mathrm{d}t} \right\rangle=\frac{\partial E}{\partial \tilde{p}}\frac{\mathrm{d}\tilde{p}}{\mathrm{d}t}+\frac{\partial E}{\partial e}\frac{\mathrm{d}e}{\mathrm{d}t}, \tag{6.132a}$$

$$-\left\langle \frac{\mathrm{d}L}{\mathrm{d}t} \right\rangle=\frac{\partial L}{\partial \tilde{p}}\frac{\mathrm{d}\tilde{p}}{\mathrm{d}t}+\frac{\partial L}{\partial e}\frac{\mathrm{d}e}{\mathrm{d}t}, \tag{6.132b}$$

求解得到[143]

$$\begin{aligned}\mu\frac{\mathrm{d}\tilde{p}}{\mathrm{d}t}=&\frac{2(\tilde{p}-3-e^2)^{1/2}}{(\tilde{p}-6-2e)(\tilde{p}-6+2e)}\Big[-(\tilde{p}-4)^2\dot{L}/(GM)\\&+\tilde{p}^{3/2}(\tilde{p}-2-2e)^{1/2}(\tilde{p}-2+2e)^{1/2}\dot{E}\Big]\end{aligned} \tag{6.133}$$

及

$$\begin{aligned}\mu\frac{\mathrm{d}e}{\mathrm{d}t}=&\frac{(\tilde{p}-3-e^2)^{1/2}}{e\tilde{p}(\tilde{p}-6-2e)(\tilde{p}-6+2e)}\Big\{(1-e^2)[4e^2+(\tilde{p}-2)(\tilde{p}-6)]\frac{\dot{L}}{GM}\\&-\tilde{p}^{3/2}(\tilde{p}-6-2e^2)(\tilde{p}-2-2e)^{1/2}(\tilde{p}-2+2e)^{1/2}\dot{E}\Big\}.\end{aligned} \tag{6.134}$$

在弱场(牛顿引力)近似下，$\tilde{p}\gg1$，方程(1.24d)及方程(1.24e)给出的双星系统的轨道运动能量及角动量分别为

$$E_{\mathrm{orb}}=-\frac{1}{2}\frac{G\mu M}{a}, \tag{6.135a}$$

$$L^2=G\mu^2Ma(1-e^2). \tag{6.135b}$$

利用能量平衡条件

$$\frac{\mathrm{d}E_{\mathrm{orb}}}{\mathrm{d}t}=\langle P_{\mathrm{rad}}\rangle \tag{6.136}$$

并联立方程(6.128)与方程(6.135)，可以得到轨道演化[138]

$$\left\langle \frac{\mathrm{d}a}{\mathrm{d}t} \right\rangle=-\frac{64}{5}\frac{G^3M_1M_2M}{a^3}g(e), \tag{6.137}$$

以及偏心率的演化[138]

$$\left\langle \frac{\mathrm{d}e}{\mathrm{d}t} \right\rangle=-\frac{304}{15}\frac{G^3M_1M_2M}{a^4(1-e^2)^{5/2}}e\left(1+\frac{121}{304}e^2\right). \tag{6.138}$$

联立方程(6.137)与方程(6.138),得到[138]

$$\left\langle\frac{\mathrm{d}a}{\mathrm{d}e}\right\rangle=\frac{12}{19}\frac{a}{e}\frac{1+73e^2/24+37e^4/96}{(1-e^2)(1+121e^2/304)},\tag{6.139a}$$

$$a(e)=\frac{a_0(1-e_0^2)e^{12/19}}{(1-e^2)e_0^{12/19}}\left(\frac{1+121e^2/304}{1+121e_0^2/304}\right)^{870/2299}.\tag{6.139b}$$

更高阶的后牛顿修正,可以参考文献[144-149].因为 $\Omega^2=GM/a^3=v^6/(GM)^2$,所以

$$\frac{\mathrm{d}a}{\mathrm{d}t}=-\frac{2}{3}a\frac{\dot{\Omega}}{\Omega}=-2a\frac{\dot{v}}{v}.\tag{6.140}$$

联立方程(6.137)及方程(6.140),可以得到辐射引力波而导致的双星系统轨道运动角频率随时间的变化率

$$\dot{\Omega}^3=\left(\frac{96g(e)}{5}\right)^3\Omega^{11}G^5\mu^3M^2=\left(\frac{96g(e)}{5}\right)^3\Omega^{11}(G\mathcal{M})^5.\tag{6.141}$$

换成引力波频率 f,得到

$$\frac{\dot{f}(t)}{f(t)}=\frac{96g(e)}{5}\pi^{8/3}f(t)^{8/3}(G\mathcal{M})^{5/3}.\tag{6.142}$$

对于脉冲双星 PSR B1913+16,组成该双星系统的两个脉冲星的质量分别为 $M_1=1.4414M_\odot$ 与 $M_2=1.3867M_\odot$,轨道偏心率 $e=0.617338$,轨道运动周期 $T=0.322997448930\ \mathrm{d}$,轨道周期变化率 $\dot{T}=-2.405\times10^{-12}$[142].利用这些数值及式(6.142)计算,可得广义相对论预言的轨道周期变化率为 $\dot{T}=-2.402\times10^{-12}$,与观测结果符合得很好,如图 6.4 所示,双脉冲星 PSR B1913+16 的观测结果证实了上述由于辐射引力波而导致轨道周期变短的效应[125],从而间接证明了引力波的存在.最近对轨道周期为 6.91 min 的双白矮星 ZTF J153932.16+502738.8 的轨道衰减观测结果也验证了爱因斯坦广义相对论的预言[127].

对于圆轨道,偏心率 $e=0$,$g(e)=1$,求解方程(6.142)可得双星系统辐射的引力波频率

$$f(t)=\frac{1}{8\pi G}\mathcal{M}\left(\frac{5G\mathcal{M}}{t-t_c}\right)^{3/8},\tag{6.143}$$

式中 t_c 为并合时刻.通常把并合时刻设置为运动到最内稳定圆规道($r=6GM$)的时刻,这时辐射的引力波频率为

$$f_{\mathrm{ISCO}}=\frac{1}{6^{3/2}\pi GM}\approx440\times\frac{10M_\odot}{M}\ \mathrm{Hz}.\tag{6.144}$$

考虑引力波辐射导致的频率变化,则时域波形(6.119)及(6.121)幅度中的 Ω 应该换成 $\Omega(t)$,而相位应该为

$$\Phi(t)=2\int^t\Omega(t')\mathrm{d}t'=2\pi\int^t f(t')\mathrm{d}t'.\tag{6.145}$$

在稳态相位近似(见附录 D)下,频率空间中引力波 $\tilde{h}(f)=A(f)\mathrm{e}^{\mathrm{i}\Psi(f)}$,其幅度可

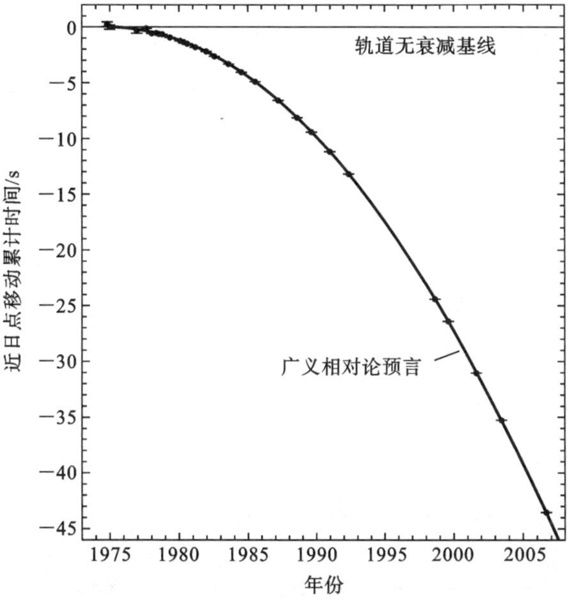

图 6.4 脉冲双星 PSR B1913+16 轨道衰减的观测数据[126]

横坐标为年份,纵坐标为累计的周期变化,实线为广义相对论预言的引力波辐射导致的周期变化.

以表达成[150,151]

$$A(f)=\frac{h(t)}{2\sqrt{\dot{f}}}=\left(\frac{5}{24}\right)^{1/2}\frac{1}{\pi^{2/3}D}(G\mathcal{M})^{5/6}f^{-7/6}, \tag{6.146}$$

相位为

$$\Psi(f)=\phi(f)-2\pi f\,t(f)+\pi/4, \tag{6.147}$$

其中相位 $\phi(f)=2\pi\int f(t)\mathrm{d}t=2\pi\int f/\dot{f}\mathrm{d}f$. 对于在宇宙空间中传播的引力波,应该考虑宇宙的膨胀效应,式中的距离 D 应该用亮度距离 d_{L},质量应该用探测器测量到的质量 $M_z=(1+z)M$,其中 z 与 M 分别为源的红移及质量. 联立方程(6.143)与方程(6.146)可得波源的亮度距离

$$d_{\mathrm{L}}=\frac{5c^6}{96\pi^2}\frac{1}{2^{1/3}f^{5/2}A(f)}\sqrt{\frac{\dot{f}(t)}{f(t)}}. \tag{6.148}$$

6.7 后牛顿理论

前面一节中的轨道计算只用了牛顿引力的结果,这一节简单介绍考虑广义相对论效应的后牛顿计算方法. 先讨论远场推迟势解的高阶展开. 利用下面这些关系式:

$$\tau^{ij}=\frac{1}{2}(\tau^{00}x^ix^j)_{,00}+(\tau^{ki}x^j+\tau^{kj}x^i)_{,k}-\frac{1}{2}(\tau^{kl}x^ix^j)_{,kl}, \tag{6.149}$$

$$\tau^{ij}x^k=\frac{1}{2}(\tau^{0i}x^jx^k+\tau^{0j}x^ix^k-\tau^{0k}x^ix^j)_{,0}+\frac{1}{2}(\tau^{li}x^jx^k+\tau^{lj}x^ix^k-\tau^{lk}x^ix^j)_{,l}, \tag{6.150}$$

将场点 $\boldsymbol{y}$ 的推迟势定义式(6.86)展开到高阶，结果为

$$\begin{aligned}h_{ij}^{\mathrm{TT}}(\boldsymbol{y},t)&=\frac{4G}{D}\sum_{m=0}^{\infty}\frac{1}{m!}\frac{\partial^m}{\partial t^m}\int\tau_{ij}^{\mathrm{TT}}(\boldsymbol{x},t-D)(\boldsymbol{n}\cdot\boldsymbol{x})^m\mathrm{d}^3x\\&=\frac{2G}{D}\frac{\partial^2}{\partial t^2}\sum_{m=0}^{\infty}n^{k_1}n^{k_2}\cdots n^{k_m}I_{ijk_1k_2k_m}^{\mathrm{TT}}(t-D),\end{aligned} \tag{6.151}$$

其中 $D=|\boldsymbol{y}|$，它是场点离坐标原点的距离，单位矢量 $\boldsymbol{n}=\boldsymbol{y}/D$，多极矩中 TT 只针对最前面两个指标 i,j.

$$I^{ij}(t)=\int\tau^{00}(\boldsymbol{x},t)x^ix^j\mathrm{d}^3x, \tag{6.152}$$

$$I^{ijk}=\int[\tau^{0i}(\boldsymbol{x},t)x^jx^k+\tau^{0j}(\boldsymbol{x},t)x^ix^k-\tau^{0k}(\boldsymbol{x},t)x^ix^j]\mathrm{d}^3x, \tag{6.153}$$

$$I^{ijk_1k_2\cdots k_m}(t)=\frac{2}{m!}\frac{\mathrm{d}^{m-2}}{\mathrm{d}t^{m-2}}\int\tau^{ij}(\boldsymbol{x},t)x^{k_1}x^{k_2}\cdots x^{k_m}\mathrm{d}^3x.\quad(m\geqslant 2) \tag{6.154}$$

关于多极矩与高阶模的关系的讨论见附录 B. 2.

下面讨论后牛顿近似. 在线性近似及 de Donder 规范下，线元为

$$\mathrm{d}s^2=-(1-2U)\mathrm{d}t^2+\delta_{ij}(1+2U)\mathrm{d}x^i\mathrm{d}x^j, \tag{6.155}$$

其中引力势 U 与前面式(3.26)定义的牛顿引力势 ϕ_{N} 差一个负号. 这个线性近似是牛顿阶的结果. 把线元式(6.155)代入爱因斯坦张量式(6.8)，近似到 U 的一阶，得到

$$G_{00}=-2\nabla^2U=8\pi GT_{00}=8\pi G\rho. \tag{6.156}$$

所以在线性近似下广义相对论可以退回到牛顿引力. 为了求解更高阶的场方程，可以采用后牛顿近似方法，它适用于远场低速运动的情况. 对于一个自引力系统，按照维里定理，一个系统的动能 $\bar{M}\bar{v}^2/2$ 等于其势能 $G\bar{M}^2/\bar{r}$ 的一半，所以

$$\bar{v}^2=\frac{G\bar{M}}{\bar{r}}. \tag{6.157}$$

后牛顿近似就是用运动速度 v 进行泰勒展开，或者说按 $1/c$ 或 GM/r 来展开. 注意时间与空间导数

$$\frac{\partial}{\partial x^i}\sim\frac{1}{r}, \tag{6.158a}$$

$$\frac{\partial}{\partial t}\sim\frac{v}{r}, \tag{6.158b}$$

所以时间导数比空间导数高一阶. 由线元

$$ds^2 = g_{00}dt^2 + 2g_{0i}dtdx^i + g_{ij}dx^i dx^j \tag{6.159}$$

可知，g_{0i}后牛顿最低阶为v^3，g_{ij}后牛顿最低阶为v^2，所以我们预期

$$g_{00} = -1 + \overset{2}{g}_{00} + \overset{4}{g}_{00}, \tag{6.160a}$$

$$g_{ij} = \delta_{ij} + \overset{2}{g}_{ij} + \overset{4}{g}_{ij}, \tag{6.160b}$$

$$g_{i0} = \overset{3}{g}_{i0} + \overset{5}{g}_{i0}, \tag{6.160c}$$

以及

$$g^{00} = -1 + \overset{2}{g}{}^{00} + \overset{4}{g}{}^{00}, \tag{6.161a}$$

$$g^{ij} = \delta^{ij} + \overset{2}{g}{}^{ij} + \overset{4}{g}{}^{ij}, \tag{6.160b}$$

$$g^{i0} = \overset{3}{g}{}^{i0} + \overset{5}{g}{}^{i0}, \tag{6.161c}$$

其中$\overset{2}{g}{}^{00} = -\overset{2}{g}_{00}$，$\overset{2}{g}{}^{ij} = -\overset{2}{g}_{ij}$，$\overset{3}{g}{}^{i0} = \overset{3}{g}_{i0}$，$\overset{N}{g}_{\mu\nu}$表示$g_{\mu\nu}$是$v^N$阶的项．例如度规(6.155)中$\overset{2}{g}_{00} = 2U$为牛顿阶．后牛顿$N$阶比牛顿阶高$v^{2N}$阶，通常称为$N$PN 阶．考虑物质是理想流体$T^{\mu\nu} = (\rho + p)u^\mu u^\nu + pg^{\mu\nu}$，能量密度包含流体静止质量密度$\rho_0$以及内部潜能，即$\rho = \rho_0(1+\Pi)$．利用度规(6.155)及流体四速度$u^\mu = u^0(1, v^i)$的归一化条件可得

$$-1 = g_{\mu\nu}u^\mu u^\nu = (u^0)^2[-1 + 2U + v^2 + O(v^4)], \tag{6.162}$$

所以

$$u^0 = 1 + U + \frac{1}{2}v^2 + O(v^4), \tag{6.163}$$

其中引力势满足

$$\nabla^2 U = -4\pi G\rho_0. \tag{6.164}$$

利用度规(6.155)及方程(6.163)可得[141]

$$T^{00} = \rho_0(1 + \Pi + v^2 + 2U) + \cdots, \tag{6.165a}$$

$$T^{0j} = \rho_0(1 + \Pi + v^2 + 2U)v^j + pv^j + \cdots, \tag{6.165b}$$

$$T^{ij} = \rho_0(1 + \Pi + v^2 + 2U)v^i v^j + p[v^i v^j + (1 - 2U)\delta^{ij}] + \cdots. \tag{6.165c}$$

把能量-动量张量表达式(6.165)代入场方程(6.84)可求得线性阶的非零近场解

$$\bar{h}^{00} = 4U + \cdots, \tag{6.166a}$$

$$\bar{h}^{0j} = 4V^j + \cdots, \tag{6.166b}$$

$$\nabla^2 V^j = -4\pi\rho_0 v^j, \quad V^j_{,j} = -U_{,t} \tag{6.166c}$$

把度规(6.155)代入方程(6.70)得到引力场的能量-动量张量

$$16\pi G t_{\alpha\beta} = -4U_{,\alpha}U_{,\beta} - 8UU_{,\alpha\beta} + \eta_{\alpha\beta}[8U\nabla^2 U + 6(\boldsymbol{\nabla} U)\cdot(\boldsymbol{\nabla} U)]. \tag{6.167}$$

把引力场能量-动量张量加到物质能量-动量张量中，便得到总的能量-动量张量[141]，即

$$\tau^{00}=\rho_0(1+\Pi+v^2+4U)-\frac{3}{8\pi G}\nabla U\cdot\nabla U+\cdots,\tag{6.168a}$$

$$\tau^{0j}=\rho_0(1+\Pi+v^2+4U)v^j+pv^j+\frac{3}{4\pi G}U_{,0}U_{,j}+\frac{1}{2\pi G}U_{,k}V_{k,j}-\frac{1}{2\pi G}V_kU_{,kj}-2\rho_0V_j+\cdots,\tag{6.168b}$$

$$\tau^{ij}=\rho_0v^iv^j-\frac{1}{4\pi G}U_{,i}U_{,j}-\frac{1}{2\pi G}UU_{,ij}+\delta_{ij}\left[p+\frac{3}{8\pi G}\nabla U\cdot\nabla U-2\rho_0U\right]+\cdots.\tag{6.168c}$$

把总的能量-动量张量代入爱因斯坦场方程求出度规,然后计算更高阶的物质与引力场能量-动量张量,如此迭代,得到更高阶的结果.

下面把上述结果应用到多粒子体系. 对于点粒子体系,其能量-动量张量 $T^{\mu\nu}=\sqrt{g}\sum\limits_A m_A(u_A^\mu u_A^\nu/u_A^0)\delta^3(\boldsymbol{x}-\boldsymbol{x}_A(t))$ 的各个分量为

$$T^{00}=\sum_A m_A\left[1+\frac{1}{2}v_A^2-\sum_{B\neq A}\frac{Gm_B}{r_{AB}}\right]\delta^3(\boldsymbol{x}-\boldsymbol{x}_A(t)),\tag{6.169}$$

$$T^{0i}=\sum_A m_Av_A^i\delta^3(\boldsymbol{x}-\boldsymbol{x}_A(t)),\tag{6.170}$$

$$T^{ij}=\sum_A m_Av_A^iv_A^j\delta^3(\boldsymbol{x}-\boldsymbol{x}_A(t)),\tag{6.171}$$

其中 $\boldsymbol{v}_A=\mathrm{d}\boldsymbol{x}_A/\mathrm{d}t, r_{AB}=|\boldsymbol{x}_A-\boldsymbol{x}_B|$. 加上引力场能量-动量张量(6.167)后的有效总能量-动量张量为[152]

$$\tau^{00}=\sum_A m_A\left[1+\frac{1}{2}v_A^2-\sum_{B\neq A}\frac{Gm_B}{r_{AB}}\right]\delta^3(\boldsymbol{x}-\boldsymbol{x}_A(t))-\frac{1}{8\pi G}(4U\nabla^2U+\nabla U\cdot\nabla U),\tag{6.172}$$

$$\tau^{0i}=\sum_A m_Av_A^i\delta^3(\boldsymbol{x}-\boldsymbol{x}_A(t)),\tag{6.173}$$

$$\tau^{ij}=\sum_A m_Av_A^iv_A^j\delta^3(\boldsymbol{x}-\boldsymbol{x}_A(t))+\frac{1}{8\pi G}[-2U_{,i}U_{,j}-4UU_{,ij}+\delta^{ij}(4U\nabla^2U+3\nabla U\cdot\nabla U)],\tag{6.174}$$

其中引力势

$$U(\boldsymbol{x},t)=\sum_B\frac{Gm_B}{|\boldsymbol{x}-\boldsymbol{x}_B(t)|}.\tag{6.175}$$

求解场方程,精确到后牛顿 1 阶(1PN)的度规解为[142]

$$g_{00}=-1+2\sum_A\frac{Gm_A}{r_A}-2\left(\sum_A\frac{Gm_A}{r_A}\right)^2+3\sum_A\frac{Gm_A}{r_A}v_A^2-2\sum_A\sum_{B\neq A}\frac{Gm_A}{r_A}\frac{Gm_B}{r_{AB}},\tag{6.176}$$

$$g_{0i}=-\frac{7}{2}\sum_A\frac{Gm_A}{r_A}v_{Ai}-\frac{1}{2}\sum_A\frac{Gm_A(\boldsymbol{v}_A\cdot\boldsymbol{r}_A)}{r_A^3}(r_A)_i,\tag{6.177}$$

$$g_{ij}=\delta_{ij}\left(1+2\sum_A\frac{Gm_A}{r_A}\right)+O(v^4), \tag{6.178}$$

式中为了书写方便,引入了符号 $\boldsymbol{r}_A=\boldsymbol{x}-\boldsymbol{x}_A$ 及 $r_A=|\boldsymbol{r}_A|$. 利用 $\boldsymbol{r}_A$,则 $\boldsymbol{r}_{AB}=\boldsymbol{x}_A-\boldsymbol{x}_B=\boldsymbol{r}_B-\boldsymbol{r}_A$. 把这个度规代入体系的拉格朗日(Lagrangian)量(拉氏量)计算,得到

$$\begin{aligned}\mathcal{L}&=-\sum_A m_A\sqrt{-g_{00}-2g_{0i}v_A^i-g_{ij}v_A^iv_A^j}\\&=-\sum_A m_A\left(-\frac{1}{2}v_A^2-\frac{1}{8}v_A^4\right)+\frac{1}{2}\sum_A\sum_{B\neq A}\frac{Gm_Am_B}{r_{AB}}\Big[1+3v_A^2\\&\quad-\sum_{C\neq A}\frac{Gm_C}{r_{AC}}-\frac{7}{2}\boldsymbol{v}_A\cdot\boldsymbol{v}_B-\frac{1}{2}\frac{(\boldsymbol{v}_A\cdot\boldsymbol{r}_{AB})(\boldsymbol{v}_B\cdot\boldsymbol{r}_{AB})}{r_{AB}^2}\Big].\end{aligned} \tag{6.179}$$

利用欧拉-拉格朗日方程

$$\frac{\mathrm{d}}{\mathrm{d}t}\frac{\delta\mathcal{L}}{\delta v_A^i}=\frac{\delta\mathcal{L}}{\delta x_A^i},\qquad\frac{\mathrm{d}}{\mathrm{d}t}=\frac{\partial}{\partial t}+v_A^i\frac{\partial}{\partial x_A^i} \tag{6.180}$$

可得系统中粒子运动的爱因斯坦-因费尔德-霍夫曼(Einstein-Infeld-Hoffman)方程[152-154]

$$\begin{aligned}\frac{\mathrm{d}\boldsymbol{v}_A}{\mathrm{d}t}&=-\sum_{B\neq A}\frac{Gm_B\boldsymbol{r}_{AB}}{r_{AB}^3}\Big[1+\sum_{C\neq A,B}\left(-\frac{Gm_C}{r_{BC}}+\frac{1}{2}\frac{Gm_C(\boldsymbol{r}_{AB}\cdot\boldsymbol{r}_{BC})}{r_{BC}^3}\right)\\&\quad-4\sum_{C\neq A}\frac{Gm_C}{r_{AC}}-5\frac{Gm_A}{r_{AB}}+v_A^2-4\boldsymbol{v}_A\cdot\boldsymbol{v}_B+2v_B^2-\frac{3}{2}\left(\frac{\boldsymbol{v}_B\cdot\boldsymbol{r}_{AB}}{r_{AB}}\right)^2\Big]\\&\quad-\frac{7}{2}\sum_{B\neq A}\frac{Gm_B}{r_{AB}}\sum_{C\neq A,B}\frac{Gm_C\boldsymbol{r}_{BC}}{r_{BC}^3}+\sum_{B\neq A}\frac{Gm_B}{r_{AB}^3}[\boldsymbol{r}_{AB}\cdot(4\boldsymbol{v}_A-3\boldsymbol{v}_B)](\boldsymbol{v}_A-\boldsymbol{v}_B).\end{aligned} \tag{6.181}$$

最终可以计算引力波[152]

$$\begin{aligned}h_{\mathrm{TT}}^{ij}&=\frac{2G}{D}\frac{\partial^2}{\partial t^2}[I^{ij}(t-D)+n_kI^{ijk}(t-D)+n_kn_lI^{ijkl}(t-D)]_{\mathrm{TT}}\\&=\frac{2G}{D}\frac{\partial^2}{\partial t^2}\sum_A m_A\Big\{\left(1-\hat{\boldsymbol{n}}\cdot\boldsymbol{v}_A+\frac{1}{2}v_A^2\right)x_A^ix_A^j\\&\quad-\frac{1}{2}\sum_{B\neq A}\frac{Gm_B}{r_{AB}}x_A^ix_A^j+(\hat{\boldsymbol{n}}\cdot\boldsymbol{x}_A)(v_A^ix_A^j+v_A^jx_A^i)+(\hat{\boldsymbol{n}}\cdot\boldsymbol{x}_A)^2v_A^iv_A^j\\&\quad-\frac{1}{12}\sum_{B\neq A}\frac{Gm_B}{r_{AB}}r_{AB}^ir_{AB}^j\left[1-\left(\frac{\hat{\boldsymbol{n}}\cdot\boldsymbol{r}_{AB}}{r_{AB}}\right)^2+6\left(\frac{\hat{\boldsymbol{n}}\cdot\boldsymbol{x}_A}{r_{AB}}\right)^2\right]\Big\}_{\mathrm{TT}}.\end{aligned} \tag{6.182}$$

应用到两体运动,拉氏量(6.179)为[142]

$$\begin{aligned}\mathcal{L}&=-(m_1+m_2)+\frac{1}{2}m_1v_1^2+\frac{1}{2}m_2v_2^2+\frac{1}{8}m_1v_1^4+\frac{1}{8}m_2v_2^4\\&\quad+\frac{Gm_1m_2}{r_{12}}\left[1+\frac{3}{2}(v_1^2+v_2^2)-\frac{1}{2}\frac{G(m_1+m_2)}{r_{12}}-\frac{7}{2}\boldsymbol{v}_1\cdot\boldsymbol{v}_2-\frac{1}{2}\frac{(\boldsymbol{v}_1\cdot\boldsymbol{r}_{12})(\boldsymbol{v}_2\cdot\boldsymbol{r}_{12})}{r_{12}^2}\right],\end{aligned} \tag{6.183}$$

其中 $\boldsymbol{r}_{12}=\boldsymbol{x}_1-\boldsymbol{x}_2$, $\boldsymbol{v}_{1,2}=\mathrm{d}\boldsymbol{x}_{1,2}/\mathrm{d}t$. 利用正则动量

$$\boldsymbol{P}_1=m_1\boldsymbol{v}_1+\frac{1}{2}m_1v_1^2\boldsymbol{v}_1+\frac{Gm_1m_2}{r_{12}}\left(3\boldsymbol{v}_1-\frac{7}{2}\boldsymbol{v}_2-\frac{1}{2}\frac{\boldsymbol{v}_2\cdot\boldsymbol{r}_{12}}{r_{12}^2}\boldsymbol{r}_{12}\right), \tag{6.184a}$$

$$\boldsymbol{P}_2=m_2\boldsymbol{v}_2+\frac{1}{2}m_2v_2^2\boldsymbol{v}_2+\frac{Gm_1m_2}{r_{12}}\left(3\boldsymbol{v}_2-\frac{7}{2}\boldsymbol{v}_1-\frac{1}{2}\frac{\boldsymbol{v}_1\cdot\boldsymbol{r}_{12}}{r_{12}^2}\boldsymbol{r}_{12}\right), \tag{6.184b}$$

可得哈密顿量为

$$\begin{aligned}\mathcal{H}&=\boldsymbol{P}_1\cdot\boldsymbol{v}_1+\boldsymbol{P}_2\cdot\boldsymbol{v}_2-\mathcal{L}\\&=(m_1+m_2)+\frac{1}{2}m_1v_1^2+\frac{1}{2}m_2v_2^2+\frac{3}{8}m_1v_1^4+\frac{3}{8}m_2v_2^4\\&\quad-\frac{Gm_1m_2}{r_{12}}\left[1-\frac{3}{2}(v_1^2+v_2^2)-\frac{1}{2}\frac{G(m_1+m_2)}{r_{12}}+\frac{7}{2}\boldsymbol{v}_1\cdot\boldsymbol{v}_2+\frac{1}{2}\frac{(\boldsymbol{v}_1\cdot\boldsymbol{r}_{12})(\boldsymbol{v}_2\cdot\boldsymbol{r}_{12})}{r_{12}^2}\right].\end{aligned} \tag{6.185}$$

选择质心坐标系,则

$$\boldsymbol{x}_1=\frac{m_2}{M}\boldsymbol{r},\quad \boldsymbol{x}_2=-\frac{m_1}{M}\boldsymbol{r}, \tag{6.186a}$$

$$\boldsymbol{v}_1=\frac{m_2}{M}\boldsymbol{v},\quad \boldsymbol{v}_2=-\frac{m_1}{M}\boldsymbol{v}, \tag{6.186b}$$

其中系统总质量 $M=m_1+m_2$,两体之间相对位移 $\boldsymbol{r}=\boldsymbol{r}_{12}=\boldsymbol{x}_1-\boldsymbol{x}_2$,两体相对运动速度 $\boldsymbol{v}=\mathrm{d}\boldsymbol{r}/\mathrm{d}t$. 系统的总能量(哈密顿量)

$$E=M+\mu\left\{\frac{1}{2}v^2-\frac{GM}{r}+\frac{3}{8}(1-3\eta)v^4+\frac{1}{2}\frac{GM}{r}\left[\frac{GM}{r}+(3+\eta)v^2+\eta\frac{(\boldsymbol{v}\cdot\boldsymbol{r})^2}{r^2}\right]\right\}, \tag{6.187}$$

式中 $r=|\boldsymbol{r}|$,约化质量 $\mu=m_1m_2/M$,对称质量比 $\eta=\mu/M$. 两体之间的相对运动加速度[142]

$$\frac{\mathrm{d}\boldsymbol{v}}{\mathrm{d}t}=-\frac{GM}{r^3}\boldsymbol{r}\left[1-(4+2\eta)\frac{GM}{r}+(1+3\eta)v^2-\frac{3}{2}\eta\frac{(\boldsymbol{v}\cdot\boldsymbol{r})^2}{r^2}\right]+(4-2\eta)\frac{GM}{r^3}(\boldsymbol{v}\cdot\boldsymbol{r})\boldsymbol{v}. \tag{6.188}$$

对于圆轨道,$\boldsymbol{v}\cdot\boldsymbol{r}=0$,则方程(6.188)简化为

$$\frac{\mathrm{d}\boldsymbol{v}}{\mathrm{d}t}=-\frac{GM}{r^3}\boldsymbol{r}\left[1-(4+2\eta)\frac{GM}{r}+(1+3\eta)v^2\right]=-\omega^2\boldsymbol{r}. \tag{6.189}$$

由此得到轨道角速度(频率)的 1PN 修正

$$\omega^2=\frac{GM}{r^3}\left[1+\frac{GM}{r}(\eta-3)\right]. \tag{6.190}$$

所以

$$v^2=\omega^2r^2=\frac{GM}{r}\left[1+\frac{GM}{r}(\eta-3)\right], \tag{6.191a}$$

$$\frac{GM}{r}=v^2[1+(3-\eta)v^2], \tag{6.191b}$$

$$GM\omega=\frac{GM}{r}v=v^3[1+(3-\eta)v^2]. \tag{6.191c}$$

代入方程(6.187)可得系统的总能量

$$E=M-\frac{1}{2}\mu v^2-\frac{1}{8}\mu(5-3\eta)v^4, \tag{6.192}$$

及能量变化

$$\dot{E}=-\mu v\dot{v}\left[1+\frac{1}{2}\mu(5-3\eta)v^2\right]. \tag{6.193}$$

双星系统辐射引力波的功率为[152]

$$\begin{aligned}P_{\text{rad}}=-\dot{E}&=\frac{32}{5G}\eta^2\left(\frac{GM}{r}\right)^5\left[1-\frac{GM}{r}\left(\frac{2927}{336}+\frac{5}{4}\eta\right)\right]\\&=\frac{32}{5G}\eta^2v^{10}\left[1+\left(15-\frac{2927}{336}-\frac{25}{4}\eta\right)v^2\right].\end{aligned} \tag{6.194}$$

联立方程(6.190)～(6.194)得到

$$\dot{v}=\frac{32\eta}{5GM}v^9\left[1+\left(\frac{25}{2}-\frac{2927}{336}-\frac{19}{4}\eta\right)v^2\right], \tag{6.195a}$$

$$r=\left(\frac{GM}{\omega^2}\right)^{1/3}\left[1+\frac{1}{3}(\eta-3)v^2\right], \tag{6.195b}$$

$$\dot{\omega}=\frac{3v\omega^{1/3}}{(GM)^{2/3}}\left[1+\frac{4}{3}(3-\eta)v^2\right]\dot{v}=\frac{96}{5}\eta(GM)^{5/3}\omega^{11/3}\left[1-\left(\frac{743}{336}+\frac{11}{4}\eta\right)v^2\right]. \tag{6.195c}$$

精确到1PN,由于辐射引力波导致的引力波频率变化为

$$\frac{\mathrm{d}f}{\mathrm{d}t}=\frac{96}{5}\pi^{8/3}(G\mathcal{M})^{5/3}f^{11/3}\left[1-\left(\frac{743}{336}+\frac{11}{4}\eta\right)(\pi GMf)^{2/3}\right]. \tag{6.196}$$

对于具有较小初始偏心率 e_0 的轨道运动,精确到2PN的结果为[152,155-163]

$$\begin{aligned}\frac{\mathrm{d}f}{\mathrm{d}t}=\frac{96}{5}\pi^{8/3}(G\mathcal{M})^{5/3}f^{11/3}\Big[&1+\frac{157}{24}I_e x^{-19/6}-\left(\frac{743}{336}+\frac{11}{4}\eta\right)x\\&+4\pi x^{3/2}+\left(\frac{34103}{18144}+\frac{13661}{2016}\eta+\frac{59}{18}\eta^2\right)x^2\Big],\end{aligned} \tag{6.197}$$

其中 $I_e=(\pi GMf_0)^{19/9}e_0^2$,$x=(GM\omega)^{2/3}=(\pi GMf)^{2/3}$,$f_0$ 与 e_0 为初始频率与初始偏心率. 在 $x=0$ 处对 x 作泰勒展开(负次幂除外)到 x^2 阶,得到[162]

$$\begin{aligned}\frac{1}{\dot{f}}&\approx\frac{5}{96}\pi^{-8/3}(G\mathcal{M})^{-5/3}f^{-11/3}\Big[1-\frac{157}{24}I_e x^{-19/6}+\left(\frac{743}{336}+\frac{11}{4}\eta\right)x-4\pi x^{3/2}\\&\quad+\left(\frac{743}{336}+\frac{11}{4}\eta\right)^2x^2-\left(\frac{34103}{18144}+\frac{13661}{2016}\eta+\frac{59}{18}\eta^2\right)x^2\Big]\\&=\frac{5}{96}\pi^{-8/3}(G\mathcal{M})^{-5/3}f^{-11/3}\Big[1-\frac{157}{24}I_e x^{-19/6}+\left(\frac{743}{336}+\frac{11}{4}\eta\right)x\\&\quad-4\pi x^{3/2}+\left(\frac{3058673}{1016064}+\frac{5429}{1008}\eta+\frac{617}{144}\eta^2\right)x^2\Big],\end{aligned} \tag{6.198}$$

$$t(f)=t_c-\frac{5}{256}G\mathcal{M}(\pi G\mathcal{M}f)^{-8/3}\left[1-\frac{157}{43}I_e x^{-19/6}+\frac{4}{3}\left(\frac{743}{336}+\frac{11}{4}\eta\right)x\right.$$
$$\left.-\frac{32}{5}\pi x^{3/2}+2\left(\frac{3058673}{1016064}+\frac{5429}{1008}\eta+\frac{617}{144}\eta^2\right)x^2\right]. \tag{6.199}$$

$$\phi(f)=\phi_c-\frac{1}{16}(\pi G\mathcal{M}f)^{-5/3}\left[1-\frac{785}{344}I_e x^{-19/6}+\frac{5}{3}\left(\frac{743}{336}+\frac{11}{4}\eta\right)x\right.$$
$$\left.-10\pi x^{3/2}+5\left(\frac{3058673}{1016064}+\frac{5429}{1008}\eta+\frac{617}{144}\eta^2\right)x^2\right]. \tag{6.200}$$

$$\Psi(f)=\phi_c-2\pi f t_c+\frac{\pi}{4}-\frac{3}{128}(\pi G\mathcal{M}f)^{-5/3}\left[1-\frac{2355}{1462}I_e x^{-19/6}+\left(\frac{3715}{756}+\frac{55}{9}\eta\right)x\right.$$
$$\left.-16\pi x^{3/2}+\left(\frac{15293365}{508032}+\frac{27145}{504}\eta+\frac{3085}{72}\eta^2\right)x^2\right]. \tag{6.201}$$

注意上述推导过程只适用于双星绕转阶段，此时可以用后牛顿力学近似描述轨道运动. 在并合阶段，引力相互作用很强，需要借助数值相对论求解爱因斯坦场方程. 结合数值相对论及后牛顿计算的结果，可以得到更精确的引力波波形

$$\tilde{h}_+(f)=A(f)\frac{1+\cos^2\iota}{2}e^{i\Psi(f)}, \tag{6.202}$$

$$\tilde{h}_\times(f)=iA(f)\cos\iota e^{i\Psi(f)}, \tag{6.203}$$

式中 ι 是双星系统轨道平面相对于视线的倾角，$A(f)$ 及 $\Psi(f)$ 分别为引力波幅度及相位. 例如，相位精确到 3.5PN 的 PhenomA 波形为[164-168]

$$A(f)=\frac{(GM)^{5/6}}{\pi^{2/3}f_0^{7/6}d_L}\left(\frac{5\eta}{24}\right)^{1/2}\begin{cases}\left(\dfrac{f}{f_0}\right)^{-7/6}, & \text{当 } f<f_0;\\ \left(\dfrac{f}{f_0}\right)^{-2/3}, & \text{当 } f_0\leqslant f<f_1;\\ \dfrac{\pi f_2}{2}\left(\dfrac{f_0}{f_1}\right)^{2/3}\mathcal{F}, & \text{当 } f_1\leqslant f<f_3,\end{cases} \tag{6.204}$$

$$\Psi(f)=2\pi f t_0+\Phi_0+\frac{3}{128\eta}\sum_i\alpha_i(\pi Mf)^{(i-5)/3}, \tag{6.205}$$

其中 f_0 是并合频率，f_1 是铃宕频率，f_3 是截断频率，相关定义式为

$$f_k=\frac{a_k\eta^2+b_k\eta+c_k}{\pi M},\quad k=0,1,2,3$$

$$\mathcal{F}=\frac{1}{2\pi}\frac{f_2}{(f-f_1)^2+f_2^2/4},$$

$$\alpha_0=1,\quad \alpha_1=0,\quad \alpha_2=\frac{3715}{756}+\frac{55}{9}\eta,\quad \alpha_3=-16\pi,$$

$$\alpha_4=\frac{15293365}{508032}+\frac{27145}{504}\eta+\frac{3085}{72}\eta^2,$$

$$\alpha_5=\pi\left(\frac{38645}{756}-\frac{65}{9}\eta\right)\left[1+\ln(6^{3/2}\pi Mf)\right],$$

$$\alpha_6 = \frac{11583231236531}{4694215680} - \frac{640}{3}\pi^2 - \frac{6848}{21}\gamma + \left(-\frac{15737765635}{3048192} + \frac{2255}{12}\pi^2\right)\eta + \frac{76055}{1728}\eta^2 - \frac{127825}{1296}\eta^3 - \frac{6848}{63}\ln(64\pi Mf),$$

$$\alpha_7 = \pi\left(\frac{77096675}{254016} + \frac{378515}{1512}\eta - \frac{74045}{756}\eta^2\right).$$

系数 a_k，b_k，c_k 及频率 f_k 的具体数值见表 6.1. 并合时频率(后牛顿近似最大频率)由最内稳定圆轨道 $r=6GM$ 处的引力波频率(6.144)确定，即

$$f_{\rm ISCO} = \frac{\Omega}{\pi} = \frac{1}{6^{3/2}\pi GM} \approx 440 \times \frac{10M_\odot}{M}\ \text{Hz}. \tag{6.206}$$

表 6.1 系数 a_k，b_k，c_k 及频率 f_k 的数值[168]

f_k	a_k	b_k	c_k
f_0	2.9740×10^{-1}	4.4810×10^{-2}	9.5560×10^{-2}
f_1	5.9411×10^{-1}	8.9794×10^{-2}	1.9111×10^{-1}
f_2	5.0801×10^{-1}	7.7515×10^{-2}	2.2369×10^{-2}
f_3	8.4845×10^{-1}	1.2848×10^{-1}	2.7299×10^{-1}

无自旋的圆轨道旋进阶段的 TaylorF2 波形的幅度为[165,169-171]

$$A(f) = \frac{(GM)^{5/6}}{\pi^{2/3}d_L}\left(\frac{5\eta}{24}\right)^{1/2} f^{-7/6}\sum_{i=0}^{6}\mathcal{A}_i(\pi Mf)^{i/3}, \tag{6.207}$$

其中

$$\mathcal{A}_0 = 1,\quad \mathcal{A}_1 = \mathcal{A}_3 = 0,\quad \mathcal{A}_2 = -\frac{323}{224} + \frac{451\eta}{168},$$

$$\mathcal{A}_4 = \frac{105271}{24192}\eta^2 - \frac{1975055}{338688}\eta - \frac{27312085}{8128512},\quad \mathcal{A}_5 = -\frac{85\pi}{64} + \frac{85\pi}{16}\eta,$$

$$\mathcal{A}_6 = -\frac{177520268561}{8583708672} + \left(\frac{545384828789}{5007163392} - \frac{205\pi^2}{48}\right)\eta - \frac{3248849057}{178827264}\eta^2 + \frac{34473079}{6386688}\eta^3.$$

精确到 3.5PN 的相位与前面介绍的 PhenomA 的相同.

6.8 引力波波源

宇宙中能产生可被探测到的引力波的波源很多. 中子星、白矮星及黑洞这样的致密天体构成的双星系统是宇宙中最普遍存在的天体系统，它们是重要的引力波波源. 引力波波源通常按其辐射的引力波频率进行分类. 频率在 1 Hz 到 10 kHz 之间称为高频段，它们处于地面引力波探测器的敏感频段；频率在 1 mHz 到 1 Hz 之间称为低频段，它们是空间引力波探测器的敏感频段；脉冲星计时阵列(PTA)的敏感频

率则为 1 nHz 到 1 mHz 的极低频段. 另外一种分类方式是根据波源的动力学产生机制进行分类:一种是频率基本保持不变的连续引力波波源,这些波源发出的引力波信号具有相对完善的模型及波形模板,一般由周期性运动(如双星绕转)产生;另外一种连续引力波波源由很多单个波源产生的信号叠加而成,它们构成随机引力波背景;如果信号保持时间短于观测时间,则这种波源称为爆发源. 爆发源还可以根据是否具有很好的模型进一步分类.

当一个波源辐射的连续引力波信号持续的时间大于观测时间,且其频率在这个时间内基本保持不变,则这个波源是连续引力波波源. 绕非对称转动轴转动的单个中子星可以辐射能被地面引力波探测器观测到的高频连续引力波信号. 由致密天体,如白矮星、中子星、黑洞等构成的双星系统,如果其轨道衰减时标大于观测时标,则其辐射的是低频与极低频连续引力波. 在低频段,大量河内双星(如双白矮星)辐射的不可区分的引力波信号叠加在一起,构成空间引力波探测器的混淆(confusion)信号,其解析拟合公式为

$$S_c(f)=Af^{-7/3}\exp[-f^{\alpha}+\beta f\sin(\kappa f)][1+\tanh(\gamma(f_k-f))]\mathrm{Hz}^{-1}, \tag{6.208}$$

其中系数由表 6.2 给出.

表 6.2　河内双星混淆噪声的解析拟合公式(6.208)中的参数

观测时间	0.5 a	1 a	2 a	4 a
α	0.133	0.171	0.165	0.138
β	243	292	299	−221
κ	482	1020	611	521
γ	917	1680	1340	1680
f_k	0.00258	0.00215	0.00173	0.00113

注:幅度 A 固定为 9×10^{-45}[168].

双星系统,如双白矮星、双中子星、中子星-黑洞、双黑洞等,旋进及并合所辐射的引力波信号属于爆发源. 恒星级质量的双中子星、中子星-黑洞、双黑洞等已经被地面引力波探测器 aLIGO 与 Virgo 探测到. 大质量及超大质量双黑洞系统旋进及并合信号在低频与极低频频段,是空间引力波探测器及脉冲星计时阵列的重要观测目标. 它们为理解恒星演化及恒星数量分布、探究大质量黑洞形成及演化过程以及它们与星系之间的关系、观测原初宇宙等提供了重要的实验平台. 特别是包括中子星的双星系统在并合过程中还会产生电磁信号,这些电磁对应体可以帮助我们极大地提高对引力波波源的定位能力,从而用来探究早期宇宙. 大质量黑洞双星由两个质量相近的大质量或超大质量黑洞组成,这些双星系统通常在两个星系合并后形成,它们是由两个星系中心的大质量黑洞在到达合并后的星系中心时所形成的双星系

统. 这些大质量黑洞双星能产生非常强的引力波辐射,并且可以被空间引力波探测器在宇宙学距离尺度上探测到. 它们所发射的引力波信号可以从频率为 10^{-5} Hz 左右开始进入探测器频段时被观测到,直到双星并合后信号被截断. 这些系统的演化过程分为两个黑洞相互绕转的旋进、并合、铃宕三个阶段. 铃宕阶段可以通过黑洞微扰理论分析似正规模. 在旋进阶段,引力场还不强,轨道运动速度远低于光速,可以用后牛顿理论进行分析,而并合阶段只能利用数值相对论进行计算.

小的致密天体(如白矮星、中子星、黑洞)被大质量或超大质量黑洞俘获后绕中心大质量黑洞旋进(也称为中等/极端质量比旋进),持续时间很长,我们可以根据其辐射的引力波探测到中心大质量黑洞视界附近的几何及强引力场,因此中等/极端质量比旋进(intermediate/extreme mass ratio inspiral, IMRI/EMRI)系统也是空间引力波探测器的重要观测目标. 极端质量比旋进系统预计位于中心大质量黑洞被星团所包围的沉寂星系中心,它们也经历旋进、并合、铃宕三个阶段,辐射的引力波没有大质量双黑洞产生的引力波那么强,但是在小天体掉进大质量黑洞前几年甚至几十年内所发射的信号还是可以被空间引力波探测器观测到. 在旋进阶段,小天体在大质量黑洞周围的强引力场区域经历了成千上万个完整轨道周期,其轨道运动速度也接近光速,因此不能利用后牛顿近似进行计算. 利用数值相对论计算则要耗费大量的计算资源,同样不可行. 一些新的计算方法如自引力(gravitational self-force)方法等被发展出来处理极端质量比旋进系统. 另外,星体在非球对称引力坍缩(如超新星爆发)过程中所辐射的引力波是典型的爆发源,这种引力波的波形通常没有很好的模型.

宇宙学起源的随机引力波背景包括原初引力波、标量诱导次级引力波、相变引力波、宇宙弦产生的引力波等. 超大质量双黑洞旋进阶段所辐射的大量连续引力波叠加起来,则构成天体起源的随机引力波背景. 利用波形(6.204)计算这种随机引力波背景,结果表明 $\tilde{h}\sim f^{-5/3}$[172,151,173,174].

6.9 激光干涉仪引力波天线

爱因斯坦广义相对论在过去 100 年来经历了各种弱引力环境下的经典检验,这些经典检验同时对各种修改引力理论也作出了很强的限制. 但是这些经典检验并不能用来排除修改引力,前面的讨论告诉我们,修改引力与爱因斯坦广义相对论的最大区别在于额外引力波偏振态的存在,因此引力波偏振态及额外辐射机制的测量可以用来甄别引力理论. 引力波会改变两点之间的距离,我们可以利用光在其中走过的时间来探测引力波,即利用激光干涉仪来测量引力波. 本节主要讨论无空腔的激光干涉仪引力波天线对引力波的响应.

为简单起见,先考虑沿 z 方向传播的加模式($\boldsymbol{\epsilon}^{+}=\hat{\boldsymbol{x}}\times\hat{\boldsymbol{x}}-\hat{\boldsymbol{y}}\times\hat{\boldsymbol{y}}$),如图 6.5 所示,

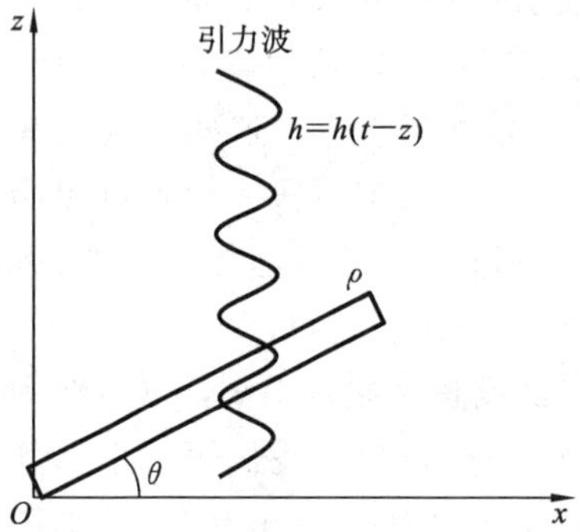

图 6.5　引力波对光程影响示意图

长度为 L_0 的探测臂位于 x-z 平面且与 x 轴夹角为 θ，其线元为

$$\begin{aligned}\mathrm{d}s^2 &= -\mathrm{d}t^2+\mathrm{d}z^2+(1+h_+)\mathrm{d}x^2+(1-h_+)\mathrm{d}y^2\\ &= -\mathrm{d}t^2+\mathrm{d}\rho^2(1+h_+\cos^2\theta)+(1-h_+)\mathrm{d}y^2,\end{aligned}\tag{6.209}$$

式中 $x=\rho\cos\theta$，$z=\rho\sin\theta$，$h_+=h_+(t-z)=h_+(t-\rho\sin\theta)$．探测臂中光子走测地线 $\mathrm{d}s^2=0$，且 $\mathrm{d}y=0$，则

$$\mathrm{d}t^2=(1+h_+\cos^2\theta)\mathrm{d}\rho^2,\tag{6.210a}$$

$$\mathrm{d}t=\pm\left(1+\frac{1}{2}h_+\cos^2\theta\right)\mathrm{d}\rho.\tag{6.210b}$$

光线从一端到另一端走过的距离为

$$\begin{aligned}L(t_1-t_0) &= \int_{t_0}^{t_1}\mathrm{d}t = L_0+\frac{1}{2}\cos^2\theta\int_0^{L_0}h_+(t-\rho\sin\theta)\mathrm{d}\rho\\ &= L_0+\frac{1}{2}\cos^2\theta\int_0^{L_0}h_+(t_0+\rho-\rho\sin\theta)\mathrm{d}\rho,\end{aligned}\tag{6.211}$$

式中另一端接收到信号的时间 $t_1=L_0$．注意在一阶近似下，不需要考虑时间的额外修正．代入引力波信号 $h_+(t)=\hat{h}\exp(\mathrm{i}\omega t)$，并取光信号发出的时间 $t_0=0$，可得

$$L(t_1)=L_0+\frac{1}{2}\hat{h}L_0\cos^2\theta\,\mathrm{sinc}\left[\frac{\omega}{\omega_0}(1-\sin\theta)\right]\exp\left[\mathrm{i}\omega t_1-\mathrm{i}\frac{\omega}{\omega_0}(1-\sin\theta)\right],\tag{6.212}$$

其中 $\omega_0=2/L_0$，$\mathrm{sinc}(x)=\sin x/x$．对于一个往返，光线走过的路程为

$$\begin{aligned}L(t_2-t_0) = {}& 2L_0+\frac{1}{2}\cos^2\theta\int_0^{L_0}h_+(t_0+\rho-\rho\sin\theta)\mathrm{d}\rho\\ &+\frac{1}{2}\cos^2\theta\int_0^{L_0}h_+(t_1+L_0-\rho-\rho\sin\theta)\mathrm{d}\rho,\end{aligned}\tag{6.213}$$

其中 $t_1=L_0$ 是末端接收到光信号的时间，$t_2=2L_0$ 是信号往返所用的时间．代入引力波信号 $h_+(t)=\hat{h}\exp(\mathrm{i}\omega t)$，可得

$$\begin{aligned}L(t_2)=2L_0+\frac{1}{2}h_+(t_2)L_0\cos^2\theta\Big(&\mathrm{sinc}\left[\frac{\omega}{\omega_0}(1-\sin\theta)\right]\exp\left[-\mathrm{i}\frac{\omega}{\omega_0}(3+\sin\theta)\right]\\ &+\mathrm{sinc}\left[\frac{\omega}{\omega_0}(1+\sin\theta)\right]\exp\left[-\mathrm{i}\frac{\omega}{\omega_0}(1+\sin\theta)\right]\Big).\end{aligned}\tag{6.214}$$

对于沿 $\hat{\boldsymbol{w}}$ 方向传播的引力波及单位矢量为 $\hat{\boldsymbol{u}}$ 的探测臂，上式中的 $\sin\theta$ 可替换成 $\hat{\boldsymbol{u}}\cdot\hat{\boldsymbol{w}}$，大括号前面的因子 $\cos^2\theta=\sum_{ij}\hat{u}_i\hat{u}_j\epsilon_{ij}^+$．因此单臂的响应函数

$$R=\frac{L(t_2)-2L_0}{2L_0h_+(t_2)}=\frac{1}{2}\sum_{ij}\hat{u}_i\hat{u}_j\epsilon_{ij}^+T(f,\hat{\boldsymbol{u}}\cdot\hat{\boldsymbol{w}}),\tag{6.215}$$

其中函数 $T(f,\ \hat{\boldsymbol{u}}\cdot\hat{\boldsymbol{w}})$ 为[177,178]

$$T(f,\ \hat{\boldsymbol{u}}\cdot\hat{\boldsymbol{w}})=\frac{1}{2}\left\{\mathrm{sinc}\left[\frac{f}{2f^*}(1-\hat{\boldsymbol{u}}\cdot\hat{\boldsymbol{w}})\right]\exp\left[-\mathrm{i}\,\frac{f}{2f^*}(3+\hat{\boldsymbol{u}}\cdot\hat{\boldsymbol{w}})\right]\right.$$
$$\left.+\mathrm{sinc}\left[\frac{f}{2f^*}(1+\hat{\boldsymbol{u}}\cdot\hat{\boldsymbol{w}})\right]\exp\left[-\mathrm{i}\,\frac{f}{2f^*}(1+\hat{\boldsymbol{u}}\cdot\hat{\boldsymbol{w}})\right]\right\}. \tag{6.216}$$

$f^*=c/(2\pi L)$ 是臂长为 L 的探测器的特征频率.

更一般地,对于沿 $\hat{\boldsymbol{w}}$ 方向传播的引力波,可以在垂直于 $\hat{\boldsymbol{w}}$ 的平面内取两个正交单位矢量 $\hat{\boldsymbol{m}}$ 及 $\hat{\boldsymbol{n}}$,则引力波极化张量可以表达成

$$\epsilon_{ij}^{+}=\hat{m}_i\hat{m}_j-\hat{n}_i\hat{n}_j, \tag{6.217a}$$
$$\epsilon_{ij}^{\times}=\hat{m}_i\hat{n}_j+\hat{n}_i\hat{m}_j, \tag{6.217b}$$
$$\epsilon_{ij}^{x}=\hat{m}_i\hat{w}_j+\hat{w}_i\hat{m}_j, \tag{6.217c}$$
$$\epsilon_{ij}^{y}=\hat{n}_i\hat{w}_j+\hat{w}_i\hat{n}_j, \tag{6.217d}$$
$$\epsilon_{ij}^{\mathrm{b}}=\hat{m}_i\hat{m}_j+\hat{n}_i\hat{n}_j, \tag{6.217e}$$
$$\epsilon_{ij}^{\mathrm{l}}=\hat{w}_i\hat{w}_j. \tag{6.217f}$$

为不失一般性,可以选取如下单位矢量:

$$\hat{\boldsymbol{m}}=(\cos\phi\cos\psi-\cos\theta\sin\phi\sin\psi,\ \cos\psi\sin\phi+\cos\phi\cos\theta\sin\psi,\sin\psi\sin\theta), \tag{6.218a}$$

$$\hat{\boldsymbol{n}}=(-\cos\psi\cos\theta\sin\phi-\cos\phi\sin\psi,\ \cos\phi\cos\psi\cos\theta-\sin\phi\sin\psi,\ \cos\psi\sin\theta), \tag{6.218b}$$

$$\hat{\boldsymbol{w}}=(\sin\phi\sin\theta,-\cos\phi\sin\theta,\ \cos\theta). \tag{6.218c}$$

利用极化张量,任意引力波信号可以写成 $h_{ij}=\sum\limits_{A}h^A(t)\epsilon_{ij}^A$,这里 $A=+,\ \times,\ x,\ y,\ \mathrm{b}$, l 代表了 6 种可能的偏振态. 这个引力波在探测器中被测量到的信号为

$$s(t)=\sum_{A}F^A h_A(t), \tag{6.219}$$

式中 F^A 是探测器对偏振态 A 的响应函数,定义式为

$$F^A=D^{ij}\epsilon_{ij}^A, \tag{6.220}$$

探测器张量 D^{ij} 为

$$D^{ij}=\frac{1}{2}[\hat{u}^i\hat{u}^jT(f,\ \hat{\boldsymbol{u}}\cdot\hat{\boldsymbol{w}})-\hat{v}^i\hat{v}^jT(f,\ \hat{\boldsymbol{v}}\cdot\hat{\boldsymbol{w}})], \tag{6.221}$$

$\hat{\boldsymbol{u}}$ 与 $\hat{\boldsymbol{v}}$ 是沿探测器两臂的单位矢量. 对于低频引力波, $f\ll f^*$, $T(f,\ \hat{\boldsymbol{u}}\cdot\hat{\boldsymbol{w}})\rightarrow 1$. 如果探测器位于坐标原点,而且两臂分别指向 $\hat{\boldsymbol{u}}=\hat{\boldsymbol{x}}$ 和 $\hat{\boldsymbol{v}}=\hat{\boldsymbol{y}}$ 方向,则对于每个偏振模式,其对应的响应函数分别为

$$F^{+}=\frac{1}{2}(1+\cos^2\theta)\cos(2\phi)\cos(2\psi)-\cos\theta\sin(2\phi)\sin(2\psi), \tag{6.222a}$$

$$F^{\times}=-\frac{1}{2}(1+\cos^2\theta)\cos(2\phi)\sin(2\psi)-\cos\theta\ \sin(2\phi)\cos(2\psi), \tag{6.222b}$$

$$F^{x}=\sin\theta[\sin(2\phi)\cos\psi+\cos\theta\cos(2\phi)\sin\psi], \tag{6.222c}$$

$$F^{y}=\sin\theta[-\sin(2\phi)\sin\psi+\cos\theta\cos(2\phi)\cos\psi], \tag{6.222d}$$

$$F^{\mathrm{b}}=\frac{1}{2}\cos(2\phi)\sin^{2}\theta, \tag{6.222e}$$

$$F^{\mathrm{l}}=-\frac{1}{2}\cos(2\phi)\sin^{2}\theta. \tag{6.222f}$$

这些响应函数的角分布结果见图 6.6. 如图 6.6 所示,不同偏振模式对不同方位的波源的响应不同,因此观测探测器对不同方位的波源的响应,可以区分不同的偏振态. 因为呼吸模式和纵振模式的探测器响应函数仅差一个负号,所以传统的两臂互相垂直的激光干涉仪无法区分低频引力波的这两种模式.

6.9.1 平均响应函数

由于引力波来自各个方向,可以研究对所有方向及偏振角求平均后的响应函数

$$R_{A}(f)=\frac{1}{8\pi^{2}}\iint|F^{A}|^{2}\,\mathrm{d}\Omega\mathrm{d}\psi. \tag{6.223}$$

在低频近似下,张量平均响应函数 $F^{t}=\sqrt{(F^{+})^{2}+(F^{\times})^{2}}$ 为

$$\begin{aligned}\langle(F^{t})^{2}\rangle&=\int_{0}^{2\pi}\int_{0}^{2\pi}\int_{0}^{\pi}\frac{\sin\theta}{2}[F^{+}(\theta,\phi,\psi)^{2}+F^{\times}(\theta,\phi,\psi)^{2}]\mathrm{d}\theta\frac{\mathrm{d}\phi}{2\pi}\frac{\mathrm{d}\psi}{2\pi}\\&=\frac{1}{16}\int_{-1}^{1}(1+6x^{2}+x^{4})\mathrm{d}x=\frac{2}{5}.\end{aligned} \tag{6.224}$$

包括轨道倾角 ι 的平均结果为

$$(F^{t})^{2}=\left[F^{+}\left(\frac{1+\cos^{2}\iota}{2}\right)\right]^{2}+(F^{\times}\cos\iota)^{2}, \tag{6.225}$$

$$\langle(F^{t})^{2}\rangle=\int_{0}^{2\pi}\frac{\mathrm{d}\psi}{2\pi}\int_{0}^{2\pi}\frac{\mathrm{d}\phi}{2\pi}\int_{0}^{\pi}\frac{\sin\theta}{2}\mathrm{d}\theta\int_{0}^{\pi}\frac{\sin\iota}{2}(F^{t})^{2}=\frac{4}{25}, \tag{6.226}$$

$$\langle(F^{t})^{3}\rangle^{1/3}=\int_{0}^{2\pi}\frac{\mathrm{d}\psi}{2\pi}\int_{0}^{2\pi}\frac{\mathrm{d}\phi}{2\pi}\int_{0}^{\pi}\frac{\sin\theta}{2}\mathrm{d}\theta\int_{0}^{\pi}\frac{\sin\iota}{2}[\sqrt{(F^{t})^{2}}]^{3}\mathrm{d}\iota=\frac{1}{2.26}. \tag{6.227}$$

上述立方平均的结果在评估探测器的视界距离时会用到.

矢量平均响应函数 $F^{v}=\sqrt{(F^{x})^{2}+(F^{y})^{2}}$ 为

$$\langle(F^{v})^{2}\rangle=\int_{0}^{2\pi}\int_{0}^{2\pi}\int_{0}^{\pi}\frac{\sin\theta}{2}[F^{x}(\theta,\phi,\psi)^{2}+F^{y}(\theta,\phi,\psi)^{2}]\mathrm{d}\theta\frac{\mathrm{d}\phi}{2\pi}\frac{\mathrm{d}\psi}{2\pi}=\frac{2}{5}. \tag{6.228}$$

标量平均响应函数 $F^{s}=\sqrt{(F^{b})^{2}+(F^{l})^{2}}$ 为

$$\langle(F^{s})^{2}\rangle=\int_{0}^{2\pi}\int_{0}^{2\pi}\int_{0}^{\pi}\frac{\sin\theta}{2}[F^{b}(\theta,\phi,\psi)^{2}+F^{l}(\theta,\phi,\psi)^{2}]\mathrm{d}\theta\frac{\mathrm{d}\phi}{2\pi}\frac{\mathrm{d}\psi}{2\pi}=\frac{2}{15}. \tag{6.229}$$

对于高频情况,T 是频率的函数. 不同偏振态平均响应函数的结果为[179,180]

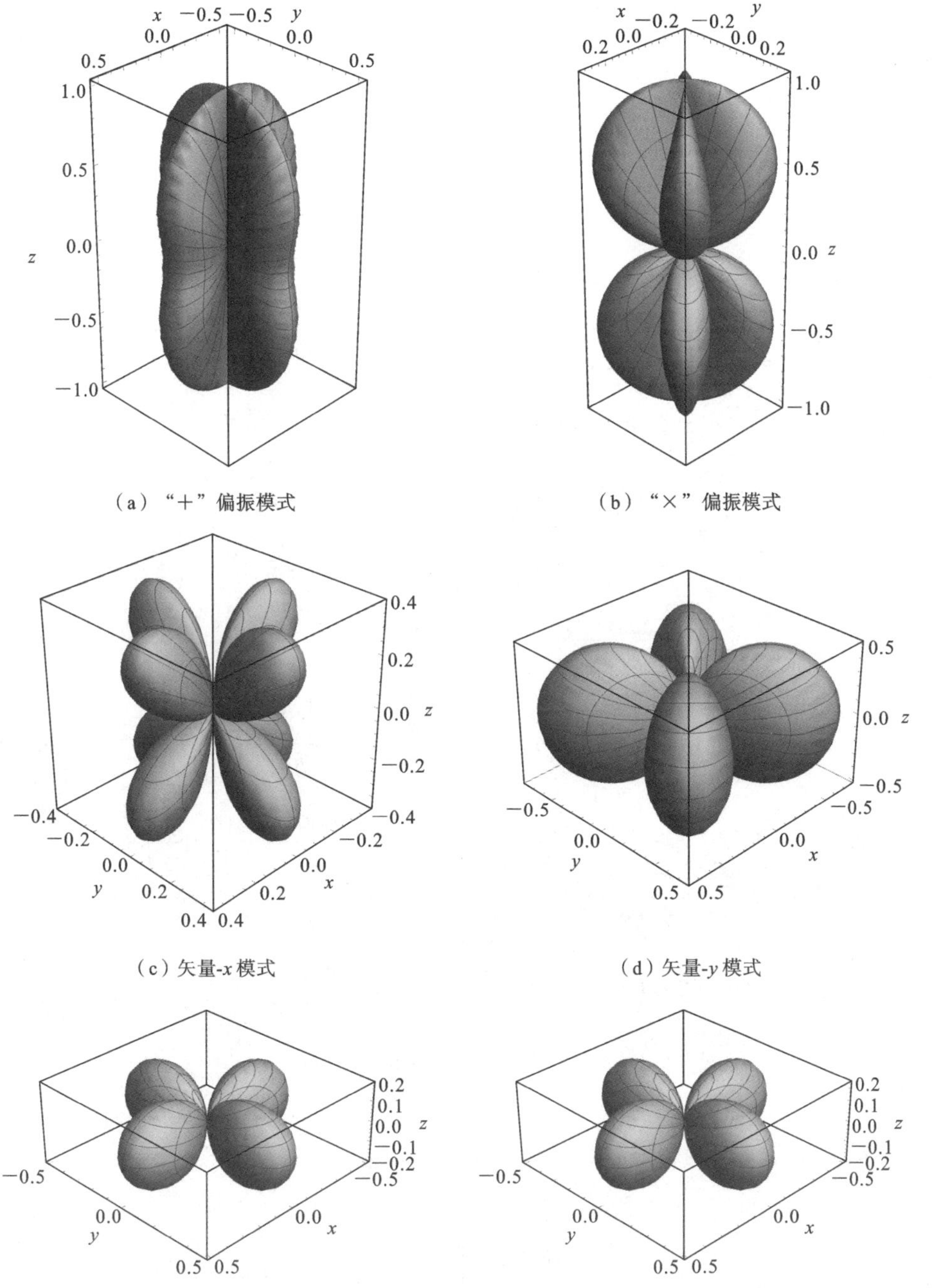

（a）“+”偏振模式　（b）“×”偏振模式

（c）矢量-x模式　（d）矢量-y模式

（e）呼吸模式　（f）纵振模式

图 6.6　探测器对不同偏振模式响应的角分布图

$$R_+(f)=R_\times(f)=\frac{1}{4u^2}\left\{\frac{1}{2}-\frac{2}{u^2}-4\sin^2\left(\frac{\gamma}{2}\right)\lg\left[\sin\left(\frac{\gamma}{2}\right)\right]\right.$$

$$+\cos(2u)\left[\frac{1}{6}(1-\cos\gamma)+\frac{2\cos\gamma-2}{u^2}\right]$$

$$+\sin(2u)\left(\frac{2-2\cos\gamma}{u^3}+\frac{1-\cos\gamma}{u}\right)$$

$$+2\cos(2u)\cos^2\left(\frac{\gamma}{2}\right)\left\{\lg\left[\cos^2\left(\frac{\gamma}{2}\right)\right]+2\mathrm{Ci}(2u)\right.$$

$$\left.-\mathrm{Ci}\left[2u\left(1-\sin\left(\frac{\gamma}{2}\right)\right)\right]-\mathrm{Ci}\left[2u\left(\sin\left(\frac{\gamma}{2}\right)+1\right)\right]\right\}$$

$$+4\sin^2\left(\frac{\gamma}{2}\right)\left\{\mathrm{Ci}\left[2u\sin\left(\frac{\gamma}{2}\right)\right]-\mathrm{Ci}(2u)\right\}$$

$$+2\sin(2u)\cos^2\left(\frac{\gamma}{2}\right)\left\{2\mathrm{Si}(2u)-\mathrm{Si}\left[2u\left(\sin\left(\frac{\gamma}{2}\right)+1\right)\right]\right.$$

$$\left.-\mathrm{Si}\left[2u-2u\sin\left(\frac{\gamma}{2}\right)\right]\right\}+\csc^3\left(\frac{\gamma}{2}\right)\sin\left[2u\sin\left(\frac{\gamma}{2}\right)\right]$$

$$\times\left[\frac{\cos\gamma-3}{16u^3}+\frac{28\cos\gamma-7\cos(2\gamma)-21}{16u}\right]$$

$$\left.+\left(\frac{2}{u^2}-\frac{1}{6}\right)\cos\gamma+\frac{\left[\csc^2\left(\frac{\gamma}{2}\right)+1\right]\cos\left[2u\sin\left(\frac{\gamma}{2}\right)\right]}{4u^2}\right\},\tag{6.230}$$

$$R_b(f)=4-\frac{16}{u^2}-\frac{4\cos\gamma}{3}+\frac{16\cos\gamma}{u^2}+\sin(2u)\left(-\frac{16\cos\gamma}{u^3}+\frac{16}{u^3}+\frac{8\cos\gamma}{u}-\frac{8}{u}\right)$$

$$+\csc^3\left(\frac{\gamma}{2}\right)\sin\left[2u\sin\left(\frac{\gamma}{2}\right)\right]\left[\frac{\cos\gamma}{2u^3}-\frac{3}{2u^3}-\frac{2\cos\gamma}{u}+\frac{\cos(2\gamma)}{2u}+\frac{3}{2u}\right]$$

$$+\cos(2u)\left(-\frac{4}{3}\cos\gamma+\frac{16\cos\gamma}{u^2}-\frac{16}{u^2}+\frac{4}{3}\right)$$

$$+\csc^2\left(\frac{\gamma}{2}\right)\left(\frac{3}{u^2}-\frac{\cos\gamma}{u^2}\right)\cos\left[2u\sin\left(\frac{\gamma}{2}\right)\right],\tag{6.231}$$

$$R_l(f)=\frac{1}{u^2}\left\{\frac{13}{8}-\frac{7\cos\gamma}{12}+\frac{-1+\cos\gamma}{u^2}+\frac{u}{4}\mathrm{Si}(2u)\right.$$

$$+\left[-\frac{7}{8}+\frac{\cos\gamma}{4}+\frac{\csc^2\left(\frac{\gamma}{2}\right)}{8}\right]\left[\gamma_E-\mathrm{Ci}(2u)+\ln(2u)\right]$$

$$-\frac{1}{4}\left\{\gamma_E-\mathrm{Ci}\left[2u\sin\left(\frac{\gamma}{2}\right)\right]+\ln\left[2u\sin\left(\frac{\gamma}{2}\right)\right]\right\}\csc^2\left(\frac{\gamma}{2}\right)$$

$$
\begin{aligned}
&+\frac{1+\csc^2\left(\frac{\gamma}{2}\right)}{8u^2}\cos\left[2u\sin\left(\frac{\gamma}{2}\right)\right]+\sin\left[2u\sin\left(\frac{\gamma}{2}\right)\right]\\
&\times\csc^3\left(\frac{\gamma}{2}\right)\left(\frac{-3+\cos\gamma}{32u^3}+\frac{-5+4\cos\gamma+\cos 2\gamma}{32u}\right)\\
&+\frac{1}{2}\cos\gamma\cot^2\gamma\left\{\sin\left[2u\sin^2\left(\frac{\gamma}{2}\right)\right]\left\{\mathrm{Si}\left[2u\sin^2\left(\frac{\gamma}{2}\right)\right]\right.\right.\\
&+\mathrm{Si}\left[2u\sin\left(\frac{\gamma}{2}\right)-2u\sin^2\left(\frac{\gamma}{2}\right)\right]\\
&\left.-\mathrm{Si}\left[2u\sin\left(\frac{\gamma}{2}\right)+2u\sin^2\left(\frac{\gamma}{2}\right)\right]-\mathrm{Si}\left[2u\cos^2\left(\frac{\gamma}{2}\right)\right]\right\}\\
&+\cos\left[2u\sin^2\left(\frac{\gamma}{2}\right)\right]\left\{\mathrm{Ci}\left[2u\sin^2\left(\frac{\gamma}{2}\right)\right]\right.\\
&+\mathrm{Ci}\left[2u\cos^2\left(\frac{\gamma}{2}\right)\right]-\mathrm{Ci}\left[2u\sin\left(\frac{\gamma}{2}\right)-2u\sin^2\left(\frac{\gamma}{2}\right)\right]\\
&\left.\left.-\mathrm{Ci}\left[2u\sin\left(\frac{\gamma}{2}\right)+2u\sin^2\left(\frac{\gamma}{2}\right)\right]\right\}\right\}\\
&+\frac{\sec^2\left(\frac{\gamma}{2}\right)}{16}\left\{\left(\frac{8}{u^3}-\frac{8}{u}\right)\sin^2\gamma-2\mathrm{Si}\left[2u-2u\sin\left(\frac{\gamma}{2}\right)\right]\right.\\
&\left.-2\mathrm{Si}\left[2u+2u\sin\left(\frac{\gamma}{2}\right)\right]+[4+\cos\gamma-\cos(2\gamma)]\mathrm{Si}(2u)\right\}\sin(2u)\\
&+\frac{\sec^2\left(\frac{\gamma}{2}\right)}{16}\left\{\frac{10+3\cos\gamma-7\cos(2\gamma)}{3}+\frac{-4+4\cos(2\gamma)}{u^2}\right.\\
&-[\cos\gamma-\cos(2\gamma)]\gamma_{\mathrm{E}}+[4+\cos\gamma-\cos(2\gamma)][\mathrm{Ci}(2u)-\ln(2u)]\\
&-2\mathrm{Ci}\left[2u-2u\sin\left(\frac{\gamma}{2}\right)\right]-2\mathrm{Ci}\left[2u+2u\sin\left(\frac{\gamma}{2}\right)\right]\\
&\left.\left.+4\ln\left[2u\cos\left(\frac{\gamma}{2}\right)\right]\right\}\cos(2u)\right\},
\end{aligned}
\tag{6.232}
$$

$$
\begin{aligned}
R_x(f)=R_y(f)=\frac{1}{2u^2}&\left\{-4+2\left\{\gamma_{\mathrm{E}}-\mathrm{Ci}\left[2u\sin\left(\frac{\gamma}{2}\right)\right]+\ln\left[2u\sin\left(\frac{\gamma}{2}\right)\right]\right\}\right.\\
&+\frac{4\cos\gamma}{3}+\frac{4-4\cos\gamma}{u^2}-\frac{1+\csc^2\left(\frac{\gamma}{2}\right)}{2u^2}\cos\left[2u\sin\left(\frac{\gamma}{2}\right)\right]
\end{aligned}
$$

$$+\csc^3\left(\frac{\gamma}{2}\right)\sin\left[2u\sin\left(\frac{\gamma}{2}\right)\right]\left[\frac{7-8\cos\gamma+\cos(2\gamma)}{8u}+\frac{3-\cos\gamma}{8u^3}\right]$$

$$+\left\{\left(\frac{4}{u}-\frac{8}{u^3}\right)\sin^2\left(\frac{\gamma}{2}\right)-2\mathrm{Si}(2u)\right.$$

$$\left.+\mathrm{Si}\left[2u+2u\sin\left(\frac{\gamma}{2}\right)\right]+\mathrm{Si}\left[2u-2u\sin\left(\frac{\gamma}{2}\right)\right]\right\}\sin(2u)$$

$$+\left\{-\ln\left[\cos^2\left(\frac{\gamma}{2}\right)\right]+\left(\frac{8}{u^2}-\frac{8}{3}\right)\sin^2\left(\frac{\gamma}{2}\right)-2\mathrm{Ci}(2u)\right.$$

$$\left.\left.+\mathrm{Ci}\left[2u+2u\sin\left(\frac{\gamma}{2}\right)\right]+\mathrm{Ci}\left[2u-2u\sin\left(\frac{\gamma}{2}\right)\right]\right\}\cos(2u)\right\}, \quad (6.233)$$

其中角度 γ 是两臂之间的夹角，γ_E 是欧拉常数，$u=2\pi fL/c=f/f^*$，$\mathrm{Si}(a)$是正弦积分函数，$\mathrm{Ci}(a)$是余弦积分函数. 利用表达式(6.230)～(6.232)，把这些平均响应函数随频率的变化显示在图 6.7 中. 如图 6.7 所示，呼吸模式和纵振模式的高频响应不同，所以在这个频段它们是可以区分的. 对于空间引力波探测，保持臂长不变是非常困难的，为此一些学者发明了时间延迟干涉技术[181,182]. 关于这个技术的响应函数，可以参考文献[183]的讨论.

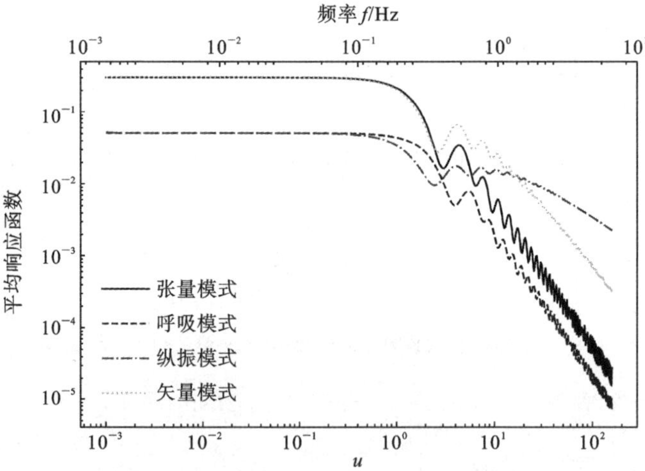

图 6.7 各种极化态对应的平均响应函数

下横坐标为 $u=2\pi fL/c$，上横坐标为频率 f，纵坐标为平均响应函数 R^A. 在下横坐标轴中，选择两臂夹角 $\gamma=\pi/3$. 对于上横坐标轴，已把上述结果应用到天琴探测器中，其中天琴臂长 $L=\sqrt{3}\times10^8$ m，两臂夹角 $\gamma=\pi/3$.

对于如双星并合所产生的短暂引力波信号，至少需要 5 个非共向探测器才能消除所有的简并度[74,184]. 当然对于持续时间足够长的连续信号，由于地球的转动，地面上同一个探测器在不同时刻就相当于不同的探测器,因此地面上的单个探测器可以用来测量这种信号的引力波偏振模式[185-188]. 对于这种连续引力波信号,可以在一个很长的时间周期内对信号做积分,从而可以提高其探测可能性. 此外,这种引力波信号接近正弦信号,而且频率稳定,可以通过关注其幅度调制而提取偏振模式的信息. 但是地面引力波探测器探测的引力波频率较高,这种由快速旋转的中子星构成的连续引力波波源[189,190]并不常见. 而空间引力波探测器由于探测频段低,可以探测到大量的大质量双黑洞并合前所辐射的连续引力波信号,因此是测量引力波偏振模式,从而探究引力本质的理想仪器.

6.9.2 随机引力波背景探测

前面从引力波引起光程变化的角度讨论了引力波在探测器中的响应问题. 本节讨论引力波对光子频率的影响,并讨论随机引力波背景探测问题. 考虑波矢为 k^μ 的光波在图 6.5 所示的单臂中运动,平直时空中频率为 ν 的光波波矢为

$$k^{(0)\mu}=\nu[1,-\cos\theta,\ 0,-\sin\theta]. \tag{6.234}$$

在线性近似(6.1)下,由光波条件 $g_{\mu\nu}k^\mu k^\nu=0$ 可知

$$k^\mu=\frac{\mathrm{d}x^\mu}{\mathrm{d}\lambda}=k^{(0)\mu}-\frac{1}{2}h^\mu_\alpha k^{(0)\alpha}=\nu\left[1,-\left(1-\frac{1}{2}h_+\right)\cos\theta,\ 0,-\sin\theta\right]. \tag{6.235}$$

要比较单程光波频率的变化,可以把波矢 k^μ 沿光子测地线从臂的右端平行移动到左端. 近似到 h 的一阶,引力波引起波矢的变化量 δk^μ 满足的方程为

$$\frac{\mathrm{d}\delta k^\mu}{\mathrm{d}\lambda}=-\delta\Gamma^\mu_{\alpha\beta}k^{(0)\alpha}k^{(0)\beta}. \tag{6.236}$$

利用变换关系

$$\frac{\mathrm{d}h_+}{\mathrm{d}\lambda}=\frac{\partial h_+}{\partial t}\frac{\partial t}{\partial\lambda}+\frac{\partial h_+}{\partial z}\frac{\partial z}{\partial\lambda}=\frac{\partial h_+}{\partial t}k^{(0)0}-\frac{\partial h_+}{\partial t}k^{(0)z}=\nu(1+\sin\theta)\frac{\mathrm{d}h_+}{\mathrm{d}t}, \tag{6.237}$$

可得引力波引起频率的变化量 $\delta\nu$ 满足的方程

$$\frac{\mathrm{d}\delta\nu}{\mathrm{d}\lambda}=-\frac{1}{2}\nu(1-\sin\theta)\frac{\mathrm{d}h_+}{\mathrm{d}\lambda}. \tag{6.238}$$

求解可得单程光子的频移[178]

$$\frac{\Delta\nu}{\nu}=\frac{1}{2}(1-\sin\theta)[h(t)-h(t-L_0-L_0\sin\theta)]. \tag{6.239}$$

脉冲星是最精确的天文计时钟,长时间的观测可以把脉冲到达时间的测量精度提高到微秒量级,因此引力波引起的脉冲周期变化,即脉冲到达时间的变化可以被测量出来. 基于这个原因,Detweiler 于 1979 年提出通过测量脉冲到达时间来探测周期数量级为 a,即频率数量级为 nHz 的引力波[191]. 2023 年 6 月底北美纳赫兹引力波天文台[192]、欧洲脉冲星计时阵列[193]、帕克斯(Parkes)脉冲星计时阵列[194]及中国脉

冲星计时阵列[195]同时宣布发现了纳赫兹随机引力波背景. 下面介绍脉冲星计时阵列探测随机引力波背景的原理.

对于地球上的观测者(设为坐标原点),位于 $\boldsymbol{r}$ 处的脉冲星信号在 t 时刻到达地球时,其频率相对变化为[191,196-198]

$$\begin{aligned}\frac{\Delta\nu}{\nu}&=\frac{1}{2}\frac{\hat{n}^i\hat{n}^j}{1+\hat{\boldsymbol{w}}\cdot\hat{\boldsymbol{n}}}\left[h_{ij}^{\mathrm{TT}}(t,0)-h_{ij}^{\mathrm{TT}}(t-|\boldsymbol{r}|,\boldsymbol{r})\right]\\&=\frac{1}{2}\frac{\hat{n}^i\hat{n}^j}{1+\hat{\boldsymbol{w}}\cdot\hat{\boldsymbol{n}}}\sum_{A=+,\times}\epsilon_{ij}^A\left[h^A(t,0)-h^A(t-r,\boldsymbol{r})\right],\end{aligned}\tag{6.240}$$

式中 $\hat{\boldsymbol{w}}$ 为引力波传播方向的单位矢量,单位矢量 $\hat{\boldsymbol{n}}=\boldsymbol{r}/|\boldsymbol{r}|=\boldsymbol{r}/r$. 这个微小的频移导致的脉冲到达时间延迟为

$$R(T)=\int_0^T\frac{\Delta\nu}{\nu}\mathrm{d}t.\tag{6.241}$$

计算脉冲到达时间延迟之前,先讨论随机引力波背景的一些性质. 用平面波展开引力波可得

$$h_{ij}^{\mathrm{TT}}(t,\boldsymbol{r})=\sum_A\int_{-\infty}^{\infty}\int_{S^2}h^A(f,\hat{\boldsymbol{w}})\mathrm{e}^{2\pi if(t-\boldsymbol{r}\cdot\hat{\boldsymbol{w}})}\epsilon_{ij}^A(\hat{\boldsymbol{w}})\mathrm{d}^2\hat{\boldsymbol{w}}\mathrm{d}f,\tag{6.242}$$

式中极化张量 ϵ_{ij}^A 满足如下关系:

$$\epsilon_{ij}^A\epsilon_{ij}^{A'}=2\delta^{AA'}.\tag{6.243}$$

对于稳态、高斯性、各向同性及非极化的随机引力波背景,极化强度 h^A 满足如下统计性质[199]:

$$\langle h^A(f,\hat{\boldsymbol{w}})h^{A'*}(f',\hat{\boldsymbol{w}}')\rangle=\frac{1}{4\pi}\delta(\hat{\boldsymbol{w}}-\hat{\boldsymbol{w}}')\delta(f-f')\delta^{AA'}f|\tilde{h}^A(f)|^2,\tag{6.244}$$

式中 $\tilde{h}^A(f)=h_c^A(f)/(2f)=\sqrt{S_h(f)/(4f)}$ 是时域信号 $h^A(t)$ 的傅里叶变换,$h_c(f)$ 称为特征强度,$S_h(f)$ 为功率谱密度,而

$$\delta(\hat{\boldsymbol{w}}-\hat{\boldsymbol{w}}')=\delta(\cos\theta-\cos\theta')\delta(\phi-\phi').\tag{6.245}$$

由此可得随机引力波背景的能量密度

$$\begin{aligned}\rho_{\mathrm{gw}}(f)&=\frac{1}{32\pi G}\langle\dot{h}_{ij}(t,\boldsymbol{r})\dot{h}^{ij}(t,\boldsymbol{r})\rangle=\frac{\pi}{2G}\sum_A\int_0^{\infty}f^4\,|\tilde{h}^A(f)|^2\mathrm{d}\ln f\\&=\frac{\pi}{4G}\int_0^{\infty}f^3S_h(f)\mathrm{d}\ln f,\end{aligned}\tag{6.246}$$

及能量密度参数

$$\Omega_{\mathrm{gw}}(f)=\frac{1}{\rho_c}\frac{\mathrm{d}\rho_{\mathrm{gw}}}{\mathrm{d}\ln f}=\frac{2\pi^2}{3H_0^2}f^3S_h(f),\tag{6.247}$$

式中宇宙现在临界密度 $\rho_c=3H_0^2/(8\pi G)$,H_0 为哈勃常数.

把方程(6.240)及方程(6.242)代入方程(6.241),可得第 a 个脉冲星的脉冲到达

时间延迟为

$$R_a(T)=\int_{-\infty}^{\infty}\int\frac{1}{2}\sum_A\epsilon_{ij}^A(\hat{\boldsymbol{w}})h^A(f,\hat{\boldsymbol{w}})B(f)I_a^{ij}(\hat{\boldsymbol{w}})\mathrm{d}^2\hat{\boldsymbol{w}}\mathrm{d}f, \tag{6.248}$$

式中

$$B(f)=\frac{\mathrm{e}^{2\pi \mathrm{i}fT}-1}{2\pi \mathrm{i}f}, \tag{6.249}$$

$$I_a^{ij}(\hat{\boldsymbol{w}})=\frac{\hat{n}_a^i\hat{n}_a^j}{1+\boldsymbol{w}\cdot\boldsymbol{n}_a}[1-\mathrm{e}^{-2\pi \mathrm{i}fr_a(1+\hat{\boldsymbol{n}}_a\cdot\hat{\boldsymbol{w}})}]. \tag{6.250}$$

随机引力波会影响每个脉冲星的脉冲到达时间,因此每个脉冲到达时间里面都包含了引力波 $h(t)$在发射及接收时的值,而且这些信息是相互独立的. 如果计算这些信号的关联函数,则可以消除掉噪声,从而检测出共同的引力波信号,这就是脉冲星计时阵列的工作原理. 由方程(6.248)可得两个不同脉冲星的脉冲到达时间延迟的关联函数

$$\begin{aligned}\langle R_a(T)R_b(T)\rangle=&\int_{-\infty}^{\infty}\int_{-\infty}^{\infty}\iint\frac{1}{4}\sum_A\epsilon_{ij}^A(\hat{\boldsymbol{w}})\epsilon_{kl}^{A'}(\hat{\boldsymbol{w}}')\langle h^A(f,\hat{\boldsymbol{w}})h^{A'}(f',\hat{\boldsymbol{w}}')\\&\times B(f)B^*(f')I_a^{ij}(\hat{\boldsymbol{w}})I_b^{kl*}(\hat{\boldsymbol{w}}')\rangle\mathrm{d}^2\hat{\boldsymbol{w}}\mathrm{d}^2\hat{\boldsymbol{w}}'\mathrm{d}f\mathrm{d}f'.\end{aligned} \tag{6.251}$$

对于长时间观测,系综平均可以用如下平均来替代:

$$\lim_{T\to\infty}\frac{1}{T}\int_0^T(\mathrm{e}^{2\pi \mathrm{i}ft}-1)(\mathrm{e}^{2\pi \mathrm{i}ft}-1)^*\,\mathrm{d}t=2. \tag{6.252}$$

由于脉冲星与地球距离远大于纳赫兹引力波的波长,即

$$fr=\frac{r}{\lambda}\sim 10^2\gg 1, \tag{6.253}$$

因此 $I^{ij}(\boldsymbol{w})$中的振荡项平均值为零. 对于两个不同脉冲星 a 与 b,则

$$\mathcal{P}=\int_{-\infty}^{\infty}\langle[1-\mathrm{e}^{-2\pi \mathrm{i}fr_a(1+\hat{\boldsymbol{n}}_a\cdot\hat{\boldsymbol{w}})}][1-\mathrm{e}^{-2\pi \mathrm{i}fr_b(1+\hat{\boldsymbol{n}}_b\cdot\hat{\boldsymbol{w}})}]^*\rangle\mathrm{d}f=1. \tag{6.254}$$

对于同一个脉冲星,$a=b$,则 $\mathcal{P}=2$. 因此[196,197]

$$\langle R_a(T)R_b(T)\rangle=\sum_A\Gamma^A(\xi_{ab})\int_0^{\infty}\frac{S_h(f)}{24\pi^2f^2}\mathrm{d}f, \tag{6.255}$$

式中脉冲星与地球连线夹角 ξ_{ab} 为 $\cos\xi_{ab}=\hat{\boldsymbol{n}}_a\cdot\hat{\boldsymbol{n}}_b$,脉冲星计时阵列交叉关联函数只依赖于 ξ_{ab},即 Hellings-Downs 函数为[196]

$$\Gamma^A(\xi_{ab})=\frac{3(1-\cos\xi_{ab})}{4}\ln\frac{1-\cos\xi_{ab}}{2}+\frac{1+\delta_{ab}}{2}-\frac{1-\cos\xi_{ab}}{8}. \tag{6.256}$$

公式(6.255)的详细推导可参考文献[197]. 北美纳赫兹引力波天文台 15 年观测数据给出的 Hellings-Downs 函数存在的证据,即随机引力波背景存在的证据见图 6.8[192],图中虚线为 Hellings-Downs 函数(6.256).

同理,激光干涉仪也可以通过计算不同探测器之间的关联函数来探测随机引力

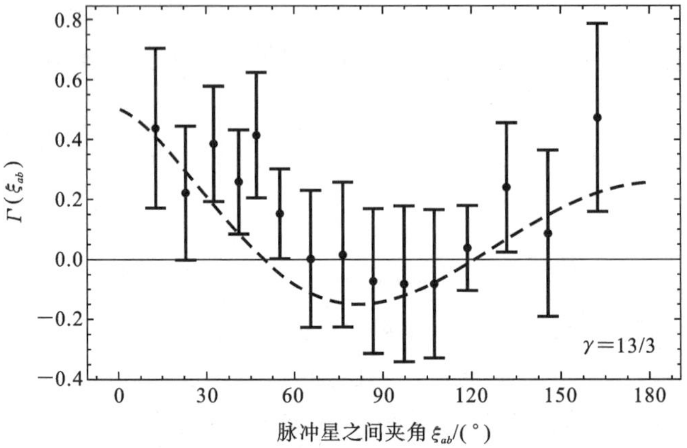

图 6.8 北美纳赫兹引力波天文台 15 年观测数据给出的 Hellings-Downs 函数存在的证据

图中带有 1 个标准差的竖线代表观测数据，虚线为 Hellings-Downs 函数(6.256)给出的结果. 注意 Hellings-Downs 函数数据是基于随机引力波背景来自宇宙中超大质量双黑洞系统的假设而得到的，理论计算得到的随机引力波背景单边功率谱密度为幂指数 $\gamma=13/3$ 的幂次形式 $S(f)=S_h(f)/(12\pi^2 f^2)\sim f^{-\gamma}$[172,174].

波背景. 与交叉关联函数类似，可以计算探测器 I 与探测器 J 的重叠减除(reduction)函数，即

$$\Gamma_{\mathrm{IJ}}^{A}(f)=\frac{1}{8\pi}\sum_{a\in A}\int_{S^2}F_{\mathrm{I}}^{a}(\hat{\boldsymbol{n}})F_{\mathrm{J}}^{a}(\hat{\boldsymbol{n}})\exp(2\pi\mathrm{i}f\hat{\boldsymbol{n}}\cdot\Delta\boldsymbol{r})\mathrm{d}\hat{\boldsymbol{\Omega}},\tag{6.257}$$

式中 $F_{\mathrm{I}}^{a}(\hat{\boldsymbol{n}})$是探测器 I 对偏振态为 a，沿方向 $\hat{\boldsymbol{n}}$ 传播的引力波的天线响应函数，$\Delta\boldsymbol{x}=\boldsymbol{r}_{\mathrm{J}}-\boldsymbol{r}_{\mathrm{I}}$ 是探测器 I 与探测器 J 的相对位移矢量. 地面上两个探测器的相对方位可以用从地心测量到的两个探测器之间的夹角 β、每个探测器两臂角平分线相对于连接两个探测器的大圆平面沿逆时针方向的角度 σ_1 与 σ_2 这三个角度(β,σ_1,σ_2)描述. 利用夹角 β，则 $|\Delta\boldsymbol{r}|=2R_{\mathrm{E}}\sin(\beta/2)$，其中地球半径 $R_{\mathrm{E}}=6371$ km. 引入变量 $\sigma_+=(\sigma_1+\sigma_2)/2$，$\sigma_-=(\sigma_1-\sigma_2)/2$ 及 $\alpha=2\pi f|\Delta\boldsymbol{r}|$，则归一化的重叠减除函数 $\gamma^A(f)=\Gamma^A(f)/\Gamma^A(0)$ 为[200-202,187]

$$\gamma^A(\alpha,\beta,\sigma_+,\sigma_-)=\Theta_+^A(\alpha,\beta)\cos(4\sigma_+)+\Theta_-^A(\alpha,\beta)\cos(4\sigma_-),\tag{6.258}$$

式中

$$\begin{aligned}\Theta_+^t(\alpha,\beta)=&-\left[\frac{3}{8}j_0(\alpha)-\frac{45}{56}j_2(\alpha)+\frac{169}{896}j_4(\alpha)\right]\\&+\left[\frac{1}{2}j_0(\alpha)-\frac{5}{7}j_2(\alpha)-\frac{27}{224}j_4(\alpha)\right]\cos\beta\\&-\left[\frac{1}{8}j_0(\alpha)+\frac{5}{56}j_2(\alpha)+\frac{3}{896}j_4(\alpha)\right]\cos(2\beta),\end{aligned}\tag{6.259}$$

$$\Theta_-^t(\alpha,\beta)=\left[j_0(\alpha)+\frac{5}{7}j_2(\alpha)+\frac{3}{112}j_4(\alpha)\right]\cos^4(\beta/2), \tag{6.260}$$

$$\begin{aligned}\Theta_+^v(\alpha,\beta)=&-\left[\frac{3}{8}j_0(\alpha)+\frac{45}{112}j_2(\alpha)-\frac{169}{224}j_4(\alpha)\right]\\&+\left[\frac{1}{2}j_0(\alpha)+\frac{5}{14}j_2(\alpha)+\frac{27}{56}j_4(\alpha)\right]\cos\beta\\&-\left[\frac{1}{8}j_0(\alpha)-\frac{5}{112}j_2(\alpha)-\frac{3}{224}j_4(\alpha)\right]\cos(2\beta),\end{aligned} \tag{6.261}$$

$$\Theta_-^v(\alpha,\beta)=\left[j_0(\alpha)-\frac{5}{14}j_2(\alpha)-\frac{3}{28}j_4(\alpha)\right]\cos^4(\beta/2), \tag{6.262}$$

$$\begin{aligned}\Theta_+^s(\alpha,\beta)=&-\left[\frac{3}{8}j_0(\alpha)+\frac{45}{56}j_2(\alpha)+\frac{507}{448}j_4(\alpha)\right]\\&+\left[\frac{1}{2}j_0(\alpha)+\frac{5}{7}j_2(\alpha)-\frac{81}{112}j_4(\alpha)\right]\cos\beta\\&-\left[\frac{1}{8}j_0(\alpha)-\frac{5}{56}j_2(\alpha)+\frac{9}{448}j_4(\alpha)\right]\cos(2\beta),\end{aligned} \tag{6.263}$$

$$\Theta_-^s(\alpha,\beta)=\left[j_0(\alpha)-\frac{5}{7}j_2(\alpha)+\frac{9}{56}j_4(\alpha)\right]\cos^4(\beta/2), \tag{6.264}$$

$j_n(x)$是 n 阶球贝塞尔函数，$\Gamma^t(0)=\Gamma^v(0)=F^2=1/5$，$\Gamma^s(0)=1/10$.

6.9.3 参数分析

由前面讨论可知，引力波幅度大约在 10^{-21} 量级，由此引起的空间距离变化

$$\delta L\sim hL=\frac{h}{10^{-21}}\frac{L}{\text{km}}\times 10^{-18}\ \text{m}. \tag{6.265}$$

即使利用臂长为 km 级的激光干涉仪，测量精度也需要达到 10^{-18} m 才能探测到引力波. 而激光干涉仪的测量精度取决于所用激光的波长，对于波长为 1 μm 的激光，其测量精度

$$\frac{\lambda_{\text{laser}}}{L}\sim\frac{10^{-6}\ \text{m}}{10^{3}\ \text{m}}=10^{-9} \tag{6.266}$$

远远达不到探测引力波的灵敏度. 为了解决这个问题，实际探测中不是测量干涉条纹的移动，而是测量条纹的亮度变化，其测量极限取决于散粒噪声[203,142]. 对于功率为 1 W 的激光，其光子数目大约为 10^{16}[142]，测量精度为

$$\frac{\lambda_{\text{laser}}}{N_{\text{photons}}^{1/2}\lambda_{\text{gw}}}\sim\frac{10^{-6}\ \text{m}}{10^{8}\times 10^{6}\ \text{m}}=10^{-20}. \tag{6.267}$$

所以可以通过增加激光功率来增大分辨率及探测能力. 当然，增加激光强度，散粒噪声(shot noise)变小，但是打在探测器镜子上的光子数目增多会增加辐射压及位移噪声，因此也不能一味地增加激光功率.

假设探测器噪声是稳态及高斯性的，且 $n(f)$ 互不相干，则其功率谱密度 $S_n(f)$ 由下式定义：

$$\langle n(f)n^*(f')\rangle=\frac{1}{2}S_n(f)\delta(f-f'), \tag{6.268}$$

其中 $\langle\cdots\rangle$ 表示对系综求平均. 空间引力波探测器的噪声功率谱密度可以利用以下公式[168,204]计算：

$$S_n(f)=\frac{1}{L^2}\left\{S_x+\left[1+\left(\frac{0.4\ \mathrm{mHz}}{f}\right)^2\right]\frac{4S_a}{(2\pi f)^4}\right\}, \tag{6.269}$$

其中 L 为臂长，S_x 为位移噪声，S_a 为加速度噪声. 对于欧美的激光干涉仪空间天线(LISA)，$S_x=(1.5\times10^{-11}\ \mathrm{m})^2\ \mathrm{Hz}^{-1}$，$S_a=(3\times10^{-15}\ \mathrm{m}\cdot\mathrm{s}^{-2})^2\ \mathrm{Hz}^{-1}$，$L=2.5\times10^9$ m[205]. 对于天琴，$S_x=(10^{-12}\ \mathrm{m})^2\ \mathrm{Hz}^{-1}$，$S_a=(10^{-15}\ \mathrm{m}\cdot\mathrm{s}^{-2})^2\ \mathrm{Hz}^{-1}$，$L=\sqrt{3}\times10^8$ m[206]. 对于太极，$S_x=(8\times10^{-12}\ \mathrm{m})^2\ \mathrm{Hz}^{-1}$，$S_a=(3\times10^{-15}\ \mathrm{m}\cdot\mathrm{s}^{-2})^2\ \mathrm{Hz}^{-1}$，$L=3\times10^9$ m[207].

定义两个引力波信号 $\tilde{h}_1(f)$ 及 $\tilde{h}_2(f)$ 的内积 $(\tilde{h}_1|\tilde{h}_2)$ 为

$$(\tilde{h}_1\mid\tilde{h}_2)=2\int_0^\infty\frac{\tilde{h}_1^*(f)\tilde{h}_2(f)+\tilde{h}_1(f)\tilde{h}_2^*(f)}{S_n(f)}\mathrm{d}f, \tag{6.270}$$

其中频域信号 $\tilde{h}(f)$ 是时域信号 $h(t)$ 的傅里叶变换，则信噪比(SNR)定义式为

$$\rho=\frac{(\tilde{h}_1|\tilde{h}_2)}{\sqrt{(\tilde{h}_1|n)(\tilde{h}_2|n)}}=\frac{(\tilde{h}_1|\tilde{h}_2)}{\sqrt{(\tilde{h}_1|\tilde{h}_1)}}. \tag{6.271}$$

在实际探测中，利用模板匹配滤波的方法来探测引力波信号并测量其参数，即计算信号 $\tilde{h}_1(f)$ 与模板 $\tilde{h}_2(f)$ 的内积，得到结果越大，表明信号由那个模板描述的可能性越大. 柯西(Cauchy)-施瓦茨(Schwarz)不等式给出

$$\rho^2=\frac{(\tilde{h}_1|\tilde{h}_2)^2}{(\tilde{h}_1|\tilde{h}_1)}\leqslant\frac{(\tilde{h}_1|\tilde{h}_1)(\tilde{h}_2|\tilde{h}_2)}{(\tilde{h}_1|\tilde{h}_1)}=(\tilde{h}_2|\tilde{h}_2). \tag{6.272}$$

当模板和信号相同时，信噪比最大，所以信号 $\tilde{h}$ 的信噪比(SNR)为

$$\rho^2=(\tilde{h}\mid\tilde{h})=\int_0^\infty\frac{4\mid\tilde{h}(f)\mid^2}{S_n(f)}\mathrm{d}f. \tag{6.273}$$

空间引力波探测器由于其灵敏度更高，可以探测到更远的波源，特别是可以测量到双星并合前很多年旋进时所发出的连续信号. 对于连续引力波信号，空间引力波干涉仪在其运动轨道上不同位置可以等效为不同探测器，所以空间引力波干涉仪可以用来测量引力波偏振态. 图 6.9 显示了几个不同质量的双黑洞系统在红移 $z=3$ 处所产生的引力波信号.

为了评估探测器的参数估计能力，定义费希尔(Fisher)信息矩阵

$$\Gamma_{ij}=\left(\frac{\partial\tilde{h}}{\partial\xi_i}\middle|\frac{\partial\tilde{h}}{\partial\xi_j}\right), \tag{6.274}$$

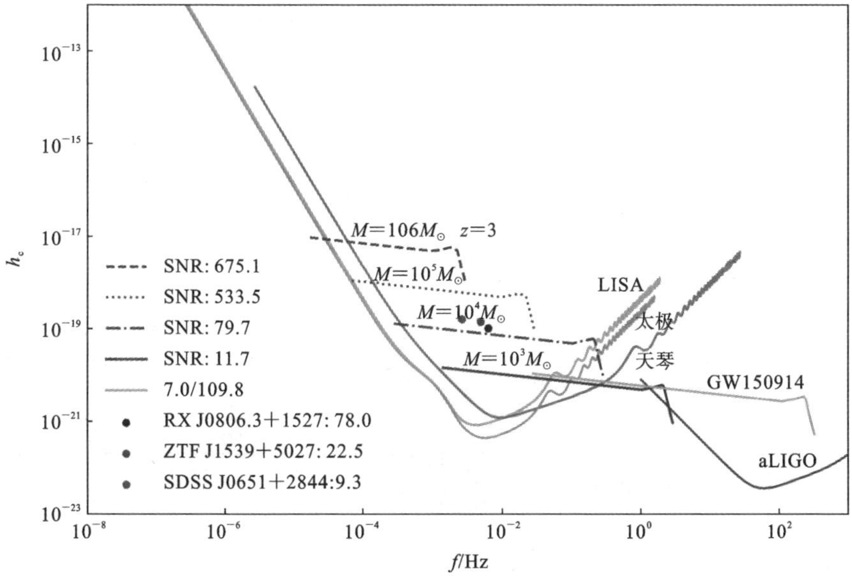

图 6.9　由公式(6.204)得到的在红移 $z=3$ 处不同质量的双黑洞系统并合前一年旋进、并合及铃宕的引力波特征强度 $h_c(f)$

图中红点、紫色点及黑点分别代表 SDSS J0651+2844,ZTF J1539+5027 及 RX J0806.3+1527 这三个双星系统所产生的连续引力波信号. 图中还给出了空间引力波天文台 LISA[208,205]、天琴[206]及太极[207]与地面 aLIGO[129,130]的灵敏度曲线,以及上述引力波信号在天琴引力波探测器上的信噪比,其中 GW150914 在天琴及 aLIGO 中的信噪比分别为 7.0 与 109.8[209].

其中 ξ_i 为第 i 个模型参数. 利用费希尔信息矩阵可得参数之间的协变矩阵

$$\sigma_{ij}=\langle\Delta\xi^i\Delta\xi^j\rangle\approx(\Gamma^{-1})_{ij}, \tag{6.275}$$

及参数 ξ_i 的误差估计 $\Delta\xi_i=\sqrt{\sigma_{ii}}$. 如果不考虑引力波信号的方位,即利用平均响应函数,则内积定义(6.270)的噪声曲线 $S_n(f)$应该替换成有效噪声曲线 $P_n(f)=S_n(f)/R(f)$. 根据 TaylorF2 波形(6.205)与(6.207)、平均响应函数(6.230)及探测器噪声曲线(6.269),利用等质量双黑洞系统从并合前一年到并合时在旋进阶段所辐射的引力波对波源参数进行误差估计的结果见表 6.3.

表 6.3　对等质量双黑洞系统从并合前一年到并合时的观测进行参数估计的结果

系　　统	ρ	$\Delta\ln\mathcal{M}$	$\Delta\ln\eta$	$\Delta\ln d_L$	Δt_c	$\Delta\phi_c$
$10^3M_\odot/10^3M_\odot$						
LISA	15.17	5.13×10^{-7}	0.0046	0.0659	3.589	1.452
太极	29.64	3.04×10^{-7}	0.0025	0.0337	1.863	0.7605
天琴	11.94	9.11×10^{-7}	0.0028	0.0838	0.6818	0.6667

续表

系　　统	ρ	$\Delta\ln\mathcal{M}$	$\Delta\ln\eta$	$\Delta\ln d_L$	Δt_c	$\Delta\phi_c$
$10^4 M_\odot/10^4 M_\odot$						
LISA	105.56	2.75×10^{-6}	0.0008	0.0095	0.4753	0.0913
太极	201.531	2.41×10^{-6}	0.0005	0.0050	0.2577	0.0531
天琴	80.72	3.38×10^{-6}	0.0007	0.0124	0.1648	0.0611
$10^5 M_\odot/10^5 M_\odot$						
LISA	656.63	4.79×10^{-6}	0.0004	0.0015	0.1822	0.0109
太极	1242.49	3.83×10^{-6}	0.0002	0.0008	0.1068	0.0064
天琴	450.25	1.26×10^{-5}	0.0006	0.0022	0.2206	0.0137

注:这些系统的亮度距离固定在 3 Gpc.

第 7 章 作用量及修改引力理论

尽管爱因斯坦广义相对论 100 多年来经历了各种观测检验，但是量子化及时空奇点等问题促使大家探讨爱因斯坦广义相对论在强场、非线性区域及大尺度上的适用性，为此人们提出了各种修改引力理论. 最简单的修改引力理论为引入额外无质量标量场来传递引力相互作用的 Brans-Dicke 理论[210]及引入里奇标量的高阶项的非线性引力理论[211]. 修改引力理论会给出一些不同于广义相对论的结论，如引力波存在“+”偏振模式与“×”偏振模式之外的偏振模式，引力波的传播速度可以不是光速，引力子具有质量及引力辐射存在偶极辐射等. 本章从广义相对论的爱因斯坦-希尔伯特作用量出发来讨论一些修改引力理论.

7.1 作 用 量

由于四维时空中，只有里奇标量是不变量，所以引力作用量为

$$I_{\mathrm{GR}}=\frac{1}{16\pi G}\int\sqrt{-g}R\,\mathrm{d}^4x,\tag{7.1}$$

其中度规行列式 $g=\det(g_{\mu\nu})$. 引力作用量最早由希尔伯特(Hilbert)在 1915 年给出，所以引力作用量(7.1)也称为爱因斯坦-希尔伯特作用量. 当然引力作用量定义式中还可以加一个常数 -2Λ，即

$$I_{\mathrm{GR}}=\frac{1}{16\pi G}\int\sqrt{-g}(R-2\Lambda)\,\mathrm{d}^4x,\tag{7.2}$$

Λ 即宇宙学常数. 对度规作扰动

$$\delta g^{\mu\nu}=-g^{\mu\rho}g^{\nu\sigma}\delta g_{\rho\sigma},\tag{7.3a}$$

$$\delta\sqrt{-g}=\frac{1}{2}\sqrt{-g}g^{\mu\nu}\delta g_{\mu\nu}=-\frac{1}{2}\sqrt{-g}g_{\mu\nu}\delta g^{\mu\nu},\tag{7.3b}$$

可得克里斯多菲联络的扰动

$$\begin{aligned}\delta\Gamma^{\lambda}_{\mu\nu}&=-g^{\lambda\rho}\delta g_{\rho\sigma}\Gamma^{\sigma}_{\mu\nu}+\frac{1}{2}g^{\lambda\rho}[(\delta g_{\rho\mu})_{,\nu}+(\delta g_{\rho\nu})_{,\mu}-(\delta g_{\mu\nu})_{,\rho}]\\&=\frac{1}{2}g^{\lambda\rho}[(\delta g_{\rho\mu})_{;\nu}+(\delta g_{\rho\nu})_{;\mu}-(\delta g_{\mu\nu})_{;\rho}],\end{aligned}\tag{7.4}$$

以及里奇张量的扰动

$$\begin{aligned}\delta R_{\mu\kappa}&=(\delta\Gamma^{\lambda}_{\mu\kappa})_{,\lambda}-(\delta\Gamma^{\lambda}_{\mu\lambda})_{,\kappa}+\delta\Gamma^{\eta}_{\mu\kappa}\Gamma^{\lambda}_{\lambda\eta}+\delta\Gamma^{\lambda}_{\lambda\eta}\Gamma\eta_{\mu\kappa}-\delta\Gamma^{\eta}_{\mu\lambda}\Gamma^{\lambda}_{\kappa\eta}-\delta\Gamma^{\lambda}_{\kappa\eta}\Gamma^{\eta}_{\mu\lambda}\\&=(\delta\Gamma^{\lambda}_{\mu\kappa})_{;\lambda}-(\delta\Gamma^{\lambda}_{\mu\lambda})_{;\kappa},\end{aligned}\tag{7.5}$$

或者

$$\sqrt{-g}g^{\mu\nu}\delta R_{\mu\nu}=\sqrt{-g}[(g^{\mu\nu}\delta\Gamma^{\lambda}_{\mu\lambda})_{;\nu}-(g^{\mu\nu}\delta\Gamma^{\lambda}_{\mu\nu})_{;\lambda}]$$
$$=(\sqrt{-g}g^{\mu\nu}\delta\Gamma^{\lambda}_{\mu\lambda})_{,\nu}-(\sqrt{-g}g^{\mu\nu}\delta\Gamma^{\lambda}_{\mu\nu})_{,\lambda}. \tag{7.6}$$

由于

$$\delta(\sqrt{-g}R)=\sqrt{-g}R_{\mu\nu}\delta g^{\mu\nu}+R\delta(\sqrt{-g})+\sqrt{-g}g^{\mu\nu}\delta R_{\mu\nu}, \tag{7.7}$$

从而引力作用量变分

$$\delta I_{\mathrm{GR}}=\frac{1}{16\pi G}\int\sqrt{-g}\left(R_{\mu\nu}-\frac{1}{2}g_{\mu\nu}R+g_{\mu\nu}\Lambda\right)\delta g^{\mu\nu}\,\mathrm{d}^4x$$
$$+\frac{1}{16\pi G}\int[(\sqrt{-g}g^{\mu\nu}\delta\Gamma^{\lambda}_{\mu\lambda})_{,\nu}-(\sqrt{-g}g^{\mu\nu}\delta\Gamma^{\lambda}_{\mu\nu})_{,\lambda}]\mathrm{d}^4x,$$
$$=\frac{1}{16\pi G}\int\sqrt{-g}\left(R_{\mu\nu}-\frac{1}{2}g_{\mu\nu}R+g_{\mu\nu}\Lambda\right)\delta g^{\mu\nu}\,\mathrm{d}^4x. \tag{7.8}$$

加上物质作用量便得到爱因斯坦场方程

$$R_{\mu\nu}-\frac{1}{2}g_{\mu\nu}R+g_{\mu\nu}\Lambda=8\pi GT_{\mu\nu}, \tag{7.9}$$

其中物质能量-动量张量

$$T_{\mu\nu}=-\frac{2\delta I_{\mathrm{M}}}{\sqrt{-g}\delta g^{\mu\nu}(x)}. \tag{7.10}$$

注意

$$T^{\mu\nu}=\frac{2\delta I_{\mathrm{M}}}{\sqrt{-g}\delta g_{\mu\nu}(x)}. \tag{7.11}$$

$\delta g^{\mu\nu}$与$\delta g_{\mu\nu}$的关系式(7.3)既可以从

$$(g^{\mu\alpha}+\delta g^{\mu\alpha})(g_{\alpha\nu}+\delta g_{\alpha\nu})=\delta^{\mu}_{\nu} \tag{7.12}$$

得到,也可以从

$$g^{\mu\nu}+\delta g^{\mu\nu}=(g^{\mu\alpha}+\delta g^{\mu\alpha})(g^{\nu\beta}+\delta g^{\nu\beta})(g_{\alpha\beta}+\delta g_{\alpha\beta}) \tag{7.13}$$

得到.

7.1.1 Palatini 形式

上述利用作用量原理推导爱因斯坦场方程的过程中,假设仿射联络为克里斯多菲联络,只有度规为变量. 在 Palatini 形式中,把仿射联络与度规看成独立变量而分别进行变分,同样可以推导出爱因斯坦场方程以及仿射联络与度规满足的克里斯多菲联络关系式. 联立方程(7.3),方程(7.6)及方程(7.7)可得

$$\delta(\sqrt{-g}R)=-\sqrt{-g}R^{\mu\nu}\delta g_{\mu\nu}+\frac{1}{2}\sqrt{-g}g^{\mu\nu}R\delta g_{\mu\nu}+\sqrt{-g}g^{\mu\nu}[(\delta\Gamma^{\lambda}_{\mu\lambda})_{;\nu}-(\delta\Gamma^{\lambda}_{\mu\nu})_{;\lambda}]$$
$$=-\sqrt{-g}\left(R^{\mu\nu}-\frac{1}{2}g^{\mu\nu}R\right)\delta g_{\mu\nu}+\sqrt{-g}g^{\mu\kappa}(\delta\Gamma^{\lambda}_{\mu\lambda,\kappa}-\delta\Gamma^{\lambda}_{\mu\kappa,\lambda}$$

$$
\begin{aligned}
&+\Gamma^{\lambda}_{\kappa\eta}\delta\Gamma^{\eta}_{\mu\lambda}+\Gamma^{\eta}_{\mu\lambda}\delta\Gamma^{\lambda}_{\kappa\eta}-\Gamma^{\lambda}_{\lambda\eta}\delta\Gamma^{\eta}_{\mu\kappa}-\Gamma^{\eta}_{\mu\kappa}\delta\Gamma^{\lambda}_{\lambda\eta})\\
=&-\sqrt{-g}\left(R^{\mu\nu}-\frac{1}{2}g^{\mu\nu}R\right)\delta g_{\mu\nu}+(\sqrt{-g}g^{\mu\kappa}\delta\Gamma^{\lambda}_{\mu\lambda})_{,\kappa}\\
&-(\sqrt{-g}g^{\mu\kappa}\delta\Gamma^{\lambda}_{\mu\kappa})_{,\lambda}-(\sqrt{-g}g^{\mu\kappa})_{,\kappa}\delta\Gamma^{\lambda}_{\mu\lambda}+(\sqrt{-g}g^{\mu\kappa})_{,\lambda}\delta\Gamma^{\lambda}_{\mu\kappa}\\
&+\sqrt{-g}g^{\mu\kappa}(\Gamma^{\lambda}_{\kappa\eta}\delta\Gamma^{\eta}_{\mu\lambda}+\Gamma^{\eta}_{\mu\lambda}\delta\Gamma^{\lambda}_{\kappa\eta}-\Gamma^{\lambda}_{\lambda\eta}\delta\Gamma^{\eta}_{\mu\kappa}-\Gamma^{\eta}_{\mu\kappa}\delta\Gamma^{\lambda}_{\lambda\eta})\\
=&-\sqrt{-g}\left(R^{\mu\nu}-\frac{1}{2}g^{\mu\nu}R\right)\delta g_{\mu\nu}+\sqrt{-g}\nabla_{\sigma}(g^{\alpha\sigma}(\delta\Gamma^{\gamma}_{\alpha\gamma})-g^{\alpha\beta}(\delta\Gamma^{\sigma}_{\beta\alpha})).
\end{aligned}
\tag{7.14}
$$

方程(7.14)最后一个等式中两个全微分项全空间积分后为零，所以作用量对度规作变分得到爱因斯坦场方程(7.9). 对仿射联络作变分

$$
\frac{\delta I_{\mathrm{GR}}}{\delta\Gamma^{\alpha}_{\beta\gamma}}=0 \tag{7.15}
$$

得到

$$
\begin{aligned}
&(\sqrt{-g}g^{\beta\gamma})_{,\alpha}-\delta^{\gamma}_{\alpha}(\sqrt{-g}g^{\beta\kappa})_{,\kappa}+\sqrt{-g}g^{\beta\mu}\Gamma^{\gamma}_{\mu\alpha}+\sqrt{-g}g^{\mu\gamma}\Gamma^{\beta}_{\mu\alpha}\\
&\quad-\sqrt{-g}g^{\beta\gamma}\Gamma^{\mu}_{\mu\alpha}-\delta^{\gamma}_{\alpha}\sqrt{-g}g^{\mu\nu}\Gamma^{\beta}_{\mu\nu}=0.
\end{aligned}
\tag{7.16}
$$

注意联络 $\Gamma^{\alpha}_{\beta\gamma}$ 中两个下指标 β,γ 是对称的，所以在上式推导过程中要对这两个指标进行对称化处理. 对指标 α 与 γ 缩并后得到

$$
g^{\alpha\mu}g^{\beta\nu}g_{\mu\nu,\alpha}-\frac{1}{2}g^{\alpha\beta}g^{\mu\nu}g_{\mu\nu,\alpha}=g^{\mu\nu}\Gamma^{\beta}_{\mu\nu}. \tag{7.17}
$$

把方程(7.17)代入方程(7.16)并化简得到

$$
g_{\beta\gamma,\alpha}=g_{\gamma\mu}\Gamma^{\mu}_{\alpha\beta}+g_{\beta\mu}\Gamma^{\mu}_{\alpha\gamma}. \tag{7.18}
$$

分别交换指标 α 与 β 及 α 与 γ 得到

$$
g_{\alpha\gamma,\beta}=g_{\gamma\mu}\Gamma^{\mu}_{\alpha\beta}+g_{\alpha\mu}\Gamma^{\mu}_{\gamma\beta}, \tag{7.19}
$$

$$
g_{\beta\alpha,\gamma}=g_{\alpha\mu}\Gamma^{\mu}_{\beta\gamma}+g_{\beta\mu}\Gamma^{\mu}_{\gamma\alpha}. \tag{7.20}
$$

联立方程(7.18)，方程(7.19)与方程(7.20)得到克里斯多菲联络

$$
g_{\beta\gamma,\alpha}+g_{\alpha\gamma,\beta}-g_{\alpha\beta,\gamma}=2g_{\gamma\mu}\Gamma^{\mu}_{\alpha\beta}, \tag{7.21a}
$$

$$
\Gamma^{\mu}_{\alpha\beta}=\frac{1}{2}g^{\mu\nu}(g_{\alpha\nu,\beta}+g_{\beta\nu,\alpha}-g_{\alpha\beta,\nu}). \tag{7.21b}
$$

把克里斯多菲仿射联络代入爱因斯坦场方程，则得到只把度规作为独立变量进行变分的通常结果.

7.1.2　测地线方程

可以从点粒子作用量推导出粒子运动的测地线方程. 质量为 m 的点粒子作用量为

$$
I_{\mathrm{M}}=-m\int\mathrm{d}s=-m\int(-g_{\mu\nu}\mathrm{d}x^{\mu}\mathrm{d}x^{\nu})^{1/2}. \tag{7.22}
$$

由于粒子位置发生微小偏离而导致的作用量扰动为

$$\begin{aligned}\delta I_{\mathrm{M}} &= \frac{1}{2}m\int(-g_{\mu\nu}\mathrm{d}x^{\mu}\mathrm{d}x^{\nu})^{-1/2}(g_{\mu\nu,\alpha}\mathrm{d}x^{\mu}\mathrm{d}x^{\nu}\delta x^{\alpha}+2g_{\mu\nu}\mathrm{d}x^{\mu}\mathrm{d}\delta x^{\nu})\\ &= \frac{1}{2}m\int g_{\mu\nu,\alpha}u^{\mu}u^{\nu}\delta x^{\alpha}\mathrm{d}s+m\int g_{\mu\nu}u^{\mu}\mathrm{d}\delta x^{\nu}\\ &= \frac{1}{2}m\int g_{\mu\nu,\alpha}u^{\mu}u^{\nu}\delta x^{\alpha}\mathrm{d}s+m\int \mathrm{d}(g_{\mu\nu}u^{\mu}\delta x^{\nu})\\ &\quad -m\int g_{\mu\nu,\alpha}u^{\alpha}u^{\mu}\delta x^{\nu}\mathrm{d}s-m\int g_{\mu\nu}\frac{\mathrm{d}u^{\mu}}{\mathrm{d}\tau}\delta x^{\nu}\mathrm{d}s.\end{aligned}\tag{7.23}$$

由于

$$\begin{aligned}\frac{1}{2}m\int g_{\mu\nu,\alpha}u^{\mu}u^{\nu}\delta x^{\alpha}\mathrm{d}s-m\int g_{\mu\nu,\alpha}u^{\alpha}u^{\mu}\delta x^{\nu}\mathrm{d}s &= m\int\left(\frac{1}{2}g_{\mu\alpha,\nu}-g_{\mu\nu,\alpha}\right)u^{\alpha}u^{\mu}\delta x^{\nu}\mathrm{d}s\\ &= \frac{1}{2}m\int(g_{\mu\alpha,\nu}-g_{\mu\nu,\alpha}-g_{\alpha\nu,\mu})u^{\alpha}u^{\mu}\delta x^{\nu}\mathrm{d}s\\ &= -m\int g_{\nu\beta}\Gamma^{\beta}_{\mu\alpha}u^{\alpha}u^{\mu}\delta x^{\nu}\mathrm{d}s\\ &= -m\int \Gamma^{\mu}_{\alpha\beta}u^{\alpha}u^{\beta}g_{\mu\nu}\delta x^{\nu}\mathrm{d}s,\end{aligned}\tag{7.24}$$

所以

$$\delta I_{\mathrm{M}} = m\int \mathrm{d}(g_{\mu\nu}u^{\mu}\delta x^{\nu})-m\int\left(\frac{\mathrm{d}u^{\mu}}{\mathrm{d}\tau}+\Gamma^{\mu}_{\alpha\beta}u^{\alpha}u^{\beta}\right)g_{\mu\nu}\delta x^{\nu}\mathrm{d}s.\tag{7.25}$$

由此可得测地线方程

$$\frac{\mathrm{d}^2x^{\mu}}{\mathrm{d}\tau^2}+\Gamma^{\mu}_{\alpha\beta}\frac{\mathrm{d}x^{\alpha}}{\mathrm{d}\tau}\frac{\mathrm{d}x^{\beta}}{\mathrm{d}\tau}=0.\tag{7.26}$$

7.1.3 广义协变性与物质能量-动量守恒

在无穷小坐标变换

$$x'^{\mu}=x^{\mu}+\epsilon^{\mu}\tag{7.27}$$

下，度规的变换为

$$g'_{\mu\nu}(x')=g_{\rho\sigma}(x)\frac{\partial x^{\rho}}{\partial x'^{\mu}}\frac{\partial x^{\sigma}}{\partial x'^{\nu}}=g_{\mu\nu}(x)-g_{\rho\nu}\epsilon^{\rho}_{,\mu}-g_{\mu\sigma}\epsilon^{\sigma}_{,\nu}.\tag{7.28}$$

由度规在时空点 x 处的无穷小变化

$$\begin{aligned}\delta g_{\mu\nu}&=g'_{\mu\nu}(x)-g_{\mu\nu}(x)=g'_{\mu\nu}(x')-g_{\mu\nu}(x)-[g'_{\mu\nu}(x')-g'_{\mu\nu}(x)]\\ &=-g_{\rho\nu}(x)\epsilon^{\rho}_{,\mu}(x)-g_{\mu\rho}(x)\epsilon^{\rho}_{,\nu}(x)-g_{\mu\nu,\rho}(x)\epsilon^{\rho}(x),\end{aligned}\tag{7.29}$$

及物质作用量保持不变，即

$$\begin{aligned}0=\delta I_{\mathrm{M}} &= -\frac{1}{2}\int\sqrt{-g}T^{\mu\nu}(g_{\rho\nu}\epsilon^{\rho}_{,\mu}+g_{\mu\rho}\epsilon^{\rho}_{,\nu}+g_{\mu\nu,\rho}\epsilon^{\rho})\mathrm{d}^4x\\ &= \frac{1}{2}\int\epsilon^{\rho}[(\sqrt{-g}g_{\mu\rho}T^{\mu\nu})_{,\nu}+(\sqrt{-g}g_{\rho\nu}T^{\mu\nu})_{,\mu}-\sqrt{-g}T^{\mu\nu}g_{\mu\nu,\rho}]\mathrm{d}^4x\\ &= \int\sqrt{-g}\epsilon^{\rho}T^{\mu}_{\rho;\mu}\mathrm{d}^4x,\end{aligned}\tag{7.30}$$

可得物质能量-动量张量守恒，即

$$T^{\mu}_{\rho;\mu}=0.$$

7.1.4　标量场能量-动量张量

下面以标量场为例计算其能量-动量张量. 标量场拉氏量为

$$\mathscr{L}_\phi=-\frac{1}{2}g^{\mu\nu}\partial_\mu\phi\partial_\nu\phi-V(\phi). \tag{7.31}$$

由作用量变分

$$\begin{aligned}\delta I_\phi&=-\frac{1}{2}\int\sqrt{-g}\mathscr{L}_\phi g_{\mu\nu}\delta g^{\mu\nu}\mathrm{d}^4x-\frac{1}{2}\int\sqrt{-g}\partial_\mu\phi\partial_\nu\phi\delta g^{\mu\nu}\mathrm{d}^4x\\&=-\frac{1}{2}\int\sqrt{-g}(g_{\mu\nu}\mathscr{L}_\phi+\partial_\mu\phi\partial_\nu\phi)\delta g^{\mu\nu}\mathrm{d}^4x,\end{aligned} \tag{7.32}$$

得到标量场能量-动量张量

$$T_{\mu\nu}=-\frac{2}{\sqrt{-g}}\frac{\delta}{\delta g^{\mu\nu}}(\sqrt{-g}\mathscr{L}_\phi)=\partial_\mu\phi\partial_\nu\phi+g_{\mu\nu}\mathscr{L}_\phi. \tag{7.33}$$

如果把这个能量-动量张量写成理想流体形式 $T_{\mu\nu}=pg_{\mu\nu}+(\rho+p)U_\mu U_\nu$，则流体四速度为

$$U_\mu=\frac{\partial_\mu\phi}{\sqrt{-g^{\mu\nu}\partial_\mu\phi\partial_\nu\phi}}, \tag{7.34}$$

流体能量密度及压强分别为

$$\rho=-\frac{1}{2}g^{\mu\nu}\partial_\mu\phi\partial_\nu\phi+V(\phi), \tag{7.35a}$$

$$p=-\frac{1}{2}g^{\mu\nu}\partial_\mu\phi\partial_\nu\phi+V(\phi). \tag{7.35b}$$

7.2　线性引力

把度规对平直时空背景作线性扰动，$g_{\mu\nu}=\eta_{\mu\nu}+h_{\mu\nu}$，逆度规及度规行列式展开到 h 的二阶，得到

$$g^{\mu\nu}=\eta^{\mu\nu}-h^{\mu\nu}+h^{\mu\alpha}h^{\nu}_{\alpha}, \tag{7.36}$$

$$\sqrt{-g}=1+\frac{1}{2}h+\frac{1}{8}h^2-\frac{1}{4}h^{\alpha\beta}h_{\alpha\beta}. \tag{7.37}$$

展开到 h 的二阶，爱因斯坦-希尔伯特作用量为

$$\begin{aligned}I_{\mathrm{GR}}&=\frac{1}{2\kappa^2}\int\left(\frac{1}{2}h^{\mu\nu}\Box^2h_{\mu\nu}-h^{\mu\nu}\partial_\nu\partial^\alpha h_{\mu\alpha}+h^{\mu\nu}\partial_\mu\partial_\nu h-\frac{1}{2}h\Box^2h\right)\mathrm{d}^4x\\&=\frac{1}{2\kappa^2}\int h_{\mu\nu}P^{\mu\nu,\alpha\beta}h_{\alpha\beta}\mathrm{d}^4x,\end{aligned} \tag{7.38}$$

式中 $\kappa^2=8\pi G=1/M_{\rm Pl}^2$，$M_{\rm Pl}$ 为普朗克质量.

$$P^{\mu\nu,\alpha\beta}=\left[\frac{1}{2}P^{(2)\mu\nu,\alpha\beta}-P^{(s)\mu\nu,\alpha\beta}\right]\Box^2, \tag{7.39}$$

$$P^{(2)}{}_{\mu\nu,}{}^{\alpha\beta}=\theta_{(\mu}{}^{\alpha}\theta_{\nu)}{}^{\beta}-P^{(s)}{}_{\mu\nu,}{}^{\alpha\beta}, \tag{7.40}$$

$$P^{(s)\mu\nu,\alpha\beta}=\frac{1}{3}\theta^{\mu\nu}\theta^{\alpha\beta}, \tag{7.41}$$

$$\theta_{\mu\nu}=\eta_{\mu\nu}-\frac{\partial_\mu\partial_\nu}{\Box^2}, \tag{7.42}$$

$$\theta_{(\mu}{}^{\alpha}\theta_{\nu)}{}^{\beta}=\frac{1}{2}(\theta_\mu{}^\alpha\theta_\nu{}^\beta+\theta_\nu{}^\alpha\theta_\mu{}^\beta). \tag{7.43}$$

算符 $P^{\mu\nu,\alpha\beta}$ 的逆为传播子 $\mathcal{D}_{\mu\nu,\alpha\beta}$，通过求解下述方程：

$$P^{\mu\nu,\alpha\beta}\mathcal{D}_{\alpha\beta,\sigma\lambda}=\frac{\mathrm{i}}{2}(\delta^\mu_\sigma\delta^\nu_\lambda+\delta^\nu_\sigma\delta^\mu_\lambda). \tag{7.44}$$

由算符 $P^{\mu\nu,\alpha\beta}$ 可以得到传播子 $\mathcal{D}_{\mu\nu,\alpha\beta}$. 在无穷小坐标变换(6.10)下，作用量(7.38)是不变的，这当然是广义相对论作用量在任意坐标变换下保持不变的结果. 由于广义坐标协变性，可以通过选取合适的规范条件来简化运动方程. 例如，选取洛伦兹规范条件

$$\partial^\mu h_{\mu\nu}-\frac{1}{2}\partial_\nu h=0. \tag{7.45}$$

把洛伦兹规范条件作为规范固定项

$$\begin{aligned}I_{\rm GF}&=-\frac{1}{2\kappa^2}\int\left(\partial^\mu h_{\mu\nu}-\frac{1}{2}\partial_\nu h\right)^2\mathrm{d}^4x\\&=\frac{1}{2\kappa^2}\int\left(h^{\mu\nu}\partial_\nu\partial^\alpha h_{\mu\alpha}-h^{\mu\nu}\partial_\mu\partial_\nu h+\frac{1}{4}h\Box^2h\right)\mathrm{d}^4x,\end{aligned} \tag{7.46}$$

加入作用量(7.38)，则总作用量为

$$I_{\rm GR}+I_{\rm GF}=\frac{1}{2\kappa^2}\int\left(\frac{1}{2}h^{\mu\nu}\Box^2h_{\mu\nu}-\frac{1}{4}h\Box^2h\right)\mathrm{d}^4x. \tag{7.47}$$

对作用量(7.47)变分，可得真空场方程

$$\Box^2\left(h_{\mu\nu}-\frac{1}{2}\eta_{\mu\nu}h\right)=0. \tag{7.48}$$

上述方程就是取洛伦兹规范后的真空场方程. 注意洛伦兹规范条件(7.45)并不能从运动方程得到，求解运动方程时还需要作为附加条件加上. 在作用量(7.47)中加入物质场的作用量

$$I_{\rm M}=-\frac{1}{2}\int h^{\mu\nu}T_{\mu\nu}\mathrm{d}^4x, \tag{7.49}$$

可得运动方程

$$\Box^2\left(h_{\mu\nu}-\frac{1}{2}\eta_{\mu\nu}h\right)=-2\kappa^2T_{\mu\nu}. \tag{7.50}$$

注意上式中能量-动量张量的定义式为(7.10)．对方程(7.50)取迹，得到

$$\Box^2 h=2\kappa^2\eta^{\mu\nu}T_{\mu\nu}=2\kappa^2 T. \tag{7.51}$$

把方程(7.51)代入方程(7.50)得到

$$\Box^2 h_{\mu\nu}=-2\kappa^2\left(T_{\mu\nu}-\frac{1}{2}\eta_{\mu\nu}T\right). \tag{7.52}$$

方程(7.52)的通解为

$$\begin{aligned} h_{\mu\nu} &= 4G\int\frac{1}{|\boldsymbol{x}-\boldsymbol{y}|}\left[T_{\mu\nu}(\boldsymbol{y},t-|\boldsymbol{x}-\boldsymbol{y}|)-\frac{1}{2}\eta_{\mu\nu}T(\boldsymbol{y},t-|\boldsymbol{x}-\boldsymbol{y}|)\right]\mathrm{d}^3 y \\ &= 2\kappa^2\int\frac{1}{(2\pi)^4}\mathrm{e}^{\mathrm{i}P^{\mu}x_{\mu}}\ \frac{1}{P^2}\left[T_{\mu\nu}(P)-\frac{1}{2}\eta_{\mu\nu}T(P)\right]\mathrm{d}^4 P \end{aligned} \tag{7.53}$$

式中 $\boldsymbol{y}$ 为源点位置，$\boldsymbol{x}$ 为场点位置，物质能量-动量的傅里叶变换 $T_{\mu\nu}(P)=\int\mathrm{e}^{-\mathrm{i}P^{\mu}x_{\mu}}T_{\mu\nu}(x)\mathrm{d}^4 x$，四动量 $P^{\mu}=(P^0,\boldsymbol{p})$．注意对于电磁场，$T=0$．对于质量为 M 的点粒子源，有

$$T^{\mu\nu}(x)=M\delta_0^{\mu}\delta_0^{\nu}\delta^3(\boldsymbol{x}), \tag{7.54}$$

$$T^{\mu\nu}(P)=2\pi M\delta_0^{\mu}\delta_0^{\nu}\delta(P^0), \tag{7.55}$$

$T=-T_{00}$，利用积分结果

$$\int\frac{1}{(2\pi)^3}\mathrm{e}^{\mathrm{i}\boldsymbol{p}\cdot\boldsymbol{x}}\ \frac{1}{\boldsymbol{p}^2}\mathrm{d}^3 p=\frac{1}{4\pi r}, \tag{7.56}$$

得到

$$h_{0i}(\boldsymbol{x})=0, \tag{7.57}$$

$$h_{00}(\boldsymbol{x})=\frac{M}{M_{\mathrm{Pl}}^2}\int\frac{1}{(2\pi)^3}\mathrm{e}^{\mathrm{i}\boldsymbol{p}\cdot\boldsymbol{x}}\ \frac{1}{\boldsymbol{p}^2}\mathrm{d}^3 p=\frac{2GM}{r}, \tag{7.58}$$

$$h_{ij}(\boldsymbol{x})=\frac{M}{M_{\mathrm{Pl}}^2}\int\frac{1}{(2\pi)^3}\mathrm{e}^{\mathrm{i}\boldsymbol{p}\cdot\boldsymbol{x}}\ \frac{\delta_{ij}}{\boldsymbol{p}^2}\mathrm{d}^3 p=\frac{2GM}{r}\delta_{ij}. \tag{7.59}$$

所以牛顿引力势 $\phi_{\mathrm{N}}=-h_{00}/2=-GM/r$．

对于物态方程 $w=p/\rho$（w 为常数）的稳态理想流体，其能量-动量张量为

$$T_{00}(\boldsymbol{y},\ t-|\boldsymbol{x}-\boldsymbol{y}|)=\rho(\boldsymbol{y}), \tag{7.60a}$$

$$T(\boldsymbol{y},\ t-|\boldsymbol{x}-\boldsymbol{y}|)=3p(\boldsymbol{y})-\rho(\boldsymbol{y})=(3w-1)\rho(\boldsymbol{y}). \tag{7.60b}$$

当场点离源点较远时，$|\boldsymbol{x}|\gg|\boldsymbol{y}|$，$|\boldsymbol{x}-\boldsymbol{y}|\approx|\boldsymbol{x}|=r$，从而有

$$\begin{aligned} h_{00}(x) &= 2G\int\frac{\rho(\boldsymbol{y})+3p(\boldsymbol{y})}{|\boldsymbol{x}-\boldsymbol{y}|}\mathrm{d}^3 y \\ &\approx \frac{2G(1+3w)}{r}\int\rho(\boldsymbol{y})\mathrm{d}^3 y \\ &= \frac{2(1+3w)GM}{r}. \end{aligned} \tag{7.61}$$

对于尘埃物质，$w=0$，结果(7.61)与点粒子结果(7.58)一致，即给出了牛顿引力势．

由结果(7.61)可知,对于辐射物质,如光子,$w=1/3$,其受到的引力是尘埃物质的两倍,即光子受到物体的引力是依据等效原理给出的牛顿引力的两倍,这也说明了牛顿引力计算出的光线偏折只有广义相对论计算出的结果一半的原因. 对于暗能量,$w<-1/3$,其牛顿引力势为正,即其受到的引力表现为排斥力.

7.3 有质量线性引力

如果把 $h_{\mu\nu}$ 看成自旋为 2 的场,则其质量项可以为 $m_1^2 h_{\mu\nu}h^{\mu\nu}$ 或者 $m_2^2 h^2$. 为了保证自旋为 2 的有质量场的 5 个自由度,需要引入所谓的 Fierz-Pauli 微调[212], $m_2^2=-m_1^2$,这样得到的作用量为

$$\begin{aligned} I_{\mathrm{FP}} &= \frac{1}{2\kappa^2}\int\left[\frac{1}{2}h^{\mu\nu}\Box^2 h_{\mu\nu} - h^{\mu\nu}\partial_\nu\partial^\alpha h_{\mu\alpha} + h^{\mu\nu}\partial_\mu\partial_\nu h - \frac{1}{2}h\Box^2 h \right.\\ &\quad \left. - \frac{1}{2}m_g^2(h_{\mu\nu}h^{\mu\nu} - h^2)\right]\mathrm{d}^4 x \\ &= \frac{1}{4\kappa^2}\int h^{\mu\nu}\left[\frac{1}{2}(P_{\mu\alpha}P_{\nu\beta} + P_{\nu\alpha}P_{\mu\beta}) - P_{\mu\nu}P_{\alpha\beta}\right](\Box^2 - m_g^2)h^{\alpha\beta}\mathrm{d}^4 x, \end{aligned} \tag{7.62}$$

式中 $P_{\mu\nu}=\eta_{\mu\nu}-\partial_\mu\partial_\nu/(\Box^2-m_g^2)$. 该作用量给出了 Fierz-Pauli 有质量线性引力理论[213]. 注意质量项 $m_g^2(h_{\mu\nu}h^{\mu\nu}-h^2)$破坏了广义坐标不变性. 式(7.62)对场 $h_{\mu\nu}$ 作变分,得到真空中运动方程

$$\begin{aligned} 0 =& (\Box^2 - m_g^2)h_{\mu\nu} + \eta_{\mu\nu}\partial_\alpha\partial_\beta h^{\alpha\beta} - \partial_\mu\partial^\alpha h_{\nu\alpha} - \partial_\nu\partial^\alpha h_{\mu\alpha} \\ &+ \partial_\mu\partial_\nu h - \eta_{\mu\nu}(\Box^2 - m_g^2)h. \end{aligned} \tag{7.63}$$

把算符∂^μ 作用到式(7.63)得到

$$-m_g^2(\partial^\mu h_{\mu\nu} - \partial_\nu h) = 0. \tag{7.64}$$

对于有质量引力理论,$m_g\neq 0$,方程(7.64)给出约束条件

$$\partial^\mu h_{\mu\nu} = \partial_\nu h. \tag{7.65}$$

把约束条件(7.65)代入真空中运动方程(7.63)得到

$$(\Box^2 - m_g^2)h_{\mu\nu} - \partial_\mu\partial_\nu h + m_g^2\eta_{\mu\nu}h = 0. \tag{7.66}$$

对方程(7.66)取迹得到

$$3m_g^2 h = 0, \tag{7.67}$$

即场 $h_{\mu\nu}$ 是无迹的,$h=0$. 结合约束条件(7.65)及无迹条件,得到场 $h_{\mu\nu}$ 满足横向无迹规范条件(6.23). 把横向无迹规范条件(6.23)代入运动方程(7.63),最终得到真空中有质量引力场满足的克莱因-戈尔登方程

$$(\Box^2 - m_g^2)h_{\mu\nu} = 0. \tag{7.68}$$

因为横向无迹规范条件(6.23)去掉了 5 个自由度,所以有质量线性引力场只有 5 个(即(10−4−1)个)可传播自由度.

加入物质场的作用量(7.49),则引力场 $h_{\mu\nu}$ 的运动方程变为[214,215]

$$\begin{aligned}&\Box^2 h_{\mu\nu}+\eta_{\mu\nu}\partial_\alpha\partial_\beta h^{\alpha\beta}-\partial_\mu\partial^\alpha h_{\nu\alpha}-\partial_\nu\partial^\alpha h_{\mu\alpha}\\&+\partial_\mu\partial_\nu h-\eta_{\mu\nu}\Box^2 h-m_g^2(h_{\mu\nu}-\eta_{\mu\nu}h)=-2\kappa^2 T_{\mu\nu}.\end{aligned}\tag{7.69}$$

把∂^μ 作用到方程(7.69)两边得到

$$\partial^\mu h_{\mu\nu}-\partial_\nu h=\frac{2\kappa^2}{m_g^2}\partial^\mu T_{\mu\nu}.\tag{7.70}$$

把方程(7.70)代入方程(7.69)得到

$$\Box^2 h_{\mu\nu}-\partial_\mu\partial_\nu h-m_g^2(h_{\mu\nu}-\eta_{\mu\nu}h)=-2\kappa^2 T_{\mu\nu}+\frac{2\kappa^2}{m_g^2}(\partial_\mu\partial^\alpha T_{\alpha\nu}+\partial_\nu\partial^\alpha T_{\alpha\mu}-\eta_{\mu\nu}\partial^\alpha\partial^\beta T_{\alpha\beta}).\tag{7.71}$$

对上述方程求迹得到

$$h=-\frac{2\kappa^2}{3m_g^2}T-\frac{4\kappa^2}{3m_g^4}\partial^\alpha\partial^\beta T_{\alpha\beta}.\tag{7.72}$$

联立方程(7.70)及方程(7.72)得到

$$\partial^\mu h_{\mu\nu}=\frac{2\kappa^2}{m_g^2}\partial^\mu T_{\mu\nu}-\frac{2\kappa^2}{3m_g^2}\partial_\nu T-\frac{4\kappa^2}{3m_g^4}\partial_\nu\partial^\alpha\partial^\beta T_{\alpha\beta}.\tag{7.73}$$

最后联立方程(7.71)及方程(7.72),得到有源的克莱因-戈尔登方程[214]

$$\begin{aligned}(\Box^2-m_g^2)h_{\mu\nu}=&-2\kappa^2\left[T_{\mu\nu}-\frac{1}{3}\left(\eta_{\mu\nu}-\frac{\partial_\mu\partial_\nu}{m_g^2}\right)T\right]\\&+\frac{2\kappa^2}{m_g^2}\left[\partial_\mu\partial^\alpha T_{\alpha\nu}+\partial_\nu\partial^\alpha T_{\alpha\mu}-\frac{1}{3}\left(\eta_{\mu\nu}+\frac{2\partial_\mu\partial_\nu}{m_g^2}\right)\partial^\alpha\partial^\beta T_{\alpha\beta}\right].\end{aligned}\tag{7.74}$$

如果物质满足能量-动量守恒,$\partial^\mu T_{\mu\nu}=0$,则[214,215]

$$\partial^\mu h_{\mu\nu}=-\frac{2\kappa^2}{3m_g^2}\partial_\nu T,\tag{7.75}$$

$$h=-\frac{2\kappa^2}{3m_g^2}T,\tag{7.76}$$

$$(\Box^2-m_g^2)h_{\mu\nu}=-2\kappa^2\left[T_{\mu\nu}-\frac{1}{3}\left(\eta_{\mu\nu}-\frac{\partial_\mu\partial_\nu}{m_g^2}\right)T\right].\tag{7.77}$$

方程(7.77)的通解为

$$\begin{aligned}h_{\mu\nu}&=4G\int\frac{1}{|\boldsymbol{x}-\boldsymbol{y}|}\left[T_{\mu\nu}(t-|\boldsymbol{x}-\boldsymbol{y}|,\boldsymbol{y})-\frac{1}{3}\left(\eta_{\mu\nu}-\frac{\partial_\mu\partial_\nu}{m_g^2}\right)T(t-|\boldsymbol{x}-\boldsymbol{y}|,\boldsymbol{y})\right]\mathrm{d}^3 y\\&=2\kappa^2\int\frac{1}{(2\pi)^4}\mathrm{e}^{\mathrm{i}P^\mu x_\mu}\frac{1}{\boldsymbol{p}^2+m_g^2}\left[T_{\mu\nu}(P)-\frac{1}{3}\left(\eta_{\mu\nu}+\frac{P_\mu P_\nu}{m_g^2}\right)T(P)\right]\mathrm{d}^4 P.\end{aligned}\tag{7.78}$$

对于质量为 M 的点粒子源,利用积分结果

$$\int\frac{1}{(2\pi)^3}\mathrm{e}^{\mathrm{i}\boldsymbol{p}\cdot\boldsymbol{x}}\frac{1}{\boldsymbol{p}^2+m_g^2}\mathrm{d}^3 p=\frac{1}{4\pi}\frac{\mathrm{e}^{-m_g r}}{r},\tag{7.79}$$

$$\int \frac{1}{(2\pi)^3} e^{i\boldsymbol{p}\cdot\boldsymbol{x}} \frac{p_i p_j}{\boldsymbol{p}^2 + m_g^2} d^3 p = -\partial_i \partial_j \left(\int \frac{1}{(2\pi)^3} \frac{e^{i\boldsymbol{p}\cdot\boldsymbol{x}}}{\boldsymbol{p}^2 + m_g^2} d^3 p \right)$$
$$= \frac{1}{4\pi} \frac{e^{-m_g r}}{r} \left[\frac{1}{r^2}(1 + m_g r)\delta_{ij} - \frac{1}{r^4}(3 + 3m_g r + m_g^2 r^2) x_i x_j \right]. \tag{7.80}$$

得到[214]

$$h_{0i}(x) = 0, \tag{7.81}$$

$$h_{00}(x) = \frac{4M}{3M_{\rm Pl}^2} \int \frac{1}{(2\pi)^3} e^{i\boldsymbol{p}\cdot\boldsymbol{x}} \frac{1}{\boldsymbol{p}^2 + m_g^2} d^3 p = \frac{M}{3\pi M_{\rm Pl}^2} \frac{e^{-m_g r}}{r}, \tag{7.82}$$

$$h_{ij}(x) = \frac{2M}{3M_{\rm Pl}^2} \int \frac{1}{(2\pi)^3} e^{i\boldsymbol{p}\cdot\boldsymbol{x}} \frac{\delta_{ij} + p_i p_j / m_g^2}{\boldsymbol{p}^2 + m_g^2} d^3 p$$
$$= \frac{M}{6\pi M_{\rm Pl}^2} \frac{e^{-m_g r}}{r} \left[\frac{1 + m_g r + m_g^2 r^2}{m_g^2 r^2} \delta_{ij} - \frac{1}{m_g^2 r^4}(3 + 3m_g r + m_g^2 r^2) x_i x_j \right]. \tag{7.83}$$

比较方程(7.82)与方程(7.58)可以看出,在零质量($m_g = 0$)极限下,方程(7.82)给出的牛顿引力势结果比无质量情况下的结果多一个 4/3 的因子,即有质量线性引力在取质量为零的极限时回不到广义相对论的线性结果,此即 vDVZ 不连续性问题[216,217].

为了更好地看出 Fierz-Pauli 有质量引力理论在取质量 $m_g = 0$ 的极限下的 5 个自由度,下面讨论 Stückelberg 技巧. Stückelberg 技巧是引入不改变原来理论的辅助场及规范对称性. 具体而言,对于 Fierz-Pauli 有质量引力理论,我们引入一个矢量场 A_μ 及一个标量场 ϕ 把度规作如下变换:

$$h_{\mu\nu} \to h_{\mu\nu} + \kappa m_g^{-1} \partial_\mu (A_\nu + m_g^{-1} \partial_\nu \phi) + \kappa m_g^{-1} \partial_\nu (A_\mu + m_g^{-1} \partial_\mu \phi). \tag{7.84}$$

显然变换(7.84)类似于无穷小坐标变换,线性化的爱因斯坦-希尔伯特作用量(7.38)在这个变换下保持不变,但是质量项改变成

$$m_g^2 (h_{\mu\nu} h^{\mu\nu} - h^2) \to m_g^2 (h_{\mu\nu} h^{\mu\nu} - h^2) + \kappa^2 F_{\mu\nu} F^{\mu\nu} + 4 m_g \kappa h^{\mu\nu} \partial_\mu A_\nu$$
$$- 4 m_g \kappa h \partial_\mu A^\mu + 4\kappa (h^{\mu\nu} \partial_\mu \partial_\nu \phi - h \Box^2 \phi), \tag{7.85}$$

式中 $F_{\mu\nu} = \partial_\mu A_\nu - \partial_\nu A_\mu$. 如果没有 Fierz-Pauli 微调条件,则会出现$(\Box^2 \phi)^2$ 这样的高阶导数项,即出现 Bouldware-Deser 鬼场[218]. 利用方程(7.84)替换 $h_{\mu\nu}$ 后,物质作用量变为

$$I_{\rm M} = -\frac{1}{2} \int h^{\mu\nu} T_{\mu\nu} d^4 x + \kappa m_g^{-1} \int (A^\mu \partial^\nu T_{\mu\nu} - \kappa m_g^{-1} \phi \partial^\mu \partial^\nu T_{\mu\nu}) d^4 x. \tag{7.86}$$

由于变换(7.84)与广义坐标变换形式上一样,引入辅助矢量场与标量场后,总作用量具有如下规范对称性:

$$\delta h_{\mu\nu} = \partial_\mu \xi_\nu + \partial_\nu \xi_\mu, \tag{7.87a}$$

$$\delta A_\mu = -m_g \kappa^{-1} \xi_\mu + \partial_\mu \Lambda, \tag{7.87b}$$

$$\delta \phi = -m_g \Lambda. \tag{7.87c}$$

选取规范条件 $A_\mu=\phi=0$，则回到原来的作用量.

如果物质能量-动量守恒，则物质作用量(7.86)只有第一项. 取质量为零的极限，则矢量场与度规退耦，总作用量为

$$\begin{aligned} I = &\frac{1}{2\kappa^2}\int\left(\frac{1}{2}h^{\mu\nu}\Box^2 h_{\mu\nu} - h^{\mu\nu}\partial_\nu\partial^\alpha h_{\mu\alpha} + h^{\mu\nu}\partial_\mu\partial_\nu h - \frac{1}{2}h\Box^2 h\right)\mathrm{d}^4 x \\ &-\int\left[\frac{1}{4}F_{\mu\nu}F^{\mu\nu} + \kappa^{-1}(h^{\mu\nu}\partial_\mu\partial_\nu\phi - h\Box^2\phi) + \frac{1}{2}h^{\mu\nu}T_{\mu\nu}\right]\mathrm{d}^4 x. \end{aligned} \tag{7.88}$$

式(7.88)右边第一行描述的是无质量自旋为 2 的引力场，第二行第一项为无质量自旋为 1 的矢量场，第二行第二项为标量场作用量，只是这个标量场与引力场耦合在一起. 为了把标量场从引力场中退耦，可以作如下变换(线性化的共形变换)：

$$h_{\mu\nu}=\tilde{h}_{\mu\nu}+\kappa\eta_{\mu\nu}\phi, \tag{7.89}$$

则总作用量表达成

$$\begin{aligned} I = &\frac{1}{2\kappa^2}\int\left(\frac{1}{2}\tilde{h}^{\mu\nu}\Box^2 \tilde{h}_{\mu\nu} - \tilde{h}^{\mu\nu}\partial_\nu\partial^\alpha \tilde{h}_{\mu\alpha} + \tilde{h}^{\mu\nu}\partial_\mu\partial_\nu \tilde{h} - \frac{1}{2}\tilde{h}\Box^2 \tilde{h}\right)\mathrm{d}^4 x \\ &-\int\left[\frac{1}{4}F_{\mu\nu}F^{\mu\nu} + \frac{3}{2}\eta^{\mu\nu}\partial_\mu\phi\partial_\nu\phi + \frac{1}{2}(\tilde{h}^{\mu\nu}T_{\mu\nu} + \kappa\phi T)\right]\mathrm{d}^4 x. \end{aligned} \tag{7.90}$$

所以在零质量极限下，Fierz-Pauli 有质量引力理论的 5 个自由度为自旋为 2 的无质量引力场 $\tilde{h}_{\mu\nu}$、自旋为 1 的无质量矢量场及自旋为 0 的无质量标量场. 注意只有张量场与标量场和物质耦合，矢量场不与满足能量-动量守恒条件的物质耦合.

利用非线性效应的 Vainshtein 机制可以避免 vDVZ 不连续性问题[219]. 通过引入 Stückelberg 场、高阶导数及辅助度规，de Rham, Gabadadze 与 Tolley 提出了被称为 dRGT 的非线性有质量引力理论[220]. 尽管 dRGT 引力理论中出现高阶导数项，但是该理论没有 Bouldware-Deser 鬼场问题.

另外，通过修改线性引力中的质量项及规范固定项也可以解决 vDVZ 不连续性问题[221,222]，修改后的质量项及规范固定项为

$$I_{\mathrm{M}} = \frac{1}{4\kappa^2}\int(m_1^2 h_{\mu\nu}h^{\mu\nu} + m_2^2 h^2)\mathrm{d}^4 x, \tag{7.91}$$

$$I_{\mathrm{GF}} = \frac{1}{4\kappa^2 k_1}\int(\partial_\mu h^{\mu\nu} + k_2\partial^\nu h)^2\mathrm{d}^4 x, \tag{7.92}$$

式中 $m_1\neq 0$ 代表引力子的质量，m_2 与引力子质量无关. 如果 $k_1=k_2=-1/2$，则对应于洛伦兹(谐和)规范，文献[221]证明了这种情况下不会出现 vDVZ 不连续性问题.

7.4　标量-张量引力理论

Brans-Dicke 理论从马赫原理出发，引入一个标量场 ϕ 与度规一起传递引力相互作用，同时标量场的倒数等效于引力耦合强度 G. Brans-Dicke 作用量为[210,223]

$$I_{\mathrm{BD}}=-\int\frac{\sqrt{-\gamma}}{16\pi}\left(\phi\widetilde{R}+\omega\gamma^{\mu\nu}\frac{\partial_\mu\phi\partial_\nu\phi}{\phi}\right)\mathrm{d}^4x-\int\mathcal{L}_{\mathrm{m}}(\psi,\gamma_{\mu\nu})\mathrm{d}^4x,\tag{7.93}$$

式中 γ 为度规 $\gamma_{\mu\nu}$ 的行列式，$\mathcal{L}_{\mathrm{m}}$ 为物质拉式量密度. 由作用量可得引力场 $\gamma_{\mu\nu}$ 及 ϕ 的运动方程

$$\widetilde{R}_{\mu\nu}-\frac{1}{2}\gamma_{\mu\nu}\widetilde{R}=\frac{8\pi}{\phi}\widetilde{T}_{\mu\nu}+\frac{\omega}{\phi^2}\left(\phi_{,\mu}\phi_{,\nu}-\frac{1}{2}\gamma_{\mu\nu}\phi_{,\alpha}\phi^{\alpha}_{;}\right)+\frac{1}{\phi}(\widetilde{\nabla}_\mu\widetilde{\nabla}_\nu\phi-\gamma_{\mu\nu}\widetilde{\square}^2\phi),\tag{7.94}$$

$$\widetilde{\square}^2\phi=\frac{8\pi}{3+2\omega}\widetilde{T}^{\mu}_{\mu},\tag{7.95}$$

$$\widetilde{\nabla}_\nu\widetilde{T}^{\mu\nu}=0,\tag{7.96}$$

其中 $\widetilde{\nabla}$ 是对度规 $\gamma_{\mu\nu}$ 的协变导数，物质能量-动量张量

$$\widetilde{T}^{\mu\nu}=\frac{2\delta I_{\mathrm{M}}}{\sqrt{-\gamma}\delta\gamma_{\mu\nu}}.\tag{7.97}$$

由上述运动方程可知，物质场及标量场都是度规场的源，且物质能-动量张量的迹是标量场 ϕ 的源.

为了不把标量场与牛顿引力势相混淆，引进场 ξ，即

$$\phi=(1+\xi)/\mathcal{G}.\tag{7.98}$$

把方程(7.98)代入标量场满足的方程(7.95)得到

$$\widetilde{\square}^2\xi=\frac{8\pi\mathcal{G}}{3+2\omega}\widetilde{T}^{\mu}_{\mu}.\tag{7.99}$$

在无穷远处($r\rightarrow\infty$)，时空满足渐近平坦条件，场 ξ 满足边界条件 $\xi\rightarrow 0$，标量场 $\phi\rightarrow\mathcal{G}^{-1}$. 把方程(7.98)代入爱因斯坦场方程(7.94)得到

$$\widetilde{R}_{\mu\nu}-\frac{1}{2}\gamma_{\mu\nu}\widetilde{R}=\frac{8\pi\mathcal{G}}{1+\xi}\widetilde{T}_{\mu\nu}+\frac{\omega}{(1+\xi)^2}\left(\xi_{,\mu}\xi_{,\nu}-\frac{1}{2}\gamma_{\mu\nu}\xi_{,\alpha}\xi_{,}{}^{\alpha}\right)+\frac{1}{1+\xi}(\widetilde{\nabla}_\mu\widetilde{\nabla}_\nu\xi-\gamma_{\mu\nu}\widetilde{\square}^2\xi).\tag{7.100}$$

求迹得到

$$\widetilde{R}=-\frac{8\pi\mathcal{G}}{1+\xi}\widetilde{T}+\frac{\omega}{(1+\xi)^2}\xi_{,\alpha}\xi_{,}{}^{\alpha}+\frac{3}{1+\xi}\widetilde{\square}^2\xi.\tag{7.101}$$

把方程(7.101)代入方程(7.100)并利用方程(7.99)得到

$$\widetilde{R}_{\mu\nu}=\frac{8\pi\mathcal{G}}{1+\xi}\left(\widetilde{T}_{\mu\nu}-\frac{1+\omega}{3+2\omega}\gamma_{\mu\nu}\widetilde{T}\right)+\frac{\omega}{(1+\xi)^2}\xi_{,\mu}\xi_{,\nu}+\frac{1}{1+\xi}\widetilde{\nabla}_\mu\widetilde{\nabla}_\nu\xi.\tag{7.102}$$

把度规及标量场作后牛顿展开到 1PN，有

$$\gamma_{00}=-1+\overset{2}{\gamma}_{00}+\overset{4}{\gamma}_{00}+\cdots,\tag{7.103a}$$

$$\gamma_{ij}=\delta_{ij}+\overset{2}{\gamma}_{ij}+\overset{4}{\gamma}_{ij}+\cdots,\tag{7.103b}$$

$$\gamma_{i0}=\overset{3}{\gamma}_{i0}+\overset{5}{\gamma}_{i0}+\cdots,\tag{7.103c}$$

$$\xi=\overset{2}{\xi}+\overset{4}{\xi}+\cdots,\tag{7.103d}$$

流体能量-动量张量展开到 1PN，有

$$T_{00}=(1-2\overset{2}{\gamma}_{00})T^{00}=\rho(1+\Pi+v^2-\overset{2}{\gamma}_{00})+\cdots, \tag{7.104a}$$

$$T_{0j}=-T^{0j}=-\rho v^j+\cdots, \tag{7.104b}$$

$$T_{ij}=T^{ij}=\rho v^i v^j+p\delta_{ij}+\cdots, \tag{7.104c}$$

这里为书写方便，去掉了物质能量-动量张量 $\widetilde{T}_{\mu\nu}$ 上面的符号～．选取规范条件[224]

$$\gamma^{\mu}_{\nu,\mu}-\frac{1}{2}(\eta^{\alpha\beta}\gamma_{\alpha\beta})_{,\nu}=\xi_{,\nu}, \tag{7.105}$$

则得到里奇张量展开到 1PN 的结果[225]

$$\widetilde{R}_{00}=-\frac{1}{2}\nabla^2\overset{2}{\gamma}_{00}-\frac{1}{2}\nabla^2\overset{4}{\gamma}_{00}+\frac{\partial^2\overset{2}{\xi}}{\partial t^2}+\frac{1}{2}\overset{2}{\gamma}_{ij}\frac{\partial^2\overset{2}{\gamma}_{00}}{\partial x^i\partial x^j}$$
$$-\frac{1}{2}(\nabla\overset{2}{\gamma}_{00})^2+\frac{1}{2}(\nabla\overset{2}{\xi})\cdot(\nabla\overset{2}{\gamma}_{00}), \tag{7.106a}$$

$$\widetilde{R}_{0i}=-\frac{1}{2}\nabla^2\overset{3}{\gamma}_{0i}+\frac{\partial^2\overset{2}{\xi}}{\partial t\partial x^i}, \tag{7.106b}$$

$$\widetilde{R}_{ij}=-\frac{1}{2}\nabla^2\overset{2}{\gamma}_{ij}+\frac{\partial^2\overset{2}{\xi}}{\partial x^i\partial x^j}. \tag{7.106c}$$

利用这些结果，场方程(7.99)为

$$\nabla^2\overset{2}{\xi}=-\frac{8\pi\mathcal{G}}{3+2\omega}\overset{0}{T}_{00}, \tag{7.107}$$

爱因斯坦场方程(7.102)为

$$\nabla^2\overset{2}{\gamma}_{00}=-8\pi\mathcal{G}\frac{4+2\omega}{3+2\omega}\overset{0}{T}_{00}, \tag{7.108}$$

$$\nabla^2\overset{4}{\gamma}_{00}=\overset{2}{\gamma}_{ij}\frac{\partial^2\overset{2}{\gamma}_{00}}{\partial x^i\partial x^j}-(\nabla\overset{2}{\gamma}_{00})^2-8\pi\mathcal{G}\frac{4+2\omega}{3+2\omega}\overset{2}{T}_{00}-8\pi\mathcal{G}\frac{2+2\omega}{3+2\omega}\overset{2}{T}_{ii}$$
$$+8\pi\mathcal{G}\frac{4+2\omega}{3+2\omega}\overset{2}{\xi}\overset{0}{T}_{00}-2\omega\left(\frac{\partial\overset{2}{\xi}}{\partial t}\right)^2, \tag{7.109}$$

$$\nabla^2\overset{2}{\gamma}_{ij}=-8\pi\mathcal{G}\frac{2+2\omega}{3+2\omega}\delta_{ij}\overset{0}{T}_{00}, \tag{7.110}$$

$$\nabla^2\overset{3}{\gamma}_{0i}=-16\pi\mathcal{G}\overset{1}{T}_{0i}. \tag{7.111}$$

比较方程(7.108)与方程(3.145)可知

$$\overset{2}{\gamma}_{00}=-2\phi_{\mathrm{N}}=2U, \tag{7.112}$$

其中牛顿引力势 ϕ_{N} 满足泊松方程

$$\nabla^2\phi_{\mathrm{N}}=4\pi G\overset{0}{T}_{00}, \tag{7.113}$$

且实验观测到的 Brans-Dicke 理论中的牛顿引力常数为

$$G=\frac{2\omega+4}{2\omega+3}\mathscr{G}. \tag{7.114}$$

在 $\omega\to\infty$ 极限下，Brans-Dicke 理论回到爱因斯坦广义相对论，且 $G\to\mathscr{G}$.

求解泊松方程(7.113)可得

$$\phi_{\mathrm{N}}=-U=-G\int\frac{\overset{0}{T}_{00}(\boldsymbol{x}')}{|\boldsymbol{x}-\boldsymbol{x}'|}\mathrm{d}^3x'=-G\int\frac{\rho(\boldsymbol{x}')}{|\boldsymbol{x}-\boldsymbol{x}'|}\mathrm{d}^3x'. \tag{7.115}$$

对于静态球对称分布物质场，在物质分布的外面，有

$$\phi_{\mathrm{N}}=-\frac{GM}{r}, \tag{7.116}$$

式中 M 为物质的总质量，$r=|\boldsymbol{x}|$. 由方程(7.107)与方程(7.108)可知

$$\overset{2}{\xi}=\frac{\overset{2}{\gamma}_{00}}{2\omega+4}=-\frac{1}{\omega+2}\phi_{\mathrm{N}}. \tag{7.117}$$

联立方程(7.108)，方程(7.110)及方程(7.117)得到

$$\nabla^2\overset{2}{\gamma}_{ij}=-\frac{2(\omega+1)}{\omega+2}\delta_{ij}\nabla^2\phi_{\mathrm{N}}, \tag{7.118}$$

即

$$\overset{2}{\gamma}_{ij}=-\frac{2(\omega+1)}{\omega+2}\phi_{\mathrm{N}}\delta_{ij}. \tag{7.119}$$

把方程(7.112)，方程(7.113)，方程(7.117)及方程(7.119)代入方程(7.109)得到

$$\begin{aligned}\nabla^2\overset{4}{\gamma}_{00}=&-4(\boldsymbol{\nabla}\phi_{\mathrm{N}})^2+\frac{4(\omega+1)}{\omega+2}\phi_{\mathrm{N}}\nabla^2\phi_{\mathrm{N}}-8\pi G\overset{2}{T}_{00}\\&-\frac{8\pi G}{\omega+2}\phi_{\mathrm{N}}\overset{0}{T}_{00}-8\pi G\frac{1+\omega}{2+\omega}\overset{2}{T}_{ii}-\frac{2\omega}{(\omega+2)^2}\left(\frac{\partial\phi_{\mathrm{N}}}{\partial t}\right)^2.\end{aligned} \tag{7.120}$$

把流体能量-动量张量展开式(7.104)及解(7.119)代入方程(7.120)得到

$$\nabla^2\overset{4}{\gamma}_{00}=-2\nabla^2U^2-8\pi G\frac{2\omega+1}{\omega+2}\overset{0}{T}_{00}U+\cdots, \tag{7.121}$$

所以

$$\overset{4}{\gamma}_{00}=-2U^2+\frac{2(2\omega+1)}{\omega+2}\Phi_2+\cdots, \tag{7.122}$$

式中

$$\Phi_2=G\int\frac{\overset{0}{T}_{00}(\boldsymbol{x}')U(\boldsymbol{x}')}{|\boldsymbol{x}-\boldsymbol{x}'|}\mathrm{d}^3x'. \tag{7.123}$$

总结上面的结果，精确到 1PN 的度规后牛顿解为

$$\overset{2}{\gamma}_{00}=2U, \tag{7.124}$$

$$\overset{4}{\gamma}_{00}=-2U^2+\frac{2(2\omega+1)}{\omega+2}\Phi_2+\cdots, \tag{7.125}$$

$$\overset{2}{\gamma}_{ij}=\frac{2(\omega+1)}{\omega+2}U\delta_{ij}. \tag{7.126}$$

与参数化的后牛顿度规(B.1)～(B.3)比较可得 Brans-Dicke 理论的后牛顿参数为

$$\beta=1,\quad \gamma=\frac{\omega+1}{\omega+2}. \tag{7.127}$$

7.4.1 共形变换

作用量定义式(7.93)作共形变换

$$g_{\mu\nu}=\Omega^2\gamma_{\mu\nu}, \tag{7.128a}$$

$$\Omega=\phi^{\lambda}\left(\lambda\neq\frac{1}{2}\right), \tag{7.128b}$$

$$\sigma=\phi^{1-2\lambda}, \tag{7.128c}$$

$$\bar{\omega}=\frac{\omega-6\lambda(\lambda-1)}{(2\lambda-1)^2}, \tag{7.128d}$$

是保持不变的.

作共形变换

$$g_{\mu\nu}=\mathrm{e}^{\alpha\sigma}\gamma_{\mu\nu}, \tag{7.129a}$$

$$\phi=\frac{8\pi}{\kappa^2}\mathrm{e}^{\alpha\sigma}, \tag{7.129b}$$

$$\alpha=\beta\kappa, \tag{7.129c}$$

$$\beta^2=2/(2\omega+3), \tag{7.129d}$$

作用量定义式(7.93)成为

$$I_{\mathrm{BD}}=\int\sqrt{-g}\left(\frac{1}{2\kappa^2}R-\frac{1}{2}g^{\mu\nu}\partial_\mu\sigma\partial_\nu\sigma\right)\mathrm{d}^4x-\int\mathcal{L}_{\mathrm{m}}(\psi,\ \mathrm{e}^{-\alpha\sigma}g_{\mu\nu})\mathrm{d}^4x. \tag{7.130}$$

原始度规 $\gamma_{\mu\nu}$ 称为 Jordan 标架，共形变换后的度规 $g_{\mu\nu}$ 称为爱因斯坦标架. 在爱因斯坦标架下，物质场 ψ 与引力场不再是最小耦合，它与标量场 σ 也有耦合. 基于此，目前文献中考虑 Brans-Dicke 理论的时候，在 Jordan 标架下通常也考虑物质的质量与标量场相关，并引入灵敏度 $s=2\mathrm{d}[\ln m(\phi)]/\mathrm{d}(\ln\phi)$[226].

在爱因斯坦标架下，运动方程为

$$R_{\mu\nu}-\frac{1}{2}g_{\mu\nu}R=\kappa^2[T_{(\sigma)\mu\nu}+T_{(m)\mu\nu}], \tag{7.131}$$

$$\Box\sigma=\frac{1}{2}\alpha T_{(m)},\quad [T^{\mu\nu}_{(\sigma)}+T^{\mu\nu}_{(m)}]_{;\nu}=0, \tag{7.132}$$

其中 $T_{(m)\mu\nu}=\mathrm{e}^{-\alpha\sigma}\widetilde{T}_{(m)\mu\nu}=\mathrm{e}^{-\alpha\sigma}\partial_\mu\Psi\partial_\nu\Psi+g_{\mu\nu}\mathcal{L}_{\mathrm{m}}$. 爱因斯坦标架下的测地线方程为

$$\frac{\mathrm{d}^2x^\mu}{\mathrm{d}p^2}+\Gamma^\mu_{\lambda\nu}\frac{\mathrm{d}x^\lambda}{\mathrm{d}p}\frac{\mathrm{d}x^\nu}{\mathrm{d}p}=\frac{\alpha}{2}\partial^\mu\sigma+\frac{\alpha}{2}\frac{\mathrm{d}x^\mu}{\mathrm{d}p}\frac{\mathrm{d}\sigma}{\mathrm{d}p}. \tag{7.133}$$

由此得到牛顿极限

$$\frac{\mathrm{d}^2\boldsymbol{x}}{\mathrm{d}t^2}=\frac{1}{2}\boldsymbol{\nabla}(g_{00}+\alpha\sigma)=-\boldsymbol{\nabla}\phi_{\mathrm{N}}+\frac{1}{2}\alpha\sigma, \tag{7.134}$$

其中牛顿引力势 $\phi_{\mathrm{N}}=-GM/r$. 求解爱因斯坦场方程可得 $\alpha\sigma=-\beta^2\phi_{\mathrm{N}}$，所以

$$\frac{\mathrm{d}^2 r}{\mathrm{d}t^2}=-\frac{G_{\mathrm{eff}}M}{r^2}, \tag{7.135}$$

其中直接测量的有效牛顿引力常数为

$$G_{\mathrm{eff}}=\left(1+\frac{\beta^2}{2}\right)G. \tag{7.136}$$

7.4.2 Horndeski 理论

作用量包含标量场一阶及二阶导数非线性项，但运动方程中最高只有二阶导数的更一般的标量-张量引力理论为 Horndeski 理论[227]，其拉氏量为

$$\mathcal{L}_{\mathrm{H}}=\mathcal{L}_2+\mathcal{L}_3+\mathcal{L}_4+\mathcal{L}_5, \tag{7.137}$$

$$\mathcal{L}_2=K(\phi,\ X),\quad \mathcal{L}_3=-G_3(\phi,\ X)\Box\phi,\quad X=-\frac{1}{2}\nabla_\mu\phi\,\nabla^\mu\phi,$$

$$\mathcal{L}_4=G_4(\phi,\ X)R+G_{4,X}[(\Box\phi)^2-(\nabla_\mu\nabla_\nu\phi)(\nabla^\mu\nabla^\nu\phi)],$$

$$\mathcal{L}_5=G_5(\phi,\ X)G_{\mu\nu}\nabla^\mu\nabla^\nu\phi-\frac{1}{6}G_{5,X}[(\Box\phi)^3-3(\Box\phi)(\nabla_\mu\nabla_\nu\phi)(\nabla^\mu\nabla^\nu\phi)$$
$$+2(\nabla^\mu\nabla_\alpha\phi)(\nabla^\alpha\nabla_\beta\phi)(\nabla^\beta\nabla_\mu\phi)].$$

取 $K=G_3=G_5=0$ 及 $G_4=1/(16\pi G)$，便得到爱因斯坦-希尔伯特作用量. 取 $G_3=G_5=0$，$K=2\omega X/\phi$ 及 $G_4=\phi$，便得到 Brans-Dicke 理论. 取 $G_3=G_5=0$，$K=f(\phi)-\phi f'(\phi)$ 及 $G_4=f'(\phi)$，便得到 $f(R)$ 引力理论，这里 $f'(\phi)=\mathrm{d}f(\phi)/\mathrm{d}\phi$. 动能项与爱因斯坦张量耦合项 $G_{\mu\nu}\nabla^\mu\phi\,\nabla^\nu\phi/(2M^2)$ 可以通过选取 $G_4=M_{\mathrm{Pl}}^2/2$ 及 $G_5=-\phi/(2M^2)$ 或者选取 $G_4=M_{\mathrm{Pl}}^2/2+X/(2M^2)$ 得到. 如果选取

$$K(\phi,\ X)=X-V(\phi)+f''''(\phi)X^2(3-\ln X), \tag{7.138a}$$

$$G_3(\phi,\ X)=\frac{f'''(\phi)}{2}X(7-3\ln X), \tag{7.138b}$$

$$G_4(\phi,\ X)=\frac{M_{\mathrm{Pl}}^2}{2}+\frac{f''(\phi)}{2}X(2-\ln X), \tag{7.138c}$$

$$G_5(\phi,\ X)=-\frac{f'(\phi)}{2}\ln X, \tag{7.138d}$$

则得到 Gauss-Bonnet 耦合 $f(\phi)R_{\mathrm{GB}}^2/8$，其中 Gauss-Bonnet 项

$$R_{\mathrm{GB}}^2=R_{\mu\nu\rho\sigma}R^{\mu\nu\rho\sigma}-4R_{\mu\nu}R^{\mu\nu}+R^2.$$

7.5 高阶引力理论

按照广义坐标不变性，最一般的作用量可以是里奇标量的任意函数，此即 $f(R)$ 引力，其作用量为[211]

$$I=\frac{1}{16\pi G}\int\sqrt{-g}f(R)\mathrm{d}^4x. \tag{7.139}$$

$f(R)$引力理论的场方程为

$$f'(R)R_{\mu\nu}-\frac{1}{2}f(R)g_{\mu\nu}-\nabla_\mu\nabla_\nu f'(R)+g_{\mu\nu}\Box^2 f'(R)=8\pi GT_{\mu\nu}, \tag{7.140a}$$

$$f'(R)R+3\Box^2 f'(R)-2f(R)=8\pi GT. \tag{7.140b}$$

最后一个方程是前面一个方程的迹，可以看成一个标量场的波动方程.

$f(R)$引力理论可以等效为一种标量-张量引力理论，作用量为[211,228]

$$\begin{aligned}I&=\frac{1}{2\kappa^2}\int\sqrt{-g}f(R)\mathrm{d}^4x=\frac{1}{2\kappa^2}\int\sqrt{-g}[f(\varphi)+(R-\varphi)f'(\varphi)]\mathrm{d}^4x\\&=\frac{1}{2\kappa^2}\int\sqrt{-g}[f'(\varphi)R+f(\varphi)-\varphi f'(\varphi)]\mathrm{d}^4x.\end{aligned} \tag{7.141}$$

运动方程为

$$G_{\mu\nu}=\frac{1}{f'(\varphi)}\left\{\nabla_\mu\nabla_\nu f'(\varphi)-g_{\mu\nu}\Box f'(\varphi)+\frac{1}{2}g_{\mu\nu}[f(\varphi)-\varphi f'(\varphi)]+8\pi GT_{\mu\nu}\right\}, \tag{7.142a}$$

$$\Box f'=\frac{2}{3}f(\varphi)-\frac{1}{3}\varphi f'(\varphi)+\frac{8\pi G}{3}T. \tag{7.142b}$$

7.5.1 Lovelock 引力

爱因斯坦张量是度规、度规一阶导数及二阶导数的函数，且是对称及守恒的张量. 基于这些性质，Lovelock 在取消度规二阶导数的线性函数的限制条件下，对爱因斯坦张量进行了推广，提出了 m 维时空中的对称及守恒的二阶张量[229]，即

$$A^\mu_\alpha=\sum_{n=0}^{m}a_n\delta^{\mu\mu_1\nu_1\mu_2\nu_2\cdots\mu_n\nu_n}_{\alpha\alpha_1\beta_1\alpha_2\beta_2\cdots\alpha_n\beta_n}R^{\alpha_1\beta_1}_{\mu_1\nu_1}R^{\alpha_2\beta_2}_{\mu_2\nu_2}\cdots R^{\alpha_n\beta_n}_{\mu_n\nu_n}, \tag{7.143}$$

且 $A^{\mu\nu}{}_{;\nu}=0$. 对于四维时空，$m=4$，$A_{\mu\nu}=aG_{\mu\nu}+bg_{\mu\nu}$. 与张量 $A^{\mu\nu}$ 对应的拉氏量为[229]

$$\mathcal{L}=\sum_{n=0}^{m}2a_n\delta^{\mu_1\nu_1\mu_2\nu_2\cdots\mu_n\nu_n}_{\alpha_1\beta_1\alpha_2\beta_2\cdots\alpha_n\beta_n}R^{\alpha_1\beta_1}_{\mu_1\nu_1}R^{\alpha_2\beta_2}_{\mu_2\nu_2}\cdots R^{\alpha_n\beta_n}_{\mu_n\nu_n}. \tag{7.144}$$

取 $a_n=2^{-(n+1)}c_n$，则得到 Lovelock 引力作用量[229]

$$S=\int\sqrt{-g}\sum_{n=0}^{m}c_n\mathcal{L}_n\mathrm{d}^mx, \tag{7.145a}$$

$$\mathcal{L}_n=2^{-n}\delta^{\mu_1\nu_1\mu_2\nu_2\cdots\mu_n\nu_n}_{\alpha_1\beta_1\alpha_2\beta_2\cdots\alpha_n\beta_n}R^{\alpha_1\beta_1}_{\mu_1\nu_1}R^{\alpha_2\beta_2}_{\mu_2\nu_2}\cdots R^{\alpha_n\beta_n}_{\mu_n\nu_n}, \tag{7.145b}$$

及运动方程 $A_{\mu\nu}=8\pi GT_{\mu\nu}$. 显然 $\mathcal{L}_1=R$. $\mathcal{L}_2$ 给出 Gauss-Bonnet 项

$$R^2_{\mathrm{GB}}=R_{\mu\nu\rho\sigma}R^{\mu\nu\rho\sigma}-4R_{\mu\nu}R^{\mu\nu}+R^2. \tag{7.146}$$

对于四维时空，Gauss-Bonnet 项是全微分项，也称为拓扑项，对运动方程没有贡献.

在考虑量子化的物质与引力相互作用时，Utiyama 与 DeWitt 发现黎曼曲率张量的平方项可以抵消量子化的物质能量-动量张量平均值的对数发散[230]. Stelle 提出

加入 $\alpha R_{\mu\nu}R^{\mu\nu}-\beta R^2$ 项后的引力理论是可重整的[231]. 因此考虑黎曼曲率张量的高阶项似乎是不可避免的. 当然,如果作用量中含有高于时间二阶导数的项,则这个理论一般会出现不稳定性并引入额外的自由度,除非有一些约束条件来消除这种 Ostrogradsky 不稳定性[232]. 前面讨论的标量-张量 Horndeski 理论、$f(R)$引力理论及 Lovelock 引力理论都含有时间的高阶导数,但是这些理论并不出现 Ostrogradsky 不稳定性问题. 下面详细讨论 Ostrogradsky 不稳定性问题.

7.5.2 Ostrogradsky 不稳定性

考虑一个含时间二阶导数的拉氏量 $\mathcal{L}(q,\dot{q},\ddot{q})$,欧拉-拉格朗日方程为

$$\frac{\delta\mathcal{L}}{\delta q}-\frac{\mathrm{d}}{\mathrm{d}t}\frac{\delta\mathcal{L}}{\delta\dot{q}}+\frac{\mathrm{d}^2}{\mathrm{d}t^2}\frac{\delta\mathcal{L}}{\delta\ddot{q}}=0. \tag{7.147}$$

取正则变量 $Q_1=q$ 及 $Q_2=\dot{q}$,则相应的正则动量为

$$P_1=\frac{\delta\mathcal{L}}{\delta\dot{q}}-\frac{\mathrm{d}}{\mathrm{d}t}\frac{\delta\mathcal{L}}{\delta\ddot{q}}, \tag{7.148a}$$

$$P_2=\frac{\delta\mathcal{L}}{\delta\ddot{q}}. \tag{7.148b}$$

求解可得

$$\ddot{q}=a(Q_1,Q_2,P_2). \tag{7.149}$$

作勒让得变换,可得系统哈密顿量

$$\begin{aligned}H(Q_1,Q_2,P_1,P_2)&=P_1\dot{q}+P_2\ddot{q}-\mathcal{L}\\&=P_1Q_2+P_2a(Q_1,Q_2,P_2)-\mathcal{L}[Q_1,Q_2,a(Q_1,Q_2,P_2)].\end{aligned} \tag{7.150}$$

由于系统哈密顿量是动量 P_1 的线性函数,它没有下限,所以该系统不稳定,此即 Ostrogradsky 不稳定性[232]. 所以作用量中含有高阶导数的系统通常具有 Ostrogradsky 不稳定性,除非该系统满足某种约束条件,能够保证能量有下限.

7.6 哈密顿分析

给定系统的拉氏量 $L(q_n,\dot{q}_n)$或作用量 $I=\int\mathcal{L}(q_n,\dot{q}_n)\mathrm{d}t$,其运动方程为

$$\frac{\mathrm{d}}{\mathrm{d}t}\left(\frac{\partial\mathcal{L}}{\partial\dot{q}_n}\right)=\frac{\partial\mathcal{L}}{\partial q_n}. \tag{7.151}$$

定义共轭动量

$$p_n=\frac{\partial\mathcal{L}}{\partial\dot{q}_n}, \tag{7.152}$$

把广义速度 $\dot{q}_n$ 表达成广义动量及广义坐标的函数,则可得到系统的哈密顿量

$$H(p_n, q_n)=p_n\dot{q}_n-\mathcal{L}(q_n, \dot{q}_n). \tag{7.153}$$

如果正则动量不完全独立于速度，则广义动量与广义坐标会满足某种关系

$$\phi_m(p, q)=0, \quad m=1, 2, \cdots, M, \tag{7.154}$$

这种关系称为哈密顿公式的初级约束，式中 $p=(p_1, p_2, \cdots p_n, \cdots, p_N)$，$q=(q_1, q_2, \cdots, q_n, \cdots, q_N)$. 由于约束条件(7.154)的存在，$p$ 与 q 不能完全独立地变化，这样的系统是有约束的系统，由式(7.153)给出的哈密顿量并不唯一，它可以加上约束 ϕ_m 的任意组合，即总哈密顿量

$$H_{\mathrm{T}}=H(p_n, q_n)+u_m\phi_m. \tag{7.155}$$

对于这种有约束的系统，运动方程为

$$\dot{q}_n=\frac{\partial H}{\partial p_n}+u_m\frac{\partial\phi_m}{\partial p_n}, \tag{7.156}$$

$$\dot{p}_n=\frac{\partial\mathcal{L}}{\partial q_n}=-\frac{\partial H}{\partial q_n}-u_m\frac{\partial\phi_m}{\partial q_n}. \tag{7.157}$$

引入泊松括号

$$[f, g]=\frac{\partial f}{\partial q_n}\frac{\partial g}{\partial p_n}-\frac{\partial f}{\partial p_n}\frac{\partial g}{\partial q_n}, \tag{7.158}$$

则得到

$$[p_n, p_m]=[q_n, q_m]=0, \tag{7.159a}$$

$$[q_n, p_m]=\delta_{nm}. \tag{7.159b}$$

对于任意函数 $g(p, q)$，其演化方程可以表达成

$$\dot{g}=\frac{\partial g}{\partial q_n}\dot{q}_n+\frac{\partial g}{\partial p_n}\dot{p}_n=[g, H]+u_m[g, \phi_m]=[g, H_{\mathrm{T}}]. \tag{7.160}$$

注意在计算泊松括号之前不要代入约束条件(7.154)，只有在计算出泊松括号之后才代入约束条件，故约束条件(7.154)也称为弱方程，通常写成 $\phi_m\approx 0$. 显然约束条件应该在任意时刻都成立，其演化方程给出自洽性条件

$$\dot{\phi}_m=[\phi_m, H]+u_n[\phi_m, \phi_n]=0. \tag{7.161}$$

如果 $\dot{\phi}_m\neq 0$，则该理论不自洽. 如果 $\dot{\phi}_m=0$，则得到该理论的所有约束. 如果 $\dot{\phi}_m=\chi(p,q)$ 独立于 u_m，则自洽性条件给出次级约束

$$\chi(p, q)=0. \tag{7.162}$$

次级约束的自洽性条件 $\dot{\chi}=0$ 可能给出更多的次级约束，继续这个过程直到我们找出理论的所有次级约束 $\phi_j\approx 0$, $j=M+1, M+2, \cdots, M+K$ 为止. 这样得到该理论的所有约束条件

$$\phi_j\approx 0, \quad j=1, 2, \cdots, M+K=J. \tag{7.163}$$

如果自洽性条件不能消除 u_m，则得到 u_m 所满足的方程

$$\dot{\phi}_j=[\phi_j, H]+u_m[\phi_j, \phi_m]\approx 0, \quad j=1, 2, \cdots, J, \quad m=1, 2, \cdots, M. \tag{7.164}$$

如果变量 R 与所有约束 ϕ 的泊松括号为零，即

$$[R,\ \phi_j]\approx 0,\tag{7.165}$$

则 R 称为第一类变量；否则，称为第二类变量. 对于第一类变量 R，有

$$[R,\ \phi_j]=r_{jj'}\phi_{j'}.\tag{7.166}$$

可以证明对于两个第一类变量 R 与 S，它们的泊松括号$[R,\ S]$也是第一类变量. 如果约束为第一类变量，则称为第一类约束，它们对应于规范自由度. 对于一个具有 N 个自由度的系统，其相空间为 $2N$. 如果该系统具有 M 个第一类约束、K 个第二类约束，则该系统的可传播独立自由度 $n=(2N-2M-K)/2$.

在讨论广义相对论的自由度之前，先看一个简单例子. 考虑一个没有相互作用的标量场，其拉氏量为

$$\mathcal{L}=-\frac{1}{2}\eta^{\mu\nu}\partial_\mu\phi\partial_\nu\phi+\gamma(\Box^2\phi)^2.\tag{7.167}$$

引入拉格朗日乘子 S 消除高阶动能项，得到

$$\begin{aligned}\mathcal{L}&=-\frac{1}{2}\eta^{\mu\nu}\partial_\mu\phi\partial_\nu\phi+\gamma R^2-S(R-\Box^2\phi)\\&=\frac{1}{2}\dot{\phi}^2-\frac{1}{2}(\nabla\phi)^2+\gamma R^2-SR-S\ddot{\phi}+S\nabla^2\phi.\end{aligned}\tag{7.168}$$

对 $S\ddot{\phi}$ 分部积分后，拉氏量可改写成

$$\mathcal{L}'=\frac{1}{2}\dot{\phi}^2+\dot{S}\dot{\phi}+\gamma R^2-SR-\frac{1}{2}(\nabla\phi)^2+S\nabla^2\phi.\tag{7.169}$$

该理论具有三个变量，$q=(\phi,\ S,\ R)$. 由拉氏量(7.169)可得正则动量

$$\pi_\phi=\frac{\partial\mathcal{L}'}{\partial\dot{\phi}}=\dot{\phi}+\dot{S},\tag{7.170}$$

$$\pi_S=\frac{\partial\mathcal{L}'}{\partial\dot{S}}=\dot{\phi},\tag{7.171}$$

$$\pi_R=\frac{\partial\mathcal{L}'}{\partial\dot{R}}=0.\tag{7.172}$$

方程(7.172)给出初级约束 $\chi_1=\pi_R=0$. 由方程(7.170)及方程(7.171)可得

$$\dot{\phi}=\pi_S,\tag{7.173a}$$

$$\dot{S}=\pi_\phi-\pi_S.\tag{7.173b}$$

由此可得系统的哈密顿量

$$H=\dot{\phi}\pi_\phi+\dot{S}\pi_S-\mathcal{L}'=-\frac{1}{2}\pi_S^2+\pi_S\pi_\phi-\gamma R^2+SR+\frac{1}{2}(\nabla\phi)^2-S\nabla^2\phi.\tag{7.174}$$

加上初级约束条件(7.172)，该系统的总哈密顿量为

$$H_{\mathrm{T}}=H+u_1\pi_R.\tag{7.175}$$

初级约束(7.172)的自洽性条件为

$$\dot{\pi}_R=[\pi_R,\ H]=[\pi_R,\ SR-\gamma R^2]=S-2\gamma R\approx 0.\tag{7.176}$$

方程(7.176)给出了该理论的次级约束 $\chi_2=S-2\gamma R\approx 0$. 求解可得 $R=S/(2\gamma)$,即变量 R 可以利用这个关系消除掉. 次级约束的自洽性条件为

$$\dot{\chi}_2=[\chi_2, H]+u_1[\chi_2, \pi_R]=-\pi_S+\pi_\phi-2u_1\gamma=0. \tag{7.177}$$

方程(7.177)给出了函数 u_1 的解

$$u_1=-\frac{1}{2\gamma}(\pi_S-\pi_\phi). \tag{7.178}$$

至此,得到了该理论的两个约束条件(7.172)及(7.176). 由于

$$[\chi_1, \chi_2]=[\pi_R, 2\gamma R-S]=-2\gamma\neq 0 \tag{7.179}$$

这两个约束 $\chi_1\approx 0$ 及 $\chi_2\approx 0$ 为第二类约束.所以这个理论的自由度 $n=(2\times 3-2)/2=2$. 它们是 ϕ 与 S,自由度 R 通过次级约束条件可以消除掉. 该理论的总哈密顿量为

$$H_{\mathrm{T}}=H+\frac{1}{2\gamma}\pi_R(\pi_S-\pi_\phi). \tag{7.180}$$

7.6.1 广义相对论自由度分析

利用 ADM(Arnowitt-Deser-Misner)公式对时空进行 3+1 分解,度规写成[234]

$$\mathrm{d}s^2=-N^2\mathrm{d}t^2+\gamma_{ij}(\mathrm{d}x^i+N^i\mathrm{d}t)(\mathrm{d}x^j+N^j\mathrm{d}t), \tag{7.181}$$

其逆度规为

$$g^{00}=-\frac{1}{N^2}, \tag{7.182a}$$

$$g^{0i}=\frac{N^i}{N^2}, \tag{7.182b}$$

$$g^{ij}=\gamma^{ij}-\frac{N^iN^j}{N^2}, \tag{7.182c}$$

式中 γ^{ij} 为 γ_{ij} 的逆,满足 $\gamma^{ik}\gamma_{kj}=\delta^i_j$,$N^i=\gamma^{ij}N_j$. 利用 ADM 度规,$\sqrt{-g}=N\sqrt{\gamma}$,外曲率张量

$$K_{ij}=\frac{1}{2N}\left(\frac{\partial\gamma_{ij}}{\partial t}-\nabla_iN_j-\nabla_jN_i\right)\equiv\frac{E_{ij}}{N}, \tag{7.183}$$

式中协变导数是对应于三维空间度规 γ_{ij} 而言. 引力作用量可以写成

$$I_{\mathrm{GR}}=\frac{1}{16\pi G}\int N\sqrt{\gamma}[{}^{(3)}R+K_{ij}K^{ij}-(\gamma^{ij}K_{ij})^2]\mathrm{d}t\mathrm{d}^3x, \tag{7.184}$$

式中 ${}^{(3)}R(\gamma_{ij})$ 为三维空间中的曲率标量. 10 个度规变量为 N,N_i 及 γ_{ij},拉氏量为

$$\mathcal{L}=\frac{1}{16\pi G}\int N\sqrt{\gamma}[{}^{(3)}R+K_{ij}K^{ij}-(\gamma^{ij}K_{ij})^2]\mathrm{d}^3x. \tag{7.185}$$

广义动量为

$$\pi_N=\frac{\partial\mathcal{L}}{\partial\dot{N}}=0, \tag{7.186}$$

$$\pi_{N_i}=\frac{\partial\mathcal{L}}{\partial\dot{N}_i}=0, \tag{7.187}$$

$$\pi^{ij}=\frac{\partial\mathcal{L}}{\partial\dot{\gamma}_{ij}}=\frac{1}{16\pi G}\int\sqrt{\gamma}(K^{ij}-K\gamma^{ij})\mathrm{d}^3x, \tag{7.188}$$

式中 $K=\gamma^{ij}K_{ij}$. 方程(7.186)与方程(7.187)给出 4 个初级约束. 用三维空间上的度规 γ_{ij} 对方程(7.188)求迹可得

$$\int K\mathrm{d}^3x=-\frac{16\pi G}{\sqrt{\gamma}}\frac{\bar{\pi}}{2}, \tag{7.189}$$

其中 $\bar{\pi}=\gamma_{ij}\pi^{ij}$. 把方程(7.189)代入方程(7.188)可解出

$$\dot{\gamma}_{ij}=\int 16\pi G\frac{2N}{\sqrt{\gamma}}\left(\pi_{ij}-\frac{1}{2}\gamma_{ij}\bar{\pi}\right)\mathrm{d}^3x+\nabla_iN_j+\nabla_jN_i, \tag{7.190}$$

由此可得哈密顿量

$$\begin{aligned}
H&=\pi^{ij}\dot{\gamma}_{ij}-\mathcal{L}\\
&=\frac{1}{16\pi G}\int N\sqrt{\gamma}\left[-{}^{(3)}R-\frac{(16\pi G)^2}{\gamma}\left(\pi^{ij}\pi_{ij}-\frac{1}{2}\bar{\pi}^2\right)\right]\mathrm{d}^3x\\
&\quad+\int\sqrt{\gamma}\pi^{ij}(\nabla_iN_j+\nabla_jN_i)/\sqrt{\gamma}\mathrm{d}^3x\\
&=\frac{1}{16\pi G}\int N\sqrt{\gamma}\left[-{}^{(3)}R-\frac{(16\pi G)^2}{\gamma}\left(\pi^{ij}\pi_{ij}-\frac{1}{2}\bar{\pi}^2\right)\right]\mathrm{d}^3x-2\int\sqrt{\gamma}N_j\nabla_i(\pi^{ij}/\sqrt{\gamma})\mathrm{d}^3x\\
&=\int\sqrt{\gamma}(NC+N_iC^i)\mathrm{d}^3x,
\end{aligned} \tag{7.191}$$

其中

$$C=\frac{1}{16\pi G}\left[-{}^{(3)}R-\frac{(16\pi G)^2}{\gamma}\left(\pi^{ij}\pi_{ij}-\frac{1}{2}\bar{\pi}^2\right)\right], \tag{7.192}$$

$$C^i=-2\nabla_j(\pi^{ij}/\sqrt{\gamma}). \tag{7.193}$$

约束条件(7.186)与约束条件(7.187)的自洽性给出如下次级约束:

$$\dot{\pi}_N=[\pi_N, H]=-\sqrt{\gamma}C\approx 0, \tag{7.194}$$

$$\dot{\pi}_{N_i}=[\pi_{N_i}, H]=-\sqrt{\gamma}C^i\approx 0. \tag{7.195}$$

容易证明上述 4 个次级约束的自洽性条件自动满足,因此广义相对论具有 8 个约束条件. 由于$[C, C_i]=0$,所以这 8 个约束是第一类约束,广义相对论的自由度为

$$n=(2\times 10-2\times 8)/2=2. \tag{7.196}$$

7.6.2 线性引力自由度分析

由作用量定义式(7.38)可得

$$I_{\mathrm{GR}}=\frac{1}{2\kappa^2}\int\left[\frac{1}{2}\dot{h}_{ij}^2-\frac{1}{2}\dot{h}_{ii}^2+2\dot{h}_{ii}\partial_kh_{0k}-2\dot{h}_{ij}\partial_{(i}h_{j)0}+\dot{h}_{0i}\partial_ih_{00}\right.$$

$$+h_{00}(\nabla^2 h_{ii}-\partial_i\partial_j h_{ij})+h_{0i}(-\nabla^2 h_{0i}+\partial_i\partial_j h_{0j})$$
$$+\frac{1}{2}\partial_i h_{jj}\partial_i h_{kk}-\frac{1}{2}\partial_k h_{ij}\partial_k h_{ij}-\partial_i h_{ij}\partial_j h_{kk}+\partial_i h_{ij}\partial_k h_{jk}\Big]\mathrm{d}t\mathrm{d}^3x. \tag{7.197}$$

线性引力的 10 个变量为 $q=(h_{00},h_{0i},h_{ij})$，忽略因子 $2\kappa^2$，拉氏量为

$$\mathcal{L}=\int\Big[\frac{1}{2}\dot{h}_{ij}^2-\frac{1}{2}\dot{h}_{ii}^2+2\dot{h}_{ii}\partial_k h_{0k}-2\dot{h}_{ij}\partial_{(i}h_{j)0}+\dot{h}_{0i}\partial_i h_{00}$$
$$+h_{00}(\nabla^2 h_{ii}-\partial_i\partial_j h_{ij})+h_{0i}(-\nabla^2 h_{0i}+\partial_i\partial_j h_{0j})+\frac{1}{2}\partial_i h_{jj}\partial_i h_{kk}$$
$$-\frac{1}{2}\partial_k h_{ij}\partial_k h_{ij}-\partial_i h_{ij}\partial_j h_{kk}+\partial_i h_{ij}\partial_k h_{jk}\Big]\mathrm{d}^3x. \tag{7.198}$$

正则动量为

$$\pi^{00}=\frac{\partial\mathcal{L}}{\partial\dot{h}_{00}}=0, \tag{7.199}$$
$$\pi^{0i}=\frac{\partial\mathcal{L}}{\partial\dot{h}_{0i}}=\int\partial_i h_{00}\mathrm{d}^3x, \tag{7.200}$$
$$\pi^{ij}=\frac{\partial\mathcal{L}}{\partial\dot{h}_{ij}}=\int[\dot{h}_{ij}-\dot{h}_{kk}\delta_{ij}+2\partial_k h_{0k}\delta_{ij}-2\partial_{(i}h_{j)0}]\mathrm{d}^3x. \tag{7.201}$$

方程(7.199)与方程(7.200)中不出现变量的时间导数，它们给出 4 个初级约束

$$\chi_1=\pi^{00}\approx 0, \tag{7.202}$$
$$\chi_{2i}=\pi^{0i}-\int\partial_i h_{00}\mathrm{d}^3x\approx 0. \tag{7.203}$$

对方程(7.201)求迹可得

$$\int\dot{h}_{ii}\mathrm{d}^3x=-\frac{1}{2}\pi_{ii}+2\int\partial_k h_{0k}\mathrm{d}^3x. \tag{7.204}$$

把方程(7.204)代入方程(7.201)可得

$$\int\dot{h}_{ij}\mathrm{d}^3x=\pi^{ij}-\frac{1}{2}\pi_{kk}\delta_{ij}+2\int\partial_{(i}h_{j)0}\mathrm{d}^3x. \tag{7.205}$$

利用方程(7.204)与方程(7.205)可得哈密顿量

$$H=\pi^{0i}\dot{h}_{0i}+\pi^{ij}\dot{h}_{ij}-\mathcal{L}$$
$$=\int\Big[\frac{1}{2}\pi_{ij}^2-\frac{1}{4}\pi_{ii}^2-h_{00}(\nabla^2 h_{ii}-\partial_i\partial_j h_{ij})-2h_{0i}\partial_j\pi_{ij}$$
$$-\frac{1}{2}\partial_i h_{jj}\partial_i h_{kk}+\frac{1}{2}\partial_k h_{ij}\partial_k h_{ij}+\partial_i h_{ij}\partial_j h_{kk}-\partial_i h_{ij}\partial_k h_{jk}\Big]\mathrm{d}^3x. \tag{7.206}$$

初级约束自洽性条件给出次级约束

$$\dot{\pi}^{00}=[\pi^{00},H]=\nabla^2 h_{ii}-\partial_i\partial_j h_{ij}\approx 0, \tag{7.207}$$
$$\dot{\chi}_{2i}=[\pi^{0i},H]=2\partial_j\pi_{ij}\approx 0. \tag{7.208}$$

这 4 个次级约束的自洽性条件自动满足,不再给出新约束. 以 $\chi_{4i}=\partial_j\pi_{ij}\approx 0$ 为例,计算其自洽性得到

$$\begin{aligned}\dot{\chi}_{4i} &= [\pi_{ij}(\boldsymbol{x}),\ H(\boldsymbol{y})]\\ &= \partial_{xj}\left[\pi_{ij}(\boldsymbol{x}),\ \int(h_{kk}\nabla^2 h_{00}-h_{kl}\partial_k\partial_l h_{00})\mathrm{d}^3 y\right]\\ &\quad+\partial_{xj}\int([\pi_{ij},\ h_{kk}]\nabla^2 h_{mm}-[\pi_{ij},\ h_{lm}]\nabla^2 h_{lm})\mathrm{d}^3 y\\ &\quad-\partial_{xj}\int([\pi_{ij},\ h_{lm}]\partial_l\partial_m h_{kk}+[\pi_{ij},\ h_{kk}]\partial_l\partial_m h_{lm})\mathrm{d}^3 y\\ &\quad+\partial_{xj}\int([\pi_{ij},\ h_{lm}]\partial_l\partial_k h_{mk}+[\pi_{ij},\ h_{mk}]\partial_l\partial_k h_{lm})\mathrm{d}^3 y\\ &=\partial_i\nabla^2 h_{00}-\partial_i\nabla^2 h_{00}-\partial_i\nabla^2 h_{mm}+\nabla^2\partial_j h_{ji}+\partial_i\nabla^2 h_{kk}\\ &\quad+\partial_i\partial_l\partial_m h_{lm}-\frac{1}{2}\partial_i\partial_k\partial_j h_{jk}-\frac{1}{2}\nabla^2\partial_k h_{ik}-\frac{1}{2}\partial_i\partial_l\partial_j h_{lj}-\frac{1}{2}\nabla^2\partial_l h_{li}=0.\end{aligned}\tag{7.209}$$

同样计算可得约束 $\chi_3=\nabla^2 h_{ii}-\partial_i\partial_j h_{ij}\approx 0$ 满足自洽性条件 $\dot{\chi}_3\approx 0$. 可以证明这些约束之间的泊松括号都为零,所以该系统有 8 个第一类约束,其自由度为

$$n=(2\times 10-2\times 8)/2=2.\tag{7.210}$$

对于 Fierz-Pauli 有质量线性引力理论,其拉氏量为

$$\begin{aligned}\mathcal{L}=\int\Big[&\frac{1}{2}\dot{h}_{ij}^2-\frac{1}{2}\dot{h}_{ii}^2+2\dot{h}_{ii}\partial_k h_{0k}-2\dot{h}_{ij}\partial_{(i}h_{j)0}+\dot{h}_{0i}\partial_i h_{00}\\ &+h_{00}(\nabla^2 h_{ii}-\partial_i\partial_j h_{ij}-m_g^2 h_{ii})\\ &+h_{0i}(-\nabla^2 h_{0i}+\partial_i\partial_j h_{0j}+m_g^2 h_{0i})-\frac{1}{2}m_g^2(h_{ij}^2-h_{ii}^2)\\ &+\frac{1}{2}\partial_i h_{jj}\partial_i h_{kk}-\frac{1}{2}\partial_k h_{ij}\partial_k h_{ij}-\partial_i h_{ij}\partial_j h_{kk}+\partial_i h_{ij}\partial_k h_{jk}\Big]\mathrm{d}^3 x.\end{aligned}\tag{7.211}$$

注意由于 Fierz-Pauli 微调,质量项中不出现 h_{00}^2. 正则动量及初级约束与无质量情况相同,哈密顿量为

$$\begin{aligned}H&=\pi^{0i}\dot{h}_{0i}+\pi^{ij}\dot{h}_{ij}-\mathcal{L}\\ &=\int\Big[\frac{1}{2}\pi_{ij}^2-\frac{1}{4}\pi_{ii}^2-h_{00}(\nabla^2 h_{ii}-\partial_i\partial_j h_{ij}-m_g^2 h_{ii})\\ &\quad-2h_{0i}\partial_j\pi_{ij}-m_g^2 h_{0i}^2+\frac{1}{2}m_g^2(h_{ij}^2-h_{ii}^2)-\frac{1}{2}\partial_i h_{jj}\partial_i h_{kk}\\ &\quad+\frac{1}{2}\partial_k h_{ij}\partial_k h_{ij}+\partial_i h_{ij}\partial_j h_{kk}-\partial_i h_{ij}\partial_k h_{jk}\Big]\mathrm{d}^3 x.\end{aligned}\tag{7.212}$$

初级约束 χ_1 的自洽性条件给出的次级约束为

$$\chi_3=\nabla^2 h_{ii}-\partial_i\partial_j h_{ij}-m_g^2 h_{ii}\approx 0.\tag{7.213}$$

由于$[\chi_1, \chi_3]=0$，χ_1 与 χ_3 为第一类约束．约束 χ_{2i}的自洽性条件给出的次级约束为

$$\chi_{4i}=\partial_j\pi_{ij}+m_g h_{0i}\approx 0. \tag{7.214}$$

由于$[\chi_{2i}, \chi_{4j}]\neq 0$，$\chi_{2i}$及 χ_{4i}为第二类约束．实际上约束条件(7.214)的解为

$$h_{0i}=-\frac{1}{m_g}\partial_j\pi_{ij}, \tag{7.215}$$

即 h_{0i}不是独立变量，它可以代入哈密顿量表达式(7.212)而被消除．所以 Fierz-Pauli 有质量线性引力理论的自由度为

$$n=(2\times 10-2\times 2-3-3)/2=5. \tag{7.216}$$

7.7　质量与能量

为了定义能量，先讨论如何构造守恒流．矢量及张量的协变导数满足

$$\nabla_\mu \nabla_\nu K^\rho-\nabla_\nu \nabla_\mu K^\rho=R^\rho{}_{\sigma\mu\nu}K^\sigma, \tag{7.127a}$$

$$\nabla_\mu \nabla_\nu T^\rho{}_\lambda-\nabla_\nu \nabla_\mu T^\rho{}_\lambda=R^\rho{}_{\sigma\mu\nu}T^\sigma{}_\lambda-R^\sigma{}_{\lambda\mu\nu}T^\rho{}_\sigma, \tag{7.217b}$$

把上式中的矢量取为基林矢量并缩并指标 ρ 及 μ，则

$$\nabla_\mu \nabla_\nu K^\mu-\nabla_\nu \nabla_\mu K^\mu=\nabla_\mu \nabla_\nu K^\mu=-\nabla_\mu \nabla^\mu K_\nu=R_{\sigma\nu}K^\sigma. \tag{7.218}$$

在上述方程推导中，利用了基林矢量的性质$\nabla_\mu K^\mu=0$．取式(7.217)中的张量为$\nabla^\rho K^\lambda$，则

$$\nabla_\mu \nabla_\nu \nabla^\rho K^\lambda-\nabla_\nu \nabla_\mu \nabla^\rho K^\lambda=R^\rho{}_{\sigma\mu\nu}\nabla^\sigma K^\lambda+R^\lambda{}_{\sigma\mu\nu}\nabla^\rho K^\sigma, \tag{7.219}$$

分别对指标 ρ 与 μ 及 λ 与 ν 缩并后得到

$$\nabla_\mu \nabla_\nu \nabla^\mu K^\nu-\nabla_\nu \nabla_\mu \nabla^\mu K^\nu=R_{\sigma\nu}\nabla^\sigma K^\nu+R^\nu{}_{\sigma\mu\nu}\nabla^\mu K^\sigma=R_{\sigma\nu}\nabla^\sigma K^\nu-R_{\sigma\mu}\nabla^\mu K^\sigma=0, \tag{7.220}$$

上式最后等于零的推导过程中用到了里奇张量是对称的，但$\nabla^\sigma K^\nu$ 是反对称的性质．所以

$$\nabla^\mu \nabla_\nu \nabla_\mu K^\nu=\nabla^\nu \nabla_\mu \nabla^\mu K_\nu. \tag{7.221}$$

而由方程(7.218)可知

$$\nabla^\nu \nabla_\mu \nabla_\nu K^\mu=-\nabla^\nu \nabla_\mu \nabla^\mu K_\nu. \tag{7.222}$$

结合方程(7.221)与方程(7.222)得到

$$\nabla^\nu \nabla_\mu \nabla_\nu K^\mu=\nabla^\nu(R_{\sigma\nu}K^\sigma)=0, \tag{7.223}$$

即 $J_\nu=R_{\sigma\nu}K^\sigma=\nabla_\mu \nabla_\nu K^\mu$，是一个守恒量．

7.7.1　Komar 能量

利用对应时间平移对称性的基林矢量 $K^\mu=(1, 0, 0, 0)$及守恒量 $J_\nu=\nabla_\mu \nabla_\nu K^\mu$ 可以定义能量

$$E_{\mathrm{R}} = \frac{1}{4\pi G}\int_{\Sigma}\sqrt{\gamma}n_{\mu}J^{\mu}\mathrm{d}^{3}x = \frac{1}{4\pi G}\int_{\Sigma}\sqrt{\gamma}n_{\mu}\nabla_{\nu}\nabla^{\mu}K^{\nu}\mathrm{d}^{3}x$$
$$= \frac{1}{4\pi G}\int_{\partial\Sigma}\sqrt{\gamma^{(2)}}n_{\mu}\sigma_{\nu}\nabla^{\mu}K^{\nu}\mathrm{d}^{2}x, \tag{7.224}$$

其中超曲面Σ的法向矢量$n_{\mu}n^{\mu}=-1$，边界$\partial\Sigma$的法向矢量$\sigma^{\mu}\sigma_{\mu}=1$. 表达式(7.224)也称为 Komar 积分[233]，它可以理解成稳态时空的总能量.

对于施瓦西度规(4.17)，法向矢量n^{μ}及σ^{μ}的非零分量为

$$n_{0} = -\left(1-\frac{2GM}{r}\right)^{1/2}, \tag{7.225a}$$

$$\sigma_{1} = \left(1-\frac{2GM}{r}\right)^{-1/2}, \tag{7.225b}$$

则

$$n_{\mu}\sigma_{\nu}\nabla^{\mu}K^{\nu} = -\nabla^{0}K^{1},$$

$$\nabla^{0}K^{1} = g^{00}\nabla_{0}K^{1} = g^{00}(\partial_{0}K^{1}+\Gamma^{1}_{0\lambda}K^{\lambda}) = g^{00}\Gamma^{1}_{00}K^{0} = -\frac{GM}{r^{2}}. \tag{7.226}$$

无穷远处二维球边界的度规为

$$\gamma^{(2)}_{ij}\mathrm{d}x^{i}\mathrm{d}x^{j} = r^{2}(\mathrm{d}\theta^{2}+\sin^{2}\theta\mathrm{d}\phi^{2}), \tag{7.227a}$$

$$\sqrt{\gamma^{(2)}} = r^{2}\sin\theta. \tag{7.227b}$$

把方程(7.226)与方程(7.227)代入方程(7.224)，得到施瓦西黑洞(时空)的质量

$$E_{\mathrm{R}} = \frac{1}{4\pi G}\int_{0}^{\pi}\int_{0}^{2\pi}(r^{2}\sin\theta)\frac{GM}{r^{2}}\mathrm{d}\phi\mathrm{d}\theta = M. \tag{7.228}$$

7.7.2 ADM 质量

能量应该是对应时间平移对称性的守恒量，更好的定义应该是考虑广义相对论的哈密顿公式，通过在渐近平坦时空中定义时间平移的生成元，然后得到系统的总能量，Arnowitt，Deser 及 Misner 最早利用这种方法得到了 ADM 质量(ADM 能量[234])，表达式为

$$E_{\mathrm{ADM}} = \frac{1}{16\pi G}\int_{\partial\Sigma}\sqrt{\gamma^{(2)}}\sigma^{i}(g^{j}_{i,j}-g^{j}_{j,i})\mathrm{d}^{2}x = \frac{1}{16\pi G}\int_{\partial\Sigma}\sqrt{\gamma^{(2)}}\sigma^{i}(h^{j}_{i,j}-h^{j}_{j,i})\mathrm{d}^{2}x, \tag{7.229}$$

其中h_{ij}为度规在渐近平坦区域相对于平直时空的扰动. 上式也可从一阶爱因斯坦张量得到. 由方程(6.8)可知

$$G^{\mu\nu} = \frac{1}{2}\Big(\partial_{\alpha}\partial^{\mu}h^{\alpha\nu}+\partial_{\alpha}\partial^{\nu}h^{\alpha\mu}-\frac{1}{2}\eta^{\alpha\nu}\partial_{\alpha}\partial^{\mu}h^{\sigma}_{\sigma}-\frac{1}{2}\eta^{\alpha\mu}\partial_{\alpha}\partial^{\nu}h^{\sigma}_{\sigma}$$
$$-\eta^{\alpha\beta}\partial_{\alpha}\partial_{\beta}h^{\mu\nu}-\eta^{\mu\nu}\partial_{\alpha}\partial_{\beta}h^{\alpha\beta}+\eta^{\mu\nu}\eta^{\alpha\beta}\partial_{\alpha}\partial_{\beta}h^{\sigma}_{\sigma}\Big)$$
$$= \partial_{\alpha}Q^{\alpha\mu\nu}, \tag{7.230}$$

其中

$$
\begin{aligned}
Q^{\alpha\mu\nu} &= \frac{1}{2}\Big(\frac{1}{2}\eta^{\mu\beta}h^{\alpha\nu}_{,\beta}+\frac{1}{2}\eta^{\nu\beta}h^{\alpha\mu}_{,\beta}-\eta^{\alpha\beta}h^{\mu\nu}_{,\beta}+\frac{1}{2}\eta^{\alpha\mu}h^{\nu\beta}_{,\beta}+\frac{1}{2}\eta^{\alpha\nu}h^{\mu\beta}_{,\beta} \\
&\quad -\eta^{\mu\nu}h^{\alpha\beta}_{,\beta}-\frac{1}{2}\eta^{\alpha\nu}\eta^{\mu\beta}h^{\sigma}_{\sigma,\beta}-\frac{1}{2}\eta^{\alpha\mu}\eta^{\nu\beta}h^{\sigma}_{\sigma,\beta}+\eta^{\mu\nu}\eta^{\alpha\beta}h^{\sigma}_{\sigma,\beta}\Big) \\
&= \frac{1}{2}(\eta^{\mu\beta}h^{\alpha\nu}_{,\beta}-\eta^{\alpha\beta}h^{\mu\nu}_{,\beta}+\eta^{\alpha\nu}h^{\mu\beta}_{,\beta}-\eta^{\mu\nu}h^{\alpha\beta}_{,\beta}-\eta^{\alpha\nu}\eta^{\mu\beta}h^{\sigma}_{\sigma,\beta}+\eta^{\mu\nu}\eta^{\alpha\beta}h^{\sigma}_{\sigma,\beta}).
\end{aligned}
\tag{7.231}
$$

$Q^{\alpha\mu\nu}$写成上式的形式后，则其关于指标 μ 与 ν 的对称性就不明显了，但是这种形式很容易得到 $Q^{\alpha\mu\nu}=-Q^{\mu\alpha\nu}$ 及比安基恒等式 $G^{\mu\nu}{}_{,\mu}=Q^{\alpha\mu\nu}{}_{,\alpha\mu}=0$. 结合爱因斯坦场方程 $G^{\mu\nu}=8\pi G\tau^{\mu\nu}$，显然 $\tau^{\mu\nu}$ 具有总的能量-动量张量的特点：它是对称的，$\tau^{\mu\nu}=\tau^{\nu\mu}$；局域是守恒的，$\partial_\mu\tau^{\mu\nu}=0$. 因此引力场的总能量-动量矢量为

$$
P^{\mu}=\frac{1}{8\pi G}\int_{\Sigma}\frac{\partial Q^{\alpha0\mu}}{\partial x^{\alpha}}\mathrm{d}^3x=\frac{1}{8\pi G}\int_{\Sigma}\frac{\partial Q^{i0\mu}}{\partial x^{i}}\mathrm{d}^3x=\frac{1}{8\pi G}\int_{\partial\Sigma}Q^{i0\mu}n_ir^2\mathrm{d}\Omega. \tag{7.232}
$$

注意 $Q^{00\mu}=0$. 所以稳态时空的总能量为

$$
\begin{aligned}
E &= \frac{1}{8\pi G}\int_{\partial\Sigma}Q^{i00}n_ir^2\mathrm{d}\Omega=\frac{1}{16\pi G}\int_{\partial\Sigma}(-h^{00}{}_{,i}+h^{j}_{i,j}-h^{0}_{0,i}-h^{j}_{j,i})n^ir^2\mathrm{d}\Omega \\
&= \frac{1}{16\pi G}\int_{\partial\Sigma}(h^{j}_{i,j}-h^{j}_{j,i})n^ir^2\mathrm{d}\Omega.
\end{aligned}
\tag{7.233}
$$

这和 ADM 能量表达式(7.229)一样.

对于施瓦西度规标准形式，空间坐标为笛卡尔坐标，$(\mathrm{d}r)^2=(\boldsymbol{x}\cdot\mathrm{d}\boldsymbol{x})^2/r^2$，则

$$
h_{ij}=\frac{2GM}{r}n_in_j, \tag{7.234a}
$$

$$
h^{i}_{i}=\frac{2GM}{r} \tag{7.234b}
$$

$$
r_{,i}=\frac{\partial r}{\partial x^i}=n_i, \tag{7.234c}
$$

$$
n_{i,j}=\frac{\delta_{ij}-n_in_j}{r}, \tag{7.234d}
$$

$$
h^{j}_{i,j}-h^{j}_{j,i}=\frac{4GM}{r^2}n_i, \tag{7.234e}
$$

$$
E_{\mathrm{ADM}}=\frac{1}{16\pi G}\iint(r^2\sin\theta)\,\frac{4GM}{r^2}\mathrm{d}\theta\mathrm{d}\phi=M, \tag{7.234f}
$$

其中球面外法向 $n_i=x^i/r$. 在各向同性形式下，$h_{ij}=(2GM/r)\delta_{ij}$，$h^{i}_{i}=6GM/r$，通过计算同样可以得到 ADM 能量 M.

7.7.3 角动量

类似地，利用对应转动对称性的基林矢量 $R^{\mu}=(0,\ 0,\ 0,\ 1)$可以定义守恒流

$J_{\phi}^{\mu}=R_{\nu}R^{\mu\nu}$及相应的守恒荷,角动量

$$J=-\frac{1}{8\pi G}\int_{\partial\Sigma}\sqrt{\gamma^{(2)}}n_{\mu}\sigma_{\nu}\nabla^{\mu}R^{\nu}\mathrm{d}^{2}x. \tag{7.235}$$

显然施瓦西黑洞的角动量$J=0$.

对于渐近平坦时空,引入

$$M^{\mu\nu\alpha}=\tau^{\mu\alpha}x^{\nu}-\tau^{\mu\nu}x^{\alpha}, \tag{7.236}$$

则

$$\frac{\partial M^{\mu\nu\alpha}}{\partial x^{\mu}}=0. \tag{7.237}$$

所以$M^{0\nu\alpha}$与$M^{i\nu\alpha}$可以理解为总角动量的密度和流,其中角动量密度为

$$J^{\mu\nu}=\int_{\Sigma}M^{0\mu\nu}\mathrm{d}^{3}x=\frac{1}{8\pi G}\int_{\Sigma}\left(x^{\mu}\frac{\partial Q^{k0\nu}}{\partial x^{k}}-x^{\nu}\frac{\partial Q^{k0\mu}}{\partial x^{k}}\right)\mathrm{d}^{3}x. \tag{7.238}$$

显然$J^{\mu\nu}$是反对称的,$J^{\mu\nu}=-J^{\nu\mu}$. 物理上感兴趣的角动量为$J_1=J^{23}$,$J_2=J^{31}$及$J_3=J^{12}$. 把方程(7.231)代入方程(7.238),便可以计算角动量分量J^{ij},即

$$\begin{aligned}J^{ij}&=\frac{1}{8\pi G}\int_{\Sigma}\left(x^{i}\frac{\partial Q^{k0j}}{\partial x^{k}}-x^{j}\frac{\partial Q^{k0i}}{\partial x^{k}}\right)\mathrm{d}^{3}x\\&=\frac{1}{8\pi G}\int_{\Sigma}\left[\frac{\partial(x^{i}Q^{k0j})}{\partial x^{k}}-\frac{\partial(x^{j}Q^{k0i})}{\partial x^{k}}-Q^{i0j}+Q^{j0i}\right]\mathrm{d}^{3}x\\&=\frac{1}{8\pi G}\int_{\partial\Sigma}\left[x^{i}Q^{k0j}-x^{j}Q^{k0i}+\frac{1}{2}(\delta^{ik}h^{0j}-\delta^{jk}h^{0i})\right]n_{k}r^{2}\mathrm{d}\Omega\\&=\frac{1}{16\pi G}\int_{\partial\Sigma}\left(\delta^{ik}h^{0j}-\delta^{jk}h^{0i}-\delta^{kl}x^{i}\frac{\partial h^{0j}}{\partial x^{l}}+\delta^{kl}x^{j}\frac{\partial h^{0i}}{\partial x^{l}}\right.\\&\qquad\left.-x^{i}\frac{\partial h^{kj}}{\partial t}+x^{j}\frac{\partial h^{ki}}{\partial t}\right)n_{k}r^{2}\mathrm{d}\Omega.\end{aligned} \tag{7.239}$$

显然施瓦西时空的角动量为零.

7.7.4 电荷

利用麦克斯韦方程$\nabla_{\nu}F^{\mu\nu}=J_{e}^{\mu}$可以定义电荷

$$Q=-\int_{\Sigma}\sqrt{\gamma}n_{\mu}J_{e}^{\mu}\mathrm{d}^{3}x=-\int_{\Sigma}\sqrt{\gamma}n_{\mu}\nabla_{\nu}F^{\mu\nu}\mathrm{d}^{3}x=-\int_{\partial\Sigma}\sqrt{\gamma^{(2)}}n_{\mu}\sigma_{\nu}F^{\mu\nu}\mathrm{d}^{2}x. \tag{7.240}$$

附录 A　Mathematica 代码

A.1　虫洞度规

虫洞度规 $ds^2 = -dt^2 + dr^2 + (b^2 + r^2)(d\theta^2 + \sin^2\theta d\phi^2)$的计算.

```
In[1]:=<<xAct `xCoba`
In[2]:=DefManifold[M4, 4, {α, β, ρ, σ, μ, ν, λ}]
       DefConstantSymbol[b]
In[4]:=DefChart[X , M4, {1, 2, 3, 4}, {t [], r [], θ[], ϕ[]},
       ChartColor ->Red]
In[5]:=g=CTensor[DiagonalMatrix[{-1, 1, b ^2+r []^2, ( b ^2
       +r []^2)*sin[θ[]]^2}], {-X, -X}];
       g[-μ, -ν](* g_μν *)
```

$$\text{Out[6]=}\begin{pmatrix} -1 & 0 & 0 & 0 \\ 0 & 1 & 0 & 0 \\ 0 & 0 & b^2+r^2 & 0 \\ 0 & 0 & 0 & (b^2+r^2)\sin^2(\theta) \end{pmatrix}_{\mu\nu}$$

```
In[7]:=SetCMetric [g, X, SignatureOfMetric -> {3, 1, 0}]
       g [μ, ν] ( * g^μν * )
```

$$\text{Out[8]=}\begin{pmatrix} -1 & 0 & 0 & 0 \\ 0 & 1 & 0 & 0 \\ 0 & 0 & \dfrac{1}{b^2+r^2} & 0 \\ 0 & 0 & 0 & \dfrac{\csc^2(\theta)}{b^2+r^2} \end{pmatrix}^{\mu\nu}$$

```
We compute all curvature tensor related to g
We define the CD associated to g
In[9]:=MetricCompute [g,X, All]
       CD=LC [g];
In[11]:=ChristoffelFromMetric[g[-μ,-ν], X][α,-μ,-ν]
```

Out [11]= $\left[\begin{matrix} \begin{pmatrix}0\\0\\0\\0\end{pmatrix} & \begin{pmatrix}0\\0\\0\\0\end{pmatrix} & \begin{pmatrix}0\\0\\0\\0\end{pmatrix} & \begin{pmatrix}0\\0\\0\\0\end{pmatrix} \\ \begin{pmatrix}0\\0\\0\\0\end{pmatrix} & \begin{pmatrix}0\\0\\0\\0\end{pmatrix} & \begin{pmatrix}0\\0\\-r\\0\end{pmatrix} & \begin{pmatrix}0\\0\\0\\-r\sin^2(\theta)\end{pmatrix} \\ \begin{pmatrix}0\\0\\0\\0\end{pmatrix} & \begin{pmatrix}0\\0\\\frac{r}{b^2+r^2}\\0\end{pmatrix} & \begin{pmatrix}0\\\frac{r}{b^2+r^2}\\0\\0\end{pmatrix} & \begin{pmatrix}0\\0\\0\\-\sin(\theta)\cos(\theta)\end{pmatrix} \\ \begin{pmatrix}0\\0\\0\\0\end{pmatrix} & \begin{pmatrix}0\\0\\0\\\frac{r}{b^2+r^2}\end{pmatrix} & \begin{pmatrix}0\\0\\0\\\cot(\theta)\end{pmatrix} & \begin{pmatrix}0\\\frac{r}{b^2+r^2}\\\cot(\theta)\\0\end{pmatrix} \end{matrix}\right]^{\alpha}{}_{\mu\nu}$

In[12]:=Ricci [CD][$-\mu$, $-\nu$]

Out [12]= $\begin{pmatrix} 0 & 0 & 0 & 0 \\ 0 & -\frac{2b^2}{(b^2+r^2)^2} & 0 & 0 \\ 0 & 0 & 0 & 0 \\ 0 & 0 & 0 & 0 \end{pmatrix}_{\mu\nu}$

In[13]:=G=Einstein[CD];

G [{1, X },{1, −X }]

G [{2, X },{2, −X }]

G [{3, X },{3, −X }]

G [{4, X },{4, −X }]

Out [14]= $\frac{b^2}{(b^2+r^2)^2}$

Out[15]= $-\frac{b^2}{(b^2+r^2)^2}$

Out[16]= $\frac{b^2}{(b^2+r^2)^2}$

Out[17]= $\frac{b^2}{(b^2+r^2)^2}$

In[18]:=RicciScalar[CD][]

Out[18]= $-\frac{2b^2}{(b^2+r^2)^2}$

In[19]:=Kretschmann [CD][] (* $R_{\mu\nu\alpha\beta}R^{\mu\nu\alpha\beta}$ *)

Out[19]= $\frac{12b^4}{(b^2+r^2)^4}$

A.2　三维欧几里得空间度规

三维欧几里得空间在球坐标系下的度规 $ds^2=dr^2+r^2d\theta^2+r^2\sin^2\theta d\phi^2$ 的计算.

```
In[1]:=<<xAct ‘ xCoba ‘
In[2]:=DefManifold [E3, 3, {α, β, ρ, σ, μ, ν, λ}]
In[3]:=DefChart [X, E3, {1, 2, 3}, { r [],θ[], ϕ[]},
       ChartColor ->Red]
In[4]:=g=CTensor [DiagonalMatrix [{1, r []^2,
       r[]^2* Sin[θ[]]^2}], { -X, -X }];
       g[-μ, -ν] ( * g_μν * )
```

Out[5]= $\begin{pmatrix} 1 & 0 & 0 \\ 0 & r^2 & 0 \\ 0 & 0 & r^2\sin^2(\theta) \end{pmatrix}_{\mu\nu}$

```
In[6]:=SetCMetric [g, X, SignatureOfMetric ->{3, 0, 0}]
       g[μ, ν] ( * g^μν * )
```

Out [7]= $\begin{pmatrix} 1 & 0 & 0 \\ 0 & \frac{1}{r^2} & 0 \\ 0 & 0 & \frac{\csc^2(\theta)}{r^2} \end{pmatrix}^{\mu\nu}$

```
In[8]:=MetricCompute [g,X, All]
       CD=LC [g];
In[10]:=ChristoffelFromMetric [g[-μ,-ν], X][α,-μ,-ν]
```

Out [10]= $\begin{bmatrix} \begin{pmatrix} 0 \\ 0 \\ 0 \end{pmatrix} & \begin{pmatrix} 0 \\ -r \\ 0 \end{pmatrix} & \begin{pmatrix} 0 \\ 0 \\ -r\sin^2(\theta) \end{pmatrix} \\ \begin{pmatrix} 0 \\ \frac{1}{r} \\ 0 \end{pmatrix} & \begin{pmatrix} \frac{1}{r} \\ 0 \\ 0 \end{pmatrix} & \begin{pmatrix} 0 \\ 0 \\ -\sin(\theta)\cos\theta \end{pmatrix} \\ \begin{pmatrix} 0 \\ 0 \\ \frac{1}{r} \end{pmatrix} & \begin{pmatrix} 0 \\ 0 \\ \cot(\theta) \end{pmatrix} & \begin{pmatrix} \frac{1}{r} \\ \cot(\theta) \\ 0 \end{pmatrix} \end{bmatrix}^{\alpha}_{\mu\nu}$

```
In[11]:=Riemann [CD][-μ,-ν,-α,-β]
        Ricci [CD][-μ,-ν]
Out [11]=0
Out [12]=0
```

克里斯多菲联络矩阵元中一列三个元素对应于最后一个指标 ν.

A.3 罗伯逊-沃克度规

罗伯逊-沃克度规 $ds^2=-dt^2+a^2(t)[dr^2/(1-Kr^2)+r^2(d\theta^2+\sin^2\theta d\phi^2)]$的计算.

```
In[1]:=<<xAct ` xCoba `
In[2]:=DefManifold [M4, 4, {α, β, ρ, σ, μ, ν, λ}]
       DefScalarFunction /@ {a, R };
       DefConstantSymbol [K]
In[5]:=DefChart [X, M4, {1, 2, 3, 4}, {t [], r [],θ[], ϕ[]},
        ChartColor -> Red]
In[6]:=g= CTensor [DiagonalMatrix [{ -1,
          a [t []]^2/(1 - K r []^2), a [t []]^2 r []^2,
          a [t []]^2 r []^2 Sin[θ[]]^2}], { -X, -X }];
          g [-μ, -ν] ( * g_μν * )
```

$$\text{Out[7]=}\begin{pmatrix}-1 & 0 & 0 & 0\\ 0 & \dfrac{a^2(t)}{1-Kr^2} & 0 & 0\\ 0 & 0 & a^2(t)r^2 & 0\\ 0 & 0 & 0 & a^2(t)r^2\sin^2(\theta)\end{pmatrix}_{\mu\nu}$$

```
In[8]:=SetCMetric [g, X, SignatureOfMetric -> {3, 1, 0}]
g[μ, ν] ( * g^μν * )
```

$$\text{Out[9]=}\begin{pmatrix}-1 & 0 & 0 & 0\\ 0 & \dfrac{1-Kr^2}{a^2(t)} & 0 & 0\\ 0 & 0 & \dfrac{1}{a^2(t)r^2} & 0\\ 0 & 0 & 0 & \dfrac{\csc^2(\theta)}{a^2(t)r^2}\end{pmatrix}^{\mu\nu}$$

```
In[10]:=MetricCompute[g,X, All]
        CD= LC[g];
In[13]:=ChristoffelFromMetric[g[-μ,-ν], X][α,-μ,-ν]
```

$$\text{Out[13]}=\begin{bmatrix}
\begin{pmatrix}0\\0\\0\\0\end{pmatrix} & \begin{pmatrix}0\\ \dfrac{a(t)a'(t)}{1-Kr^2}\\0\\0\end{pmatrix} & \begin{pmatrix}0\\0\\a(t)a'(t)r^2\\0\end{pmatrix} & \begin{pmatrix}0\\0\\0\\a(t)a'(t)r^2\sin^2(\theta)\end{pmatrix}\\
\begin{pmatrix}0\\ \dfrac{a'(t)}{a(t)}\\0\\0\end{pmatrix} & \begin{pmatrix}\dfrac{a'(t)}{a(t)}\\ \dfrac{Kr}{1-Kr^2}\\0\\0\end{pmatrix} & \begin{pmatrix}0\\0\\r(Kr^2-1)\\0\end{pmatrix} & \begin{pmatrix}0\\0\\0\\r\sin^2(\theta)(Kr^2-1)\end{pmatrix}\\
\begin{pmatrix}0\\0\\ \dfrac{a'(t)}{a(t)}\\0\end{pmatrix} & \begin{pmatrix}0\\0\\ \dfrac{1}{r}\\0\end{pmatrix} & \begin{pmatrix}\dfrac{a'(t)}{a(t)}\\ \dfrac{1}{r}\\0\\0\end{pmatrix} & \begin{pmatrix}0\\0\\0\\-\sin(\theta)\cos(\theta)\end{pmatrix}\\
\begin{pmatrix}0\\0\\0\\ \dfrac{a'(t)}{a(t)}\end{pmatrix} & \begin{pmatrix}0\\0\\0\\ \dfrac{1}{r}\end{pmatrix} & \begin{pmatrix}0\\0\\0\\ \cot(\theta)\end{pmatrix} & \begin{pmatrix}\dfrac{a'(t)}{a(t)}\\ \dfrac{1}{r}\\ \cot(\theta)\\0\end{pmatrix}
\end{bmatrix}^{\alpha}_{\ \ \mu\nu}.$$

```
In[14]:=Ricci[CD][-μ,-ν]
```

$$\text{Out[14]}=\begin{pmatrix}
-\dfrac{3a''(t)}{a(t)} & 0 & 0 & 0\\
0 & \dfrac{f(t)}{1-Kr^2} & 0 & 0\\
0 & 0 & r^2 f(t) & 0\\
0 & 0 & 0 & r^2\sin^2(\theta)f(t)
\end{pmatrix}_{\mu\nu},$$

$f(t)=a(t)a''(t)+2a'(t)^2+2K.$

```
In[15]:=RicciScalar[CD][]
```

$$\text{Out[15]}=\frac{6[a(t)a''(t)+a'(t)^2+K]}{a(t)^2}$$

```
In[16]:=G=Einstein[CD];
        G[{1, X},{1, -X}]
        G[{2, X},{2, -X}]
        G[{3, X},{3, -X}]
        G[{4, X},{4, -X}]
```

Out[17]= $-\dfrac{3(a'(t)^2+K)}{a(t)^2}$

Out[18]= $-\dfrac{2a(t)a''(t)+a'(t)^2+K}{a(t)^2}$

Out[19]= $-\dfrac{2a(t)a''(t)+a'(t)^2+K}{a(t)^2}$

Out[20]= $-\dfrac{2a(t)a''(t)+a'(t)^2+K}{a(t)^2}$

A.4 静态球对称度规

静态球对称度规 $ds^2=-B(r)dt^2+A(r)dr^2+r^2(d\theta^2+\sin^2\theta d\phi^2)$ 的计算.

```
In[1]:=<<xAct`xCoba`
In[2]:=DefManifold[M4, 4, {α, β, ρ, σ, μ, ν, λ}]
       DefScalarFunction /@ {B, A, λf};
       DefConstantSymbol[M]
In[5]:=DefChart[X, M4, {1, 2, 3, 4}, {t[], r[],θ[], ϕ[]},
       ChartColor->Red]
In[6]:=g=CTensor[DiagonalMatrix[{-B[r[]], A[r[]], r[]^2,
         r[]^2 Sin[θ[]]^2}], {-X, -X}];
       g[-μ, -ν] (* g_μν *)
```

Out [7]= $\begin{pmatrix} -B(r) & 0 & 0 & 0 \\ 0 & A(r) & 0 & 0 \\ 0 & 0 & r^2 & 0 \\ 0 & 0 & 0 & r^2\sin^2(\theta) \end{pmatrix}_{\mu\nu}$

```
In[8]:=SetCMetric[g, X, SignatureOfMetric->{3, 1, 0}]
       g[μ, ν] (* g^μν *)
```

$$\text{Out[9]=}\begin{pmatrix} -\frac{1}{B(r)} & 0 & 0 & 0 \\ 0 & \frac{1}{A(r)} & 0 & 0 \\ 0 & 0 & \frac{1}{r^2} & 0 \\ 0 & 0 & 0 & \frac{\csc^2(\theta)}{r^2} \end{pmatrix}^{\mu\nu}$$

```
We compute all curvature tensor related to g
We define the CD associated to g
In[10]:=MetricCompute [g,X, All]
        CD=LC[g];
In[13]:=ChristoffelFromMetric [g[-μ,-ν], X][α,-μ,-ν]
```

$$\text{Out[13]=}\begin{bmatrix} \begin{pmatrix} 0 \\ \frac{B'(r)}{2B(r)} \\ 0 \\ 0 \end{pmatrix} & \begin{pmatrix} \frac{B'(r)}{2B(r)} \\ 0 \\ 0 \\ 0 \end{pmatrix} & \begin{pmatrix} 0 \\ 0 \\ 0 \\ 0 \end{pmatrix} & \begin{pmatrix} 0 \\ 0 \\ 0 \\ 0 \end{pmatrix} \\ \begin{pmatrix} \frac{B'(r)}{2A(r)} \\ 0 \\ 0 \\ 0 \end{pmatrix} & \begin{pmatrix} 0 \\ \frac{A'(r)}{2A(r)} \\ 0 \\ 0 \end{pmatrix} & \begin{pmatrix} 0 \\ 0 \\ -\frac{r}{A(r)} \\ 0 \end{pmatrix} & \begin{pmatrix} 0 \\ 0 \\ 0 \\ -\frac{r\sin^2(\theta)}{A(r)} \end{pmatrix} \\ \begin{pmatrix} 0 \\ 0 \\ 0 \\ 0 \end{pmatrix} & \begin{pmatrix} 0 \\ 0 \\ \frac{1}{r} \\ 0 \end{pmatrix} & \begin{pmatrix} 0 \\ \frac{1}{r} \\ 0 \\ 0 \end{pmatrix} & \begin{pmatrix} 0 \\ 0 \\ 0 \\ -\sin(\theta)\cos(\theta) \end{pmatrix} \\ \begin{pmatrix} 0 \\ 0 \\ 0 \\ 0 \end{pmatrix} & \begin{pmatrix} 0 \\ 0 \\ 0 \\ \frac{1}{r} \end{pmatrix} & \begin{pmatrix} 0 \\ 0 \\ 0 \\ \cot(\theta) \end{pmatrix} & \begin{pmatrix} 0 \\ \frac{1}{r} \\ \cot(\theta) \\ 0 \end{pmatrix} \end{bmatrix}^{\alpha}{}_{\mu\nu}$$

```
In[14]:=Ricci [CD][-μ,-ν]
```

Out[14]=

$$\begin{pmatrix} \frac{\left(\frac{4}{r}-\frac{A'(r)}{A(r)}\right)B'(r)+2B''(r)-\frac{B'(r)^2}{B(r)}}{4A(r)} & 0 & 0 & 0 \\ 0 & \frac{\frac{A'(r)B'(r)}{A(r)}-2B''(r)+\frac{B'(r)^2}{B(r)}}{4B(r)}+\frac{A'(r)}{rA(r)} & 0 & 0 \\ 0 & 0 & R_{\theta\theta} & 0 \\ 0 & 0 & 0 & \sin^2(\theta)R_{\theta\theta} \end{pmatrix}_{\mu\nu}$$

$$R_{\theta\theta}=1-\frac{1}{A(r)}+\frac{r}{2A(r)}\left(\frac{A'(r)}{A(r)}-\frac{B'(r)}{B(r)}\right)$$

We solve the Subscript [G, tt] and the Subscript [G, rr] part of the Einstein equations in vacuum

```
In[16]:=G=Einstein [CD];
        G [{1, X },{1, -X }]
        G [{2, X },{2, -X }]
```

$$\text{Out[17]=}\frac{-rA'(r)-A(r)^2+A(r)}{r^2A(r)^2}$$

$$\text{Out[18]=}\frac{-A(r)B(r)+rB'(r)+B(r)}{r^2A(r)B(r)}$$

```
In[19]:=Ruleλs= ( Flatten@DSolve [({ G [{1, X }, {1, -X }] ==0,
        G [{2, X }, {2, -X }] ==0, A [Infinity]==1})
        /. r [] -> r /. B -> BV /. A -> AV, { BV, AV }, { r }])
        /. C [1] -> Log [-2 M]/. C [2] -> 1
```

$$\text{Out[19]=}\left\{\text{AV}\to\text{Function}\left[\{r\},\frac{r}{e^{\log(-2M)}+r}\right],\ \text{BV}\to\text{Function}\left[\{r\},\frac{e^{\log(-2M)}+r}{r}\right]\right\}$$

```
In[20]:=B=BV /. Ruleλs ;
        A= AV /. Ruleλs ;
In[22]:=g[-μ,-ν]// Simplify
```

$$\text{Out[22]=}\begin{pmatrix} \frac{2M}{r}-1 & 0 & 0 & 0 \\ 0 & \frac{r}{r-2M} & 0 & 0 \\ 0 & 0 & r^2 & 0 \\ 0 & 0 & 0 & r^2\sin^2(\theta) \end{pmatrix}_{\mu\nu}$$

```
In[23]:=Ricci [CD]
Out[23]=Zero
```

```
In[24]:=Riemann[CD][-μ,-ν,-α,-β]
        Riemann[CD][μ,ν,α,β]// Simplify
```

Out[24]= $\frac{48M^2}{r^6}$

```
In[25]:=Kretschmann[CD]
```

Out[25]=CTensor $\left[\frac{48M^2}{r^6},\{\},0\right]$

A.5　作用量二阶近似

作用量展开到二阶的计算.

```
In[1]:=<<xAct ‘ xPand ‘
       <<xAct ‘ xTras ‘
In[3]:=DefManifold [M4, 4, {a,b,c,d,e,i,j}];
       DefMetric [-1, g [-a, -b], CD, {";","∇"},PrintAs-> "g"];
In[5]:=DefMetricPerturbation [g,h,ϵ];
In[6]:=RicciScalarCD [-a, -b]
```

Out[6]=R [∇]$_{ab}$

```
In[7]:=Perturbation [g [-a, -b],0]// ToFlat
       Perturbation [g [-a, -b],1]// ToFlat
       Perturbation [g [a, b],1]// ToFlat // ExpandPerturbation
       Perturbation [g [a, b],2]// ExpandPerturbation // ToFlat
```

Out[7]= g_{ab}

Out[8]= $h^{1}{}_{a}{}_{b}$

Out[9]= $-h^{1ab}$

Out[10]= $2h^{1ac}h^{1}{}_{c}{}^{b}-h^{2ab}$

```
In[11]:= ( Perturbation [Sqrt [- Detg []],1]// ExpandPerturbation
            // ToFlat )/. Detg [] - > -1
         ( Perturbation [Sqrt [- Detg []],2]// ExpandPerturbation
            // ToFlat )/. Detg [] - > -1
```

Out[11]= $\frac{1}{2}h^{1}{}_{a}{}^{a}$

Out[12]= $-\frac{1}{2}h^{1}{}_{a}{}^{b}h^{1}{}_{b}{}^{a}+\frac{1}{2}h^{1}{}_{a}{}^{a}h^{1}{}_{b}{}^{b}+\frac{1}{2}h^{2}{}_{a}{}^{a}-\frac{1}{4}(h^{1}{}_{a}{}^{a})^2$

```
In[13]:= (Perturbation [Sqrt [- Detg []]* RicciScalarCD [],2]
        // ToFlat
        // ExpandPerturbation // ContractMetric // ToCanonical)
```

```
/.{ RicciScalarCD[-a, -b] -> 0, Detg[] -> -1}
```

Out [13]=

$$
\begin{aligned}
&-h^{2ab}R[\nabla]_{ab}+2h^{1c}_{\ a}h^{1ab}R[\nabla]_{bc}-h^{1a}{}_{a}h^{1bc}R[\nabla]_{bc}+2h^{1ab}\nabla_{b}\nabla_{a}h^{1c}{}_{c}\\
&+\nabla_{b}\nabla_{a}h^{2ab}-\nabla_{b}\nabla^{b}h^{2a}{}_{a}-2h^{1ab}\nabla_{b}\nabla_{c}h^{1c}_{\ a}-\frac{1}{2}\nabla_{b}h^{1c}{}_{c}\nabla^{b}h^{1a}{}_{a}-2\nabla_{a}h^{1ab}\nabla_{c}h^{1c}_{\ b}\\
&+2\nabla^{b}h^{1a}{}_{a}\nabla_{c}h^{1c}_{\ b}-2h^{1ab}\nabla_{c}\nabla_{b}h^{1c}_{\ a}+h^{1a}{}_{a}\nabla_{c}\nabla_{b}h^{1bc}+2h^{1ab}\nabla_{c}\nabla^{c}h^{1}_{ab}\\
&-h^{1a}{}_{a}\nabla_{c}\nabla^{c}h^{1b}{}_{b}-\nabla_{b}h^{1}_{ac}\nabla^{c}h^{1ab}+\frac{3}{2}\nabla_{c}h^{1}_{ab}\nabla^{c}h^{1ab}
\end{aligned}
$$

附录 B　后牛顿近似及参数化

在弱场情况，通常利用后牛顿参数参数化度规[74,235]，即

$$\begin{aligned} g_{00} = & -1+2U-2\beta U^2-2\xi\Phi_W+(2\gamma+2+\alpha_3+\zeta_1-2\xi)\Phi_1 \\ & +2(3\gamma-2\beta+1+\zeta_2+\xi)\Phi_2+2(1+\zeta_3)\Phi_3 \\ & +2(3\gamma+3\zeta_4-2\xi)\Phi_4-(\zeta_1-2\xi)\mathcal{A}-(\alpha_1-\alpha_2-\alpha_3)w^2U \\ & -\alpha_2 w^i w^j U_{ij}+(2\alpha_3-\alpha_1)w^i V_i, \end{aligned} \tag{B.1}$$

$$\begin{aligned} g_{0i} = & -\frac{1}{2}(4\gamma+3+\alpha_1-\alpha_2+\zeta_1-2\xi)V_i-\frac{1}{2}(1+\alpha_2-\zeta_1+2\xi)W_i \\ & -\frac{1}{2}(\alpha_1-2\alpha_2)w^i U-\alpha_2 w^j U_{ij}, \end{aligned} \tag{B.2}$$

$$g_{ij} = \left(1+2\gamma U+\frac{3}{2}\epsilon U^2\right)\delta_{ij}, \tag{B.3}$$

式中 w 为参考系相对于宇宙平均静止参考系的运动速度，势函数为

$$U = G\int \frac{\rho(\boldsymbol{x}')}{|\boldsymbol{x}-\boldsymbol{x}'|}\mathrm{d}^3x', \tag{B.4}$$

$$U_{ij} = G\int \frac{\rho(\boldsymbol{x}')(x-x')_i(x-x')_j}{|\boldsymbol{x}-\boldsymbol{x}'|^3}\mathrm{d}^3x', \tag{B.5}$$

$$V_i = G\int \frac{\rho(\boldsymbol{x}')v_i(\boldsymbol{x}')}{|\boldsymbol{x}-\boldsymbol{x}'|}\mathrm{d}^3x', \tag{B.6}$$

$$W_i = G\int \frac{\rho(\boldsymbol{x}')v(\boldsymbol{x}')\cdot(\boldsymbol{x}-\boldsymbol{x}')(x-x')_i}{|\boldsymbol{x}-\boldsymbol{x}'|^3}\mathrm{d}^3x', \tag{B.7}$$

$$\Phi_W = G^2\int\rho(\boldsymbol{x}')\rho(\boldsymbol{x}'')\frac{\boldsymbol{x}-\boldsymbol{x}'}{|\boldsymbol{x}-\boldsymbol{x}'|^3}\cdot\left(\frac{\boldsymbol{x}'-\boldsymbol{x}''}{|\boldsymbol{x}-\boldsymbol{x}''|}-\frac{\boldsymbol{x}-\boldsymbol{x}''}{|\boldsymbol{x}'-\boldsymbol{x}''|}\right)\mathrm{d}^3x'\mathrm{d}^3x'', \tag{B.8}$$

$$\Phi_1 = G\int \frac{\rho(\boldsymbol{x}')v^2(\boldsymbol{x}')}{|\boldsymbol{x}-\boldsymbol{x}'|}\mathrm{d}^3x', \tag{B.9}$$

$$\Phi_2 = G\int \frac{\rho(\boldsymbol{x}')U(\boldsymbol{x}')}{|\boldsymbol{x}-\boldsymbol{x}'|}\mathrm{d}^3x', \tag{B.10}$$

$$\Phi_3 = G\int \frac{\rho(\boldsymbol{x}')\Pi(\boldsymbol{x}')}{|\boldsymbol{x}-\boldsymbol{x}'|}\mathrm{d}^3x', \tag{B.11}$$

$$\Phi_4 = \int \frac{p(\boldsymbol{x}')}{|\boldsymbol{x}-\boldsymbol{x}'|}\mathrm{d}^3x', \tag{B.12}$$

$$\mathcal{A} = G\int \frac{\rho(\boldsymbol{x}')[\boldsymbol{v}(\boldsymbol{x}')\cdot(\boldsymbol{x}-\boldsymbol{x}')]^2}{|\boldsymbol{x}-\boldsymbol{x}'|^3}\mathrm{d}^3x'. \tag{B.13}$$

爱因斯坦广义相对论中只有 $\beta=\gamma=1$，其他后牛顿参数都为 0.

理想流体能量-动量张量展开为[74]

$$T^{00}=\rho(1+\Pi+v^2+2U)+\cdots, \tag{B.14a}$$

$$T^{0i}=\rho(1+\Pi+v^2+2U+p/\rho)v^i+\cdots, \tag{B.14b}$$

$$T^{ij}=\rho(1+\Pi+v^2+2U+p/\rho)v^iv^j+p(1-2\gamma U)\delta^{ij}+\cdots. \tag{B.14c}$$

B.1 后牛顿近似

广义相对论中度规后牛顿展开为

$$g_{00}=-1+\overset{2}{g}_{00}+\overset{4}{g}_{00}+\cdots, \tag{B.15a}$$

$$g_{ij}=\delta_{ij}+\overset{2}{g}_{ij}+\overset{4}{g}_{ij}+\cdots, \tag{B.15b}$$

$$g_{i0}=\overset{3}{g}_{i0}+\overset{5}{g}_{i0}+\cdots. \tag{B.15c}$$

在谐和规范条件(6.14)下,里奇张量的展开为

$$R_{00}=-\frac{1}{2}\nabla^2\overset{2}{g}_{00}-\frac{1}{2}\nabla^2\overset{2}{g}_{00}+\frac{1}{2}\frac{\partial^2\overset{2}{g}_{00}}{\partial t^2}+\frac{1}{2}\overset{2}{g}_{ij}\frac{\partial^2\overset{2}{g}_{00}}{\partial x^i\partial x^j}-\frac{1}{2}(\boldsymbol{\nabla}\overset{2}{g}_{00})^2, \tag{B.16a}$$

$$R_{0i}=-\frac{1}{2}\nabla^2\overset{2}{g}_{0i}, \tag{B.16b}$$

$$R_{ij}=-\frac{1}{2}\nabla^2\overset{2}{g}_{ij}, \tag{B.16c}$$

物质能量-动量张量的展开为

$$T_{00}=\overset{0}{T}_{00}+\overset{2}{T}_{00}+\cdots, \tag{B.17a}$$

$$T_{0i}=\overset{1}{T}_{0i}+\overset{3}{T}_{0i}+\cdots, \tag{B.17b}$$

$$T_{ij}=\overset{2}{T}_{ij}+\overset{4}{T}_{ij}+\cdots, \tag{B.17c}$$

$$T=-\overset{0}{T}_{00}-\overset{2}{T}_{00}-\overset{0}{T}_{00}\overset{2}{g}_{00}+\overset{2}{T}_{ii}, \tag{B.17d}$$

$$T_{00}-\frac{1}{2}g_{00}T=\frac{1}{2}\overset{0}{T}_{00}+\frac{1}{2}\overset{2}{T}_{00}+\frac{1}{2}\overset{2}{T}_{ii}, \tag{B.17e}$$

$$T_{0i}-\frac{1}{2}g_{0i}T=\overset{1}{T}_{0i}, \tag{B.17f}$$

$$T_{ij}-\frac{1}{2}g_{ij}T=\frac{1}{2}\overset{0}{T}_{00}\delta_{ij}. \tag{B.17g}$$

利用这些结果,爱因斯坦场方程的后牛顿展开为

$$\nabla^2\overset{2}{g}_{00}=-8\pi G\overset{0}{T}_{00}, \tag{B.18}$$

$$\nabla^2\overset{2}{g}_{00}=\frac{\partial^2\overset{2}{g}_{00}}{\partial t^2}+\overset{2}{g}_{ij}\frac{\partial^2\overset{2}{g}_{00}}{\partial x^i\partial x^j}-(\boldsymbol{\nabla}\overset{2}{g}_{00})^2-8\pi G\overset{2}{T}_{00}-8\pi G\overset{2}{T}_{ii}, \tag{B.19}$$

$$\nabla^2\overset{2}{g}_{ij}=-8\pi G\delta_{ij}\overset{0}{T}_{00}, \tag{B.20}$$

$$\nabla^2 \overset{3}{g}_{0i} = -16\pi G \overset{1}{T}_{0i}. \tag{B.21}$$

求解方程(B.18),方程(B.20)及方程(B.21)可得

$$\overset{2}{g}_{00} = 2U, \tag{B.22a}$$

$$\overset{2}{g}_{ij} = 2U\delta_{ij}, \tag{B.22b}$$

$$\overset{3}{g}_{0i} = -4V_i. \tag{B.22c}$$

把这些解代入方程(B.19)得到

$$\nabla^2 \overset{4}{g}_{00} = -2\,\nabla^2 U^2 + 8U\,\nabla^2 U + 2U_{,tt} - 8\pi G \overset{2}{T}_{00} - 8\pi G \overset{2}{T}_{ii}, \tag{B.23}$$

其解为

$$\overset{4}{g}_{00} = -2U^2 + 2\Psi, \tag{B.24}$$

式中 Ψ 满足方程

$$\nabla^2 \Psi = U_{,tt} - 4\pi G(4\overset{0}{T}_{00} U + \overset{2}{T}_{00} + \overset{2}{T}_{ii}). \tag{B.25}$$

B.2　高阶模与多极矩关系

为了讨论方便,把公式(6.151)写为如下形式:

$$h_{ij}^{\mathrm{TT}} = \frac{4G}{D} P_{ijkl}(\boldsymbol{n}) \sum_{l=2}^{\infty} \frac{1}{l!} \left[N_{L-2} U_{klL-2}(t-D) - \frac{2l}{l+1} N_{aL-2} \epsilon_{ab(k} V_{l)bL-2}(t-D) \right], \tag{B.26}$$

式中 $\boldsymbol{n}=\boldsymbol{x}/D$ 及 $D=|\boldsymbol{x}|$ 是波源的方向及距离,横向无迹算符 $P_{ijkl}=P_{i(k}P_{l)j}-P_{ij}P_{kl}/2$,与 $\boldsymbol{n}$ 正交的投影算符 $P_{ij}=\delta_{ij}-n_i n_j$,下指标 L 意味着 l 个指标,即 $L=i_1 i_2 \cdots i_l$,$N_L = N_{i_1 i_2 \cdots i_l} = n_{i_1} n_{i_2} \cdots n_{i_l}$,$U_L$ 是对称无迹质量多极矩,V_L 是对称无迹流多极矩. 若 $l=2$,则 $U_{ij}=\mathrm{d}^2 M_{ij}/\mathrm{d}t^2$,$M_{ij}$ 为对称无迹质量四极矩. 对于一般情况,$U_{i_1 i_2 \cdots i_l} = \mathrm{d}^l M_{i_1 i_2 \cdots i_l}/\mathrm{d}t^l$,$M_{i_1 i_2 \cdots i_l}$ 为对称无迹质量多极矩. $V_{i_1 i_2 \cdots i_l} = \mathrm{d}^l J_{i_1 i_2 \cdots i_l}/\mathrm{d}t^l$. 对于双星系统,对称无迹流多极矩为

$$J_{i_1 i_2 \cdots i_l} = m_1 \epsilon^{ab<i_1} x_1^{i_2} \cdots x_1^{i_l>} x_1^a v_1^b + m_2 \epsilon^{ab<i_1} x_2^{i_2} \cdots x_2^{i_l>} x_2^a v_2^b, \tag{B.27}$$

式中<>表示对称无迹运算. 引力波也可以用带自旋权重的球谐函数展开,即

$$h = h_+ - ih_\times = \sum_{l=2}^{\infty} \sum_{m=-l}^{l} h^{lm} Y_{-2}^{lm}(\theta, \phi), \tag{B.28}$$

式中球谐模式

$$h^{lm} = \int h \bar{Y}_{-2}^{lm}(\theta, \phi) \mathrm{d}^2 \Omega, \tag{B.29}$$

$\bar{Y}$ 代表复共轭. 把方程(B.26)代入方程(B.29),可得高阶模与多极矩的关系[236]

$$h^{lm} = -\frac{G}{\sqrt{2}D}(U^{lm} - \mathrm{i}V^{lm}), \tag{B.30}$$

式中

$$U^{lm}=\frac{4}{l!}\sqrt{\frac{(l+1)(l+2)}{2l(l-1)}}\alpha_L^{lm}U_L, \tag{B.31}$$

$$V^{lm}=-\frac{8}{l!}\sqrt{\frac{l(l+2)}{2(l+1)(l-1)}}\alpha_L^{lm}V_L, \tag{B.32}$$

α_L^{lm} 为 N_L 的球谐展开系数，即

$$N_L=\sum_{m=-l}^{l}\alpha_L^{lm}Y^{lm}(\theta,\phi). \tag{B.33}$$

对于轨道面在一个平面内的双星系统，质量多极矩与流多极矩对高阶模的贡献是分离的. 如果 $l+m$ 为偶数，则

$$h^{lm}=-\frac{G}{\sqrt{2}D}U^{lm}=-\frac{G}{\sqrt{2}D}\frac{4}{l!}\sqrt{\frac{(l+1)(l+2)}{2l(l-1)}}\alpha_{i_1i_2\cdots i_l}^{lm}U_{i_1i_2\cdots i_l}. \tag{B.34}$$

如果 $l+m$ 为奇数，则

$$h^{lm}=\frac{G}{\sqrt{2}D}\mathrm{i}V^{lm}=-\mathrm{i}\frac{G}{\sqrt{2}D}\frac{8}{l!}\sqrt{\frac{l(l+2)}{2(l+1)(l-1)}}\alpha_{i_1i_2\cdots i_l}^{lm}V_{i_1i_2\cdots i_l}. \tag{B.35}$$

附录C　纽曼-彭罗斯公式

选取如下类光矢量 $\boldsymbol{l},\boldsymbol{n},\boldsymbol{m}$ 与 $\bar{\boldsymbol{m}}$[175]（注意该文献中度规号差为（＋－－－））：

$$l^\mu=\frac{1}{\sqrt{2}}(e_t^\mu-e_z^\mu), \tag{C.1a}$$

$$n^\mu=\frac{1}{\sqrt{2}}(e_t^\mu+e_z^\mu), \tag{C.1b}$$

$$m^\mu=\frac{1}{\sqrt{2}}(e_x^\mu+\mathrm{i}e_y^\mu), \tag{C.1c}$$

$$\bar{m}^\mu=\frac{1}{\sqrt{2}}(e_x^\mu-\mathrm{i}e_y^\mu), \tag{C.1d}$$

它们满足的正交关系为

$$\boldsymbol{l}\cdot\boldsymbol{m}=\boldsymbol{l}\cdot\bar{\boldsymbol{m}}=\boldsymbol{n}\cdot\boldsymbol{m}=\boldsymbol{n}\cdot\bar{\boldsymbol{m}}=0, \tag{C.2a}$$

$$\boldsymbol{l}\cdot\boldsymbol{l}=\boldsymbol{n}\cdot\boldsymbol{n}=\boldsymbol{m}\cdot\boldsymbol{m}=\bar{\boldsymbol{m}}\cdot\bar{\boldsymbol{m}}=0, \tag{C.2b}$$

$$\boldsymbol{l}\cdot\boldsymbol{n}=-\boldsymbol{m}\cdot\bar{\boldsymbol{m}}=1. \tag{C.2c}$$

定义标架基矢

$$\boldsymbol{e}_1=\boldsymbol{l},\quad \boldsymbol{e}_2=\boldsymbol{n},\quad \boldsymbol{e}_3=\boldsymbol{m},\quad \boldsymbol{e}_4=\bar{\boldsymbol{m}}, \tag{C.3a}$$

$$\boldsymbol{e}^1=\boldsymbol{n},\quad \boldsymbol{e}^2=\boldsymbol{l},\quad \boldsymbol{e}^3=-\bar{\boldsymbol{m}},\quad \boldsymbol{e}^4=-\boldsymbol{m}, \tag{C.3b}$$

则平直时空度规 η_{ab} 为

$$\eta_{ab}=e_a^\mu e_b^\nu g_{\mu\nu}=\begin{pmatrix}0&1&0&0\\1&0&0&0\\0&0&0&-1\\0&0&-1&0\end{pmatrix}=\eta^{ab}=e_\mu^a e_\nu^b g^{\mu\nu}. \tag{C.4}$$

标架指标 a，b，…通过度规 η_{ab} 升降. 利用标架及类光矢量，度规可以表达成

$$g^{\mu\nu}=e_a^\mu e_b^\nu\eta^{ab}=l^\mu n^\nu+n^\mu l^\nu-m^\mu\bar{m}^\nu-\bar{m}^\mu m^\nu. \tag{C.5}$$

黎曼曲率张量 R_{mnpq}、无迹外尔（Weyl）张量 C_{mnpq} 与里奇张量 $R_{ac}=\eta^{bd}R_{abcd}$ 满足关系式

$$R_{abcd}=C_{abcd}-\frac{1}{2}(\eta_{ac}R_{bd}-\eta_{bc}R_{ad}-\eta_{ad}R_{bc}+\eta_{bd}R_{ac})+\frac{1}{6}(\eta_{ac}\eta_{bd}-\eta_{ad}\eta_{bc})R, \tag{C.6}$$

其中里奇标量

$$R=\eta^{ab}R_{ab}=2(R_{12}-R_{34}). \tag{C.7}$$

外尔张量 C_{abcd} 无迹意味着

$$\eta^{ad}C_{abcd}=C_{1bc2}+C_{2bc1}-C_{3bc4}-C_{4bc3}=0.\tag{C.8}$$

另外,外尔张量还满足条件

$$C_{1234}+C_{1342}+C_{1423}=0.\tag{C.9}$$

在方程(C.8)中取 $b=c$,得到

$$C_{1314}=C_{2324}=C_{1332}=C_{1442}=0,\tag{C.10}$$

联立方程(C.9)与方程(C.10)得到

$$C_{1231}=C_{1334},\quad C_{1241}=C_{1443},\quad C_{1232}=C_{2343},\tag{C.11a}$$

$$C_{1242}=C_{2434},\quad C_{1212}=C_{3434},\quad C_{1342}=\frac{1}{2}(C_{1212}-C_{1234}).\tag{C.11b}$$

把结果(C.11)代入方程(C.6)得到

$$R_{1212}=C_{1212}+R_{12}-\frac{1}{6}R,\quad R_{1324}=C_{1324}+\frac{1}{12}R,\quad R_{1234}=C_{1234},\tag{C.12a}$$

$$R_{3434}=C_{3434}-R_{34}-\frac{1}{6}R,\quad R_{1313}=C_{1313},\quad R_{2323}=C_{2323},\tag{C.12b}$$

$$R_{1314}=\frac{1}{2}R_{11},\quad R_{2324}=\frac{1}{2}R_{22},\quad R_{3132}=-\frac{1}{2}R_{33},\tag{C.12c}$$

$$R_{1213}=C_{1213}+\frac{1}{2}R_{13},\quad R_{1334}=C_{1334}+\frac{1}{2}R_{13},\tag{C.12d}$$

$$R_{1223}=C_{1223}-\frac{1}{2}R_{23},\quad R_{2334}=C_{2334}+\frac{1}{2}R_{23}.\tag{C.12e}$$

用指标 4 替换指标 3,则可得到另外一组复共轭关系. 在纽曼-彭罗斯公式[175]中,10 个独立的外尔张量可以用如下 5 个复标量表达:

$$\Psi_0=-C_{1313}=-C_{pqrs}l^p m^q l^r m^s\tag{C.13a}$$

$$\Psi_1=-C_{1213}=-C_{pqrs}l^p n^q l^r m^s\tag{C.13b}$$

$$\Psi_2=-C_{1342}=-C_{pqrs}l^p m^q \bar{m}^r n^s\tag{C.13c}$$

$$\Psi_3=-C_{1242}=-C_{pqrs}l^p n^q \bar{m}^r n^s\tag{C.13d}$$

$$\Psi_4=-C_{2424}=-C_{pqrs}n^p \bar{m}^q n^r \bar{m}^s.\tag{C.13e}$$

即

$$C_{1334}=\Psi_1,\quad C_{2443}=\Psi_4,\quad C_{1212}=C_{3434}=-(\Psi_2+\Psi_2^*),\tag{C.14a}$$

$$C_{1234}=\Psi_2-\Psi_2^*.\tag{C.14b}$$

另外 10 个独立的里奇张量及里奇标量可以用如下 10 个纽曼-彭罗斯变量表达:

$$\Phi_{00}=-\frac{1}{2}R_{11},\quad \Phi_{11}=-\frac{1}{4}(R_{12}+R_{34}),\tag{C.15a}$$

$$\Phi_{22}=-\frac{1}{2}R_{22},\quad \Phi_{01}=\Phi_{10}^*=-\frac{1}{2}R_{13},\tag{C.15b}$$

$$\Phi_{02}=\Phi_{20}^*=-\frac{1}{2}R_{33},\quad \Phi_{12}=\Phi_{21}^*=-\frac{1}{2}R_{23},\tag{C.15c}$$

$$\Lambda=\frac{1}{24}R=\frac{1}{12}(R_{12}-R_{34}).\tag{C.15d}$$

对于电磁场，引入如下纽曼-彭罗斯变量：

$$\phi_0=F_{\mu\nu}l^\mu m^\nu,\tag{C.16a}$$

$$\phi_1=\frac{1}{2}F_{\mu\nu}(l^\mu n^\nu+\bar{m}^\mu m^\nu),\tag{C.16b}$$

$$\phi_2=F_{\mu\nu}\bar{m}^\mu n^\nu.\tag{C.16c}$$

对于 $s=+1$，Teukolsky 方程(5.149)中 $\psi=\delta\phi_0$. 对于 $s=-1$，Teukolsky 方程(5.149)中 $\psi=\rho^{-2}\delta\phi^2$.

C.1 标架变换

(1) 保持矢量 $\boldsymbol{l}$ 不变的第Ⅰ类转动变换.

$$\boldsymbol{l}\to\boldsymbol{l},\quad \boldsymbol{m}\to\boldsymbol{m}+a\boldsymbol{l},\quad \bar{\boldsymbol{m}}\to\bar{\boldsymbol{m}}+a^*\boldsymbol{l},\quad \boldsymbol{n}\to\boldsymbol{n}+a^*\boldsymbol{m}+a\bar{\boldsymbol{m}}+aa^*\boldsymbol{l},\tag{C.17}$$

(2) 保持矢量 $\boldsymbol{n}$ 不变的第Ⅱ类转动变换.

$$\boldsymbol{n}\to\boldsymbol{n},\quad \boldsymbol{m}\to\boldsymbol{m}+b\boldsymbol{n},\quad \bar{\boldsymbol{m}}\to\bar{\boldsymbol{m}}+b^*\boldsymbol{n},\quad \boldsymbol{l}\to\boldsymbol{l}+b^*\boldsymbol{m}+b\bar{\boldsymbol{m}}+bb^*\boldsymbol{l},\tag{C.18}$$

(3) 保持 $\boldsymbol{l}$ 及 $\boldsymbol{n}$ 的方向且把矢量 $\boldsymbol{m}$ 及其共轭 $\bar{\boldsymbol{m}}$ 在$(\boldsymbol{m},\bar{\boldsymbol{m}})$平面转动角度 θ 的第Ⅲ类转动变换.

$$\boldsymbol{l}\to A^{-1}\boldsymbol{l},\quad \boldsymbol{n}\to A\boldsymbol{n},\quad \boldsymbol{m}\to e^{i\theta}\boldsymbol{m},\quad \bar{\boldsymbol{m}}\to e^{-i\theta}\bar{\boldsymbol{m}},\tag{C.19}$$

其中 a 与 b 是复数，A 与 θ 是实数.

在第Ⅰ类转动变换下，纽曼-彭罗斯变量的变换关系为

$$\Psi_0\to\Psi_0,\tag{C.20a}$$

$$\Psi_1\to\Psi_1+a^*\Psi_0,\tag{C.20b}$$

$$\Psi_2\to\Psi_2+2a^*\Psi_1+(a^*)^2\Psi_0,\tag{C.20c}$$

$$\Psi_3\to\Psi_3+3a^*\Psi_2+3(a^*)^2\Psi_1+(a^*)^3\Psi_0,\tag{C.20d}$$

$$\Psi_4\to\Psi_4+4a^*\Psi_3+6(a^*)^2\Psi_2+4(a^*)^3\Psi_1+(a^*)^4\Psi_0.\tag{C.20e}$$

在第Ⅱ类转动变换下，纽曼-彭罗斯变量的变换关系为

$$\Psi_0\to\Psi_0+4b\Psi_1+6b^2\Psi_2+4b^3\Psi_3+b^4\Psi_4,\tag{C.21a}$$

$$\Psi_1\to\Psi_1+3b\Psi_2+3b^2\Psi_3+b^3\Psi_4,\tag{C.21b}$$

$$\Psi_2\to\Psi_2+2b\Psi_3+b^2\Psi_4,\tag{C.21c}$$

$$\Psi_3\to\Psi_3+b\Psi_4,\tag{C.21d}$$

$$\Psi_4\to\Psi_4.\tag{C.21e}$$

在第Ⅲ类转动变换下，纽曼-彭罗斯变量的变换关系为

$$\Psi_0\to A^{-2}e^{2i\theta}\Psi_0,\tag{C.22a}$$

$$\Psi_1\to A^{-1}e^{i\theta}\Psi_1,\tag{C.22b}$$

$$\Psi_2 \to \Psi_2, \tag{C.22c}$$

$$\Psi_3 \to A\mathrm{e}^{-\mathrm{i}\theta}\Psi_3, \tag{C.22d}$$

$$\Psi_4 \to A^2\mathrm{e}^{-2\mathrm{i}\theta}\Psi_4. \tag{C.22e}$$

因此 Ψ_0 自旋为 $+2$，Ψ_1 自旋为 $+1$，Ψ_2 自旋为 0，Ψ_3 自旋为 -1，Ψ_4 自旋为 -2.

C.2 施瓦西黑洞背景中准圆运动引力辐射

类光基矢为

$$l^\mu = [r^2/\Delta,\ 1,\ 0,\ 0], \tag{C.23a}$$

$$n^\mu = \frac{1}{2}[1,\ -\Delta/r^2,\ 0,\ 0], \tag{C.23b}$$

$$m^\mu = \frac{1}{\sqrt{2}r}[0,\ 0,\ 1,\ \mathrm{i}/\sin\theta], \tag{C.23c}$$

$$\bar{m}^\mu = \frac{1}{\sqrt{2}r}[0,\ 0,\ 1,\ -\mathrm{i}/\sin\theta], \tag{C.23d}$$

式中 $\Delta = r^2 - 2GMr$. 纽曼-彭罗斯变量为

$$\Psi_0 = \Psi_1 = \Psi_3 = \Psi_4 = 0, \quad \Psi_2 = -\frac{M}{r^3}. \tag{C.24}$$

由方程(5.190)可得黑洞视界面入射波及无穷远处出射波中 $R_{\omega lm}$ 的渐近解为

$$\begin{aligned} R_{\omega lm}(r\to\infty) &= \frac{1}{2\mathrm{i}\omega A_{\mathrm{in}}}\left(R^0_{\mathrm{out}}\int_{-\infty}^{\infty}\frac{T(r)R^0_{\mathrm{in}}}{r^4 f^2}\mathrm{d}r^*\right) \\ &= r^3 Z^{\mathrm{out}}_{\omega lm}\mathrm{e}^{\mathrm{i}\omega r^*}\delta(\omega-\omega_n), \end{aligned} \tag{C.25}$$

$$\begin{aligned} R_{\omega lm}(r\to r_{\mathrm{H}}) &= \frac{1}{2\mathrm{i}\omega A_{\mathrm{in}}}\left(R^0_{\mathrm{in}}\int_{r^*}^{+\infty}\frac{T(r)R^0_{\mathrm{out}}}{r^4 f^2}\mathrm{d}r^*\right) \\ &= r^4 f^2 Z^{\mathrm{H}}_{\omega lm}\mathrm{e}^{-\mathrm{i}\omega r^*}\delta(\omega-\omega_n), \end{aligned} \tag{C.26}$$

式中 ω_n 取分立值. 对于质量为 μ 的点粒子在施瓦西黑洞背景中作圆周运动的情况，$\omega_n = m\Omega$，这里 Ω 为粒子的轨道角速度. 赤道面上运动的粒子能量-动量张量为[157]

$$\begin{aligned} T^{\alpha\beta}(x) &= \mu\int u^\alpha u^\beta \delta^{(4)}[x - z(\tau)]/\sqrt{-g}\,\mathrm{d}\tau \\ &= \frac{\mu}{r_0^2}\frac{u^\alpha u^\beta}{u^t}\delta(r-r_0)\delta(\cos\theta)\delta(\phi-\Omega t), \end{aligned} \tag{C.27}$$

式中 $\{t,\ r,\ \theta,\ \phi\}$ 表示时空点 x，$\{t,\ r_0,\ \pi/2,\ \Omega t\}$ 给出了粒子的运动轨迹，r_0 代表圆的半径，$\Omega = (GM/r_0^3)^{1/2}$，$z(\tau)$ 代表粒子的轨道，粒子四速度 u^α 为

$$u^\alpha = \mathrm{d}z^\alpha/\mathrm{d}\tau = \left(\frac{\widetilde{E}}{f(r_0)},0,\ 0,\ \frac{\widetilde{L}}{r_0^2}\right), \tag{C.28}$$

粒子单位质量能量 $\widetilde{E}$ 及角动量 $\widetilde{L}$ 分别为

$$\tilde{E}=f(r_0)\left(1-\frac{3GM}{r_0}\right)^{-1/2},\tag{C.29a}$$

$$\tilde{L}=(GMr_0)^{1/2}\left(1-\frac{3GM}{r_0}\right)^{-1/2}.\tag{C.29b}$$

利用上述结果可得[157]

$$\begin{aligned}\delta\Psi_4(r\to\infty)&=\frac{1}{r^4}\int_{-\infty}^{+\infty}\sum_{lm}\mathrm{e}^{-\mathrm{i}\omega t}R_{\omega lm}(r)_{-2}Y_{lm}(\theta,\phi)\mathrm{d}\omega\\&=\frac{1}{r}\sum_{lm}\mathrm{e}^{-\mathrm{i}\omega(t-r^*)}\ {}_{-2}Y_{lm}(\theta,\phi)Z_{\omega lm}^{\mathrm{out}},\end{aligned}\tag{C.30}$$

及

$$\begin{aligned}\delta\Psi_4(r\to r_{\mathrm{H}})&=\frac{1}{r^4}\int_{-\infty}^{+\infty}\sum_{lm}\mathrm{e}^{-\mathrm{i}\omega t}R_{\omega lm}(r)_{-2}Y_{lm}(\theta,\phi)\mathrm{d}\omega\\&=f^2\sum_{lm}\mathrm{e}^{-\mathrm{i}\omega(t+r^*)}\ {}_{-2}Y_{lm}(\theta,\phi)Z_{\omega lm}^{H},\end{aligned}\tag{C.31}$$

式中 $\omega=m\Omega$,

$$\begin{aligned}Z_{\omega lm}^{\mathrm{out}}=\frac{\pi}{\mathrm{i}\omega r_0^2A_{\omega lm}^{\mathrm{in}}}\Bigg\{&\Bigg[{}_0b_{lm}+2\mathrm{i}\ {}_{-1}b_{lm}\left(1+\frac{1}{2}\mathrm{i}\omega\frac{r_0}{f(r_0)}\right)\\&-\mathrm{i}\omega\ {}_{-2}b_{lm}\frac{r_0}{f(r_0)^2}\left(1-\frac{GM}{r_0}+\frac{1}{2}\mathrm{i}\omega r_0\right)\Bigg]R_{\mathrm{in}}^{0}(r_0)\\&-\left[\mathrm{i}\ {}_{-1}b_{lm}-{}_{-2}b_{lm}\left(1+\mathrm{i}\omega\frac{r_0}{f(r_0)}\right)\right]r_0R_{\mathrm{in}}^{0\prime}(r_0)\\&-\frac{1}{2}{}_{-2}b_{lm}r_0^2R_{\mathrm{in}}^{0\prime\prime}(r_0)\Bigg\}.\end{aligned}\tag{C.32}$$

$${}_0b_{lm}=\frac{1}{2}[(l-1)l(l+1)(l+2)]^{1/2}{}_0Y_{lm}\left(\frac{\pi}{2},0\right)\frac{\tilde{E}}{f(r_0)},\tag{C.33a}$$

$${}_{-1}b_{lm}=[(l-1)(l+2)]^{1/2}{}_{-1}Y_{lm}\left(\frac{\pi}{2},0\right)\frac{\tilde{L}}{r_0},\tag{C.33b}$$

$${}_{-2}b_{lm}={}_{-2}Y_{lm}\left(\frac{\pi}{2},0\right)\tilde{L}\Omega.\tag{C.33c}$$

同理,有

$$\delta\Psi_0(r\to\infty)=\frac{1}{r}\sum_{lm}\mathrm{e}^{-\mathrm{i}\omega(t+r^*)}\ {}_2Y_{lm}(\theta,\phi)\tilde{Z}_{\omega lm}^{\mathrm{in}},\tag{C.34a}$$

$$\delta\Psi_0(r\to r_{\mathrm{H}})=\frac{1}{f^2r^4}\sum_{lm}\mathrm{e}^{-\mathrm{i}\omega(t+r^*)}\ {}_2Y_{lm}(\theta,\phi)\tilde{Z}_{\omega lm}^{\mathrm{H}}.\tag{C.34b}$$

注意当 $r\to r_{\mathrm{H}}$,$f\to 0$,流入视界面的辐射主要由 $\delta\Psi_0$ 贡献. 对于单频引力波辐射,有

$$\delta\Psi_4=\frac{1}{2}\omega^2(h_+-\mathrm{i}h_\times),\tag{C.35}$$

其中 h_+ 及 $h_\times$ 分别为度规扰动的"+"与"×"模式.

$$h_+ - \mathrm{i}h_\times = \sum_{lm}(h_{lm}^+ - \mathrm{i}h_{lm}^\times) = \frac{2}{r}\sum_{lm}\frac{Z_{\omega lm}^{\text{out}}}{\omega^2}{}_{-2}Y_{lm}(\theta,\ \phi)\mathrm{e}^{-\mathrm{i}\omega(t-r^*)}, \tag{C.36}$$

辐射到无穷远处引力波的功率为

$$\left\langle\frac{\mathrm{d}E}{\mathrm{d}t}\right\rangle = \sum_{l=2}^{\infty}\sum_{m=1}^{l}\frac{|Z_{\omega lm}^{\text{out}}|^2}{4\pi G\omega^2} = \sum_{l=2}^{\infty}\sum_{m=1}^{l}\frac{8\omega^6\ |\widetilde{Z}_{\omega lm}^{\text{out}}|^2}{2\pi G\ |C|^2}, \tag{C.37}$$

方程(5.163)中取 $\tilde{a}=0$,则可得式中变换系数 C,即

$$|C|^2 = \lambda^2(\lambda+2)^2 + 144M\omega^2. \tag{C.38}$$

由方程(5.167)可得进入视界面的引力波能流

$$\begin{aligned}\left\langle\frac{\mathrm{d}E}{\mathrm{d}t}\right\rangle &= \sum_{l=2}^{\infty}\sum_{m=1}^{l}\frac{\omega}{64\pi Gk(k^2+4\epsilon^2)(2Mr_{\mathrm{H}})^3}\ |\widetilde{Z}_{\omega lm}^{\mathrm{H}}|^2 \\ &= \sum_{l=2}^{\infty}\sum_{m=1}^{l}\frac{128\omega k(k^2+4\epsilon^2)(k^2+16\epsilon^2)(2Mr_{\mathrm{H}})^5}{2\pi G\ |C|^2}\ |Z_{\omega lm}^{\mathrm{H}}|^2,\end{aligned} \tag{C.39}$$

式中 $k=\omega$,$\epsilon=(4r_{\mathrm{H}})^{-1}$.

C.3 类光标架

在第 6 章中用纽曼-彭罗斯公式[175]讨论引力波偏振态特性时,我们选取如下类光矢量构成标架[176]:

$$k^\mu = \frac{1}{\sqrt{2}}(e_t^\mu + e_z^\mu), \tag{C.40a}$$

$$l^\mu = \frac{1}{\sqrt{2}}(e_t^\mu - e_z^\mu), \tag{C.40b}$$

$$m^\mu = \frac{1}{\sqrt{2}}(e_x^\mu + \mathrm{i}e_y^\mu), \tag{C.40c}$$

$$\bar{m}^\mu = \frac{1}{\sqrt{2}}(e_x^\mu - \mathrm{i}e_y^\mu), \tag{C.40d}$$

$$-k^\mu l_\mu = m^\mu \bar{m}_\mu = 1, \tag{C.40e}$$

$$E_a^\mu = (k^\mu,\ l^\mu,\ m^\mu,\ \bar{m}^\mu), \tag{C.40f}$$

标架指标(a, b, c, …)取值为 1, 2, 3, 4,对应于 k, l, m, $\bar{m}$,指标升降通过平直时空度规 η_{ab} 实现,而

$$\eta_{ab} = E_a^\mu E_b^\nu g_{\mu\nu} = \begin{pmatrix} 0 & -1 & 0 & 0 \\ -1 & 0 & 0 & 0 \\ 0 & 0 & 0 & 1 \\ 0 & 0 & 1 & 0 \end{pmatrix}. \tag{C.41}$$

黎曼曲率张量 R_{mnpq}、无迹外尔张量 C_{mnpq} 与里奇张量 $R_{mn}=R_{pmqn}\eta^{pq}$ 满足如下关系:

$$R_{mnpq}=R_{\mu\nu\alpha\beta}E^{\mu}_{m}E^{\nu}_{n}E^{\alpha}_{p}E^{\beta}_{q}$$
$$=C_{mnpq}+\frac{1}{2}(\eta_{mp}R_{nq}-\eta_{mq}R_{np}+\eta_{nq}R_{mp}-\eta_{np}R_{mq})$$
$$+\frac{1}{6}R(\eta_{mq}\eta_{np}-\eta_{mp}\eta_{nq}).\tag{C.42}$$

里奇张量中 9 个独立无迹分量 $S_{ab}=R_{ab}-g_{ab}R/4$ 及里奇标量 R 可通过如下 10 个外尔张量得到：

$$\Psi_0=-C_{\mu\nu\alpha\beta}k^{\mu}m^{\nu}k^{\alpha}m^{\beta}=-C_{1313}=-R_{1313}$$
$$=\frac{1}{4}(R_{tyty}-R_{txtx}+2R_{txxz}-2R_{tyyz}+R_{yzyz}-R_{xzxz})$$
$$-\frac{\mathrm{i}}{2}(R_{txty}-R_{txyz}-R_{tyxz}+R_{xzyz}),\tag{C.43}$$

$$\Psi_1=-C_{\mu\nu\alpha\beta}k^{\mu}l^{\nu}k^{\alpha}m^{\beta}=-C_{1213}=-R_{1213}+\frac{1}{2}R_{13}$$
$$=\frac{1}{4}(R_{txtz}-R_{tzxz}+R_{tyxy}-R_{xyyz})+\frac{\mathrm{i}}{4}(R_{tzty}-R_{tzyz}-R_{txxy}+R_{xyxz}),\tag{C.44}$$

$$\Psi_2=C_{\mu\nu\alpha\beta}k^{\mu}m^{\nu}l^{\alpha}\bar{m}^{\beta}=-\frac{1}{2}C_{\mu\nu\alpha\beta}k^{\mu}l^{\nu}(k^{\alpha}l^{\beta}-m^{\alpha}\bar{m}^{\beta})$$
$$=-\frac{1}{2}(C_{1212}-C_{1234})=-\frac{1}{2}\left(-R_{1234}+R_{1212}-\frac{2}{3}R_{12}-\frac{1}{3}R_{34}\right)$$
$$=\frac{1}{3}R_{1234}+\frac{1}{3}R_{1324}-\frac{1}{6}R_{1212}-\frac{1}{6}R_{3434}$$
$$=\frac{1}{12}(R_{txtx}+R_{tyty}-2R_{tztz}+2R_{xyxy}-R_{xzxz}-R_{yzyz})+\frac{1}{2}\mathrm{i}R_{tzxy}\tag{C.45}$$

$$\Psi_3=C_{\mu\nu\alpha\beta}k^{\mu}l^{\nu}l^{\alpha}\bar{m}^{\beta}=C_{1224}=R_{1224}+\frac{1}{2}R_{24}=\frac{1}{2}R_{1224}-\frac{1}{2}R_{2434}$$
$$=\frac{1}{4}[-R_{txtz}+R_{tyxy}-R_{tzxz}+R_{xyyz}+\mathrm{i}(R_{txxy}+R_{tytz}+R_{tzyz}+R_{xyxz})].\tag{C.46}$$

$$\Psi_4=-C_{\mu\nu\alpha\beta}l^{\mu}\bar{m}^{\nu}l^{\alpha}\bar{m}^{\beta}=-C_{2424}=-R_{2424}$$
$$=-\frac{1}{4}(R_{txtx}-R_{tyty}+2R_{txxz}-2R_{tyyz}+R_{xzxz}-R_{yzyz})$$
$$+\frac{1}{2}\mathrm{i}(R_{txty}+R_{txyz}+R_{tyxz}+R_{xzyz}).\tag{C.47}$$

$$\Phi_{22}=-\frac{1}{2}S_{\mu\nu}l^{\mu}l^{\nu}=-\frac{1}{2}R_{22}=-\frac{1}{4}(R_{tt}-2R_{tz}+R_{zz})$$
$$=-\frac{1}{4}(R_{txtx}+R_{tyty}+2R_{txxz}+2R_{tyyz}+R_{xzxz}+R_{yzyz}),\tag{C.48}$$

$$\Phi_{00}=-\frac{1}{2}S_{\mu\nu}k^{\mu}k^{\nu}=-\frac{1}{2}R_{11}=-R_{1314}=-\frac{1}{4}(R_{tt}+R_{zz}+2R_{tz}),$$
$$=-\frac{1}{4}(R_{txtx}+R_{tyty}+R_{xzxz}+R_{yzyz}-2R_{txxz}-2R_{tyyz}),\tag{C.49}$$

$$\Phi_{01}=-\frac{1}{2}S_{\mu\nu}k^{\mu}m^{\nu}=-\frac{1}{2}R_{13}=-\frac{1}{4}[R_{tx}+R_{zx}+\mathrm{i}(R_{ty}+R_{zy})]=\bar{\Phi}_{10}$$

$$=\frac{1}{4}(R_{txtz}-R_{tyxy}-R_{tzxz}+R_{xyyz})+\frac{\mathrm{i}}{4}(R_{tytz}-R_{tzyz}+R_{txxy}-R_{xyxz}),\quad (\text{C}.50)$$

$$\Phi_{10}=-\frac{1}{2}S_{\mu\nu}k^{\mu}\bar{m}^{\nu}=-\frac{1}{2}R_{14}=-\frac{1}{4}[R_{tx}+R_{zx}-\mathrm{i}(R_{ty}+R_{zy})]=\bar{\Phi}_{01},\quad (\text{C}.51)$$

$$\Phi_{02}=-\frac{1}{2}S_{\mu\nu}m^{\mu}m^{\nu}=-\frac{1}{2}R_{33}=-\frac{1}{4}(R_{xx}-R_{yy}+2\mathrm{i}R_{xy})=\bar{\Phi}_{20}$$

$$=\frac{1}{4}(R_{txtx}-R_{tyty}-R_{xzxz}+R_{yzyz})+\frac{\mathrm{i}}{2}(R_{txty}-R_{xzyz}),\quad (\text{C}.52)$$

$$\Phi_{20}=-\frac{1}{2}S_{\mu\nu}\bar{m}^{\mu}\bar{m}^{\nu}=-\frac{1}{2}R_{44}=-\frac{1}{4}(R_{xx}-R_{yy}-2\mathrm{i}R_{xy})=\bar{\Phi}_{02},\quad (\text{C}.53)$$

$$\Phi_{11}=-\frac{1}{4}S_{\mu\nu}(k^{\mu}l^{\nu}+m^{\mu}\bar{m}^{\nu})=-\frac{1}{4}(R_{12}+R_{34})$$

$$=-\frac{1}{8}(R_{tt}-R_{zz}+R_{xx}+R_{yy})=-\frac{1}{4}(R_{tztz}+R_{xyxy}),\quad (\text{C}.54)$$

$$\Phi_{12}=-\frac{1}{2}S_{\mu\nu}l^{\mu}m^{\nu}=-\frac{1}{2}R_{23}=-\frac{1}{4}[R_{tx}-R_{zx}+\mathrm{i}(R_{ty}-R_{zy})]=\bar{\Phi}_{21}$$

$$=-\frac{1}{4}(R_{txtz}+R_{tyxy}+R_{tzxz}+R_{xyyz})-\frac{\mathrm{i}}{4}(R_{tytz}+R_{tzyz}-R_{txxy}-R_{xyxz}),$$

$$(\text{C}.55)$$

$$\Phi_{21}=-\frac{1}{2}S_{\mu\nu}l^{\mu}\bar{m}^{\nu}=-\frac{1}{2}R_{24}=-\frac{1}{4}[R_{tx}-R_{zx}-\mathrm{i}(R_{ty}-R_{zy})]=\bar{\Phi}_{12},\quad (\text{C}.56)$$

$$\Lambda=\frac{1}{24}R=\frac{1}{12}(R_{34}-R_{12})=-\frac{1}{24}(-R_{tt}+R_{xx}+R_{yy}+R_{zz})$$

$$=\frac{1}{12}(-R_{txtx}-R_{tyty}-R_{tztz}+R_{xyxy}+R_{xzxz}+R_{yzyz}).\quad (\text{C}.57)$$

附录 D 稳态相位近似

考虑一个函数

$$f(x,\ t)=\frac{1}{2\pi}\int_{-\infty}^{\infty}F(\omega)\mathrm{e}^{\mathrm{i}[k(\omega)x-\omega t]}\mathrm{d}\omega, \tag{D.1}$$

其积分中的相位 $\phi=k(\omega)x-\omega t$ 在满足下述条件时是稳定的：

$$\frac{\mathrm{d}}{\mathrm{d}\omega}[k(\omega)x-\omega t]=0, \tag{D.2}$$

或

$$\frac{\mathrm{d}k}{\mathrm{d}\omega}=\frac{t}{x}. \tag{D.3}$$

对应于某些 x 与 t,这个方程的解给出主频 ω_0. 在这个稳定点附近作泰勒展开,得到

$$\phi=[k(\omega_0)x-\omega_0 t]+\frac{1}{2}xk''(\omega_0)(\omega-\omega_0)^2+\cdots, \tag{D.4}$$

其中 $k''=\mathrm{d}^2k/\mathrm{d}\omega^2$. 因为

$$\int_{-\infty}^{\infty}\mathrm{e}^{\pm\frac{1}{2}\mathrm{i}cx^2}\mathrm{d}x=\sqrt{\frac{2\pi}{|c|}}\mathrm{e}^{\pm\mathrm{i}\frac{\pi}{4}}, \tag{D.5}$$

所以取稳态相位近似的结果为

$$\begin{aligned}f(x,\ t)&\approx\frac{1}{2\pi}\mathrm{e}^{\mathrm{i}[k(\omega_0)x-\omega_0 t]}\ |F(\omega_0)|\int_{-\infty}^{\infty}\mathrm{e}^{\frac{1}{2}\mathrm{i}xk''(\omega_0)(\omega-\omega_0)^2}\mathrm{d}\omega\\&\approx\frac{|F(\omega_0)|}{2\pi}\sqrt{\frac{2\pi}{x|k''(\omega_0)|}}\mathrm{e}^{\mathrm{i}\left[k(\omega_0)x-\omega_0 t+\frac{\pi}{4}\right]}.\end{aligned} \tag{D.6}$$

当 x 相对较大时,甚至一个很小的偏离$(\omega-\omega_0)$也会在被积函数中产生大的振荡,从而导致积分相消.

现在考虑引力波信号 $h(t)=A(t)\cos[\phi(t)]$,其傅里叶变换为

$$\begin{aligned}\tilde{h}(f)&=\frac{1}{2}\int_{-\infty}^{\infty}(\mathrm{e}^{\mathrm{i}\phi(t)}+\mathrm{e}^{-\mathrm{i}\phi(t)})\mathrm{e}^{-2\pi\mathrm{i}ft}A(t)\mathrm{d}t\\&=\frac{1}{2}\int_{-\infty}^{\infty}(\mathrm{e}^{\mathrm{i}[\phi(t)-2\pi ft]}+\mathrm{e}^{-\mathrm{i}[\phi(t)+2\pi ft]})A(t)\mathrm{d}t.\end{aligned} \tag{D.7}$$

第一项中的相位为 $\Phi(t)=\phi(t)-2\pi ft$,而第二项中的相位为 $\Phi(t)=\phi(t)+2\pi ft$. 对于稳态相,$\dot{\Phi}(t)=0$ 及 $\ddot{\Phi}(t)\neq 0$,所以第一项中的稳态相发生在 $t=t_{\mathrm{f}}$,且 $\dot{\phi}(t_{\mathrm{f}})=2\pi F(t_{\mathrm{f}})$,其中 $F(t_{\mathrm{f}})=f(t_{\mathrm{f}})$;而第二项中的稳态相发生在 $\dot{\phi}(t_{\mathrm{f}})=-2\pi F(t_{\mathrm{f}})$. 对于我们所考虑的引力波,其频率为正,只有第一项中存在稳态相,$\Phi(t)\approx\Phi(t_{\mathrm{f}})+\ddot{\Phi}(t_{\mathrm{f}})(t-t_{\mathrm{f}})^2/2$,且第二项的贡献可忽略,所以得到[150,163]

$$\begin{aligned}\tilde{h}(f) &\approx \frac{1}{2}e^{i[\phi(t_f)-2\pi F(t_f)t_f]}\int_{-\infty}^{\infty} e^{\pi i\dot{F}(t_f)(t-t_f)^2} A(t_f)\,dt \\ &= \frac{A(t_f)}{2\sqrt{\dot{F}(t_f)}}e^{i[\phi(t_f)-2\pi F(t_f)t_f+\pi/4]} \\ &= A(f)e^{i\Psi(f)},\end{aligned} \tag{D. 8}$$

其中

$$\Psi(f)=\phi(f)-2\pi f t(f)+\pi/4, \tag{D. 9a}$$

$$\phi(f) = 2\pi\int f(t)\,dt = 2\pi\int \frac{f}{\dot{f}}\,df. \tag{D. 9b}$$

参考文献

[1] 温伯格.引力论和宇宙论[M].邹振隆,等译.北京:科学出版社,1984.
[2] 俞允强 .广义相对论引论[M].2 版.北京:北京大学出版社,2004.
[3] 刘辽.广义相对论[M].2 版.北京:高等教育出版社,2008.
[4] 梁灿彬,周彬.微分几何入门与广义相对论[M].2 版.北京:科学出版社,2006.
[5] 赵峥,刘文彪.广义相对论基础[M].北京:清华大学出版社,2010.
[6] 赵柳.相对论与引力理论导论[M].北京:科学出版社,2017.
[7] Misner C W, Thorne K S, Wheeler J A. Gravitation: An Introduction to Einstein's General Relativity[M]. New York: W. H. Freeman and Company, 1970.
[8] Weinberg S. Gravitation and Cosmology: Principles and Applications of the General Theory of Relativity[M]. New York: John Wiley and Sons, 1972.
[9] Wald R M. General Relativity [M]. Chicago: The University of Chicago Press, 1984.
[10] Schutz B F. A First Course in General Relativity[M]. Cambridge: Cambridge University Press, 1985.
[11] Feynman R P. Feynman Lectures on Gravitation[M]. Edited by B Hatfield. San Francisco: Addison Wesley, 2003.
[12] Rindler W. Relativity: Special, General, and Cosmological[M]. New York: Van Nostrand Reinhold Company, 2001.
[13] Hartle J B. Gravity: An Introduction to Einstein's General Relativity[M]. San Francisco: Addison Wesley, 2003.
[14] Carroll S M. Spacetime and Geometry: An Introduction to General Relativity [M]. San Francisco: Addison Wesley, 2004.
[15] Poisson E, Will C M. Gravity: Newtonian, Post-Newtonian, Relativistic[M]. Cambridge: Cambridge University Press, 2014.
[16] 物理学名词审定委员会.物理学名词[M].3 版.北京:科学出版社,2019.
[17] Eda K, Itoh Y, Kuroyanagi S, et al. New probe of dark-matter properties: Gravitational waves from an intermediate-mass black hole embedded in a dark-matter minispike[J]. *Phys. Rev. Lett.*, 2013, 110: 221101.
[18] Eda K, Itoh Y, Kuroyanagi S, et al. Gravitational waves as a probe of dark

matter minispikes[J]. *Phys. Rev. D.* ,2015,91:044045.

[19] Dai N, Gong Y, Jiang T, et al. Intermediate mass-ratio inspirals with dark matter minispikes[J]. *Phys. Rev. D.* ,2022,106:064003.

[20] Kozai Y. Secular perturbations of asteroids with high inclination and eccentricity[J]. *Astron. J.* ,1962,67:591.

[21] Lidov M L. The evolution of orbits of artificial satellites of planets under the action of gravitational perturbations of external bodies[J]. *Planetary and Space Sci.* ,1962,9:719.

[22] Preti G, de Felice F, Masiero L. On the Galilean non-invariance of classical electromagnetism[J]. *European J. Phys.* ,2009,30:381.

[23] Mamone C M, Manini M G. On the relativistic unification of electricity and magnetism[EB/OL]. 2011, Preprint at http://arxiv.org/abs/1111.7126.

[24] Holton G. On the origins of the special theory of relativity[J]. *American J. of Phys.* ,1960,28:627.

[25] 张元仲. 狭义相对论实验基础[M]. 北京:科学出版社,1994.

[26] 部青,龚云贵. 论相对论坐标变换的线性特性[J]. 大学物理,2022,41(8):35.

[27] Lévy-Leblond J M. One more derivation of the Lorentz transformation[J]. *Am. J. Phys.* ,1976,44:271.

[28] Aguirregabiria J M, Hernandez A, Rivas M. Law of inertia, clock synchronization, speed limit and Lorentz transformations[J]. *Eur. J. Phys.* ,2020,41:045601.

[29] Weinberg S. Photons and gravitons in perturbation theory: Derivation of Maxwell's and Einstein's equations[J]. *Phys. Rev.* ,1965,138:B988.

[30] Deser S. Self-interaction and gauge invariance[J]. *Gen. Rel. Grav.* ,1970,1:9.

[31] Touboul P, Métris G, Rodrigues M, et al. MICROSCOPE mission: Final results of the test of the equivalence principle[J]. *Phys. Rev. Lett.* ,2022,129:121102.

[32] Tino G M, Cacciapuoti L, Capozziello S, et al. Precision gravity tests and the Einstein equivalence principle[J]. *Prog. Part. Nucl. Phys.* ,2020,112:103772.

[33] DeWitt B S, Brehme R W. Radiation damping in a gravitational field[J]. *Annals Phys.* ,1960,9:220.

[34] Mino Y, Sasaki M, Tanaka T. Gravitational radiation reaction to a particle motion[J]. *Phys. Rev. D.* ,1997,55:3457.

[35] Martin-Garcia J M, Portugal R, Manssur L R U. The invar tensor package[J]. *Comput. Phys. Commun.* ,2007,177:640.

[36] Martin-Garcia J M, Yllanes D, Portugal R. The invar tensor package: Differential

invariants of Riemann[J]. *Comput. Phys. Commun.* ,2008,179:586.

[37] Martin-Garcia J M. xPerm: Fast index canonicalization for tensor computer algebra[J]. *Comput. Phys. Commun.* ,2008,179:597.

[38] Brizuela D, Martin-Garcia J M, Mena Marugan G A. xPert: Computer algebra for metric perturbation theory[J]. *Gen. Rel. Grav.* ,2009,41:2415.

[39] Martin-Garcia J M. xAct: Efficient tensor computer algebra for the wolfram language[EB/OL]. http://www. xact. es/.

[40] Einstein A. The Field Equations of Gravitation[M]. Berlin: Sitzungsber Preuss, 1915.

[41] 龚云贵. 宇宙学基本原理[M]. 北京:科学出版社,2016.

[42] Friedman A. On the curvature of space[J]. *Z. Phys.* ,1922,10:377.

[43] Riess A G, Casertano S, Yuan W, et al. Cosmic distances calibrated to 1% precision with Gaia EDR3 parallaxes and Hubble Space Telescope Photometry of 75 Milky Way Cepheids confirm tension with ΛCDM[J]. *Astrophys. J. Lett.* ,2021,908:L6.

[44] Freedman W L. Measurements of the Hubble constant: Tensions in perspective [J]. *Astrophys. J.* ,2021,919:16.

[45] Aghanim N, Akrami Y, Ashdown M, et al. Planck 2018 results. Ⅵ. Cosmological parameters[J]. *Astron. Astrophys.* , 2020, 641: A6. (Erratum: *Astron. Astrophys.* , 2021,652:C4.)

[46] Abbott B P, Abbott R, Abbott T D, et al. GW170817: Observation of gravitational waves from a binary neutron star inspiral[J]. *Phys. Rev. Lett.* ,2017,119:161101.

[47] Goldstein A, Veres P, Burns E, et al. An ordinary short gamma-ray burst with extraordinary implications: Fermi-GBM detection of GRB 170817A [J]. *Astrophys. J. Lett.* ,2017,848:L14.

[48] Savchenko V, Ferrigno C, Kuulkers E, et al. INTEGRAL detection of the first prompt gamma-ray signal coincident with the gravitational-wave event GW170817[J]. *Astrophys. J. Lett.* ,2017,848:L15.

[49] Abbott B P, Abbott R, Abbott T D, et al. A gravitational-wave standard siren measurement of the Hubble constant[J]. *Nature*,2017,551:85.

[50] Abbott R, Abe H, Acernese F, et al. Constraints on the cosmic expansion history from GWTC-3[J]. *Astrophys. J.* ,2023,949:76.

[51] Gamow G. The Evolution of the Universe[J]. *Nature*,1948,162:680.

[52] Alpher R A, Herman R. Evolution of the Universe[J]. *Nature*,1948,162:774.

[53] Penzias A A, Wilson R W. A measurement of excess antenna temperature at 4080-Mc/s[J]. *Astrophys. J.*, 1965, 142: 419.

[54] Fixsen D J, Cheng E S, Gales J M, et al. The cosmic microwave background spectrum from the full COBE FIRAS data set[J]. *Astrophys. J.*, 1996, 473: 576.

[55] Fixsen D J. The temperature of the cosmic microwave background[J]. *Astrophys. J.*, 2009, 707: 916.

[56] Hinshaw G, Larson D, Komatsu E, et al. Nine-year Wilkinson Microwave Anisotropy Probe (WMAP) observations: Cosmological parameter results[J]. *Astrophys. J. Suppl.*, 2013, 208: 19.

[57] Guth A H. The inflationary universe: A possible solution to the horizon and flatness problems[J]. *Phys. Rev. D.*, 1981, 23: 347.

[58] Sato K. First order phase transition of a vacuum and expansion of the universe [J]. *Mon. Not. Roy. Astron. Soc.*, 1981, 195: 467.

[59] Linde A D. A new inflationary universe scenario: A possible solution of the horizon, flatness, homogeneity, isotropy and primordial monopole problems [J]. *Phys. Lett. B.*, 1982, 108: 389.

[60] Albrecht A, Steinhardt P J. Cosmology for grand unified theories with radiatively induced symmetry breaking[J]. *Phys. Rev. Lett.*, 1982, 48: 1220.

[61] Starobinsky A A. Spectrum of relict gravitational radiation and the early state of the universe[J]. *JETP Lett.*, 1979, 30: 682.

[62] Guth A H, Pi S Y. Fluctuations in the new inflationary universe[J]. *Phys. Rev. Lett.*, 1982, 49: 1110.

[63] Stewart E D, Lyth D H. A more accurate analytic calculation of the spectrum of cosmological perturbations produced during inflation[J]. *Phys. Lett. B.*, 1993, 302: 171.

[64] Kosowsky A, Turner M S. CBR anisotropy and the running of the scalar spectral index[J]. *Phys. Rev. D.*, 1995, 52: R1739.

[65] Lidsey J E, Liddle A R, Kolb E W, et al. Reconstructing the inflation potential: An overview[J]. *Rev. Mod. Phys.*, 1997, 69: 373.

[66] Riess A G, Filippenko A V, Challis P, et al. Observational evidence from supernovae for an accelerating universe and a cosmological constant[J]. *Astron. J.*, 1998, 116: 1009.

[67] Perlmutter S, Aldering G, Goldhaber G, et al. Measurements of Ω and Λ from 42 high-redshift supernovae[J]. *Astrophys. J.*, 1999, 517: 565.

[68] Weinberg S. The cosmological constant problem[J]. *Rev. Mod. Phys.* ,1989,61:1.

[69] Ratra B,Peebles P J E. Cosmological consequences of a rolling homogeneous scalar field[J]. *Phys. Rev. D.* ,1988,37:3406.

[70] Wetterich C. Cosmology and the fate of dilatation symmetry[J]. *Nucl. Phys. B.* ,1988,302:668.

[71] Peebles P J E,Ratra B. The cosmological constant and dark energy[J]. *Rev. Mod. Phys.* ,2003,75:559.

[72] Li M,Li X D,Wang S,et al. Dark energy[J]. *Commun. Theor. Phys.* ,2011,56:525.

[73] Will C M. Theory and Experiment in Gravitational Physics[M]. Cambridge: Cambridge University Press,2018.

[74] Will C M. The confrontation between general relativity and experiment[J]. *Living Rev. Rel.* ,2014,17:4.

[75] Schwarzschild K. On the Gravitational Field of a Mass Point According to Einstein's Theory[M]. Berlin:Sitzungsber Preuss,1916.

[76] Mollerach S,Roulet E. Graviational Lensing and Microlensing[M]. Singapore: World Scientific,2002.

[77] Shapiro I I. Fourth test of general relativity[J]. *Phys. Rev. Lett.* ,1964,13:789.

[78] Shapiro I I,Pettengill G H,Ash M E,et al. Fourth test of general relativity: Preliminary results[J]. *Phys. Rev. Lett.* ,1968,20:1265.

[79] Bertotti B,Iess L,Tortora P. A test of general relativity using radio links with the Cassini spacecraft[J]. *Nature*,2003,425:374.

[80] Reissner H. Über die eigengravitation des elektrischen feldes nach der Einsteinschen theorie[J]. *Annalen der Physik*,1916,355:106.

[81] Nordström G. On the energy of the gravitational field in Einstein's theory[J]. *Proc. Kon. Ned. Akad. Wet.* ,1918,20:1238.

[82] Kerr R P. Gravitational field of a spinning mass as an example of algebraically special metrics[J]. *Phys. Rev. Lett.* ,1963,11:237.

[83] Newman E T,Couch R,Chinnapared K,et al. Metric of a rotating,charged mass[J]. *J. Math. Phys.* ,1965,6:918.

[84] Penrose R. Gravitational collapse and space-time singularities[J]. *Phys. Rev. Lett.* ,1965,14:57.

[85] Carter B. Axisymmetric black hole has only two degrees of freedom[J]. *Phys. Rev. Lett.* ,1971,26:331.

[86] Hawking S W. Black holes in general relativity[J]. *Commun. Math. Phys.* , 1972,25:152.

[87] Bekenstein J D. Black holes and the second law[J]. *Lett. Nuovo Cim.* ,1972,4: 737.

[88] Bekenstein J D. Black holes and entropy[J]. *Phys. Rev. D.* ,1973,7:2333.

[89] Hawking S W. Particle creation by black holes[J]. *Commun. Math. Phys.* , 1975,43:199. (Erratum:*Commun. Math. Phys.* ,1976,46:206.)

[90] Bardeen J M,Carter B,Hawking S W. The four laws of black hole mechanics [J]. *Commun. Math. Phys.* , 1973,31:161.

[91] Hawking S W. Breakdown of predictability in gravitational collapse[J]. *Phys. Rev. D.* , 1976,14:2460.

[92] Bekenstein J D. A universal upper bound on the entropy-to-energy ratio for bounded systems[J]. *Phys. Rev. D.* ,1981,23:287.

[93] 't Hooft G. Dimensional reduction in quantum gravity[J]. *Conf. Proc. C.* , 1993,930308:284.

[94] Susskind L. The world as a hologram[J]. *J. Math. Phys.* ,1995,36:6377.

[95] Maldacena J M. The large N limit of superconformal field theories and supergravity[J]. *Adv. Theor. Math. Phys.* ,1998,2:231.

[96] Akiyama K, Alberdi A, Alef W, et al. First M87 event horizon telescope results. Ⅰ. The shadow of the supermassive black hole[J]. *Astrophys. J. Lett.* ,2019,875:L1.

[97] Akiyama K, Alberdi A, Alef W, et al. First sagittarius A* event horizon telescope results. Ⅰ. The shadow of the supermassive black hole in the center of the milky way[J]. *Astrophys. J. Lett.* ,2022,930:L12.

[98] Wheeler J A. Geons[J]. *Phys. Rev.* ,1955,97:511.

[99] Regge T, Wheeler J A. Stability of a Schwarzschild singularity[J]. *Phys. Rev.* ,1957,108:1063.

[100] Psaltis D, Medeiros L, Christian P, et al. Gravitational test beyond the first post-Newtonian order with the shadow of the M87 black hole[J]. *Phys. Rev. Lett.* ,2020,125:141104.

[101] Carter B. Global structure of the Kerr family of gravitational fields[J]. *Phys. Rev.* ,1968,174:1559.

[102] Wang M, Chen S, Jing J. Chaotic shadows of black holes: A short review[J]. *Commun. Theor. Phys.*, 2022, 74: 097401.

[103] Cunha P V P, Herdeiro C A R. Shadows and strong gravitational lensing: A brief review[J]. *Gen. Rel. Grav.*, 2018, 50: 42.

[104] Bardeen J M. Timelike and null geodesics in the Kerr metric, in: Les Houches Summer School of Theoretical Physics: Black Holes[C]. New York: Gordan and Breach, 1973.

[105] Akiyama K, Alberdi A, Alef W, et al. First M87 event horizon telescope results. Ⅵ. The shadow and mass of the central black hole[J]. *Astrophys. J. Lett.*, 2019, 875: L6.

[106] Akiyama K, Alberdi A, Alef W, et al. First sagittarius A* event horizon telescope results. Ⅵ. Testing the black hole metric[J]. *Astrophys. J. Lett.*, 2022, 930: L17.

[107] Buchdahl H A. General relativistic fluid spheres[J]. *Phys. Rev.*, 1959, 116: 1027.

[108] Hernquist L. An analytical model for spherical galaxies and bulges[J]. *Astrophys. J.*, 1990, 356: 359.

[109] Cardoso V, Destounis K, Duque F, et al. Black holes in galaxies: Environmental impact on gravitational-wave generation and propagation[J]. *Phys. Rev. D.*, 2022, 105: L061501.

[110] Zerilli F J. Gravitational field of a particle falling in a Schwarzschild geometry analyzed in tensor harmonics[J]. *Phys. Rev. D.*, 1970, 2: 2141.

[111] Bardeen J M, Press W H. Radiation fields in the Schwarzschild background [J]. *J. Math. Phys.*, 1973, 14: 7.

[112] Teukolsky S A. Perturbations of a rotating black hole. Ⅰ. Fundamental equations for gravitational electromagnetic and neutrino field perturbations[J]. *Astrophys. J.*, 1973, 185: 635.

[113] Chandrasekhar S. On the equations governing the perturbations of the Schwarzschild black hole[J]. *Proc. Roy. Soc. Lond. A.*, 1975, 343: 289.

[114] Sasaki M, Nakamura T. A class of new perturbation equations for the Kerr geometry[J]. *Phys. Lett. A.*, 1982, 89: 68.

[115] Sasaki M, Nakamura T. Gravitational radiation from a Kerr black hole. Ⅰ. Formulation and a method for numerical analysis[J]. *Prog. Theor. Phys.*, 1982, 67: 1788.

[116] Sasaki M, Tagoshi H. Analytic black hole perturbation approach to gravitational radiation[J]. *Living Rev. Rel.*, 2003, 6: 6.

[117] Hughes S A. Computing radiation from Kerr black holes: Generalization of the Sasaki-Nakamura equation [J]. *Phys. Rev. D.*, 2000, 62: 044029. (Erratum: *Phys. Rev. D.*, 2003, 67: 089902.)

[118] Einstein A. Approximative Integration of the Field Equations of Gravitation [M]. Berlin: Sitzungsber Preuss, 1916.

[119] Einstein A. Über Gravitationswellen[M]. Berlin: Sitzungsber Preuss, 1918.

[120] Kennefick D. Einstein versus the physical review[J]. *Physics Today*, 2005, 58: 43.

[121] Cervantes-Cota J L, Galindo-Uribarri S, Smoot G F. A brief history of gravitational waves[J]. *Universe*, 2016, 2: 22.

[122] Einstein A, Rosen N. On gravitational waves[J]. *J. Franklin Inst.*, 1937, 223: 43.

[123] Pirani F A E. On the physical significance of the Riemann tensor[J]. *Acta Phys. Polon.*, 1956, 15: 389.

[124] Bondi H. Plane gravitational waves in general relativity[J]. *Nature*, 1957, 179: 1072.

[125] Hulse R A, Taylor J H. Discovery of a pulsar in a binary system[J]. *Astrophys. J. Lett.*, 1975, 195: L51.

[126] Weisberg J M, Nice D J, Taylor J H. Timing measurements of the relativistic binary pulsar PSR B1913+16[J]. *Astrophys. J.*, 2010, 722: 1030.

[127] Burdge K B, Coughlin M W, Fuller J, et al. General relativistic orbital decay in a seven-minute-orbital-period eclipsing binary system[J]. *Nature*, 2019, 571: 528.

[128] Gertsenshtein M E, Pustovoit V I. On the detection of low frequency gravitational waves[J]. *Sov. Phys. JETP*, 1962, 16: 433.

[129] Harry G M, LIGO Scientific Collaboration. Advanced LIGO: The next generation of gravitational wave detectors[J]. *Class. Quant. Grav.*, 2010, 27: 084006.

[130] Aasi J, Abbott B P, Abbott R, et al. Advanced LIGO[J]. *Class. Quant. Grav.*, 2015, 32: 074001.

[131] Abbott B P, Abbott R, Abbott T D, et al. Observation of gravitational waves from a binary black hole merger[J]. *Phys. Rev. Lett.*, 2016, 116: 061102.

[132] Abbott B P, Abbott R, Abbott T D, et al. GWTC-1: A gravitational-wave transient catalog of compact binary mergers observed by LIGO and Virgo during the first and second observing runs[J]. *Phys. Rev. X.*, 2019, 9:031040.

[133] Abbott R, Abbott T D, Abraham S, et al. GWTC-2: Compact binary coalescences observed by LIGO and Virgo during the first half of the third observing run[J]. *Phys. Rev. X.*, 2021, 11:021053.

[134] Abbott R, Abbott T D, Acernese F, et al. GWTC-2.1: Deep extended catalog of compact binary coalescences observed by LIGO and Virgo during the first half of the third observing run[EB/OL]. Preprint at http://arxiv.org/abs/2108.01045(2021).

[135] Abbott R, Abbott T D, Acernese F, et al. GWTC-3: Compact binary coalescences observed by LIGO and Virgo during the second part of the third observing run[EB/OL]. Preprint at http://arxiv.org/abs/2111.03606(2021).

[136] 郜青，龚云贵，梁迪聪. 引力波偏振[J]. 科学通报，2018，63:801.

[137] Flanagan É É, Hughes S A. The basics of gravitational wave theory[J]. *New J. Phys.*, 2005, 7:204.

[138] Peters P C. Gravitational radiation and the motion of two point masses[J]. *Phys. Rev.*, 1964, 136:B1224.

[139] Eddington A S. The propagation of gravitational waves[J]. *Proc. Roy. Soc. Lond. A.*, 1922, 102:268.

[140] Peters P C, Mathews J. Gravitational radiation from point masses in a Keplerian orbit[J]. *Phys. Rev.*, 1963, 131:435.

[141] Epstein R, Wagoner R V. Post-Newtonian generation of gravitational waves [J]. *Astrophys. J.*, 1975, 197:717.

[142] Creighton J D E, Anderson W G. Gravitational-Wave Physics and Astronomy: An Introduction to Theory, Experiment and Data Analysis [M]. Weinheim: Wiley-VCH, 2011.

[143] Cutler C, Kennefick D, Poisson E. Gravitational radiation reaction for bound motion around a Schwarzschild black hole[J]. *Phys. Rev. D.*, 1994, 50:3816.

[144] Junker W, Schäfer G. Binary systems: Higher order gravitational radiation damping and wave emission[J]. *Mon. Not. Roy. Astron. Soc.*, 1992, 254:146.

[145] Ryan F D. Effect of gravitational radiation reaction on nonequatorial orbits around a Kerr black hole[J]. *Phys. Rev. D.*, 1996, 53:3064.

[146] Levin J J, O'Reilly R, Copeland E J. Gravity waves from relativistic binaries

[J]. *Phys. Rev. D.* ,2000,62:024023.

[147] Arun K G, Blanchet L, Iyer B R, et al. Inspiralling compact binaries in quasi-elliptical orbits: The complete 3PN energy flux[J]. *Phys. Rev. D.* , 2008, 77:064035.

[148] Arun K G, Blanchet L, Iyer B R, et al. Third post-Newtonian angular momentum flux and the secular evolution of orbital elements for inspiralling compact binaries in quasi-elliptical orbits[J]. *Phys. Rev. D.* ,2009,80:124018.

[149] Bernard L, Blanchet L, Bohé A, et al. Fokker action of nonspinning compact binaries at the fourth post-Newtonian approximation[J]. *Phys. Rev. D.* , 2016,93:084037.

[150] Damour T, Iyer B R, Sathyaprakash B S. Frequency-domain *P*-approximant filters for time-truncated inspiral gravitational wave signals from compact binaries[J]. *Phys. Rev. D.* ,2000,62:084036.

[151] Moore C J, Cole R H, Berry C P L. Gravitational-wave sensitivity curves[J]. *Class. Quant. Grav.* ,2015,32:015014.

[152] Wagoner R V, Will C M. Post-Newtonian gravitational radiation from orbiting point masses[J]. *Astrophys. J.* , 1976, 210: 764. (Erratum: *Astrophys. J.* , 1977,215:984.)

[153] Einstein A, Infeld L, Hoffmann B. The gravitational equations and the problem of motion[J]. *Annals Math.* ,1938,39:65.

[154] Einstein A, Infeld L. The gravitational equations and the problem of motion. Ⅱ[J]. *Annals Math.* ,1940,41:455.

[155] Will C M, Zaglauer H W. Gravitational radiation, close binary systems, and the Brans-Dicke theory of gravity[J]. *Astrophys. J.* ,1989,346:366.

[156] Wiseman A G. Coalescing binary systems of compact objects to (post)$^{5/2}$-Newtonian order. Ⅱ. Higher order wave forms and radiation recoil[J]. *Phys. Rev. D.* ,1992,46:1517.

[157] Poisson E. Gravitational radiation from a particle in circular orbit around a black hole. Ⅰ: Analytical results for the nonrotating case[J]. *Phys. Rev. D.* , 1993,47:1497.

[158] Cutler C, Flanagan É É. Gravitational waves from merging compact binaries: How accurately can one extract the binary's parameters from the inspiral waveform? [J]*Phys. Rev. D.* ,1994,49:2658.

[159] Will C M. Testing scalar-tensor gravity with gravitational wave observations

of inspiraling compact binaries[J]. *Phys. Rev. D.* ,1994,50:6058.

[160] Blanchet L, Damour T, Iyer B R, et al. Gravitational-radiation damping of compact binary systems to second post-Newtonian order[J]. *Phys. Rev. Lett.* ,1995,74:3515.

[161] Królak A, Kokkotas K D, Schäfer G. On estimation of the post-Newtonian parameters in the gravitational wave emission of a coalescing binary[J]. *Phys. Rev. D.* ,1995,52:2089.

[162] Yagi K, Tanaka T. Constraining alternative theories of gravity by gravitational waves from precessing eccentric compact binaries with LISA[J]. *Phys. Rev. D.* ,2010,81:064008. (Erratum: *Phys. Rev. D*,2010,81:109902.)

[163] Yunes N, Arun K G, Berti E, et al. Post-circular expansion of eccentric binary inspirals: Fourier-domain waveforms in the stationary phase approximation [J]. *Phys. Rev. D.*, 2009, 80: 084001. (Erratum: *Phys. Rev. D*, 2014, 89:109901.)

[164] Ajith P, Babak S, Chen Y, et al. Phenomenological template family for black-hole coalescence waveforms[J]. *Class. Quant. Grav.* ,2007,24:S689.

[165] Buonanno A, Iyer B, Ochsner E, et al. Comparison of post-Newtonian templates for compact binary inspiral signals in gravitational-wave detectors[J]. *Phys. Rev. D.* ,2009,80:084043.

[166] Sathyaprakash B S, Schutz B F. Physics, astrophysics and cosmology with gravitational waves[J]. *Living Rev. Rel.* ,2009,12:2.

[167] Gair J R, Vallisneri M, Larson S L, et al. Testing general relativity with low-frequency, space-based gravitational-wave detectors[J]. *Living Rev. Rel.* , 2013,16:7.

[168] Robson T, Cornish N J, Liu C. The construction and use of LISA sensitivity curves[J]. *Class. Quant. Grav.* ,2019,36:105011.

[169] Huerta E A, Kumar P, McWilliams S T, et al. Accurate and efficient waveforms for compact binaries on eccentric orbits[J]. *Phys. Rev. D.* ,2014,90:084016.

[170] Tanay S, Haney M, Gopakumar A. Frequency and time-domain inspiral templates for comparable mass compact binaries in eccentric orbits[J]. *Phys. Rev. D.* , 2016,93:064031.

[171] Pratten G, Husa S, Garcia-Quiros C, et al. Setting the cornerstone for a family of models for gravitational waves from compact binaries: The dominant harmonic for nonprecessing quasicircular black holes[J]. *Phys. Rev. D.* ,

2020,102:064001.

[172] Phinney E S. A practical theorem on gravitational wave backgrounds[EB/OL]. Preprint at http://arxiv.org/abs/astro-ph/0108028(2001).

[173] Manchester R N. Pulsars and gravity[J]. *Int. J. Mod. Phys. D.*, 2015, 24:1530018.

[174] Callister T, Sammut L, Qiu S, et al. The limits of astrophysics with gravitational-wave backgrounds[J]. *Phys. Rev. X.*, 2016, 6:031018.

[175] Newman E, Penrose R. An approach to gravitational radiation by a method of spin coefficients[J]. *J. Math. Phys.*, 1962, 3:566.

[176] Eardley D M, Lee D L, Lightman A P. Gravitational-wave observations as a tool for testing relativistic gravity[J]. *Phys. Rev. D.*, 1973, 8:3308.

[177] Cornish N J, Larson S L. Space missions to detect the cosmic gravitational wave background[J]. *Class. Quant. Grav.*, 2001, 18:3473.

[178] Estabrook F B, Wahlquist H D. Response of Doppler spacecraft tracking to gravitational radiation[J]. *Gen. Relativ. Gravit.*, 1975, 6:439.

[179] Liang D, Gong Y, Weinstein A J, et al. Frequency response of space-based interferometric gravitational-wave detectors[J]. *Phys. Rev. D.*, 2019, 99:104027.

[180] Zhang C, Gao Q, Gong Y, et al. Full analytical formulas for frequency response of space-based gravitational wave detectors[J]. *Phys. Rev. D.*, 2020, 101:124027.

[181] Tinto M, Armstrong J W. Cancellation of laser noise in an unequalarm interferometer detector of gravitational radiation[J]. *Phys. Rev. D.*, 1999, 59:102003.

[182] Armstrong J W, Estabrook F B, Tinto M. Time-delay interferometry for space-based gravitational wave searches[J]. *Astrophys. J.*, 1999, 527:814.

[183] Zhang C, Gao Q, Gong Y, et al. Frequency response of time-delay interferometry for space-based gravitational wave antenna[J]. *Phys. Rev. D.*, 2019, 100:064033.

[184] Chatziioannou K, Yunes N, Cornish N. Model-independent test of general relativity: An extended post-Einsteinian framework with complete polarization content[J]. *Phys. Rev. D.*, 2012, 86:022004(2012). (Erratum: *Phys. Rev. D.*, 2017, 95:129901.)

[185] Isi M, Weinstein A J, Mead C, et al. Detecting beyond-Einstein polarizations of continuous gravitational waves[J]. *Phys. Rev. D.*, 2015, 91:082002.

[186] Isi M, Pitkin M, Weinstein A J. Probing dynamical gravity with the polarization of continuous gravitational waves[J]. *Phys. Rev. D.*, 2017, 96:042001.

[187] Nishizawa A, Taruya A, Hayama K, et al. Probing non-tensorial polarizations of stochastic gravitational wave backgrounds with ground-based laser interferometers[J]. *Phys. Rev. D.*, 2009, 79: 082002.

[188] Callister T, Biscoveanu A S, Christensen N, et al. Polarization-based tests of gravity with the stochastic gravitational-wave background[J]. *Phys. Rev. X.*, 2017, 7: 041058.

[189] Weber J. Gravitational radiation from the pulsars[J]. *Phys. Rev. Lett.*, 1968, 21: 395.

[190] Ostriker J P, Gunn J E. On the nature of pulsars. Ⅰ. Theory[J]. *Astrophys. J.*, 1969, 157: 1395.

[191] Detweiler S L. Pulsar timing measurements and the search for gravitational waves[J]. *Astrophys. J.*, 1979, 234: 1100.

[192] Agazie G, Anumarlapudi A, Archibald A M, et al. The NANOGrav 15 yr data set: Evidence for a gravitational-wave background[J]. *Astrophys. J. Lett.*, 2023, 951: L8.

[193] Antoniadis J, Arumugam P, Arumugam S, et al. The second data release from the European Pulsar Timing Array-Ⅲ. Search for gravitational wave signals [J]. *Astron. Astrophys.*, 2023, 678: A50.

[194] Reardon D J, Zic A, Shannon R M, et al. The gravitational-wave background null hypothesis: Characterizing noise in millisecond pulsar arrival times with the Parkes Pulsar Timing Array[J]. *Astrophys. J. Lett.*, 2023, 951: L7.

[195] Xu H, Chen S, Guo Y, et al. Searching for the nano-Hertz stochastic gravitational wave background with the Chinese Pulsar Timing Array Data Release Ⅰ[J]. *Res. Astron. Astrophys.*, 2023, 23: 075024.

[196] Hellings R W, Downs G S. Upper limits on the isotropic gravitational radiation background from pulsar timing analysis[J]. *Astrophys. J. Lett.*, 1983, 265, L39.

[197] Lee K J, Jenet F A, Price R H. Pulsar timing as a probe of non-Einsteinian polarizations of gravitational waves[J]. *Astrophys. J.*, 2008, 685: 1304.

[198] Gong Y, Hou S, Liang D, et al. Gravitational waves in Einstein-æther and generalized TeVeS theory after GW170817[J]. *Phys. Rev. D.*, 2018, 97: 084040.

[199] Romano J D, Cornish N J. Detection methods for stochastic gravitational-wave backgrounds: a unified treatment[J]. *Living Rev. Rel.*, 2017, 20: 2.

[200] Christensen N. Measuring the stochastic gravitational-radiation background

with laser-interferometric antennas[J]. *Phys. Rev. D.* ,1992,46:5250.

[201] Allen B, Romano J D. Detecting a stochastic background of gravitational radiation: Signal processing strategies and sensitivities[J]. *Phys. Rev. D.* , 1999,59:102001.

[202] Flanagan E E. The sensitivity of the Laser Interferometer Gravitational Wave Observatory (LIGO) to a stochastic background, and its dependence on the detector orientations[J]. *Phys. Rev. D.* ,1993,48:2389.

[203] Saulson P R. Fundamentals of Interferometric Gravitational Wave Detectors [M]. 2nd. ed. Singapore: World Scientific, 2017.

[204] Babak S, Petiteau A, Hewitson M. LISA sensitivity and SNR calculations [EB/OL]. Preprint at http://arxiv. org/abs/2108. 01167(2021).

[205] Amaro-Seoane P, Audley H, Babak S, et al. Laser interferometer space antenna[EB/OL]. Preprint at http://arxiv. org/abs/1702. 00786(2017).

[206] Luo J, Chen L, Duan H, et al. TianQin: a space-borne gravitational wave detector[J]. *Class. Quant. Grav.* ,2016,33:035010.

[207] Ruan W H, Liu C, Guo Z K, et al. The LISA-Taiji network[J]. *Nature Astron.* ,2020,4:108.

[208] KDFS Team. LISA-an ESA cornerstone mission for a gravitational wave observatory[J]. *Class. Quant. Grav.* ,1997,14:1399.

[209] Gong Y, Luo J, Wang B. Concepts and status of Chinese space gravitational wave detection projects[J]. *Nature Astron.* ,2021,5:881.

[210] Brans C, Dicke R H. Mach's principle and a relativistic theory of gravitation [J]. *Phys. Rev.* ,1961,124:925.

[211] Buchdahl H A. Non-linear Lagrangians and cosmological theory[J]. *Mon. Not. Roy. Astron. Soc.* ,1970,150:1.

[212] Boulware D G, Deser S. Can gravitation have a finite range? [J]*Phys. Rev. D.* ,1972,6:3368.

[213] Fierz M, Pauli W. On relativistic wave equations for particles of arbitrary spin in an electromagnetic field[J]. *Proc. Roy. Soc. Lond. A.* ,1939,173:211.

[214] Hinterbichler K. Theoretical aspects of massive gravity[J]. *Rev. Mod. Phys.* , 2012,84:671.

[215] Babichev E, Deffayet C. An introduction to the Vainshtein mechanism[J]. *Class. Quant. Grav.* ,2013,30:184001.

[216] van Dam H, Veltman M J G. Massive and mass-less Yang-Mills and gravitational

fields[J]. *Nucl. Phys. B.* ,1970,22:397.

[217] Zakharov V I. Linearized gravitation theory and the graviton mass[J]. *JETP Lett.* ,1970,12:312.

[218] Boulware D G, Deser S. Inconsistency of finite range gravitation[J]. *Phys. Lett. B.* ,1972,40:227.

[219] Vainshtein A I. To the problem of nonvanishing gravitation mass[J]. *Phys. Lett. B.* ,1972,39:393.

[220] de Rham C, Gabadadze G, Tolley A J. Resummation of massive gravity[J]. *Phys. Rev. Lett.* ,2011,106:231101.

[221] Gambuti G, Maggiore N. A note on harmonic gauge(s) in massive gravity[J]. *Phys. Lett. B.* ,2020,807:135530.

[222] Gambuti G, Maggiore N. Fierz-Pauli theory reloaded: From a theory of a symmetric tensor field to linearized massive gravity[J]. *Eur. Phys. J. C.* , 2021,81:171.

[223] Dicke R H. Mach's principle and invariance under transformation of units [J]. *Phys. Rev.* ,1962,125:2163.

[224] Nutku Y. The post-Newtonian equations of hydrodynamics in the Brans-Dicke theory[J]. *Astrophys. J.* ,1969,155:999.

[225] Hohmann M, Järv L, Kuusk P, et al. Post-Newtonian parameters γ and β of scalar-tensor gravity with a general potential[J]. *Phys. Rev. D.* , 2013, 88: 084054. (Erratum: *Phys. Rev. D.* ,2014,89:069901.)

[226] Eardley D M. Observable effects of a scalar gravitational field in a binary pulsar[J]. *Astrophys. J.* ,1975,196:L59.

[227] Horndeski G W. Second-order scalar-tensor field equations in a four-dimensional space[J]. *Int. J. Theor. Phys.* ,1974,10:363.

[228] Teyssandier P, Tourrenc P. The Cauchy problem for the $R+R^2$ theories of gravity without torsion[J]. *J. Math. Phys.* ,1983,24:2793.

[229] Lovelock D. The Einstein tensor and its generalizations[J]. *J. Math. Phys.* , 1971,12:498.

[230] Utiyama R, DeWitt B S. Renormalization of a classical gravitational field interacting with quantized matter fields[J]. *J. Math. Phys.* ,1962,3:608.

[231] Stelle K S. Renormalization of higher derivative quantum gravity[J]. *Phys. Rev. D.* ,1977,16:953.

[232] Ostrogradsky M. Mémoires sur les équations différentielles, relatives au problème

des isopérimètres[J]. *Mem. Acad. St. Petersbourg*,1850,6:385.

[233] Komar A. Covariant conservation laws in general relativity[J]. *Phys. Rev.*, 1959,113:934.

[234] Arnowitt R L,Deser S,Misner C W. The dynamics of general relativity[J]. *Gen. Rel. Grav.*,2008,40:1997.

[235] Will C M,Nordtvedt Jr. K. Conservation laws and preferred frames in relativistic gravity. I. Preferred-frame theories and an extended PPN formalism[J]. *Astrophys. J.*,1972,177:757.

[236] Faye G,Marsat S,Blanchet L,et al. The third and a half post-Newtonian gravitational wave quadrupole mode for quasi-circular inspiralling compact binaries[J]. *Class. Quant. Grav.*,2012,29:175004.